小形アンテナハンドブック

藤本 京平　伊藤 公一

編 著

共立出版

〈編著者〉

藤本　京平　筑波大学名誉教授

伊藤　公一　千葉大学名誉教授

〈執筆者〉（執筆順）

柏　　達也　北見工業大学工学部

田口　健治　北見工業大学工学部

小川　晃一　富山大学大学院理工学研究部

森下　　久　防衛大学校

高橋　応明　千葉大学フロンティア医工学センター

石宮　克教　ソニーモバイルコミュニケーションズ（株）

白方　　恭　（株）ヨコオ

小柳　芳雄　パナソニック（株）

常川　光一　中部大学大学院工学研究科

佐藤　　浩　パナソニック（株）

Ying　Zhinong　ソニーモバイルコミュニケーションズ（株）

冨田　知宏　アドソル日進（株）

江尻　篤司　（株）近計システム

齊藤　一幸　千葉大学フロンティア医工学センター

稲垣　直樹　元 名古屋工業大学名誉教授

阿部　和明　カシオ計算機（株）

阪田　史郎　千葉大学（グランドフェロー）

前田　忠彦　立命館大学情報理工学部

ヨサファット・テトォコ・

スリ・スマンティヨ　千葉大学環境リモートセンシング研究センター

序　文

Small is Beautiful 「小さいことは素晴らしい」

ある経済学者の言葉であるが，これは小形アンテナにも当てはまる．小形アンテナは小型無線機器には不可欠で小さいけれども各種無線システムの構成に大きく貢献している．これは素晴らしいことである．

近年，小形アンテナの利用が著しく増え，新しい小形アンテナの開発が要求されている．その中には小形といえども機能を有するアンテナが要求される場合がある．各種無線システムが発展し，広範囲に利用されている状況で，小形アンテナへの要求も多種多様である．

元来，アンテナの歴史は小形アンテナ（電気的）に始まっているといってよく，20 世紀初頭以後永年使われてきた．しかし，近年は様相が異なり，通信が主体であった無線システムに，制御，認識，センサ，電力伝送，人体通信，など，いろいろなシステムが加わってきている．

近年の無線システムは小型のものが多く，使用されるアンテナは必然的に小形であると同時に，内蔵式である場合が多い．

アンテナは寸法が小さくなるほど特性が劣化するので，必要な性能を保ちながら小さくするには設計に特別な考慮を必要とする．小形アンテナを使う目的，設置場所，などに加え周囲の環境等を考慮しなければならない．小形アンテナは単独ではなく，設置する機器や周囲の環境と一体化した設計が必要になる場合が多い．

本書は，このような小形アンテナについて解説し，アンテナを小形化する手法や，新たに開発や設計を行う際に必要な事柄を説明して，小形アンテナを創生する際の一助となり，あるいは実用する際の参考になるよう構成されている．数式はできるだけ使わないようにし，内容が理解されやすいよう，図を多く使って実際面で役立つよう考慮している．

最後に，本書の 9.6 節を執筆後，急逝された稲垣直樹名古屋工業大学名誉教授に謹んでご冥福をお祈りし，本書を捧げます.

2017 年 4 月

編　者

章の構成と内容

本書は，小形アンテナの特性に関して要点を記し，アンテナの小形化の原理・手法および各種小形アンテナの実際について説明している．

本書は 10 章から構成される．

第 1 章は，まず小形アンテナとは何かを説明する．一般的に小形アンテナとは，波長に比べて小さい寸法の“電気的小形”アンテナをいうが，ここではそれだけでなく，機能の面から小形として扱える小形アンテナや，単純に物理的に寸法が小さい小形アンテナ，などがあることを述べる．

次に小形アンテナは携帯機器そのほかの小型無線機器には必須で重要な役割を果たしてきており，これからも重用されるであろう．その利用の機会も増え続け，無線機器の発展に小形アンテナの開発・創生が要求される，など大きな意義があることについて言及する．

第 2 章では，小形アンテナの定義を述べる．まず小形アンテナには電気的小形や機能的小形，寸法制限付き小形，さらに物理的小形，など 4 種類があることを述べ，それぞれの定義を説明する．

次に小形アンテナには大きい寸法のアンテナとは異なる特異性があることを説明する．それは，小形アンテナには Q，あるいは帯域幅などの特性に限界があり，ある寸法に対してそれ以上小さい Q，あるいは大きい帯域幅が得られない値がある，という小形アンテナ特有の物理的限界があることについて説明する．

第 3 章は，小形アンテナがどのように取り扱われてきたかを歴史的に振り返り，記述している．小形アンテナの限界論や Q と帯域幅の関係について種々のアンテナを取り上げて論じている．

第 4 章では，アンテナを小形化する原理と手法について解説する．ここではまずアンテナを小形化するのはどういうことかを述べる．次に小形アンテナを使用する際には整合が重要であることについて説明する．

次に小形化の原理と手法について説明する．先に 4 分類した小形アンテナそれぞれについて小形化の原理と手法を説明している．低い周波数帯域になるほど，電気的小形アンテナの設計，開発は難しくなる．広帯域化する，あるいはマルチバンド化する，など機能的に小形化する手法も技術を要する．これらの原理，手法を小形の分類に応じて論じ，説明する．

第5章では，小形アンテナに利用する電磁シミュレーションについて解説する．まず，小形アンテナになぜ電磁シミュレーションを用いるか，その意義を説明する．次に，具体的に，特性の評価や設計の際に用いるモーメント法や，FDTD，など代表的な5手法について述べ，それらをどのように使うか，どのように応用するか，などの例を示す．また，最適な設計を行う方法について，具体的にGAO（Genetic Algorithm Optimization）など代表的な4手法について解説し，実例を示す．

第6章では，小形アンテナの特性評価について記述する．最初に，小形アンテナにおける特性評価の意義について説明し，次に実際の評価法，すなわち測定法について記述し，実際例を示す．測定が難しい場合は電磁シミュレーションの適用が有用であることを付記する．

第7章では，アンテナを小形化する手法を，小形アンテナの分類（電気的小形，機能的小形，寸法制限付き小形，物理的小形）に従って，それぞれの場合について具体的に説明する．

第8章は，小形アンテナの実際例を，4種類それぞれの場合について具体的に紹介する．

第9章は，小形アンテナの例を用途別に詳細に説明している．たとえばRFID用や小型移動機器用，広帯域無線システム用，人体通信用，医療機器用，無線電力伝送用，電波時計用，ウェアラブルシステム用，ドローン用などである．

第10章はこれからの小形アンテナの展望について考察する．小型機器の多い無線システムには小形アンテナが必然的に要求され，一方で小形アンテナも小型無線システムの発展に依存する必然性もある．小形アンテナと小型無線システムは相互に関連しながらそれぞれ進展していくことに疑いの余地はない．

付録として，代表的な小形アンテナを一覧表としてまとめた．小形アンテナの開発や設計に際して，アンテナの形状，寸法，特性，等を選ぶのに参考になり，利用されやすいよう，モデルを示したものである．

各章には参考文献を付してあり，本書で紹介した内容の詳細な事柄を知り，また関連する情報を見出せるようにしてある．

目　次

第6章　小形アンテナの特性評価　〔小　川・森　下〕

第7章　アンテナ小形化の手法　〔藤　本〕

第 8 章　小形アンテナの実際例〔藤　本〕

第 9 章　用途別小形アンテナの例

1 はじめに

1.1 小形アンテナとは

一般的に，小形アンテナとは，波長に比して寸法が小さい**電気的小形アンテナ**（ESA：electrically small antenna）をいう．しかし，実際に使われている小形アンテナはESAばかりではない．マイクロ波領域では物理的に小さくても電気的には大きい（波長に比して小さくない）アンテナが多くある．ミリ波ホーンアンテナなど開口面アンテナの開口が数波長あっても寸法は数cm程度で小さく，物理的には小さいが，電気的には大きい．

また，マイクロストリップアンテナやプリントアンテナなど，薄型や平板型の小さいアンテナでは，高さは波長に比べ非常に低いが，パッチの寸法は必ずしも波長に比べて小さいといえないものがある．さらに，広帯域やマルチバンドのアンテナなどでは，小さくてもより大きいアンテナがもつ特性を有する場合があり，寸法を対比すれば小形アンテナと考えられる．これは機能的にみて小形なアンテナといえる．

このように，電気的小形以外にさまざまな小形アンテナが実用されているので，本書では，これら電気的小形以外の，機能的な小形アンテナなどを取り扱う．

1.2 小形アンテナの意義

最近小型無線機器の利用が増えてきている．携帯無線機器，代表的には携帯電話，およびその進化した携帯機器スマートフォンや情報端末タブレットなどが増加し，そのほか，RFID（radio frequency identification）端末，人体通信を含む**無線 wearable device system**（無線着装システム）機器，等が至る所で使用されている．

これらは携帯でなく固定利用の機器でも一般的に小さい寸法のものが多く，搭載されているアンテナもしたがって小さい寸法が余儀なくされている．実用されているアンテナは，かつては機器の外付け型が主流であったが，現在は内蔵型がほとんどである．それらは，電気的小形もあれば，そうでないアンテナもある．たとえば，マルチバンドの機器では，複数のアンテナ素子を搭載するのは機器内の空間利用が非効率的になるので，マルチバンド，あるいは帯域全体をカバーする広帯域アンテナである．これらの特性はできるだけ寸法を拡大しないで実現しなければならない．

したがって，アンテナは**機能的小形**になる．そのほか，空間を効率的に利用する観点から，アンテナ素子は平板型や，プリント基板に印刷する薄型アンテナがある．電気的小形に定義される小形アンテナでなくても，寸法が著しく小さいアンテナもある．

このようなアンテナは，これからも重用され，利用の機会も増えてくると推測される．小形機器における小形アンテナの役割は非常に大きく，逆にいえば小形アンテナなくして小型機器の利用は進展せず，今後の発展には，新たに小形アンテナの開発，創生が必須になってくる．同時に小形アンテナの特性解析や，設計手法の開発，等が要求されてくる．

このように小形アンテナは，無線システム，機器には不可欠なデバイスであり，これからさらに発展，増加すると考えられる各種無線システムに対応して設計，開発が進められなければならない重要な役割をもっている．

2 小形アンテナ

2.1 小形アンテナの定義

小形アンテナにはESAなど4種類がある．これらの定義は以下のようである．

① **電気的小形アンテナ**（ESA：electrically small antenna）：　波長に比べ非常に小さい寸法のアンテナ．小さい寸法とは，アンテナ全体を包む最少の球の半径を a として $ka \leqq 0.5\ (k=2\pi/\lambda)$ の場合をいう＊1.

② **機能的小形アンテナ**（FSA：functionally small antenna）：　より大きい寸法で得られる特性や機能をもつ小形アンテナ．

③ **寸法制約付き小形アンテナ**（PCSA：physically constrained small antenna）：　寸法の一部が波長に比して小さい，電気的小形に寸法制約付きアン

＊1　Bestの説による[1]．1947年に，Wheelerが $ka=1$ の寸法をradian lengthと呼び，これより寸法の小さいアンテナを小形アンテナと称した[2]．その後，1959年に $ka=1$ の半径をもつ球をradian sphereと称し，この球内に入る小さいアンテナを小形アンテナと呼んだ[3]．これ以来，半径が $ka \leqq 1$ の球内に収まる寸法のアンテナがESAと呼ばれるようになった．

しかし，$ka \leqq 1$ の寸法は，必ずしも波長に比べて小さいとはいえず，たとえばダイポールアンテナの場合，全長 $2a$ が $\lambda/\pi = 0.318\lambda$ となり，波長に比してけっして小さくない．一方で，1956年にKingが線状アンテナで長さ $2h$ が $kh \leqq 1$ の場合を電気的短小アンテナ（electrically short antenna）と定義している[4]．そしてこのような小形アンテナの特性について解析し，電流分布やインピーダンス，その他の図表を与えている[5]．しかし，Bestは $ka \leqq 0.5$ がESAとして妥当と論じ，これが現在用いられている．因みに上記のようなアンテナを包含する最少の球は，アンテナの Q の議論によく用いられ，最初に論じたChuの名前を付けて（球）$_{\mathrm{Chu}}$ といわれている[6]．

テナ．

④　**物理的小形アンテナ**（PSA：physically small antenna）：　単純に物理的に寸法が小さい（手のひらに乗せられる程度の）アンテナ．

これらの分類は唯一ではなく，1つのアンテナが2種類の分類に入れられる場合がある．たとえば，ミリ波アンテナにはPSAでもあり，ESAでもある場合がある．また，マルチバンドアンテナには，FSAに分類されると同時にPSAにも分類される場合もある．寸法や機能により，アンテナは適宜，観点を変えて分類される．

これら4種類のアンテナは，それぞれ有用な特性をもち，その特徴を生かしていろいろな分野に実用されている．

2.2　小形アンテナの特異性

アンテナは周知のように寸法を小さくしていくと大きいアンテナとは異なる特性を呈するようになる．たとえば，ダイポールアンテナでは，波長に比べて非常に小さくなると入力インピーダンスの抵抗成分が急激に小さくなり，リアクタンス成分は容量性で非常に大きくなる．したがって共振条件を得るために大きい誘導性素子が必要で，かつ負荷（一般的には50 Ω）への整合が難しくなる．抵抗成分が小さく，大きなリアクタンス成分であることは，アンテナの$\boldsymbol{Q}$が大きく，帯域幅が狭くなることを意味する．

一方で大きなインダクタンス（コイル）には一般的には大きな損失を伴うので整合に用いると放射効率が低下する．さらに，小さい抵抗成分を50 Ωに等しくするための回路も必要で，ここでも損失が加わり一層効率を下げる．さらに指向性に関しては次第に鋭さがなくなり，指向性利得は最大で1.5に近づく．帯域幅に関しては実用上ある大きさが必要であり，アンテナを小形化しても必要な帯域幅を保たなければならない．しかし，アンテナの帯域幅には，寸法に対してそれ以上大きくできない限界がある．換言すればQにもそれ以上小さくならない限界があるといえる．

これは**小形アンテナの物理的限界**（fundamental limitation）といわれている．最初にこの限界を論じたのはWheeler[7)]で，それ以来（1947年），小形アンテナに関する問題としてしばしば取り扱われてきた．

小形アンテナにはQ，あるいは帯域幅に限界値があるので，アンテナを小形化するに際して，できるだけこの限界に近いアンテナを実現するのが大きな課題である．

2.3　小形アンテナの物理的限界

アンテナは小形化していくとQは大きくなり，帯域幅は狭くなる．実用的にはある帯域幅が必要で，寸法を小さくしていっても必要な帯域幅を確保しなければならない．しかし，Qあるいは帯域幅にはある寸法に対してそれぞれ最低値，あるいは最大値があって，それ以上の値はとれない．このような小形アンテナの物理的限界は**Wheeler**によって1947年に最初に論じられた[7)]．

Wheelerは小形アンテナの遠方界は小さい電気的ダイポール（TM_{10}放射），あるいは磁気的ダイポール（TE_{10}放射）と同様であり，それらが大きな容量性，あるいは誘導性蓄積エネルギーをもつので，放射コンダクタンスG_{rad}と容量Cが並列のCG回路から成るC-typeと，インダクタンスLが放射抵抗R_{rad}に直列のRL回路で表せるL-typeで表せる，として回路的取り扱いでQを求めた．また，放射電力と蓄積電力の比，放射効率係数RPF（radiation power factor）pを導入してC-type，L-typeそれぞれのRPFを求め，Qを論じた[8)]．さらにC-type，L-typeそれぞれに対して円筒内にあるアンテナモデルで表し，アンテナの容積とQ，および波数との関係を求めた．

これらの結果，Wheelerは，アンテナのQはアンテナの寸法（実効容積）を小さくしていくと大きくなり，また周波数を下げると急激に大きくなる，など論じて小形アンテナには，その寸法におけるQの最低値に限界があり，それ以下のQは得られない，とする小形アンテナの**基本的限界**（fundamental limitation）を論じた．

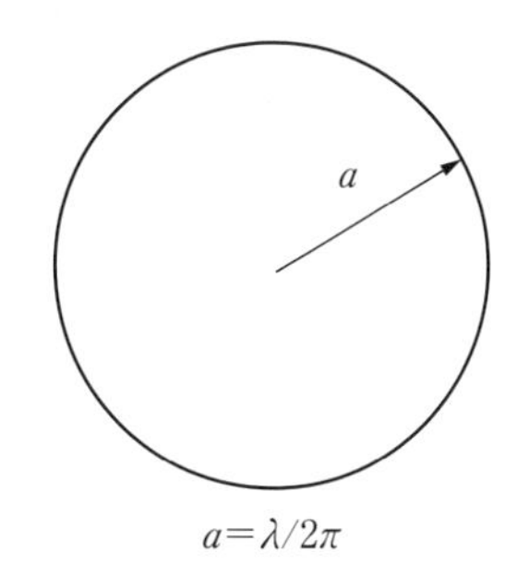

図 2.1　半径aの球

さらに小形アンテナがある寸法で最低のQ値を得るには，アンテナが占める容積を最大に利用する

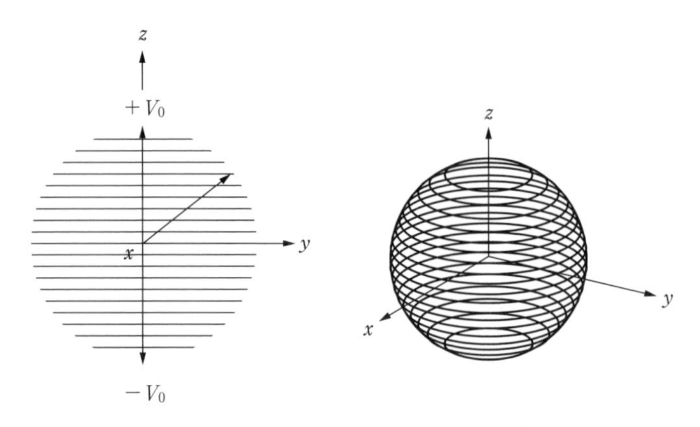

図2.2　半径 a の球表面を占めるヘリックス（らせん）

ことである，とした．それには，アンテナの最大寸法に接する球の容積を最大限利用することである，と論じた．しかし実際に球の容積全体をアンテナとして使用するのは不可能で，具体的にできるのは球の表面全面を占めるように構成するアンテナが考えられる．それを実現するのは，球（半径 a）（図2.1）の表面を占めるピッチ一定の球状のコイルであり[9]，そのコイル上を一定の表面電流が流れている場合の Q は，コイル内部の実効透磁率 μ_r が ∞ のとき，$W_m=0$（W_m：磁気的蓄積エネルギー）なので放射は TM_{10} だけであり

$$Q=1/(ka)^3 \tag{2.1}$$

のとき最低になる．これはWheelerが示した**球状コイルアンテナ**の **Q 最低の条件**である．Q はアンテナが占める空間（球）の半径 a^3 に逆比例する，したがってアンテナが小さくなるに従って Q は急激に大きくなることを示している．

これらから，小形アンテナがある寸法でとり得る最低の Q 値は，そのアンテナの最大寸法に接する球の容積を最大に利用することにより得られる，として，それには，球表面全面を占める**ヘリックス**（らせん）（helix）（図2.2）で得られることを示した．

後に，Best[10a,b,c] やThal[11] らが球状ヘリックスを用いて同様な議論をしており，Bestは折り返しヘリックスを，Thalは4線の**球状ヘリックス**を用いて Q の最低値を求め，Wheelerと同様な結果を得ている．

〈参考文献〉

1) S. R. Best：Small and Fractal Antennas, in C. A. Balanis, Modern Antenna Handbook,Part II, p. 476, John Wiley and Sons Inc., 2008.

2) H. A. Wheeler：Fundamental Limitations of Small Antennas, Proc.of IRE, pp. 1479-1485, August 1947.

3) H. A. Wheeler：The Radian Sphere Around a Small Antennas, Proc. of IRE, pp. 1325-1331, 1959.

4) R. W. P. King：The Theory of Linear Antennas, Harvard University Press, p. 184, 1956.

5) R. W. P. King：The Theory of Linear antennas, Harvard University Press, 1956.

6) C. J. Chu：Physical limitations on omni-directional antennas, J. of Applied Physics, Vol. 19, pp. 1163-1175, December 1948.

7) H. A. Wheeler：Fundamental Limitation of Small Antenna, Proc. IRE, Vol. 35, pp. 1479-1484, Dec. 1947.

8) H. A. Wheeler：Radian Sphere Around a Small Antenna, Proc. IRE, Vol.47, pp. 1325-1331, Aug. 1959.

9) H. A. Wheeler：The spherical coil as an inductor, shield, and antenna, Proc IRE, Vol. 46, pp. 1595-1602, Sept. 1958.

10a) S. R. Best：A Low Q Electrcially Small Magnetic（TE Mode）Dipole, IEEE Antenna, Wireless Propagation Letters, Vol. 8, pp. 572-575, 2000.

10b) S. R. Best：The radiation properties of electrically small folded spherical antenna, IEEE Trans AP, Vol. 52, No. 4, pp. 953-960, 2004.

10c) S. R. Best：Low Q electrically small linear and elliptical dipole antenna, IEEE Trans AP, Vol. 53, No.3, p. 1047-1053, 2003.

11) H. L. Thal：New Radiation Q Limits for Spherical Wire Antenna, IEEE Trans AP, Vol. 54, No.10, pp. 2757-2763, 2006.

3　小形アンテナの取り扱い

小形アンテナを詳細に取り扱ったのは Wheeler が最初である[1a)]．2 章で記述したように小形アンテナには**基本的限界**があり，ある寸法で Q に最低値があってその値以下の Q は得られない，と論じた．**帯域幅** B は $\boldsymbol{Q}$ の逆数であって（$Q \gtrdot 10$ の場合），Q 同様にある寸法で B に最大値があり，それ以上の値の B は得られない．すなわち，小形アンテナでは，小形にするほど帯域幅が狭くなるのは周知であるが，寸法に対してある値以上の帯域幅は得られない限界があるとした[1b) 1c)]．

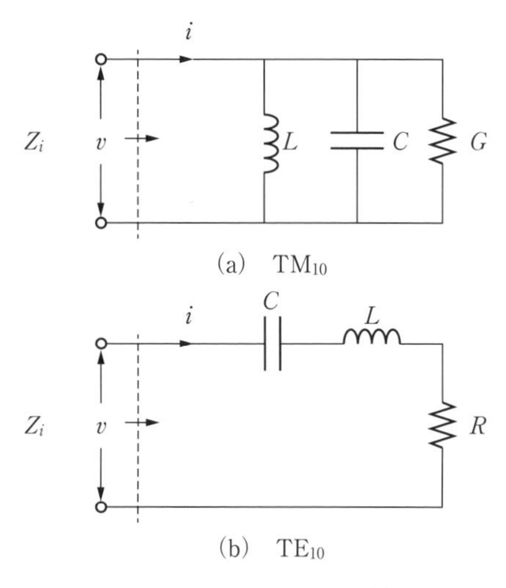

図 3.1　小形アンテナモデルの等価回路

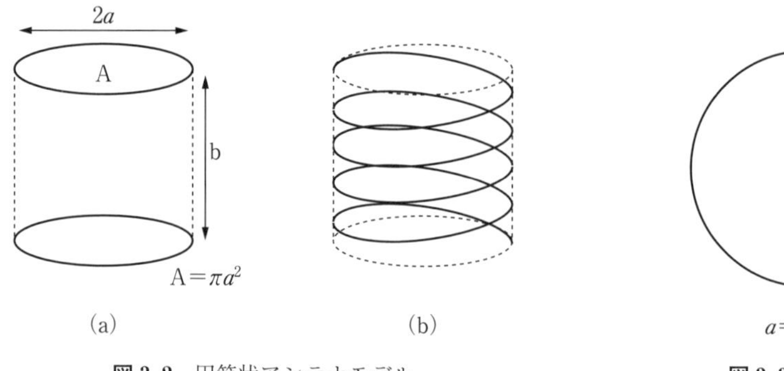

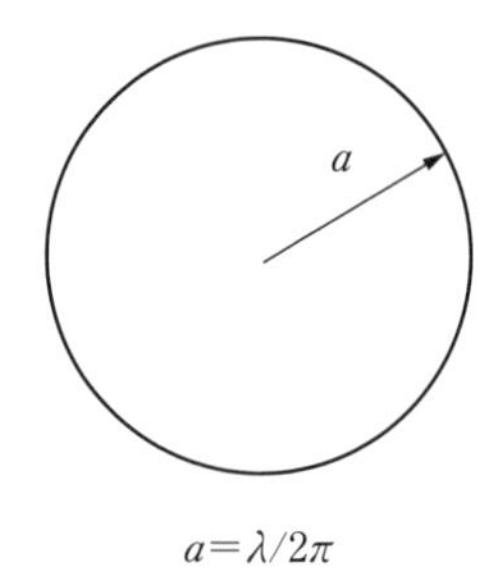

図 3.2　円筒状アンテナモデル

図 3.3　(球)$_{\mathrm{Chu}}$

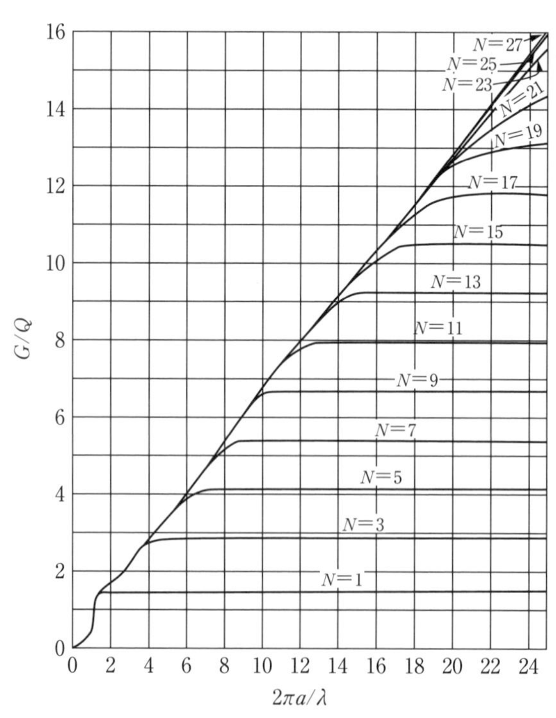

図 3.4　(球)$_{\mathrm{Chu}}$内にある無指向性アンテナの G/Q

Wheelerは小形アンテナをモデル化して等価回路（図3.1）で表し，放射係数を定義し，それを等価回路に適用してQを求め，また円筒状アンテナモデル（図3.2）を用いてアンテナの寸法とQの関係を論じた．

Wheelerに次いで**Chu**が小形アンテナの限界を論じた[2]．Chuはアンテナ系の最大寸法を半径（a）とする球（図3.3）（**(球)**$_{\mathrm{Chu}}$という）内にある無指向性のアンテナの最小のQ，ならびに最大の$\boldsymbol{G/Q}$（G：利得）などを求めた（図3.4）．

Chuは（球)$_{\mathrm{Chu}}$からの放射波を球関数で展開し，モードごとに（球)$_{\mathrm{Chu}}$の外部空間への放射インピーダンスZ_{n0}で表し（図3.5），その等価回路を表現して（図3.6）回路定数を用いて各放射モードに対するQを求めた．

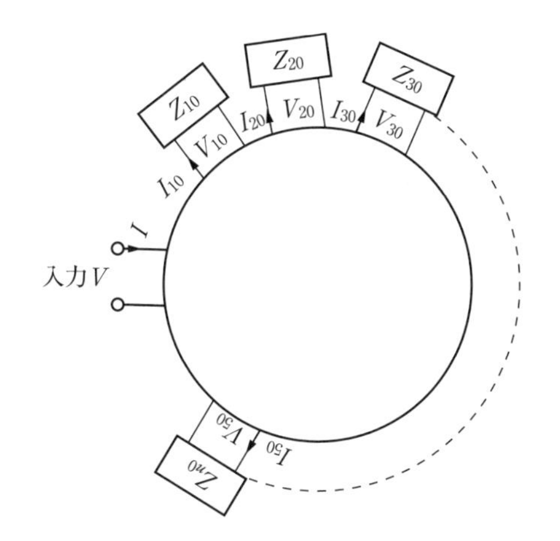

図3.5 (球)$_{\mathrm{Chu}}$からの放射波モードごとの等価表現

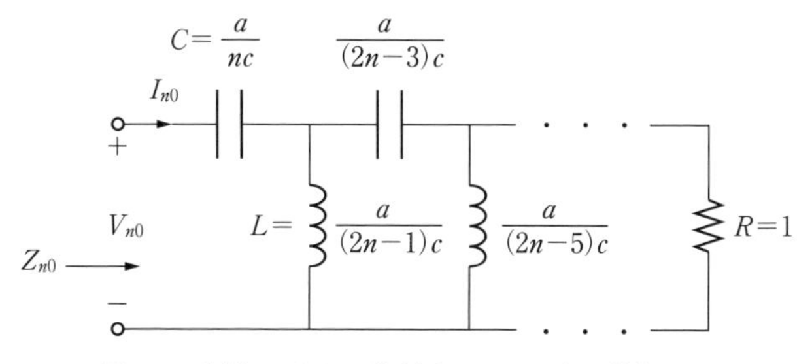

図3.6 (球)$_{\mathrm{Chu}}$からの放射波モードごとの等価回路

また，利得，帯域幅，放射効率などとアンテナの寸法との関係を解析し，無損失で最大利得を有するアンテナの **Q** を求めた（図 3.7）．

小形アンテナに関する Wheeler および Chu の取り扱いは，その後の小形アンテナの理論の展開に貢献し，具体的な開発にも大きく寄与した．

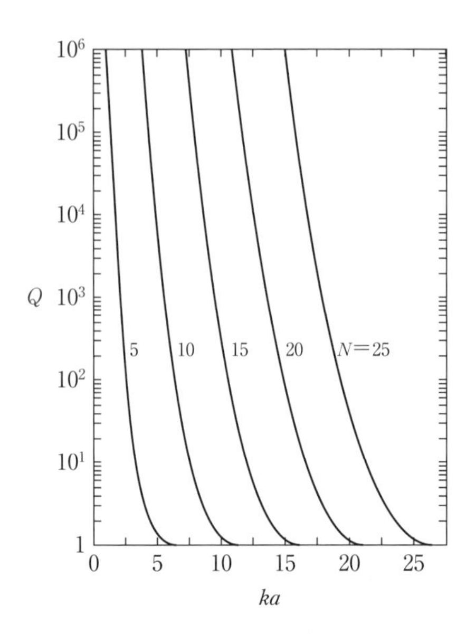

図 3.7　アンテナ（最大利得）の寸法と Q

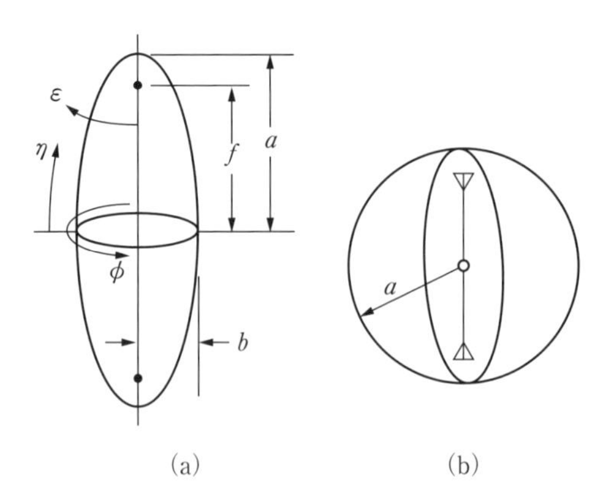

図 3.8　（球）$_{\rm Chu}$に代わる楕円体

その後，**Harrington** はChuの手法を用いて，TE,TM両モードが同時に存在する場合の Q を求めた[3)]．

Collin と **Rothchild** は，TE，TMどちらかのモードを放射するアンテナの最低の Q を厳密に求める方法を検討し，最低の Q を求めた[4)]．

彼らの解析法は後に **Fante** によって一般化され，より厳密な Q の表現が示された[5)]．

Hansen は，Chuが用いた等価回路からTMnmモードに対応した抵抗 R およびリアクタンス X を求め，それを用いて Q を表現した[6)]．

McLean は Q の厳密な表式を示した[7a) b)]．TM_{01} モードに対するChuの等価回路を用いて回路の蓄積エネルギーと抵抗における消費電力を求め，これらから Q を表現した．WheelerやChuらが求めていた Q とは異なるが，ka が非常に小さいと等しくなる．

Folts とMcLeanは，これまで求められていた Q 値が，実際のアンテナの Q とかけ離れているのは，アンテナが占める空間が球でないから，として楕円体の方が近いと考え（図3.8（a）），長楕円体（長径 a，短径 b）内に入る寸法のアンテナ（図（b））をモデル化して Q を求めた[8)]．Chuと同様な手法により，長楕円体に包含されるアンテナのTE，TMモードの最少の Q を a/b に対して

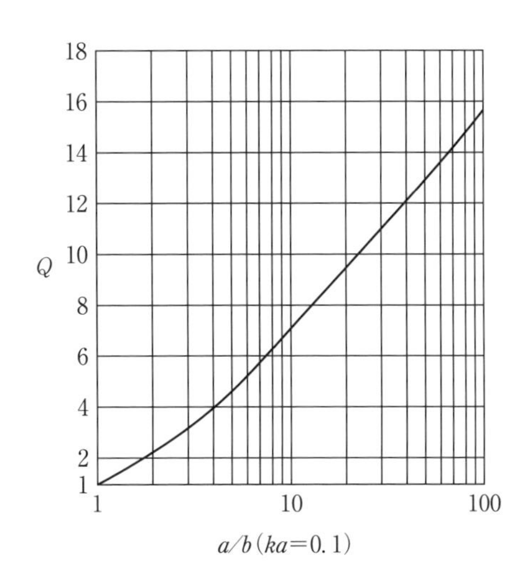

図3.9　長楕円体に包含されるアンテナの最小 Q

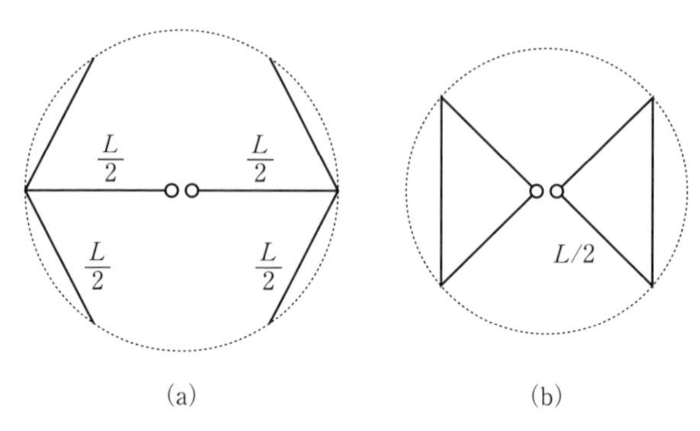

図3.10　(a)　終端装荷ダイポール，(b)　bowtie

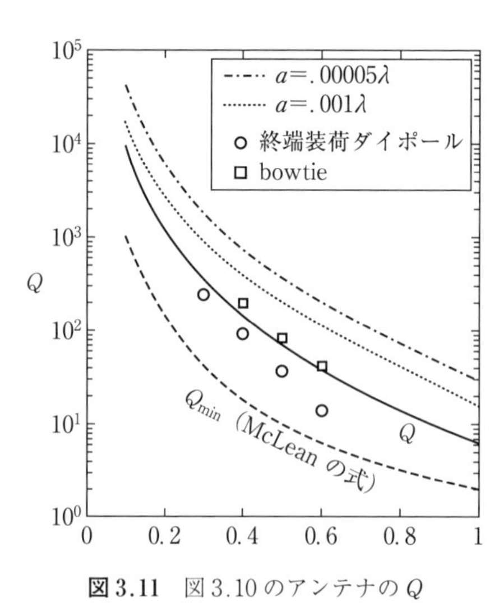

図3.11　図3.10のアンテナの Q

求めた（図3.9）.

Thiele はこれまで求められていた最低の Q は，実際のアンテナの Q とは大きくかけ離れていると考え，アンテナの Q が電流分布に依存するとして，**superdirective ratio** の概念を用いる手法を示した．放射界をモード展開によらず，遠方界を用いたユニークな手法である[9]．例として数種の**ダイポール**（終端装荷ダイポール，**bowtie**）アンテナ（図3.10）に適用し，Q 値を示した（図3.11）.

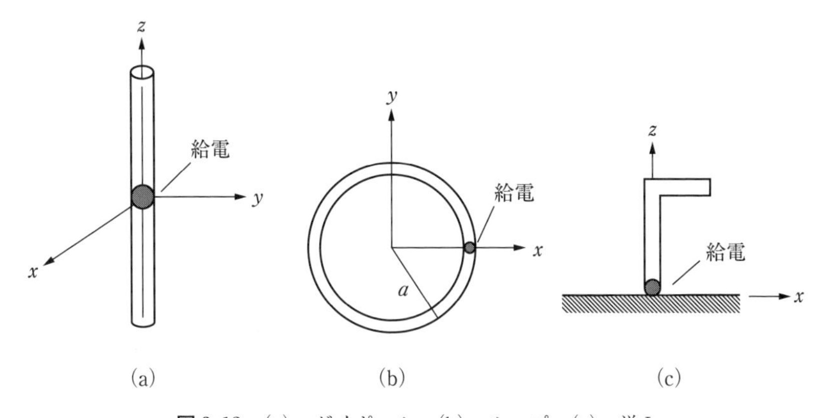

図3.12　(a)　ダイポール，(b)　ループ，(c)　逆L

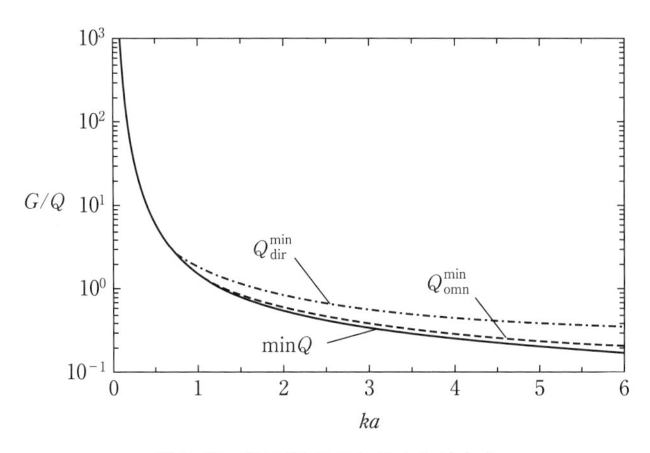

図3.13　図3.12のアンテナの最小 Q

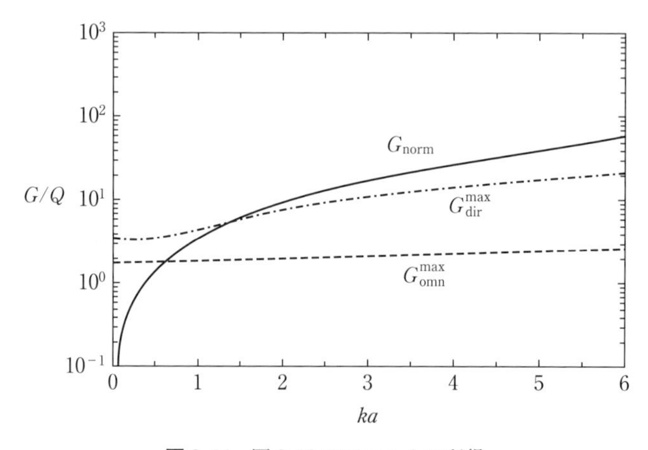

図 3.14　図 3.12 のアンテナの利得

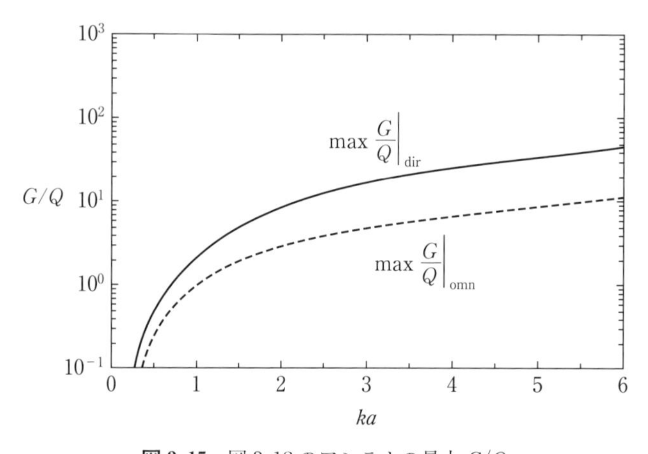

図 3.15　図 3.12 のアンテナの最大 G/Q

Geyi は Chu の方法を用いた過去の手法は正しくなく，また，Collin の方法も応用展開に難しい積分を含んでいる，として負担の少ない積分方法を論じ，数種の形状のアンテナ（ダイポール，ループ，逆 L モノポール）（図 3.12）の Q や $\boldsymbol{G/Q}$(G：利得)を求めた[10]（図 3.13，図 3.14，図 3.15）．さらにこれまで求められてきた Q や最大利得 $G_{\max}$ を再検討し，方向性をもつアンテナ，全方向性アンテナなどの Q や G/Q を求めた．

Lopez は，小形アンテナの限界に関する過去の論文を検討し，論じた．

Wheelerの式によるQ値とシミュレーションによる値とを比較してWheelerの式を検証した[11]．また，(球)$_{\mathrm{Chu}}$内の蓄積エネルギーを考慮に入れたQを求め，Q_{Chu}と比較した．

Bestは**Yaghijan**らとともに小形アンテナの限界論，Qの取り扱いなどに関して，理論だけでなく設計にも関連して論じた[12]．またQの表現をインピーダンスに関連して示し，かつ，Qと帯域幅との関係を求めている[13]．

また，自己共振の線状アンテナのQを検討し，Qの限界値を求める試みるとともに，放射インピーダンス，アンテナの形状，容積などとの関係を検討している．

Bestは，さらに折り返し**球状ヘリックス**（図3.16）が最低のQに近い値を与えるアンテナである，と論じた[14]．球状ヘリックスは（球)$_{\mathrm{Chu}}$の表面をで

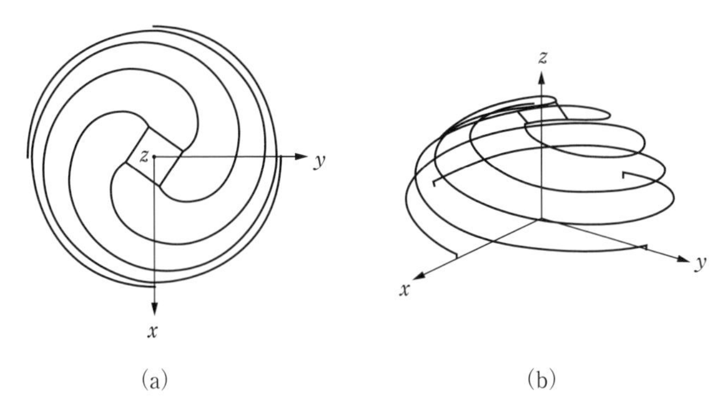

図3.16　折り返し球状ヘリックス

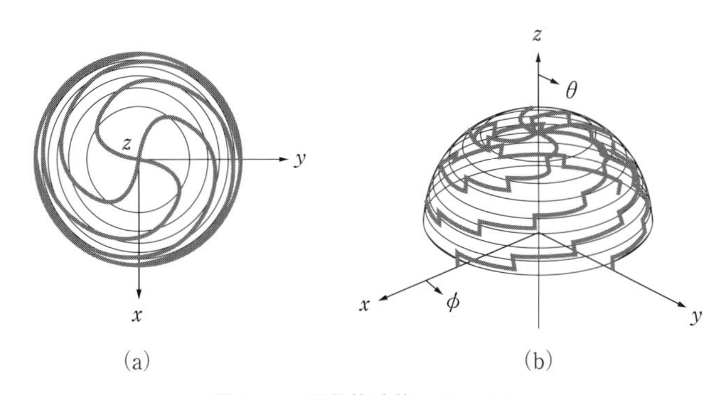

図3.17　階段状球状ヘリックス

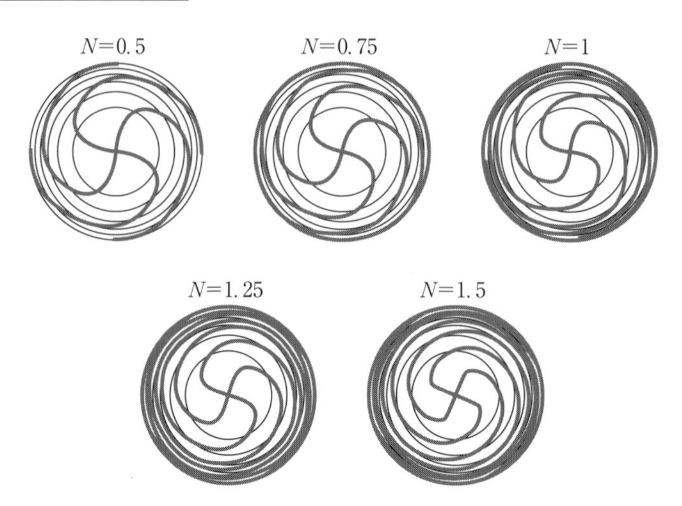

図 3.18　異なる素子数の階段状球状ヘリックス

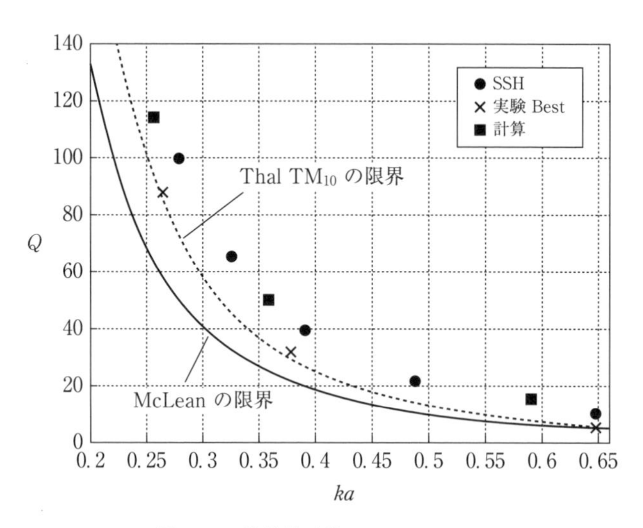

図 3.19　階段状球状ヘリックスの Q

きるだけ広く使用するアンテナの構成であるとした．さらに広く構成する例として**階段状ヘリックス**（SSH：staircase spherical helix）（図 3.17）の場合を示している．図 3.18 は素子数を変えた場合である．SSH の Q は図 3.19 のようである．

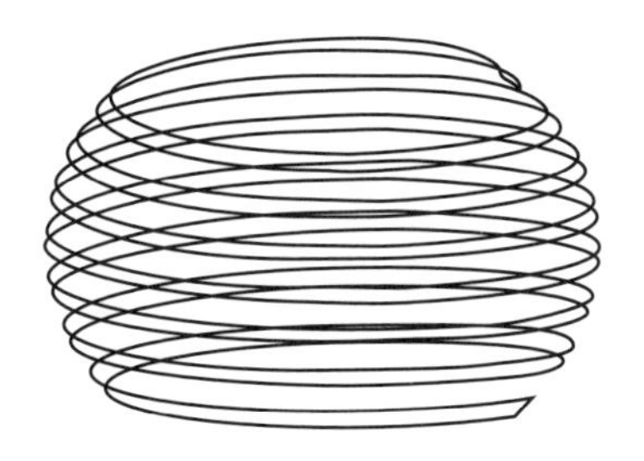

図 3.20　球状ヘリックス

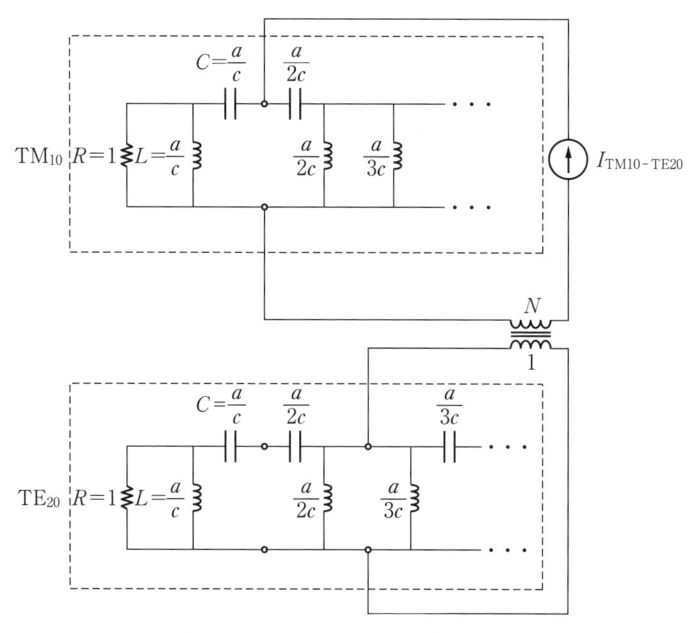

図 3.21　TE, TM モードの等価回路

球状ヘリックスは，Wheeler が示した，空間を有効に利用するには球状アンテナにする，という概念に相当する[15]．後に Thal も球状ヘリックス（図 3.20）を用いて最低の Q を論じている[16]．

Kwon はこれまでの TE，TM モード，それぞれのアンテナの利得，指向性利得，等の取り扱いに一貫性がないとして，いろいろなアンテナの解析を行った[17]．

表3.1　Thalによる算出値

ka	$Q_{\min}$	$Q_{\mathrm{TM10,\ Thal}}$	$Q_{\mathrm{TM10-TE20,\ Thal}}$	$\mathrm{TE}_{20}/\mathrm{TM}_{10}$ [dB]
0.050	8020.0	12012.1	12013.1	−40.80
0.100	1010.0	1506.0	1506.5	−34.80
0.200	130.0	190.6	190.8	−28.85
0.400	18.1	25.1	25.4	−23.08
0.500	10.0	13.4	13.6	−21.31
0.600	6.3	8.2	8.4	−19.90

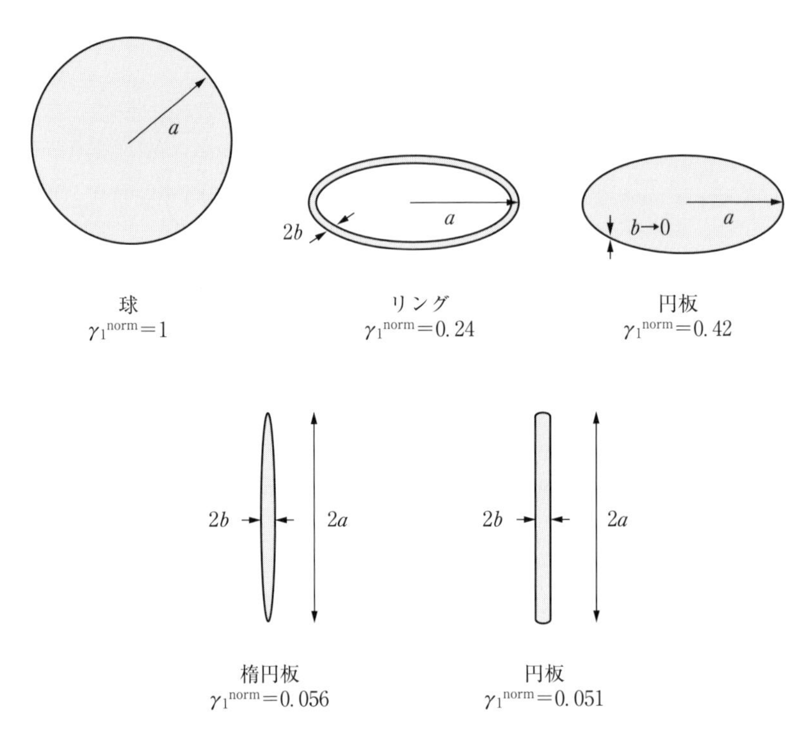

図3.22　各種アンテナ（球，リング，円板，楕円板，厚みのある円板）

Pozarは，Kwonらが示した解析方法をまとめ，論じた[18]．

Thalは，Qの限界値に関して最も厳密な取り扱いを示した．Chuの取り扱いは，**(球)**$_{\mathrm{Chu}}$内部のエネルギーを無視しており，現実より低いQが示されていたが，Thalはそれを含めて等価回路を示し，Qを求めた[19]．たとえば自己共振する球ヘリックスのQを検討した．容量性リアクタンスのTMモードと

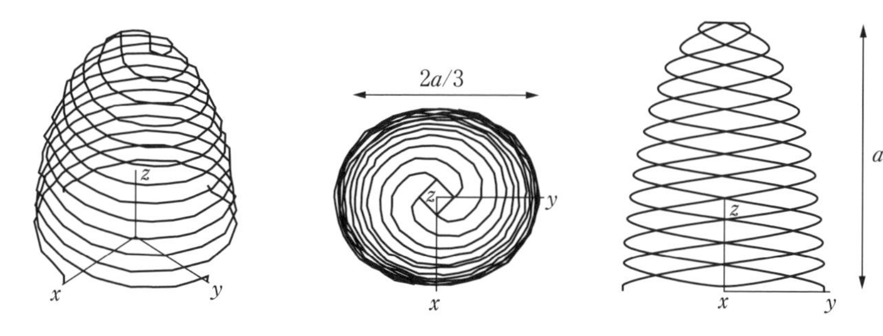

図 3.23　各種アンテナ（長楕円，短楕円，楕円状円筒）

誘導性リアクタンスの TE モードを用いて共振を得る等価回路は図 3.21 のようで，共振時の Q は表 3.1 のようである．Thal は Q の限界値だけでなく，最低限界値と位相，利得などとの関連をも検討して論じている[20)]．

Gustafson は，任意形状のアンテナ（球，リング，円板，楕円板，厚みのある円板）（図 3.22）の Q と利得を求めた．彼の手法は，他と異なり，散乱理論[21)]を用いてアンテナの特殊な表現法を示した．そして正確な利得や Q の限界をアンテナの形状が長楕円，短楕円，楕円状円筒，等の場合（図 3.23）についても求めた[22)]．

Hansen と **Collin** は，Thal が用いた $(球)_{\mathrm{Chu}}$ の表面電流をもつアンテナ等価表現を検討し，$(球)_{\mathrm{Chu}}$ 内部の蓄積エネルギーを球ベッセル関数を用いて厳密に Q を求める式を示し，ka に対する Q を図示した[23)]（図 3.24）．

その後，**Kim** と **Yaghjian** は，種々のアンテナで Q を，Chu が示した最低限界値 $\boldsymbol{Q}_{\mathrm{Chu}}$ に近づける手法について検討を行っている[24)]．

Kim らは，TE_{10} を放射する，電磁材料（比誘電率 ε，比透磁率 μ）をコアとする**磁気ダイポール**（図 3.25）の蓄積エネルギーを厳密に解析的に取り扱い，放射電力との比から Q を求める式を示して，球の寸法や ε_r，μ_r などに対する Q の値について検討した．アンテナの寸法 ka（a：球の半径）が 0.1924 の場合，ε，μ の値の選択により 1.24 Q_{Chu} が得られることを示した．

一方で，**Stuart** と **Yaghjian** は，高 μ の薄い**磁性体シェル**をトップロードした電気的小形モノポール（図 3.26）の Q について検討した[25)]．装荷する磁性体内部の電流により内部蓄積エネルギーが減少し，Q が低くなる．モノポール

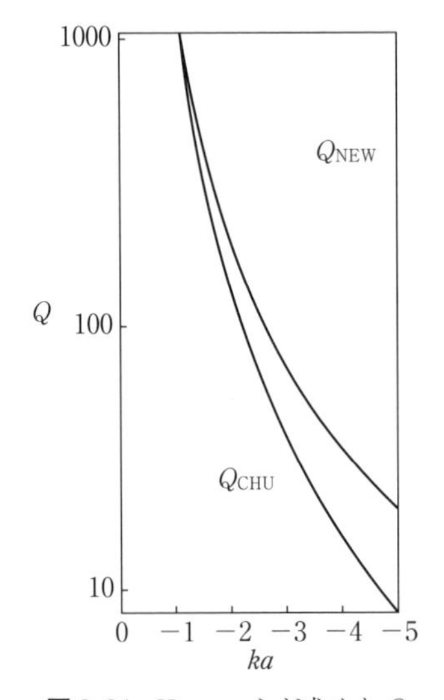

図 3.24　Hansen らが求めた Q

図 3.25　球状磁気ダイポール

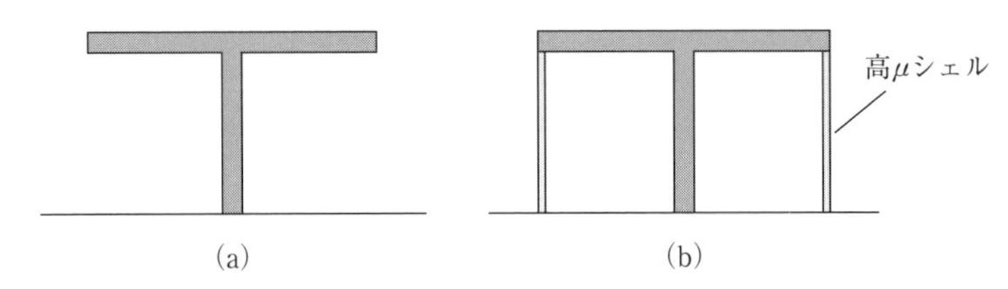

図 3.26　高 μ シェルをトップロードした小形モノポール

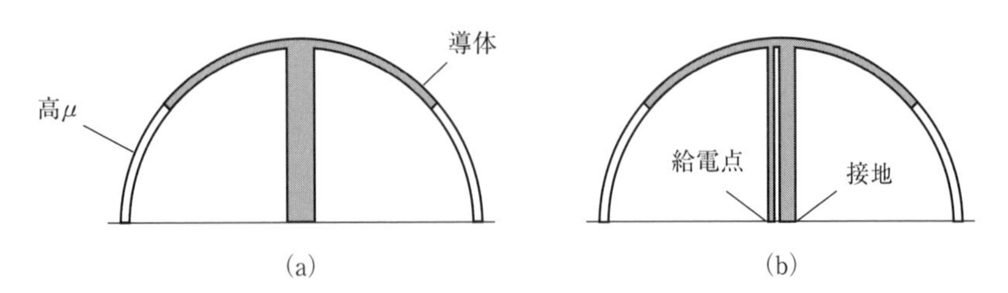

図 3.27　薄い磁性体シェル装荷モノポール

アンテナに薄い磁性体シェルを円筒状あるいは球状に装荷した場合（図 3.27）の Q を検討し，十分大きい μ により，1.11 Q_{Chu} が得られることを示した．

Kim と **Breinberg** は，電気的小形で球状の**磁性コアアンテナ**の Q の最低限界値 $\boldsymbol{Q_{LB}}$ について検討した[26)]．Q_{LB} は，磁性体コアの μ_r とアンテナの寸法 ka に依存するとして，電気的蓄積エネルギー W_E および磁気的蓄積エネルギー W_H が，$W_H > W_E$ の条件で Q_{LB} を求める表式を示した．

さらに Kim と Breinberg は，**完全導体**（**PEC**）球の表面を薄い磁性体層で覆った**磁気ダイポール**（図 3.28）の Q についても検討した[27)]．PEC 球の半径を b，磁性体層を含む球の半径を a として，球内外の電磁界をベクトル球面波関数を用いて蓄積エネルギー，および放射エネルギーを求めて Q の表式を示し，$\boldsymbol{Q/Q_{\mathrm{Chu}}}$ を最小にする最適な寸法 (ka)，材料の特性（ε_r，μ_r）等を求めた．

たとえば，$\sqrt{\varepsilon_r}=ka=0.5$，$b/a=0.135$ の場合，$Q/Q_{\mathrm{Chu}}=1.09$ になる．球状磁気コアの場合，$ka=0.5$ のとき，μ_r を最適値である 31.72 にすれば $Q/Q_{\mathrm{Chu}}=1.09$ になる．しかし，PEC 球を磁性体層で覆ったアンテナでは $b/a=0.9$ で μ_r を 1313.51 にすると $Q/Q_{\mathrm{Chu}}=1.01$ になる．

Kim は $Q_{\min}$ に関する議論を進め，理論的にはアンテナが共振状態で TM_{10}，TE_{10} 両モードが存在すれば蓄積エネルギーが完全に抑圧されて，McLean が示した $Q_{\min}=(1/2)\{1/(ka)^3+2/(ka)\}$ に近い Q が得られる[7a)]，と論じた[28)]．具体

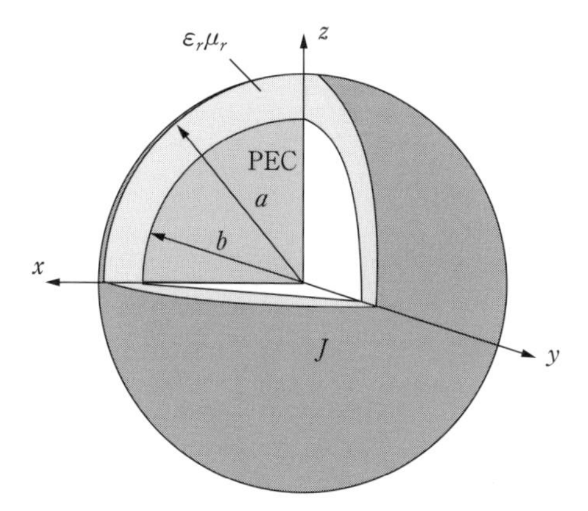

図 3.28　PEC 球を磁性体層で覆った**磁気ダイポール**

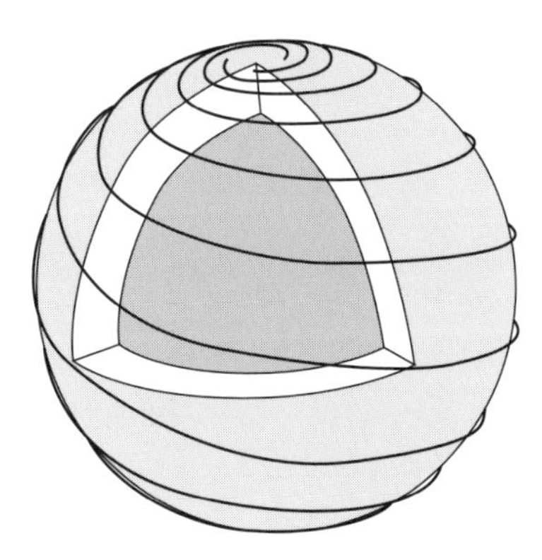

図 3.29　磁性体層で覆った**球表面上 4 線ヘリカルアンテナ**

的なアンテナとして，**球状多巻ヘリカルアンテナ**における Q の数値解析例を示し，磁性体層で覆った球状金属コア表面上の**4線ヘリカルアンテナ**（図3.29）の場合，アンテナの寸法 $ka=0.254$ で $0.06\,Q_{\mathrm{Chu}}=1.25\,Q_{\min}$ が得られることを示した．

Thal は，任意形状包絡線から放射する最低モードに対する回路モデルを球面波モードおよび任意形状導体のレーダー散乱に対する回路に基づいて導出し[29)]，この回路を用いて，モード間に結合があっても小形アンテナの Q の最低限界値が求められる，と論じた．

〈参考文献〉

1a）H. A. Wheeler：Fundamental Limitation of Small Antennas, Proc. IRE, Vol. 35, pp. 1479–1484, 1947.

1b）H. A. Wheeler：Radiansphere Around a Small Antenna, PIRE, Vol.47, pp. 1325–1331, Aug. 1959.

1c）H. A. Wheeler：Small Antennas, IEEE Transactions on Antennas and Propagat., Vol. 23, No. 7, pp. 462–469, 1975.

2）L. J. Chu：Physical Limitation on a Omni-directional Antennas, J. Applied Physics, Vol. 19, pp. 1163–1175, 1948.

3）R. E. Harrington：Effect of Antenna Size on Gain, Bandwidth, and Efficiency, J. R. Nat, Bur. Standards, Vol. 64D, pp. 1–12, Jan. 1964.

4）R. E. Collin and S. Rothchild：Evaluation of Antenna Q, IEEE Trans. Antennas and Propagat., Vol. 12, pp. 23–27, 1964.

5）R. L. Fnate：Quality Factor of General Ideal Antennas, IEEE Trans. Antennas and Propagat., Vol. 17, pp. 151–157, 1969.

6）R. C. Hansen：Fundamental Limitation in Antennas, Proc. IEEE, pp. 176–188, 1981.

7a）J. S. McLean：A Re-examination of the Fundamental Limits on Radiation Q of Electrically Small Antenna, IEEE Trans. Antennas, Propagat., Vol. 44, pp. 672–675, 1996.

7b）J. S. McLean：The Radiative Properties of Electrically Small Antennas, IEEE Electromagnetic Compatibility Symp., pp. 322–324, Aug. 22–26, 1964

8) Foltz and J. S. McLean : Limitations on the Radiation of Electrically Small Antennas Restricted to Oblong Bounding Region, IEEE Int. AP Symp., No.4, pp. 2702-2705, July 1999.
9) G. A. Thiele, P. L. Detweiler and R. P. Penno : On the Lower Bound The Radiation Q for Electrically Small Antennas, IEEE Trans. Antennas and Propagat., Vol. 51, pp. 1263-1269, 2003.
10) Y. Geyi : Physical limitation of antenna, IEEE Trans. Antennas and Propagat., Vol. 51, pp. 2126-2129, 2003.
11) A. Lopez : Fundamental limitation of small antennas validation of Wheeler's formulas, AP Magazines, Vol. 48, No. 4, pp. 28-36, 2006.
12) S. R. Best : Bandwidth and the Lower Bound on Q for Small Wideband Antennas, IEEE Int. Symp., AP, pp. 647-650, 2006.
13) S. R. Best : The Radiation Properties of Electrically Small Folded Spherical Helix Antennas, IEEE Trans. Antennas Propagat., Vol. 52, No.4, pp. 953-960, 2004.
14) S. R. Best : Low Q Electrically Small Linear Elliptical Polarized Spherical Dipole Antennas, IEEE Trans. Antennas Propagat., Vol. 53, No. 3, pp. 1047-1053, 2005.
15) H. A. Wheeler : The spherical coil as an inductor, shield or antennas, PIRE, Vol. 46, pp. 1595-1602, Sept. 1958.
16) H. L. Thal : New radiation Q limits for spherical wire antennas, IEEE Trans. Antennas Propagat., Vol. 54, No. 10, pp. 2757-2763, 2006.
17) P. H. Kwon : On the radiation Q and the gain of crossed electric and magnetic dipole moments, IEEE Trans. Antennas Propagat., Vol. 53, No.5, pp. 1681-1687, 2005.
18) D. Pozar : New results for minimum Q, maximum gain and polarization properties of electrically small antennas, EuCAP 2009, Berlin, Germany, pp. 23-27, Mar. 2009.
19) H. I. Thal : New Radiation Q Limits for Spherical Wire Antennas, IEEE Trans. Antennas Propagat., Vol. 54, pp. 2757-2763, Oct. 2006,.
20) H. I. Thal : Gain and Q bounds for coupled TM-TE modes, IEEE Trans. Antennas Propagat., Vol. 57, pp. 1979-1885, July 2009,
21) R. G. Nenten : Scattering Theory of Waves and Particles, 2nd ed., Springer Verlag, NY, 1982.

22） M. Gustafson, C. Sohl and G. Kristensson：Physical limitation on antennas of arbitrary shape, Proc. of Royal Society A：Mathematical, Physical and Engineering Science, Vol. 463, issue 2086, pp. 2581-2587, 2007.
23） R. C. Hansen and R. A. Collin：A. New Chu Formula for Q, IEEE Trans. Antennas Propagat., Vol. 51, No. 5, pp. 38-41. 2009.
24） O. S. Kim and O. Breinbjerg：Electrically Small Magnetic Dipole Antennas With Quality Factor Approaching the Chu Lower Bound, IEEE Trans. Antennas Propagat., Vol. 58, No. 6, pp. 1898-1906, 2010.
25） H. R. Stuart and A.D. Yaghjian：Approaching the Lower Bounds on Q for Electrically Small Electric-Dipole Antennas Using High Permeability Shells, IEEE Trans. Antennas Propagat., Vol. 58, No.12, pp. 3865-3872, 2010.
26） O. S. Kim and O. Breinbjerg：Lower Bound for the Radiation Q of Electrically Small Magnetic Dipole Antennas With Solid Magnetodielectric Core, IEEE Trans. Antennas Propagat., Vol. 59, No. 2, pp. 679-681, 2011.
27） O. S. Kim and O. Breinberg：Reaching the Chu Lower Bound on Q With Magnetic Dipole Antennas Using a Magnetic-Coated PEC, IEEE Trans. Antennas Propagat., Vol. 59, No. 8, pp. 2799-2805, 2011.
28） O. S. Kim：Minimum Q Electrically Small Antennas, IEEE Trans. Antennas Propagat., Vol. 60, No. 8, pp. 3551-3558, 2012.
29） H. L. Thal：Q Bounds for Arbitrary Small Antennas：A Circuit Approach, IEEE Trans. Antennas Propagat., Vol. 60, No. 7, pp. 3120-3128, 2012.

4　アンテナ小形化の原理

4.1　アンテナの小形化とは

4.1.1　小形化とは

アンテナを小形化するというのは，単に寸法を小さくするというだけではない．近年のアンテナは，小形でありながらマルチバンドや広帯域，周波数制御，等の機能をもつものが増えてきている．したがって小さい寸法でありながら，機能をもつアンテナを実現するのも**アンテナの小形化**であり，さらに寸法を変えないで共振周波数を下げるのも小形化に相当する．これらの手法にはいろいろあり，最近の小形アンテナには著しく進化した手法が多い．

前章で述べたように，アンテナにはその寸法に応じた基本的な限界があり，ある寸法に対して Q はある値以下に小さくはならず，一方で帯域幅もある値以上に広くはならない[1) 2)]．このことは電気的小形アンテナを実現しようとする場合，Q を必要な大きさ，あるいは帯域幅を必要な広さにできない場合があることを示唆する．したがって，アンテナを小形化するということは，できる限り望みの寸法での **Q の限界値**，あるいは**帯域幅**を限界値に近づける設計をする，ということである．

電気的小形以外のアンテナの場合，手法は異なる．それはアンテナの種類，すなわち**機能的小形**，**寸法制限付き小形**，**物理的小形**，などにより，それぞれ異なる．もちろん，同じ手法が別の種類の小形化に適用される場合もある．

電気的小形の場合は，上記のように，ある寸法に対して最大の帯域幅，（最低の Q）を実現する，ということが大きな課題である．別の観点で，効率を最大にする，という課題もある．アンテナが広帯域の場合は，帯域の下限周波数を低くするのが小形化に相当する．その手法にもいろいろある．

4.1.2　アンテナ小形化とインピーダンス整合

アンテナの寸法を小さくしていくと，たとえばダイポールアンテナでは抵抗成分が小さくなり，リアクタンス成分は容量性で大きくなる．整合をとるにはまず共振条件，すなわちリアクタンス成分をゼロにする必要があり，そのためには大きな誘導性リアクタンス，すなわち大きなインダクタンス素子を用いる．しかし，通常大きい損失を伴うので整合回路に損失が加わって放射効率が低下する．また，アンテナの寸法が小さくなるにつれて損失抵抗が放射抵抗に比較して大きくなり，放射効率の低下が著しくなる．同時に小さい抵抗成分を負荷の値，一般的には 50 Ω に等しくする回路も必要でこの回路でも損失が加わり，一層放射効率が下がる．

これらの問題を解決し，適切に整合をとって始めて小形アンテナは実用になる．寸法がそれほど小さくない場合でも，アンテナの取り付け位置や方法によって整合がとりにくい場合がある．それはアンテナを取り付けた周辺の状態がアンテナの特性に大きな影響を与えるような場合で，**地板**（ground plane）が十分大きくない場合や，周辺のハードウェアや部品がアンテナ素子にごく接近しているような場合，または，複数のアンテナ素子が接近して設置され，素子間に結合がある場合，などである．さらに，携帯機のように操作者の頭や手がアンテナの特性に影響を及ぼすような場合も整合条件が変化する．このような場合の整合には特別の工夫がいる．

整合はアンテナの給電端子でとる場合と，近年台頭してきた放射体の近傍空間で整合をとる手法，**空間整合**がある．放射素子の近傍における**複素ポインティングベクトル**（Poynting vector）の虚数成分をゼロにして共振をとる方法で，そのためには共振素子を放射素子近傍に置く．抵抗成分については，共振素子の調整により，入力インピーダンスを負荷抵抗（一般的に 50 Ω）に等しくする．空間整合の場合は，比較的効率高く，また帯域幅も広く整合がとれる利点がある.

4.2 アンテナを小形にする原理

アンテナを小形にする原理は, ESA や FSA など小形の種類によって異なる. 以下, 種類ごとに記述する.

4.2.1 電気的小形アンテナ（ESA）の場合

ESA には, 寸法に依存する共振周波数より低い周波数で共振させ, 整合がとれたアンテナをいう場合と, 寸法が小さいアンテナで, 帯域の下限周波数をより低くして広帯域化した場合の 2 種類がある. ESA を実現する原理の主なものは次のようである.

① **共振周波数を下げる**:

ある寸法で, その共振周波数 f_H より低い周波数 f_L の共振を得れば（図 4.1）, 等価的に小形化である. 低い周波数で共振するアンテナの寸法は, 一般的に, より高い周波数に共振するアンテナより寸法が大きいのが通常なので, 小さい寸法で低い共振周波数を得れば小形化になる. この手法による小形化は, アンテナの寸法が小さくなるほど難しくなる.

また, 広い帯域（f_H〜f_{L1}）のアンテナでは, 寸法を変えないで低域の周波数 f_{L1} をより低く f_{L2} にできれば小形化である（図 4.2）.

② **アンテナ系を含む空間の有効利用**:

アンテナは, 寸法が小さくなれば一般的に帯域は狭くなる. 小さい寸法に対

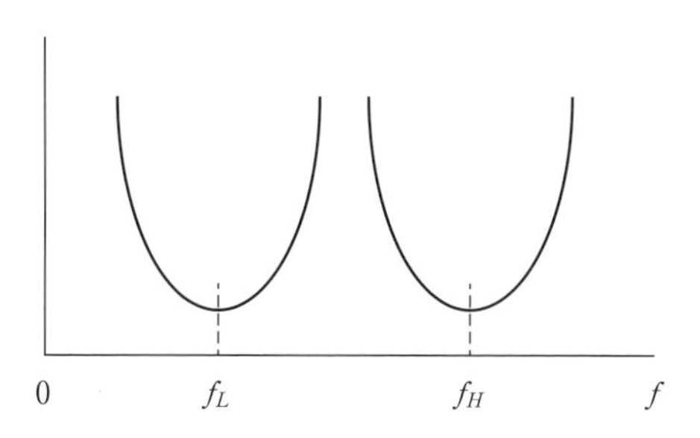

図 4.1 アンテナの小形化：共振周波数低域化

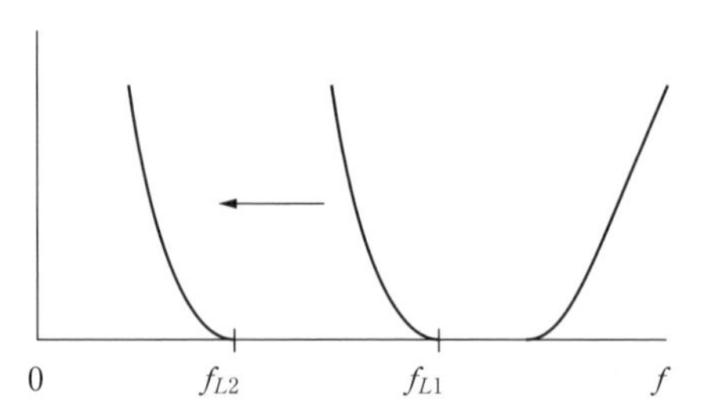

図 4.2　アンテナの小形化：低い帯域の低域化

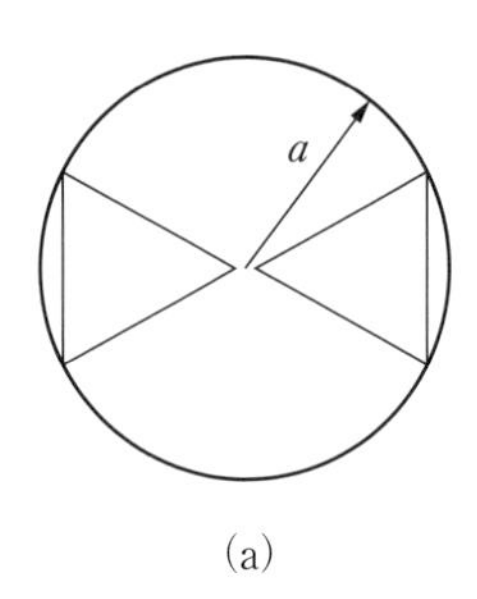

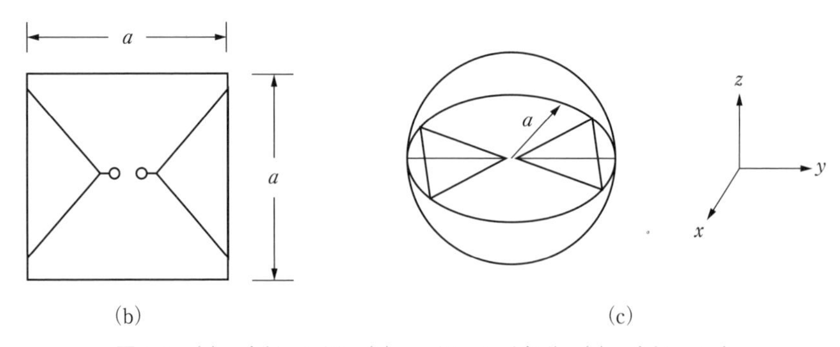

図 4.3　(a)　半径 a の円　(b)　一辺 a の正方形　(c)　半径 a の球

して，寸法を変えないでできるだけ帯域を広く保つにはアンテナ系が占める空間をできるだけ多く放射に寄与するように使用する．アンテナ系を包含する空間を最大限に利用するのは，その寸法で最低の Q，したがって最大の帯域幅を得るためである3)．アンテナ系を包含する空間とは，アンテナの最大寸法に接する空間を意味し，線状，あるいは2次元（2D）の場合は，アンテナ系の最大寸法に接する半径 a をもつ円，または一辺 a をもつ正方形（図 4.3 (a), (b)）で，3 次元（3D）の場合はアンテナ系の最大寸法に接する半径 a をもつ球である（図 (c)）.

限られた面積，あるいは容積内でアンテナ系の占める割合を増すというのは，**電流経路の延長**，あるいは寸法の拡大を意味し，共振周波数を下げ，電流経路の数を増した場合は共振周波数の数を増し，それらが接近している場合は帯域幅を広げることを意味し，こちらの場合も小形化実現に相当する.

③ **放射のモードを増す**：

最も一般的なのは TE と TM 両モードを同時に励振する．この場合 Q が 1/2 になる[4)]，すなわち帯域が 2 倍になり，等価的な小形化である．アンテナ系寸法を変えないでこれを実現すれば帯域を拡げ，あるいは放射パターンを変えた ESA を得る.

④ **放射電流分布を一様にする**：

一般にアンテナ素子上の電流分布は一様でなく，たとえばダイポール素子上では，ほぼ正弦波状である．素子の末端では電流はゼロになるので一様にするのは物理的に不可能であるが，もし給電端での電流の大きさそのまま一様にできれば利得は最大になる[5)]．寸法を変えないで利得を大きくするのは小形化に相当する.

これら原理を実現するには次のようにする.

A. **共振周波数を下げる**

共振周波数を下げるには遅波構造を使う，電流経路を長くする，電磁材料を利用する，等による.

a. **遅波構造を使う**

遅波（slow wave）とは，波が媒質を伝わる速さ v が自由空間の速さ c より遅い場合（$v<c$）をいい[5)]，そのような波を生じさせる構造を**遅波**（slow wave）**構造**という．遅波構造は，周期形状の繰り返しや伝送線，電磁材料の利用などにより構成できる.

(a-1) **周期形状**による遅波構造

線状素子で典型的な周期的形状は**メアンダライン**（meander line）（図 4.4 (a)），**ジグザグ**（zigzag）線（b），**正弦波状**（sinusoidal）線（c），**フラクタ**

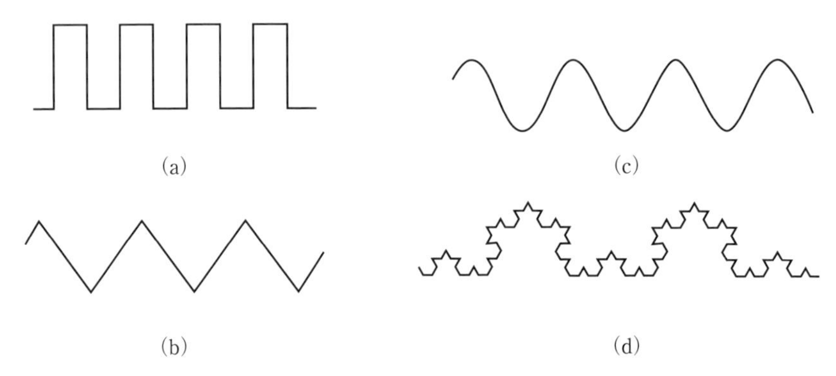

図 4.4　線状素子による遅波形状
(a)　メアンダライン，(b)　ジグザグ，(c)　正弦波状，(d) フラクタル

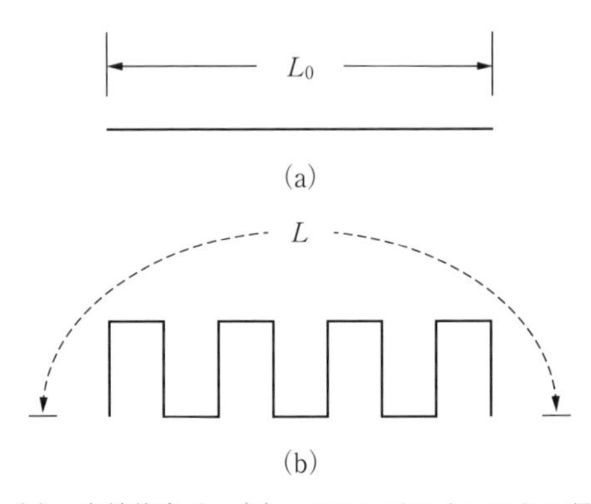

図 4.5　(a)　直線状素子，(b)　メアンダラインによる遅波形状

ル (fractal line) (d) などである．

長さ L の線状素子で，ある形状を繰り返す構成にすると，等価的に短い長さ L_0 のアンテナになる（図 4.5）．それは，線状素子 L 上を伝わる波の**位相速度**は c で，長さ L の素子上を伝わる時間は $t=L/c$ である．一方，波は長さ L_0 のアンテナ上を等価的に同じ時間 t 内で伝わるので，その速さ v_p は L_0/t．これからそれぞれの素子上を伝わる波の速さ v_p と c の比をとると $v_p/c=L_0/L<1$．したがって $v_p<c$ であり，遅波である．遅波構造にすると物理的に長さは短いが，電気的には長くなることを意味する．

長さ L_0，および L の線上で位相定数($\beta=2\pi/\lambda$，λ：波長）をそれぞれ β_0，β

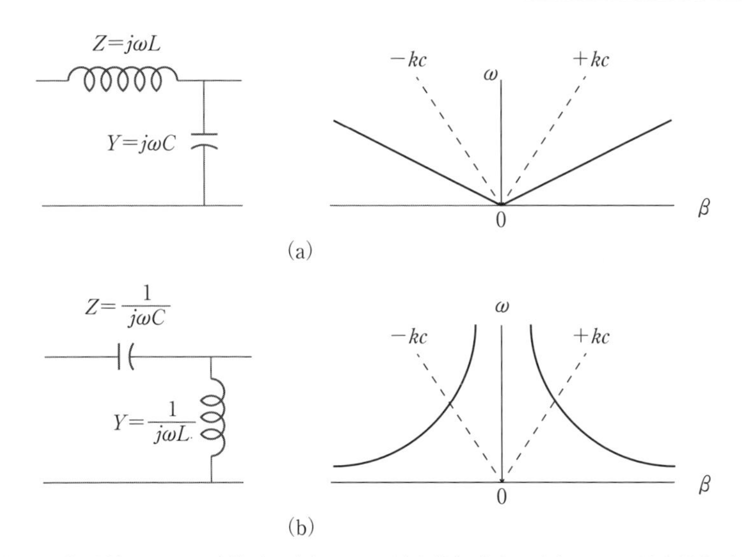

図 4.6 伝送線による遅波構造 (a) LC 回路と位相速度, (b) CL 回路と位相速度

とすると，共振時には$\beta_0 L_0=\beta L=m\pi$ ($m=1, 2, \cdots$) なので$L_0/L=\beta/\beta_0=\lambda_0/\lambda<1$であり，$L_0$の共振波長$\lambda_0$は$L$の共振波長$\lambda$より短い．すなわち電気長の長い$L$の共振周波数$f$は短い$L_0$の共振周波数$f_0$より低い．これは小形化に相当する．

(a-2) 伝送線による

たとえば，1 ユニット（長さΔz）が図 4.6 のような LC 回路から成る伝送線 TL では，LC 素子を適当に設定することにより遅波特性をもたせられる[6]．図にはそれぞれの回路の **β-ω 図**を添えてある．

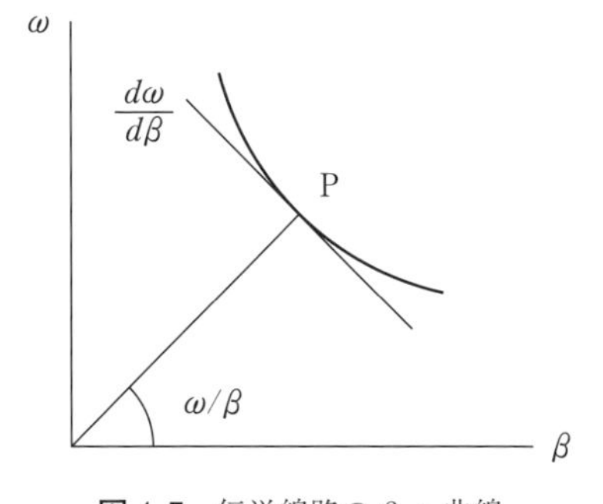

図 4.7 伝送線路の β-ω 曲線

伝送線上の波の位相速度$v_p=\omega/\beta$は図 4.7 に示す **β-ω 座標**の曲線上の一点 P と原点を結ぶ直線の傾斜で表される．この点での接線の傾斜は**群速度** $V_g(=d\omega/d\beta)$を表す．図 4.6 の点線は$\pm kc$（k：自由空間の**位相定数**）を表し，この点線以下の領域は$\beta>k$であり，$v_p<c$なので遅波特性を示す領域である．

回路の**伝搬定数** γ は，回路のインピーダンスおよびアドミタンスを Z，Y とすると，$\gamma=\alpha+j\beta=\sqrt{ZY}$ である．図4.6（a）の回路で，損失 $\alpha=0$ とすると，$j\beta=\sqrt{ZY}=\sqrt{(j\omega C)(j\omega L)}=j\omega\sqrt{LC}$ である．したがって $\beta=\omega\sqrt{LC}$，よって $v_p=\sqrt{LC}$，β-ω 図では $\omega=\beta\sqrt{LC}$，すなわち原点を通る直線である．図（b）の回路では，$\beta=-1/\omega\sqrt{LC}$，よって β-ω 図では $\omega=-1/\beta\sqrt{LC}$ である．したがって $-\beta$ の領域では，β に逆比例する曲線になる．

b．電流経路を長くする

放射に寄与する電流の経路を長くすると，等価的に遅波構成になり，共振周波数が下がる．電流経路を長くするには，線状の場合は周期構造（メアンダラインなど），平板アンテナの場合は電流経路にスロットやスリット（slit）を入れる．スロットやスリットを電流が迂回することにより電流の経路長 L は元の経路の長さ L_0 より長くなり（図4.8），共振周波数は低くなる．すなわち，アンテナの長さ L_0 を変えることなく，共振周波数を低くでき，アンテナの小形化を実現する．

c．電磁材料を用いる

従来よく用いられてきたのは，誘電体，あるいは磁性体である．近年，メタマテリアルが応用されるようになってきた．

（c-1）**誘電体**，**磁性体**を用いる

誘電体や磁性体材料の中を伝わる電磁波の位相速度 v_p は，材料それぞれの比誘電率を ε_r，あるいは**比透磁率**を μ_r とすると，誘電率 $\varepsilon=\varepsilon_0\varepsilon_r$，および透磁

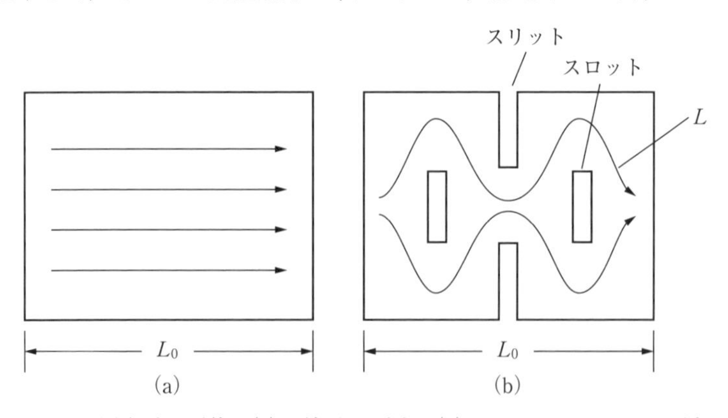

図4.8　電流経路の延伸　(a) 平板上の電流，(b) スロット，スリットの挿入

率 $\mu=\mu_0\mu_r$ であり，位相速度はそれぞれ $v_{p_\varepsilon}=1/\sqrt{\varepsilon\mu_0}$，あるいは $v_{p_\mu}=1/\sqrt{\varepsilon_0\mu}$ である．自由空間では $c=1/\sqrt{\varepsilon_0\mu_0}$ なので，v_p/c は，誘電体では $\sqrt{\varepsilon_0\mu_0}/\sqrt{\varepsilon\mu_0}=1/\sqrt{\varepsilon_r}$，磁性体では，$\sqrt{\varepsilon_0\mu_0}/\sqrt{\varepsilon_0\mu}=1/\sqrt{\mu_r}$ である．一般的に $\varepsilon_r>1$，$\mu_r>1$ なので v_p/c はどちらの場合も1より小さく，遅波特性を示している．

VHF 帯や UHF，SHF 帯などマイクロ波帯でも使用されるが，周波数の高い領域では比較的損失が大きいので，用途や目的によって使い分ける．

(c-2) メタマテリアルを用いる

メタマテリアル（metamaterial）とは，現実には存在しない材料をいう．meta は，“after”，“beyond” などを意味し，metamaterial は “次世代の material（材料）” と解釈される．すなわち “現在は実存しないが，将来現れる媒質，材料” である[7]．実際には，人工的に構成した材料（“人口材料” と呼ばれている）が用いられる．

一般的には誘電率 ε ならびに透磁率 μ が負の性質をもつ材料をいうが，どちらか一方が負でもメタマテリアルと呼ばれている．ε と μ 双方が負の場合は **DNG**（double negative），その媒質（材料）を **DNM**（double negative medium），どちらか一方が負の場合は **SNG**（single negative），その媒質（材料）を **SNM**（single negative medium）といい，そのうち，ε が負の場合を **ENG**（epsilon negative），媒質（材料）を **ENM**（epsilon negative medium），一方で μ が負の場合は **MNG**（mu negative），媒質（材料）を **MNM**（mu negative medium）という．逆に ε と μ 双方が正の場合は，**DPS**（double positive），媒質（材料）を **DPM**（double positive medium）という．これらは図 4.9 のような ε-μ 空間で表現される[8]．

DNG や SNG は人工的に構成できるので，実際にはこれらが用いられる．真にメタマテリアルである SNM や ENM も開発されており，これらを応用したアンテナ小形化の実験もなされている[9]．

① メタマテリアルの特性

基本的なパラメータは，$k=2\pi/\lambda$（自由空間の波数）として波動方程式は

$$(\nabla^2+k^2)E=0 \tag{4.1}$$

$$(\nabla^2+k^2)H=0 \tag{4.2}$$

$$k=\omega\sqrt{\varepsilon\mu} \tag{4.3}$$

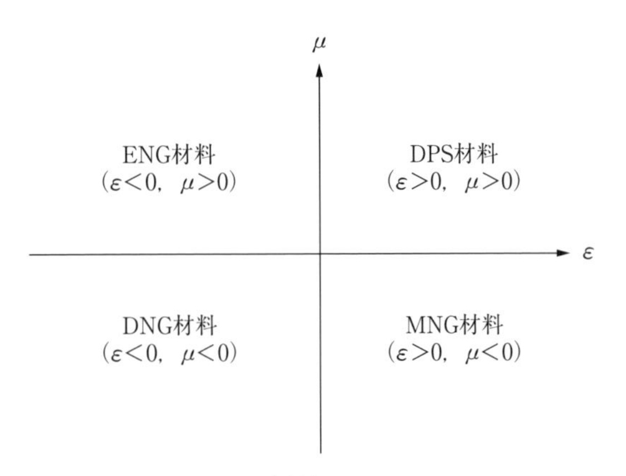

図 4.9　ε-μ 座標とメタマテリアル

波数 k と伝搬定数 γ の関係は

$$\gamma = jk = \alpha + j\beta \tag{4.4}$$

$$k = \beta - j\alpha \tag{4.5}$$

媒質の特性インピーダンス Z_0 は

$$Z_0 = \sqrt{\mu/\varepsilon} \tag{4.6}$$

ここで

$$\varepsilon = \varepsilon_0 \varepsilon_r, \quad \mu = \mu_0 \mu_r \tag{4.7}$$

損失がある場合（位相角をそれぞれ ϕ，φ として）

$$\varepsilon_r = \varepsilon_r' - j\varepsilon_r'' = |\varepsilon_r| e^{j\phi} \tag{4.8}$$

$$\mu_r = \mu_r' - j\mu_r'' = |\mu_r| e^{j\varphi} \tag{4.9}$$

DPS の場合　　$\varepsilon_r' > 0, \quad \mu_r' > 0$

ENG の場合　　$\varepsilon_r' < 0, \quad \mu_r' > 0$

MNG の場合　　$\mu_r' < 0, \quad \varepsilon_r' > 0$

DNG の場合　　$\varepsilon_r' < 0, \quad \mu_r' < 0$

いま，r 方向に進む平面波（TEM 波）を考える．一般的に電磁界 E，H は E_0，H_0 をそれぞれの振幅として

$$E = E_0 e^{-jk \cdot r} \tag{4.10}$$

$$H = H_0 e^{-jk \cdot r} \tag{4.11}$$

損失のない媒質中（$\varepsilon_r'' = \mu_r'' = 0$）では，**Maxwell の方程式**（波源がないとし

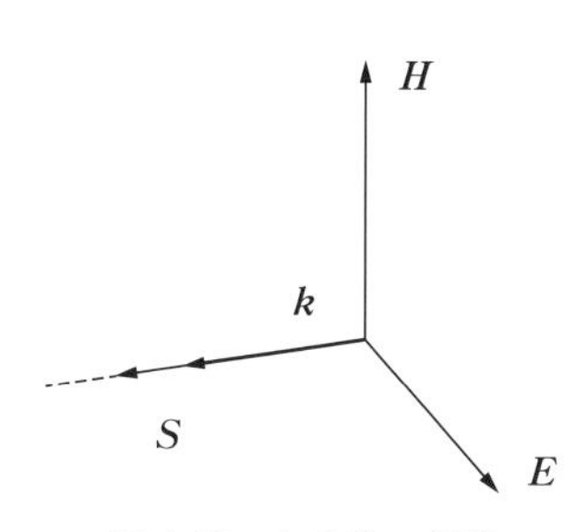

図 4.10　右手系の表現

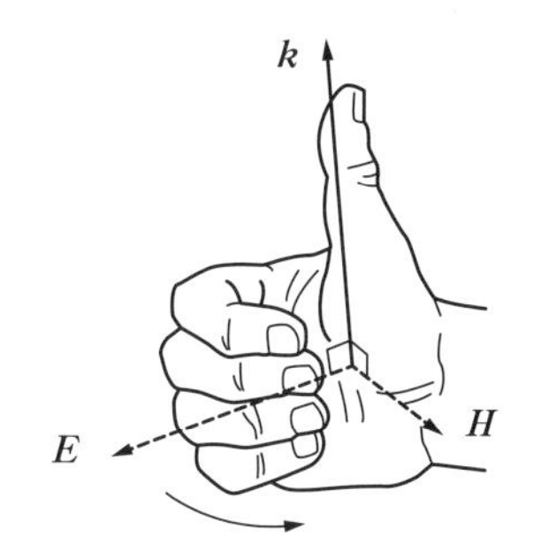

図 4.11　右手系の図

て）

$$\nabla \times \boldsymbol{E} = -j\omega\mu\boldsymbol{H} \qquad (4.12)$$

$$\nabla \times \boldsymbol{H} = j\omega\varepsilon\boldsymbol{E} \qquad (4.13)$$

を用いて

$$\boldsymbol{k} \times \boldsymbol{E} = \omega\mu\boldsymbol{H} \qquad (4.14)$$

$$\boldsymbol{k} \times \boldsymbol{H} = -\omega\varepsilon\boldsymbol{E} \qquad (4.15)$$

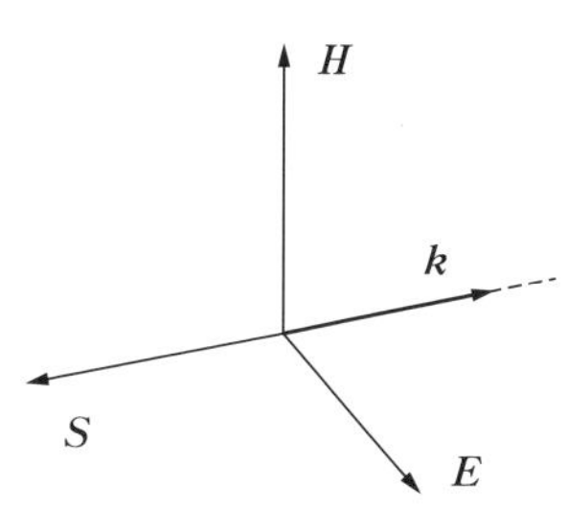

図 4.12　左手系の表現

のように表される．この式は，$\boldsymbol{k}$，$\boldsymbol{E}$ および $\boldsymbol{H}$ はおのおの直交していることを表している（図 4.10）．$\boldsymbol{E}$ と $\boldsymbol{H}$ の右ねじ方向に $\boldsymbol{k}$ が向いている（図 4.11）ことから，**右手系**（right-handed system）[10] という．

DNG の場合は

$$\boldsymbol{k} \times \boldsymbol{E} = \omega|\mu|\boldsymbol{H} \qquad (4.16)$$

$$\boldsymbol{k} \times \boldsymbol{H} = -\omega|\varepsilon|\boldsymbol{E} \qquad (4.17)$$

であり，$\boldsymbol{k}$ の向きが逆になる（図 4.12）．この場合は**左手系**（left-handed system）である．

波数 $\boldsymbol{k}$ は

$$\boldsymbol{k} = \omega\sqrt{\varepsilon\mu} = \omega\sqrt{(-\varepsilon)(-\mu)} = \omega\sqrt{\varepsilon\mu} \qquad (4.18)$$

k は負である．

ポインティングベクトル $\boldsymbol{S}$ は

$$\boldsymbol{S} = (1/2)\,\mathrm{Re}\,(|E|^2/H^*) \qquad (4.19)$$

$$= (1/2)\,\mathrm{Re}\,(|E|^2/E^*/Z_0) \qquad (4.20)$$

ここで $\mathrm{Re}(1/Z^*)=\mathrm{Re}(Z/Z_0 Z^*)>0$ なので

$$S>0 \tag{4.21}$$

S は常に正であり（左手系でも），右手系では k と同じ向きである．

波の位相が進む速さ v_p は

$$v_p=\omega/k \tag{4.22}$$

よって $k<0$ であれば $v_p<0$．すなわち左手系では波の位相の向きは S（エネルギーの進む向き）と異なり逆である．

群速度 v_g は

$$v_g=\delta\omega/\delta k \tag{4.23 a}$$

$$=c/\{1/2(\delta\omega\varepsilon)/(\delta\omega)+(\delta\omega\mu)/(\delta\omega)\} \tag{4.23 b}$$

ここで $(\delta\omega\varepsilon)/(\delta\omega)>0$，$(\delta\omega\mu)/(\delta\omega)>0$，ゆえに $v_g>0$ である．すなわち群速度は常に正である．

媒質の**屈折率** n は

$$n=\sqrt{\mu_r\varepsilon_r} \tag{4.24 a}$$

$$=\sqrt{|\mu_r||\varepsilon_r|e^{j(\phi+\phi)/2}} \tag{4.24 b}$$

これから $n'>0$，$n''>0$ として

DSP の場合　　$n=n'-jn''$　　(4.25 a)

DNG の場合　　$n=-n'-jn''$　　(4.25 b)

無損失の場合，$n=-n'$ である．

このように屈折率が負のとき，**NRI**（negative refractive index）という．SNG の場合，n は虚数になる．

②　負の ε，μ をもつ実在の物質

現実に ε が負の特性の物質も存在はする．たとえば成層圏における電離層は短波帯以下の周波数領域で負の誘電率 $-\varepsilon$ をもつ．また，蛍光灯内部には電極近くに負の ε をもつイオンが存在する．可視光近辺で可視光以下の周波数では金属は負の ε を呈する．磁性体では，ジャイロ磁気共鳴の周波数帯でのフェライトや **YIG**（yttrium ion garnet）は共振周波数近くで μ が負になる．

しかし，ε と μ が同時に負になる DNG 材料，媒質は実存しない．

③　$-\varepsilon$，$-\mu$ の等価的表現

$-\varepsilon$，$-\mu$ を等価的に実現する方法には 2 種類ある．それは**共振素子**（RP：

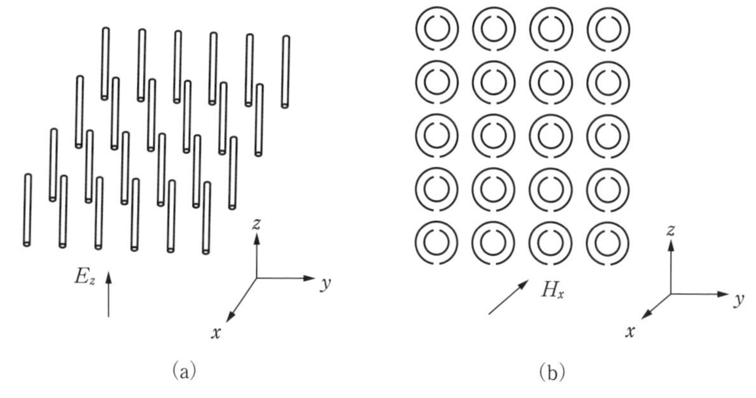

図 4.13 (a) 擬似誘電体（線状アレイ），(b) 擬似磁性体（リングスロットアレイ）

resonant particle）を周期的に配列する方法と，伝送線 **TL**（transmission line）を用いる方法である．

a. 共振素子 RP による：

RP には，**線状**（$\lambda/2$）**素子**と SR（sprit ring）**素子**とがあり（図 4.13），前者は線状素子に平行な電界をかけることにより**擬似誘電体**を，後者はリングに直交した磁界をかけることにより**擬似磁性体**を表現し，分散特性をもつ ε と μ を実現する[11) 12)]．ε と μ が同時に負になる構成は図 4.14 のように線状素子と SR の組み合わせ[13)]で，その周波数範囲は共振周波数近辺の狭い帯域で，かつ損失が比較的大きい（図 4.15 に示す（$-\varepsilon$，$-\mu$）領域）．さらに構成が 3D なので寸法が大きくなる．

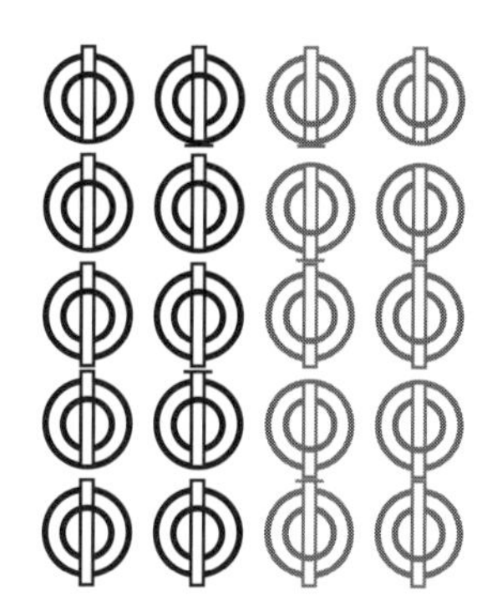

図 4.14 疑似誘電体と擬似磁性体による $-\varepsilon$，$-\mu$ の表現

b. 伝送線 TL（transmission line）による[14)]：

TL による MM は，直列の C と並列の L より成る回路ユニット（unit cell，図 4.16）を直列接続して構成する．線路に損失がない場合（$\alpha=0$），伝搬定数 γ は

$$\gamma=j\beta=\sqrt{Z'Y'}=-j/\omega\sqrt{L_L'C_L'} \tag{4.26}$$

よって

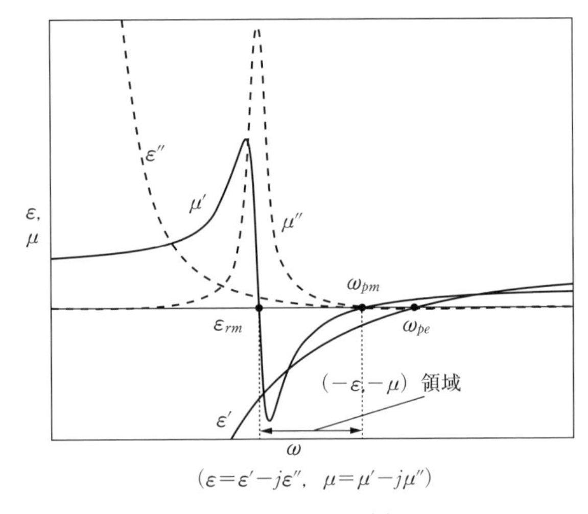

図 4.15　ω-ε, μ 図

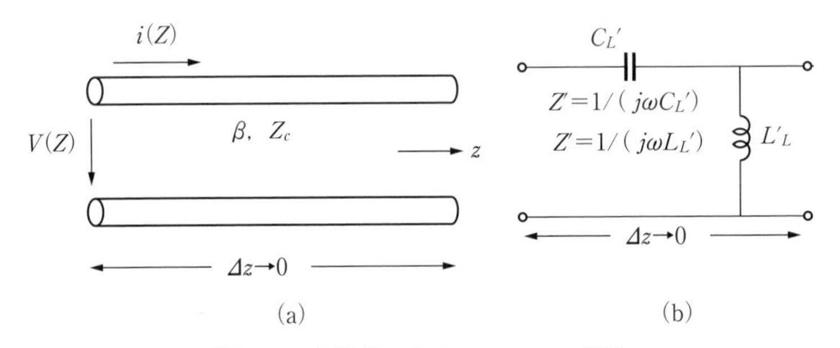

図 4.16　伝送線による −ε, −μ の表現

$$\beta = -1/\omega\sqrt{L_L' C_L'} < 0 \quad (4.27)$$

特性インピーダンス Z_c は

$$Z_c = \sqrt{Z'/Y'} = \sqrt{L_L'/C_L'} > 0 \quad (4.28)$$

位相速度 v_p および群速度 v_g はそれぞれ

$$v_p = \omega/\beta = -\omega^2\sqrt{L_L' C_L'} < 0$$

$$v_g = d\omega/d\beta = +\omega^2\sqrt{L_L' C_L'} > 0 \quad (4.29)$$

$v_p<0$ なので $\beta<0$ であり，波は**後進波**（backward wave）である．

波のエネルギーの進む方向は $v_g>0$ であり，後進波の位相の進む方向は，それと逆である（左手系）．これも MM の特徴の1つである．実際の TL には損失があり，また TL の構成によっては LH の特性とともに RH の特性ももたせられる．図 4.17 のような TL は LH，RH 双方の特性をもつ．このような TL は **CRLH**（composite RH and LH）**TL** と呼ばれる[15]．CRLH TL のパラメータは

$$Z'=j\omega(L_R'-1/\omega^2C_L') \tag{4.30}$$

$$Y'=j\omega(C_R'-1/\omega^2L_L') \tag{4.31}$$

$$\gamma=\alpha+j\beta=\mp j\sqrt{\chi'} \tag{4.32}$$

$$\chi'=\omega^2L_R'C_R'+1/\omega^2L_L'C_L'-1/L_L'C_L'(1/\omega_{se}{}^2+1/\omega_{sh}{}^2) \tag{4.33}$$

ここで

$$\omega_{se}=1/\sqrt{L_R'C_L'} \tag{4.34 a}$$

$$\omega_{sh}=1/\sqrt{L_L'C_R'} \tag{4.34 b}$$

ω_{se} および ω_{sh} は直列回路，および並列回路，それぞれの共振周波数である．CRLH TL の β-ω 特性は図 4.18 のようで，$L_R'=C_R'=0$，および $L_L'=C_L'=0$，すなわち LH，あるいは RH 双方の領域を示している．

ω は β が $-$ から $+$ の領域に変化しており，$\beta=0$ では ω_{sh} と ω_{se} である．ω_{sh} と ω_{se} の間の領域では波は伝搬しない．この領域を **EBG**（electromagnetic band gap）という．ω_{sh} と ω_{se} の値は回路の定数により決まる．

$\omega_{sh}=\omega_{se}=\omega_0$ の場合，β-ω 特性は連続曲線となり，バンドギャップ（EBG）はなくなる．この場合の TL は **balanced（平衡型）TL** と呼ばれ，β は

$$\beta=\omega\sqrt{L_R'C_R'}-1/\omega\sqrt{L_L'C_L'} \tag{4.35}$$

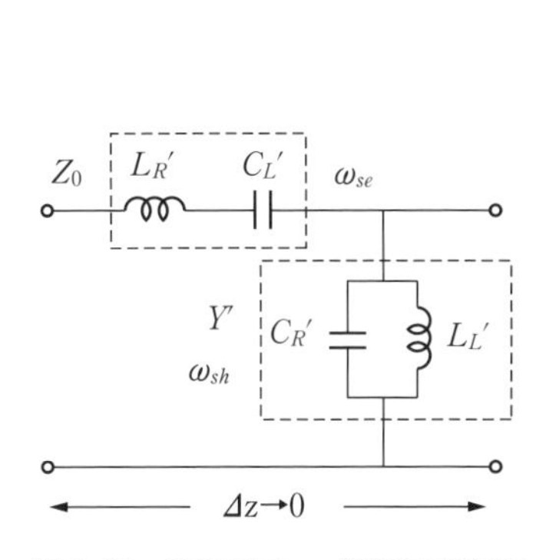

図 4.17 CRLH TL の等価回路表現

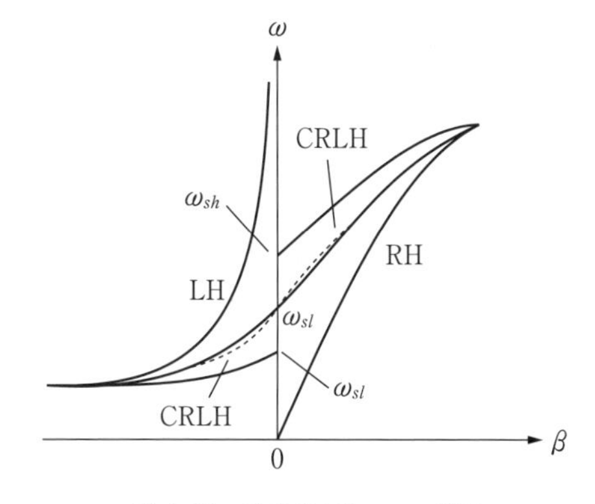

図 4.18 CRLH TL の ω-β 図

この場合，$\beta(\omega_0)=0$ であり，$\lambda(\omega_0)=\infty$，すなわち共振波長は無限大である．位相速度 v_p と群速度 v_g はそれぞれ

$$v_p=\infty$$
$$v_g=1/(2\sqrt{L_L'C_L'})=L_L'/(2C_R'\sqrt{C_L'}) \tag{4.36}$$

$\omega_{sh}=\omega_{se}$ 場合の TL は **unbalanced**（**不平衡型**）**TL** と呼ばれる．

TL 上 Δx 区間の電圧 V，電流 I，インピーダンス Z，アドミタンス Y とすれば

$$-\Delta V=ZI\Delta x$$
$$-\Delta I=YV\Delta x \tag{4.37}$$

$\Delta x\rightarrow 0$ として

$$\partial V/\partial x=-ZI$$
$$\partial I/\partial x=-YV \tag{4.38}$$

これから

$$\partial^2 V/\partial^2 x=ZYV$$
$$\partial^2 I/\partial^2 x=ZYI \tag{4.39}$$

Maxwell 方程式との対応で

$$\partial Ex/\partial x=-j\omega^2\varepsilon\mu Ex \tag{4.40}$$

回路との対応では

$$j\omega\varepsilon=Z \tag{4.41 a}$$
$$j\omega\mu=Y \tag{4.41 b}$$

式（4.30）と（4.31）を用いて

$$\varepsilon(\omega)=C_R'-1/\omega^2 L_L' \tag{4.42 a}$$
$$\mu(\omega)=L_R'-1/\omega^2 C_L' \tag{4.42 b}$$

これらは**分散特性**（frequency dispersive）をもつ．波に対する屈折率 n は，$\sqrt{\varepsilon_r\mu_r}$ で与えられるが，ω_0 より高い周波数では $n<0$，低い周波数では $n>0$ である．

CL 回路ユニットを N 個接続して（全長 $l=|m|\lambda_g/2$，あるいは $\beta_m l=m\pi$）構成する **CRLH TL** は，図 4.19 のような共振特性を示す[16)]（m は RH 領域では $m>0$，LH 領域では $m<0$，ω_0 では 0）．$\omega_{\pm i}$ は共振周波数（i：モード番号，$+j$，$-i$ はそれぞれ RH および LH 領域の共振）で，CRLH TL は $2N$ 個のモ

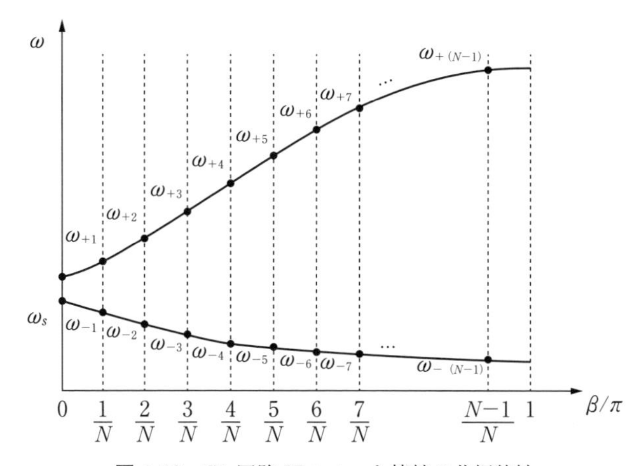

図 4.19　CL 回路 N ユニット接続の共振特性

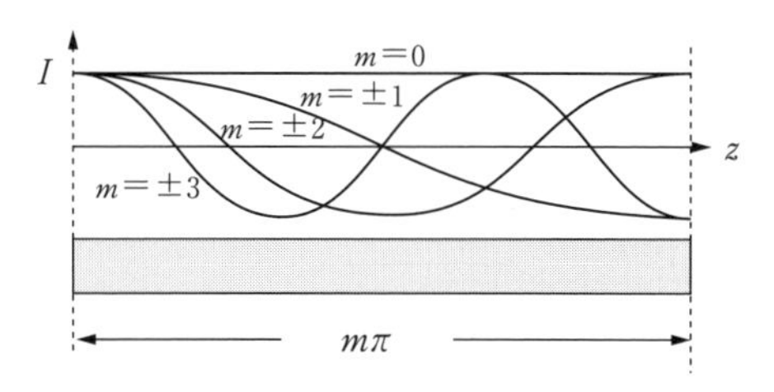

図 4.20　m 次共振 TL 線状の電流分布

ードをもつ（$\omega_{sh} \neq \omega_{se}$，すなわち unbalanced TL の場合は，$2N-1$ 個）．ユニット長 p に対応して $\beta_m p = \beta_m (1/N) = m\pi/N$．この場合，複数の共振モードにより，マルチバンドアンテナの設計ができる．TL 線上の m 次共振状態の電流分布は図 4.20 のようである．

TL によるメタマテリアル（MM）は媒質の共振を利用しないので，広帯域であり，損失も小さい．さらに特徴的なのは平面的な構成ができるので，実用的には非常に好都合である．

B.　アンテナを含む空間の効率的利用

寸法が限られているアンテナ素子で，低い周波数での共振を得る，あるいは広い帯域幅を得るには，アンテナ素子が占める空間面積をできるだけ広く使う形状にする．

薄型，平型など 2D の素子場合は，素子の最大寸法を一辺とする正方形を最大限利用する形状にする．帯域幅を広げるには，原理的にはアンテナ素子が占める空間を最大限使い，最低の Q を得る形状にする．3D の場合は空間の全容積を最大限に利用する構成にする．

具体的には，たとえば線状の**ダイポールアンテナ**は，空間を多く利用していないので能率の良くない形状である．それで広帯域にするには平板状の場合は面積を広くし，細い円筒状の場合は直径を太くする（図 4.21）．限られた面積内で広く利用するには，線状素子の場合は線長を延長するように形状を変える．

幾何学的パターンを利用する方法もあるが，アンテナとして放射効率を落とさない形状にしなければならない．幾何学的パターンの例は，**ペアノ曲線**[17)]や**ヒルベルト曲線**[18)]，あるいは**フラクタル**[19)]を利用したダイポールなどがあるが，適切な位置で給電する（素子上の点は給電点の例）（図 4.22）．この場合，限られた面積内でアンテナ素子長が延長され，共振周波数が低くなること

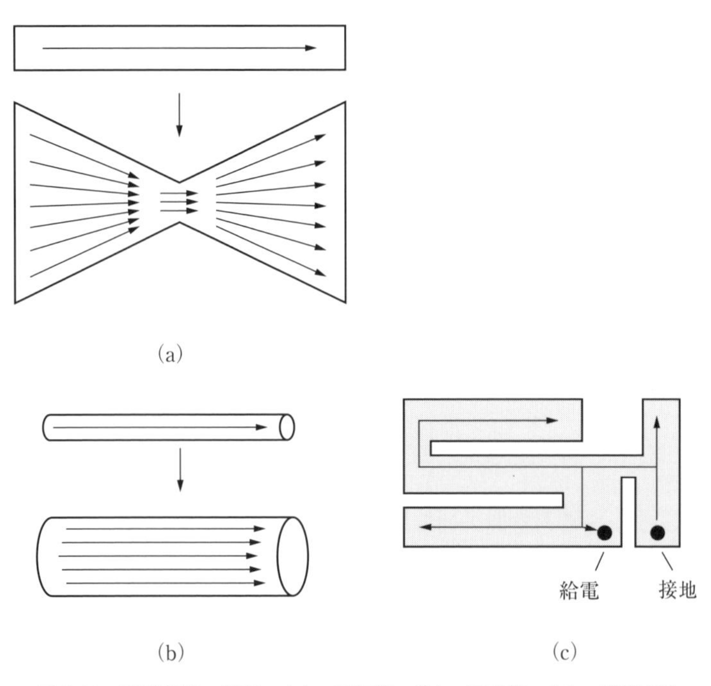

図 4.21　電流経路の拡張　(a)　平板状，(b)　円筒状，(c)　形状変化

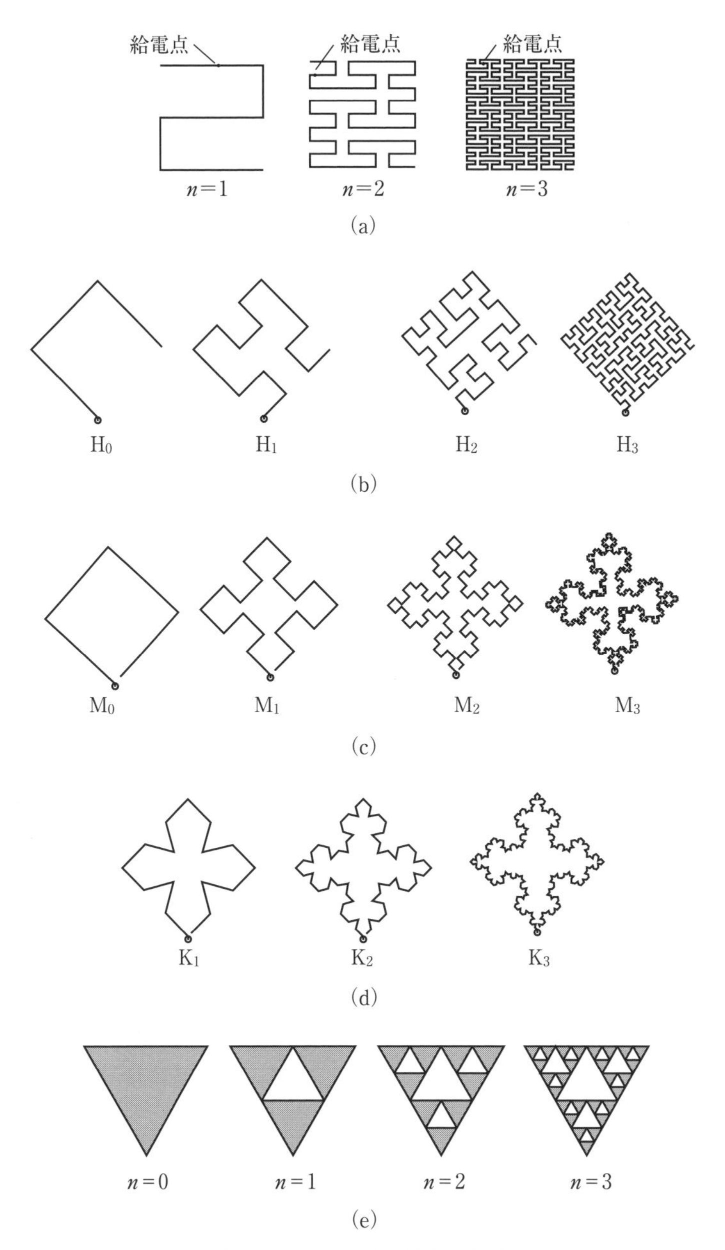

図 4.22 フラクタル形状の各種
(a) ペアノ形状, (b) ヒルベルト形状, (c) コッホ形状, (d) シアピンスキ形状

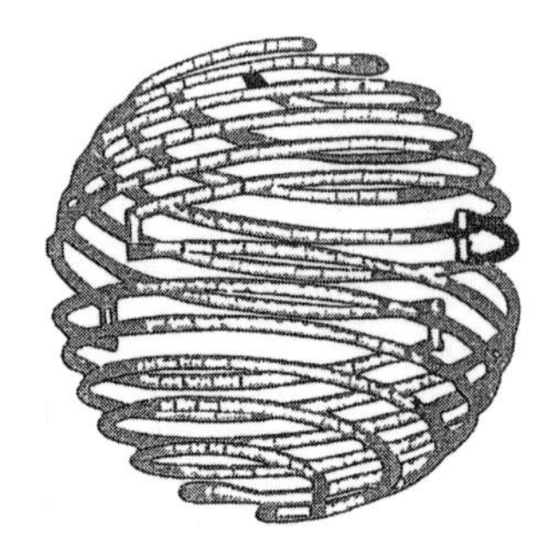

図 4.23　球状ヘリックス

図 4.24　スプリットリング構成ヘリックス

により，アンテナが小形化される．また，電流経路の数が増えるためマルチバンドにもなる．

3D の場合は，アンテナ素子の最大寸法を直径とする球の内部をできるだけ多く利用する形状とする．球表面にヘリックスを構成する場合（図 4.23）や，球の表面に沿って**スプリットリング**（split ring）を構成する方法（図 4.24），等がある．

空間を最も有効に利用するのに，2D，あるいは 3D それぞれ，全面積，あるいは全容積を占めるようアンテナ素子を構成するのが理想であるが，実現は不可能である．有効に放射するアンテナ素子を構成できるとは限らないからである．

現実には上記のように可能な限りの空間を占め，かつ有効に放射するアンテナ系の設計をする．放射を効率よく行うアンテナの構成には，電磁シミュレーションによる最適化の手法が適用できる．

C.　放射モードを増す

a.　素子の合成

アンテナ系内で複数の素子を組み合わせ，それぞれの放射特性を合成して動作させる．複数の共振周波数で**マルチバンド**，あるいは広い帯域，複数の放射モードによる放射パターンの変化，広帯域化，利得向上，などが得られる．

一例として，小形モノポールと小形ループの組み合わせによる TM と TE モード放射の構成がある（図 4.25）．複数のアンテナ系の組み合わせは，その他各種があり，用途，目的に応じて構成して使用する．その他，線状素子とス

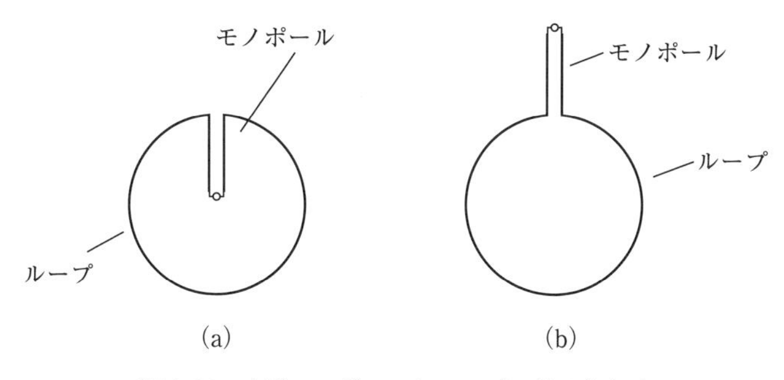

図 4.25 小形モノポールとループの組み合わせ

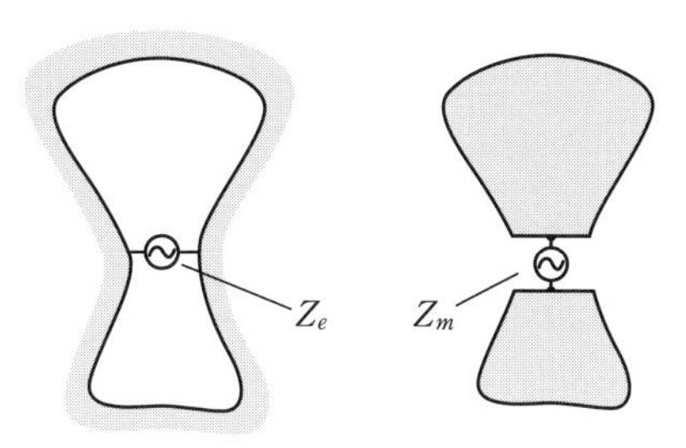

図 4.26 自己補対表現

ロット，平板素子とスロット，等がある．

b. 自己補対による構成

互いに**補対関係**にある素子を合成し，**広帯域**にする方法である．広帯域の原理[22]は，TE 素子と TM 素子（図 4.26）のインピーダンスを Z_e, Z_m とすれば，その積は，Z_0 を媒質の特性インピーダンスとして，自由空間では

$$Z_e Z_m = (Z_0/2)^2 \tag{4.43}$$

すなわち，$Z_0{}^2/4 = (120\pi)^2/4$ で周波数に無関係に一定であり，いわば無限大の帯域となる[20]．このようなアンテナを**周波数に依存しないアンテナ**（frequency independent antenna）[21]という．

補対アンテナの帯域は理想的には無限であるが，実際には使用する地板の寸法が有限なため，帯域は無限にならない．しかしそれでも帯域の広いアンテナが構成できるので，広帯域アンテナの構成によく利用される．

c. 双対による構成

容量性と誘導性で互いに双対である素子を組み合わせて構成し自己共振のア

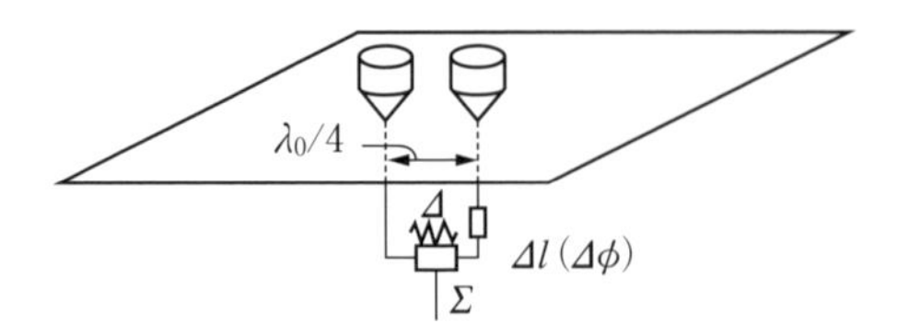

図 4.27　双対素子による構成

ンテナを形成するが，広帯域アンテナの構成にも利用される[22]（図 4.27）．この手法には，双対のアンテナ素子を組み合わせる場合と，負荷回路において双対回路素子を用いて整合をとり，広帯域にする場合とある．この場合，共振がある程度広い範囲で得られるように素子・回路を選択する必要がある．

d．　電流分布を一様にする

アンテナ素子上の電流分布を一様にすると，その素子の寸法での最大利得が得られる．したがって，限られた寸法で最大利得を得るという観点でこれは小形化の一手法である．

D．　材料を使う

a．　誘電体，磁性体

誘電体や磁性体を使い，寸法を小さくするのは周知の手法である．寸法短縮率は誘電体の場合 $1/\sqrt{\varepsilon}$，磁性体の場合 $1/\sqrt{\mu}$ である．誘電体は比較的広い周波数にわたり利用されるが，磁性体の場合は，一般的なフェライトなど比較的低い UHF 帯以下の周波数帯で使用され，マイクロ波領域など高い周波数領域では YIG などが使われる．

b．　メタマテリアル

メタマテリアルには，DNG と SNG があり，それぞれ特徴を生かして利用される．EBG の利用もある．

（b-1）　**DNG**

DNG の実用的な構成は，CRLH が最も適切である．遅波特性，後進波，等の特性を利用してアンテナの小形化，**エンドファイア**（end-fire）**ビーム**，広域ビーム走査，等のアンテナを実現する．**ゼロ次モード**の TL は，共振が線路の寸法に無関係なのでアンテナの小形化に特に有効である．

(b-2) SNG

$-\varepsilon$，あるいは $-\mu$ を等価的に構成して**空間整合**に用い，アンテナを小形化する試みがある[23) 24)]．空間整合とは，放射素子の**近傍界**（near field）に $-\varepsilon$，あるいは $-\mu$ の材料を置き，近傍界のリアクタンスを材料の等価的なリアクタンスで相殺して共振を得，かつ実成分を調整して整合をとる手法である．アンテナの給電点で行う一般的な整合と異なり，大きいリアクタンスに対して損失が少なく，かつ比較的広帯域に整合条件を満足させられる利点がある．

その原理は，アンテナ近傍界の複素ポインティングベクトル $\boldsymbol{S}$ のリアクタンスをメタマテリアルの等価リアクタンスで相殺することにより共振を得ることと，実成分もアンテナの入力端における抵抗値（50 ohm）に調整することで整合条件を得ることにある．具体的には，次のようである．

アンテナの入力インピーダンス Z_a は

$$Z_a = R_a + jX_a \tag{4.44}$$

ここで複素ポインティングベクトルは

$$\boldsymbol{S} = (\mathrm{Re}\,\boldsymbol{S} + j\mathrm{Im}\,\boldsymbol{S}) \tag{4.45}$$

$$Z_a = (\mathrm{Re}\,\boldsymbol{S} + j\mathrm{Im}\,\boldsymbol{S})/I^2 \tag{4.46}$$

$$R_a = \mathrm{Re}\,\boldsymbol{S}/I^2 \tag{4.47 a}$$

$$X_a = \mathrm{Im}\,\boldsymbol{S}/I^2 \tag{4.47 b}$$

ここで，I はアンテナの入力端の電流である．SNG 材料をアンテナ素子近辺においてその近傍界におけるリアクタンス成分 $\mathrm{Im}\,\boldsymbol{S}$ を材料の等価的リアクタンスで相殺し，共振条件を成立させる．$-\varepsilon$ の材料は誘導性リアクタンス，$-\mu$ の材料は容量性リアクタンスを呈するので，TM モードの放射素子に対しては $-\varepsilon$ の材料 **ENG** を（図 4.28），TE モードの放射素子の場合は $-\mu$ の材料 **MNG** を用いる（図 4.29）．入力抵抗成分も負荷抵抗に等しく調整して整合条件を得る．

TM モードのアンテナ，たとえば小さいダイポールアンテナの場合，寸法が小さくなるほど大きな容量性リアクタンス，小さい抵抗成分になるので，負荷回路での整合が非常に困難になるが，近傍界空間での共振，あるいは整合は比較的とりやすく，それがある程度広い周波数帯域にわたり行えるので，非常に有効である．空間整合は，等価的なメタマテリアルではなく，実際に開発され

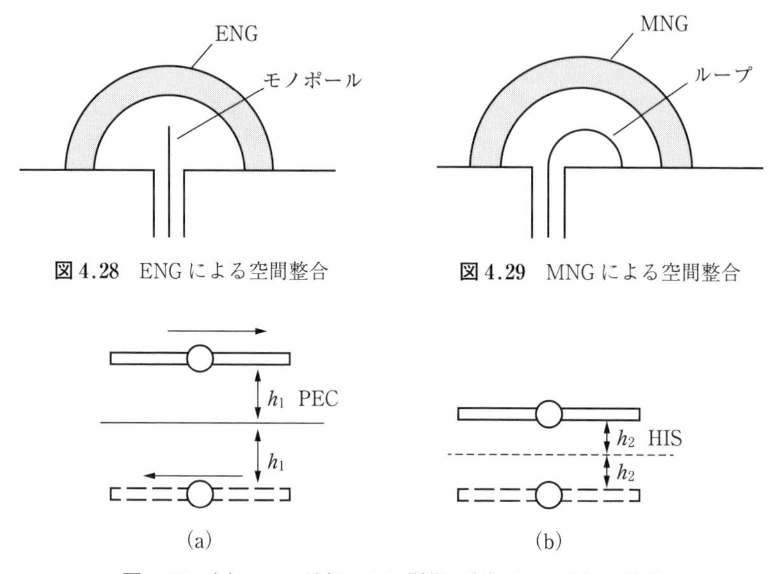

図 4.28　ENG による空間整合

図 4.29　MNG による空間整合

図 4.30　(a)　PEC 地板による影像，(b)　HIS 地板の影像

ている $-\varepsilon$ あるいは $-\mu$ の材料を用いてアンテナを小形化する試みがなされている．

(b-3)　**EBG**（electromagnetic band gap）

図 4.18 で示したように，媒質中で波を伝送しない周波数領域（$\omega_{sh}-\omega_{sl}$）である EBG 特性をもつ平板は，**表面インピーダンス**が高いので，**HIS**（high impedance surface）として利用できる[25]．

地板として用いると，TM モードの放射体を表面に並行させても PEC の場合と異なり負のイメージは生じない（図 4.30）ので，地板に近接して置ける．したがって**低姿勢のアンテナ**が実現できる．

また，有限の寸法の地板に利用すると，PEC の場合は（図 4.31（a）），表面電流により地板が励振されて地板の裏側にも放射が生じる（図（b））が，HIS を用いると，高い表面インピーダンスにより，放射体による地板の励振が抑圧される（図（c）ので放射電流が抑制され，地板の背面の放射が軽減される（図（d））．

さらに，近接する複数のアンテナ間の相互結合を抑制できるので，たとえ

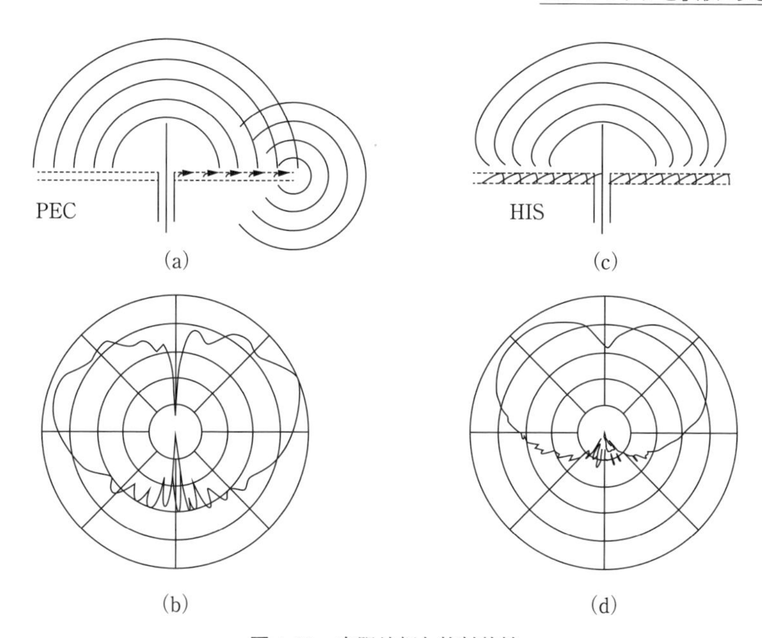

図 4.31　有限地板と放射特性
(a)　PEC の場合，(b)　放射パターン，(c)　HIS の場合，(d)　放射パターン

ば，**MIMO** の場合複数のアンテナ素子を近接して設置できる．小型機器などでは複数のアンテナを設置しやすくなる．

E.　一体化による

アンテナ系に他の素子を装荷，**一体化**（integration）したアンテナとして用いる．一体化とは，複数の要素を組み合わせて，要素個々の特性によらず，組み合わせた構成による特性に応じた動作をさせるよう，要素を一体化する手段をいう[26]．

アンテナ素子に電子回路を装荷して一体化した構成もある．装荷する要素には，**受動**（passive）素子だけでなく，**能動**（active）素子もある．アンテナの給電点での整合が LCR 回路で困難な場合に **Non-Foster 回路**の利用（図 4.32）や **NIC**（negative impedance converter）[27]を利用することがある（図 4.33）．NIC によりリアクタンス成分の符号を変えて共振条件を得る．

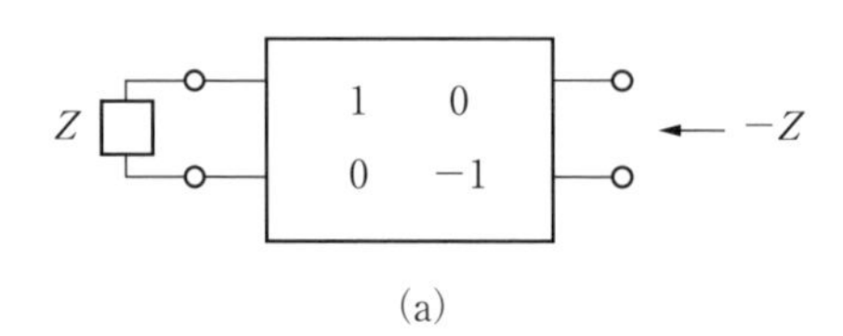

(a)

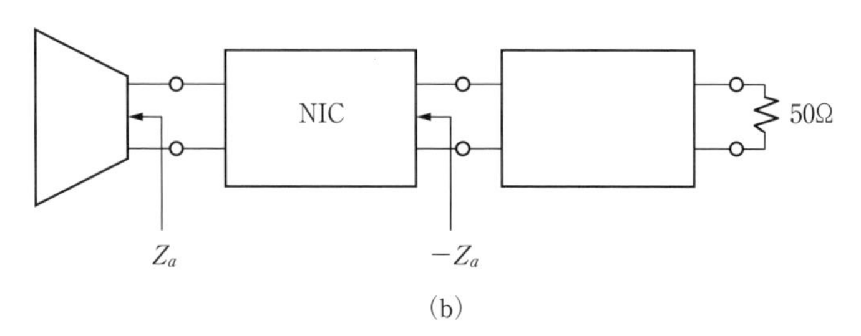

(b)

図 4.32　(a)　NIC の原理,(b)　NIC の利用例

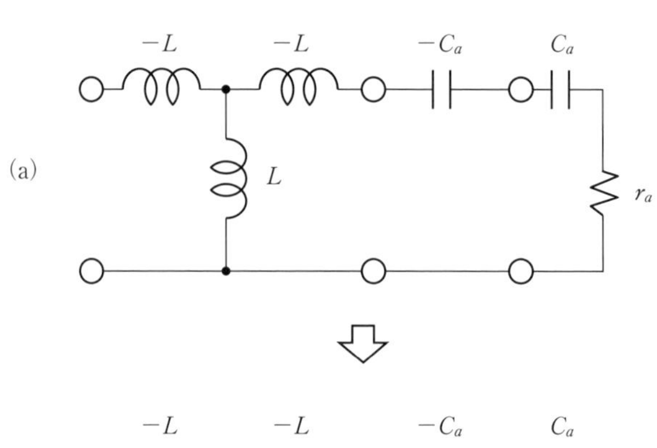

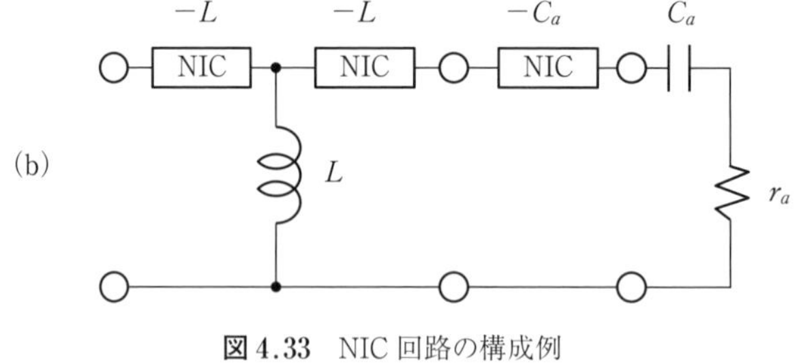

図 4.33　NIC 回路の構成例

4.2.2 機能的小形アンテナ（FSA）の場合

アンテナの寸法を変えないでアンテナに機能を付与することにより，等価的に小形化したのが **FSA** である．機能には，利得，周波数帯域幅，複数周波数帯域（マルチバンド），制御，センサ，などがある．そのような機能をアンテナ系で実現する場合と，機能的要素，たとえば増幅，発振，周波数制御，などをアンテナ系に装荷，一体化して，機能的動作をするアンテナ系を創り出す場合と2様がある．

A．広帯域化，マルチバンド化

a．アンテナ系が占める空間の有効利用

前項4.2.1Bで述べたアンテナ系を包含する空間を有効に利用する考えを適用して，アンテナの素子形状を設計する．2D素子では，面積を広げて帯域を拡げる，あるいは多周波動作をさせる．それにはアンテナ形状を変える，あるいは，アンテナ素子に幾何学的形状を適用したりする．

b．放射電流の経路を変える

放射電流の経路を変えるのは，長くする，数を増す，あるいは面積を増す，などがある．**経路長**を長くすれば共振周波数が下がり，**経路数**を増せば共振周波数の数が増えてマルチバンド化する，あるいは共振周波数が近接していれば広帯域になる．**経路面積**を増せば広帯域化する

c．素子の合成

アンテナ系に他の素子を組み合わせて素子それぞれの共振周波数による複数の共振をもたせ，**マルチバンド**にする．素子間の結合により周波数はかならずしも素子自体の共振周波数ではなく，素子間結合によりそれぞれの共振周波数の帯域が重なり，**広帯域**を実現する場合が多い．

B．機能の装荷

機能は，受動素子，能動素子，あるいは機能素子などをアンテナ系に装荷することにより，各種機能を発揮するアンテナ系を実現する[33)]．

a．受動素子の場合

主としてL，C，Rなどの回路要素を用いる．LまたはCをアンテナに装荷して共振条件を得るのは一般的な手法であるが，電流分布を変化させて放射パ

ターンを制御する目的に利用する場合もある．R の装荷は，損失が増えて放射効率が低下するのでそれを許容する場合のみ広帯域化に用いる．

b．能動素子の場合

増幅，発信，周波数制御，等の機能をもつ電子回路をアンテナ系に装荷して，その回路の機能をアンテナ系にもたせて**能動アンテナ**とする．増幅アンテナでは，受信用の場合，利得の向上はあるが，同時に回路のノイズも加わるので，受信出力のS/Nで動作を評価しなければならない．できるだけ低いノイズの回路を使用し，受信機の入力回路もアンテナ系と一体化した設計をする．回路には**非線形動作**をさせないよう，入力レベルに細心の注意が必要で，非線形による**混変調**（inter modulation）あるいは**相互変調**（cross modulation）を発生しないよう注意する．送信系でもS/Nを評価する必要がある．

c．機能素子

制御機能をもつ回路の装荷により，周波数変換，放射パターンの制御，たとえば走査，追尾，偏向，偏波回転，等の動作をアンテナ系にさせる．装荷する回路には，トランジスタやスイッチ機能をもつMEMSなどを用いる．アンテナ系で周波数や放射パターンなどを目的的に制御する機能（reconfigurable performance）をもたせる場合もある[28]．

4.2.3　寸法制限付き小形アンテナ（PCSA）の場合

主として低姿勢のアンテナの実現に関係する場合が主で，完全導体（PEC）地板を用いる場合が多い．地板の寸法が無限大の場合と有限の場合があり，また高い表面インピーダンスをもつ地板（HIS）を用いる場合もある．PEC地板の場合は，設置したアンテナの**影像**（image）が生じるのでそれを利用する．

A．影像（image）の利用

無限大の地板（完全導体）の上に垂直モノポールアンテナを設置すれば，**影像の原理**により放射特性はダイポールアンテナと等価になる．ダイポールアンテナに限らず，他のアンテナでも影像の原理は利用される．マイクロストリップアンテナは地板による影像の効果を利用している．

a．地板（完全導体）による

地板が無限大の場合，TMモードのアンテナを地板に垂直（放射電流を垂

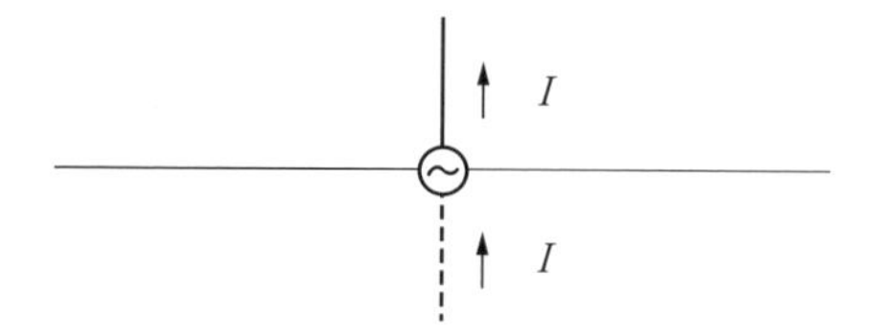

図 4.34 モノポールと PEC 板

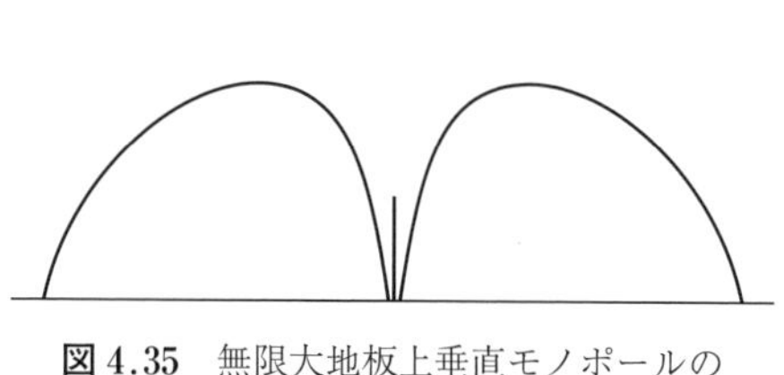

図 4.35 無限大地板上垂直モノポールの放射パターン

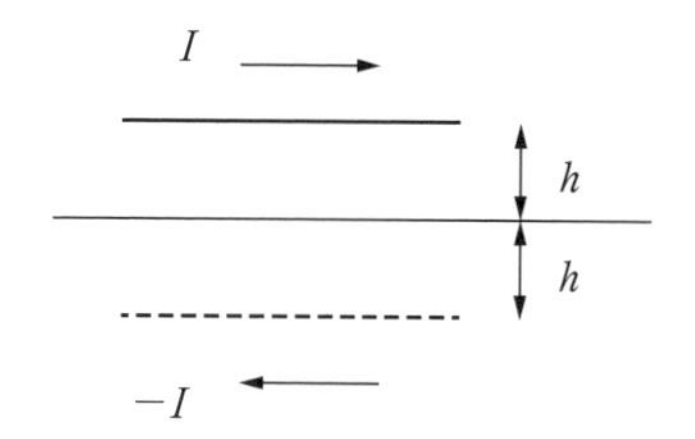

図 4.36 無限大地板上水平モノポールの影像

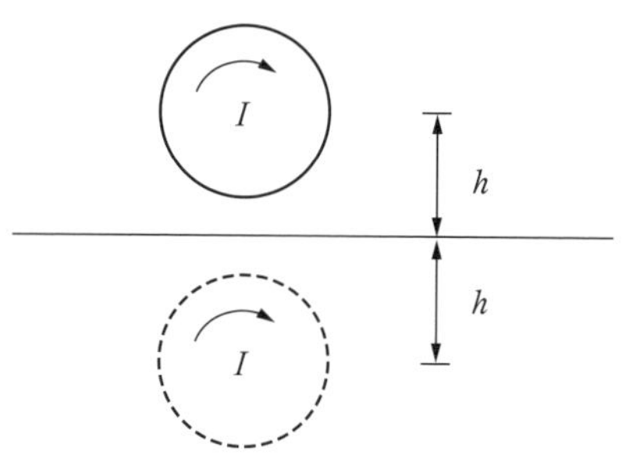

図 4.37 無限大地板上 TE モード素子の影像

直）に置けば正の影像により，たとえばモノポールでは等価的にダイポールになる（図 4.34）が，地板の下方には放射しないので 1/2 の寸法のダイポールとして動作する．この場合，入力インピーダンスはダイポールの 1/2，放射は地板の上部だけになり（図 4.35），指向性利得は 3 になる．一方，地板に平行に置いた場合は，負の影像が生じ，放射は相殺される（図 4.30（a），図 4.36）ため，地板による映像の効果は利用できない．

TE モードのアンテナ（ループやヘリックス）の場合は，地板に垂直（放射磁流を水平）に置くと（図 4.37），その影像は正なので放射は相加される．逆に地板に平行（放射磁流に垂直）に置くと負の影像により放射は相殺される．

地板が無限大でなければ，地板に放射電流を誘起してアンテナの一部として動作し，地板の下方にも放射を生じる（図 4.31（b））携帯機器などの波長に比べて小さい地板にアンテナを取り付けた場合，地板ならびにアンテナ周辺の導体に電流を誘起してこれらも放射体として動作するため，アンテナの特性は地板，近接物体，筐体等周囲の環境を含めて考えなければならない．

注意すべきは，小型機器ではアンテナの寸法が小さい場合，地板などアンテナ周辺のハードウェアを包含する球の半径 a が $ka \leqq 0.5$ でなければ，アンテナ系としては電気的小形アンテナとして扱えない．

b．HIS（high impedance surface）の利用

HISを地板として用いると，完全導体板と異なり，TM素子を平行に置いても影像は負性ではないので（図4.30），素子はHIS板に近接して置いても特性は劣化しない．したがって低姿勢のアンテナができる．

HISには，完全導体板表面に平面状共振素子を配列して高い表面インピーダンスをもたせる場合と，メタマテリアルを用いる場合とがある．FSS（frequency selective surface）の利用もある．

B．幾何学的パターンを使う

4.2.1Bで記述した幾何学的パターンをプリントして薄型，平型のアンテナを形成する．

4.2.4　物理的小形アンテナ（PSA）の場合

A．小さい寸法

単純に物理的寸法を小さくしたアンテナで，ESAでこの種類に含まれるアンテナもある．単純に寸法が小さい，というだけで，他の種類のアンテナのように物理的な根拠による定義ではない．

B．電磁材料を使って小形化

電磁材料（誘電体，磁性体）を用いてアンテナを小形化するのは一般的な手法である．メタマテリアルの利用もある．

C．ミリ波，テラヘルツ波用アンテナ

周波数の高い領域のアンテナは，波長に相当する大きさであっても波長が短いので本質的に小さく，小形アンテナ（PSA）に分類される．**ミリ波**や**テラヘルツ波**用のアンテナは，一般的なアンテナ理論に基づいて取り扱われる．しかし，近年のミリ波，テラヘルツ波などのアンテナは，一体化や高度な技術で設計される場合があり，単純な素子構成でない場合が多い．

〈参考文献〉

1) H. A. Wheeler : Fundamental Limitation of Small Antennas, Proc. IRE, Vol. 35, pp. 1479-1484, Dec. 1947.
2) L. J. Chu : Physical Limitation on a Omni-directional Antennas, J. Applied Physics, Vol. 19, pp. 1163-1175, Dec. 1948.
3) H. A. Wheeler : The radiation sphere around a small antennas, Proc of IRE, Vol. 47, p. 135, Aug. 1959.
4) R. C. Hansen : Fundamental Limitation in Antennas, Proc. IEEE, Vol. 69, No.2 pp. 176-188, 1981.
5) C. H. Walter : Travelling Wave Antennas, Ch. 6, McGraw-Hill, 1965.
6) S. Ramo, J. R. Whinnery and T.V. Duzar : Fields and Waves in Communication Electronics, Appendix IV, John Wiley and Sons,1965.
7) V. G. Veslago : The electrodynamics of substances with simultaneously negative values of ε and μ, Soviet Physics, Uspekhi, Vol. 10, No. 4, pp. 509-514, 1968.
8) N. Engheta and R.W Ziolkowsky (eds) : Metamaterials, Physics and Engineering Exploration, John Wiley & Sons, 2006.
9) T. Tsutaoka, et al : Negative Permittivity Spectra of Magnetic Materials, IEEE iWAT 2008, Chiba, Japan, p. 202, pp. 279-281.
10) C. T. A. Johnk : Engineering Electromagnetic Field and Waves, John Wiley & Sons, 1975.
11) W. Rotman : Plasma simulation by artificial dielectric and parallel-plate media, IEEE Trans. Antennas Propagat., Vol. 10, No.1, pp. 82-95, 1962.
12) S. Habar and Bartolic : Simplified analysis of split ring resonator used in backward meta-material, in Proc. International Conf. on Mathematical Method in Electromagnetic Theory, Kyev, Vol. 2, pp. 560-562., 2002
13) D. R. Smith, et al : A composite medium with simultaneously negative permeability and permittivity, Phys. Review Lett., Vol. 84, No. 18, pp. 4184-4187, 2000.
14) C. Carloz and T. Itoh : Novel microwave devices and structures based on the transmission line approach of meta-materials, in IEEE MTT Int. Symp. Digest, vol. 1, pp. 195-198, June 2003.
15) A. Lai and T. Itoh : Composite Right/Left Handed Transmission Metamaterials, IEEE Microwave Magazine, pp. 34-50, Sept. 2004.

16）C. Carloz and T. Itoh：Electromagnetic Metamaterials：Transmission Line Theory and Microwave Applications, IEEE Press and Wiley N. Y., 2005.
17a）J. M. Vay, A. Hoofer and N. Engheta：Peano high impedance material surface, Radio Science, Vol. 40, RS6S03, 2005.
17b）J. Zhu, A. Hoorfer and N. Engheta：Peano Antennas, Antennas and Wireless Propagat. Lett., Vol. 3, pp. 71-74, 2004.
18a）J. M. Vay, N. Engheta and A. Hoofer：High impedance surface using Hilbert curve inclusions, IEEE Microwave Wireless Component Letters, Vol. 14, No. 3, p. 4777, 2004.
18b）X. Chen, S. S-Naemi and Y. Liu：A Downsized Hilbert Antenna for UHF Band, IEEE Int. Symp. of AP-S 2003, pp. 581-584.
19）D. H. Werner and S. Gangly：An Overview of Fractal Antenna Engineering Research, IEEE Antennas and Propagation Magazine, Vol. 45, No. 1, pp. 39-40, February 2003.
20）Y. Mushiake：Self-Complementary Antennas, Springer Verlag, 1996.
21）V. H. Rumsey：Frequency Independent Antenna, Academic Press, N. Y., 1966.
22a）X-C Lin and C. C. Yu：A Dual-band Slot-Monopole Hybrid Antenna, IEEE Trans. Antennas Propagat, Vol. 56, No.1, pp. 282-285, 2008.
22b）K. C. Shroeder and K. M. S. Hoo：Electrically Small Complementary Pair (ESCP) with Interelement Coupling, IEEE Trans. Antennas Propagat., Vol. 24, No. 4, pp. 411-418, 1976.
23）E. Billoti, A. Alu and L. Vegri：Design of Metamaterial Matched Patch Antennas, IEEE Trans. Antennas Propagat., Vol. 56, 2008, No. 6, pp. 1640-1647.
24）H. R. Stuart and A. Pieversky：Electrically Small Antenna Element Using Negative Permittivity Resonator, IEEE Trans. Antennas. Propagat., Vol.54, 2006, No, 6, pp. 1644-
25）E. D. Sievenpiper, et al：High Impedance Electromagnetic Surface with a Forbidden Frequency Band, IEEE MTT, Vol. 47, No. 11, pp. 2059-2074, 1959.
26）K. Fujimoto：Integrated Antenna Systems, in K. Chan (ed), Encyclopedia of RF and Microwave Engineering, Vol. 3, John Wiley and Sons, 2005, pp. 2113-2147.
27）J. G. Linvill：Transistor Negative Impedance Converter, Proc. of IRE, Vo. 41, pp. 725-729, 1953.

28) G. H. Huuf and J. T. Bernhard：Reconfigurable Antennas, in C. A. Balanis（edt）, Modern Antenna Handbook, ch. 8, John Wiley & Sons, 2008,

5 小形アンテナ設計のための電磁シミュレーション法

近年の計算機および数値解析技術の発展に伴い，小形アンテナの分野においてもシミュレーションを用いた設計の重要性が高まってきている．本章では，電磁シミュレーション法とその応用例，ならびに近年実用性が高まっている最適設計法について説明する．

5.1 電磁シミュレーション法

5.1.1 電磁シミュレーションの意義

計算機および数値解析技術の発展に伴い，従来，実験および近似式等に頼らざるを得なかった小形アンテナの設計が**電磁シミュレーション**を用いることによって実現可能となってきている．電磁シミュレーションを使用する意義は，実験に比べ少ない金銭的および時間的コストで効率の良いアンテナ設計が可能なことである．

電磁シミュレーション法は，基礎となる物理法則の違いなどの理由によって種々の手法が存在し，それぞれ特徴を有する．また，現在ではさまざまな**電磁シミュレータ**が市販されており専門的な知識をもたなくとも解析結果を得ることが可能である．しかしながら，その物理的妥当性は利用者自身が判断しなければならず，その際にも電磁シミュレーション法の知識が必要となる場合が多い．

本章では，小形アンテナ設計のための代表的な電磁シミュレーション法の基本概念およびその特徴について解説する．

5.1.2　電磁シミュレーション法の分類と特徴

電磁シミュレーション法はさまざまな観点から分類することが可能である[1)-16)]．**数値解析法**を分類する上で最も基本的なことは，その基礎となる物理法則は何かということである．基礎となる物理法則とそれを離散化して得られる数値解析法の対応関係を表5.1に示す．基礎となる物理法則は変分原理，積分方程式，微分方程式の3つに大別される．積分方程式に基づく手法の中には境界要素法もある．**モーメント法**とは本来積分方程式の数値的解法の中の1つをいうのであって，積分方程式法そのものをいうのではない．したがって，この分類の中にはモーメント法と呼ばれる流儀と境界要素法と呼ばれる流儀が存在するが，詳しいことはここでは割愛する．また，**差分法**に基づく手法の中には周波数領域解析手法である**FDFD法**もある．同様の物理法則を基礎としても種々の数値解析法が存在することがわかる．

次に，代表的な電磁シミュレーション法である**有限要素法**，モーメント法，FDTD法を以下に説明する項目によって分類すると表5.2のようになる．

(1)　変分型 vs. 積分型 vs. 微分型

電磁シミュレーション法の基礎となる物理法則により分類される．系全体のエネルギー量を最小化する原理である変分法に基づくのが変分型であり，有限要素法がこの分類に入る．系の境界面のみに未知変数を与えて境界積分方程式を導出して解析するのが積分型である．モーメント法がこの分類に入る．系を

表5.1　物理法則と数値解析法

物理法則	数値解析法	英語名称
変分原理 (variational principle)	有限要素法	FEM (finite element method)
積分方程式 (integral equation)	モーメント法 ・体積積分 ・面積積分 ・ワイヤーグリッド	MoM (method of moment), MM (moment method)
	境界要素法	BEM (boundary element method)
微分方程式 (differential equation)	差分法 FDTD法	FDTD (finite difference time domain)
	差分法 FDFD法	FDFD (finite difference frequency domain)

表 5.2 電磁シミュレーション法の分類

	有限要素法	モーメント法	FDTD 法
物理法則	変分	積分	微分
時間領域 vs. 周波数領域	周波数領域 時間領域	周波数領域 時間領域	時間領域
領域分割 vs. 境界分割	領域分割	境界分割 領域分割	領域分割
行列計算 vs. 非行列計算	行列計算	行列計算	非行列計算 (陽解法)
格子	任意形状 (境界適合)	任意形状 (境界適合)	直方体

記述する微分方程式，たとえば電磁場ではマクスウェル方程式を直接差分化するのが微分型である．**FDTD 法**がこの分類に入る．

(2) 周波数領域解析 vs. 時間領域解析

一般的に，**固有値解析**や**モード解析**が目的の場合は周波数領域解析が向いている．パルス応答や過渡応答を知りたい場合は時間領域解析が適している．たとえば ***S* パラメータ**などの周波数特性を解析する場合，図 5.1 に示すように周波数領域解析では周波数ごとに計算を行う必要がある．これに対し時間領域解析は**フーリエ変換**を用いることにより 1 回のパルス応答計算から広帯域周波数特性を得ることができる特徴がある．有限要素法およびモーメント法は周波数領域解析，時間領域解析いずれも可能であるが，一般的には周波数領域解析が用いられる．FDTD 法は時間領域解析である．

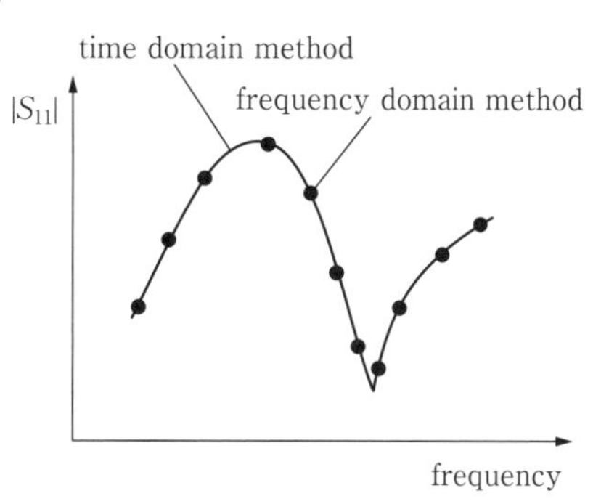

図 5.1 周波数領域解析 vs. 時間領域解析

(3) 領域分割型 vs. 境界分割型

図 5.2 に領域分割型と境界分割型の比較を示す．空間領域全体をセルで分割

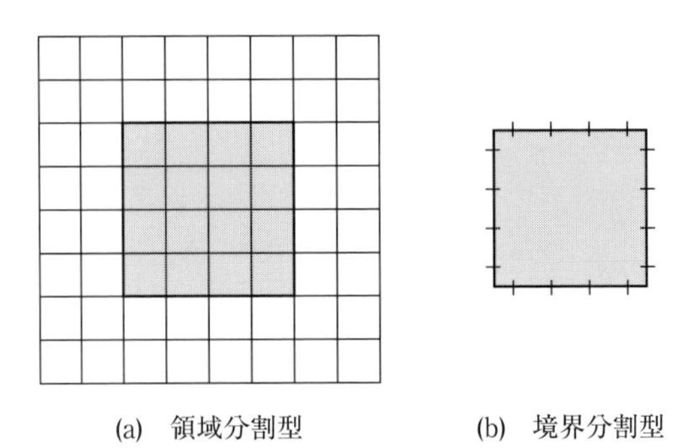

図 5.2　領域分割型 vs. 境界分割型

する手法を領域分割型解法という．有限要素法や FDTD 法がこの解法である．一方，境界のみに未知変数を与えるものを境界分割型解法という．面積積分に基づくモーメント法や境界要素法がこの解法に入る．多媒質問題には領域分割型解法，均質媒質問題には境界分割型解法がそれぞれ適している．

(4)　行列計算型 vs. 非行列計算型

一般に数値解析では行列計算が行われる．有限要素法やモーメント法では行列計算が実行される．行列形式の計算法は固有値やモードなど物理原理に対して見通しが良くなる利点がある．また，さまざまな計算技法の蓄積もある．しかし，未知数が多くなると行列計算そのものが困難になる場合もある．一方，FDTD 法では行列計算が不要であり，計算手続きそのものは単純であるため大規模計算を比較的容易に行えるという特徴がある．特に，機械系と異なり電磁波は空間中を伝播するため領域型分割法ではその部分の界を保存する必要があり計算規模が大きくなる傾向がある．そのため，電磁界計算では行列計算を行わないことが大きなメリットになる場合がある．

(5)　任意形状格子 vs. 直方体格子

シミュレーション法としては当然任意形状の格子が望ましく，有限要素法，モーメント法とも格子形状は任意である．これに対し FDTD 法は差分法であるので基本的に直方体格子を用いる．そのため，形状適合性に問題がある．

(6)　記憶容量

図 5.3 に示す一辺が N 分割された立方体空間の解析を例として考える．表

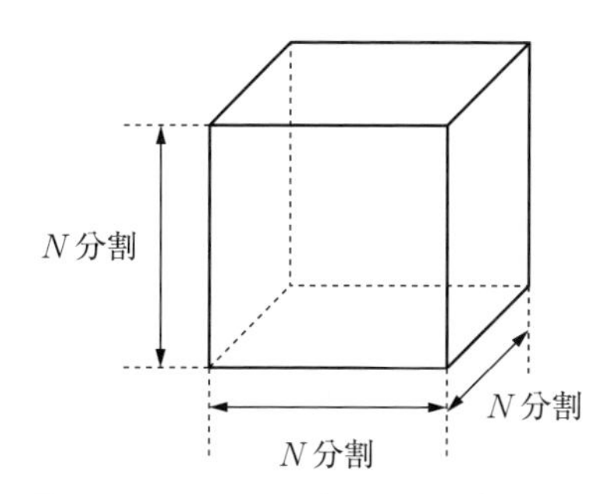

図 5.3 一辺が N 分割された立方体空間

表 5.3 未知数および記憶変数の数の比較

	有限要素法	モーメント法	FDTD 法
未知数	$O(N^3)$	$O(N^2)$	$O(N^3)$
記憶変数の数	$O(N^3)$~$O(N^3 \times B)$ (B：帯行列のバンド幅)	$O(N^4)$	$O(N^3)$

5.3 にそのときの未知数および記憶変数の数の比較を示す．記憶変数の数は有限要素法では $O(N^3)$~$O(N^3 \times B)$，モーメント法では $O(N^4)$，FDTD では $O(N^3)$ となる．解析空間が大きくなると FDTD 法が記憶容量が少なくなることがわかる．ただし，有限要素法は境界適合性が高いため未知数が少なくて済む場合が多く，また，モーメント法では適切なグリーン関数が見つかると未知数を少なくできるので，実際に必要な記憶容量は問題に依存することになる．なお，計算時間は，有限要素法およびモーメント法では行列計算の解法，FDTD 法ではアンテナの Q 値などに依存する電磁界の物理的な性質により変化するため単純に比較することは難しい．

5.1.3 電磁シミュレーションの各種

前述の電磁シミュレーションの分類と特徴を勘案した上で，以下に代表的な**電磁シミュレーション法**である有限要素法，モーメント法，FDTD 法について具体的に説明する．有限要素法，モーメント法については一般的に用いられる周波数領域の場合について説明する．また，電磁界と熱など異なる物理現象を連成して扱う**マルチフィジックス**についても概要を述べる．なお，複数の電磁シミュレーション法を連結した**ハイブリッド法**も存在するが，問題によって数値的に不安定に陥り解析が困難になる場合がある．そのため，ここでは有限要素法，モーメント法，FDTD 法を中心に説明する．

(1)　有限要素法

有限要素法[6)-9)]は物理法則としては**変分原理**あるいはそれと等価な弱形式と呼ばれる物理式を，また，**離散化手法**としては有限要素を用いる数値解析法である．変分原理とは系のもつエネルギーが最小になる場合が物理的な解であるという考えに基づいている．具体的には3次元空間を有限な大きさをもつ要素で分割し，その要素のもつエネルギーの総和が最小になるように有限要素上で定義される電界あるいは磁界変数を求める手法である．

図5.4に有限要素法における2次元**メッシュイメージ**を示す．実際の3次元解析では図5.5に示されるように4面体エレメントをはじめとして種々の形状のエレメントが用いられる．電磁界問題では**スプリアス解**の発生を抑制するた

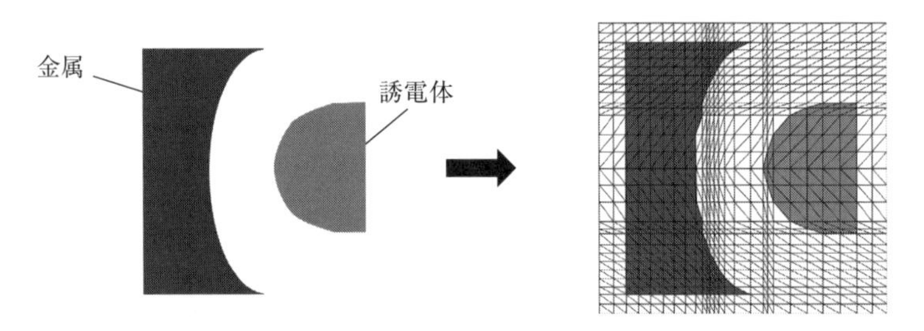

図5.4　有限要素法における2次元メッシュイメージ

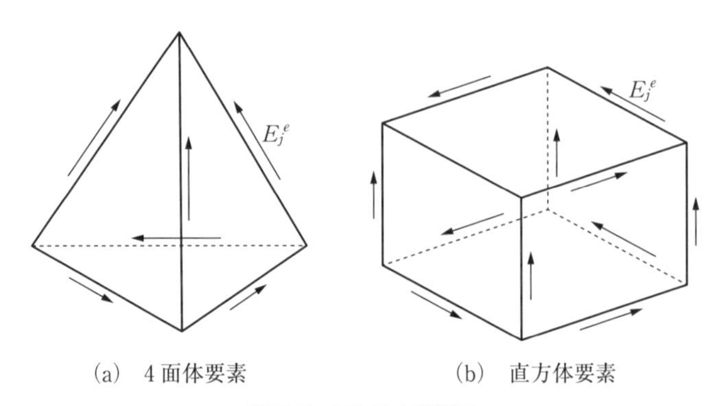

(a)　4面体要素　　(b)　直方体要素

図5.5　3次元有限要素

め，界変数が要素のエッジに配置されたエッジエレメントが用いられる．有限要素法は任意の格子形状を利用可能なため境界適合性が非常に高い．また，部分的に形状変形を伴う場合，その部分のメッシュを切り直すだけでよいため最適設計等では都合が良い．さまざまな分野で数値解析といえば有限要素法といわれるぐらい代表的な手法である．

以下に具体的な定式化について簡単に説明する．ここでは弱形式に基づく定式化について説明する．エレメント e 内での電界ベクトル $\boldsymbol{E}^e$ は次式で表される．$\boldsymbol{W}$ は**形状関数**と呼ばれるものであり，j はエレメント内の電界成分位置番号である．E_j^e が未知変数電界成分である．

$$\boldsymbol{E}^e = \sum_{j=1}^{m} \boldsymbol{W}_j^e E_j^e \tag{5.1}$$

次に，このエレメントにおける**重み付き残差** R_i^e を計算すると以下の式が得られる．

$$R_i^e = \sum_{j=1}^{m} E_j^e \int_{V_e} \left[\frac{1}{\mu_0} (\nabla \times \boldsymbol{W}_i^e) \cdot (\nabla \times \boldsymbol{W}_j^e) - \omega_0^2 \varepsilon_0 \varepsilon \boldsymbol{W}_i^e \cdot \boldsymbol{W}_j^e \right] dv$$
$$- j\omega_0 \eta \oint_{S_e} \boldsymbol{W}_i^e \cdot (\boldsymbol{n} \times \boldsymbol{H})\, ds \tag{5.2}$$

上式を行列形式に置き換えると以下のようになる．

$$\{R^e\} = [A^e]\{E^e\} - \omega_0^2 [B^e]\{E^e\} - \{C^e\} \tag{5.3}$$

ここで，A^e, B^e および C^e の各項は以下の式で表される．

$$A_{ij}^e = \int_{V_e} \left[\frac{1}{\mu_0} (\nabla \times \boldsymbol{W}_i^e) \cdot (\nabla \times \boldsymbol{W}_j^e) \right] dv \tag{5.4}$$

$$B_{ij}^e = \int_{V_e} \varepsilon_0 \varepsilon \boldsymbol{W}_i^e \cdot \boldsymbol{W}_j^e dv \tag{5.5}$$

$$C_i^e = j\omega_0 \eta \oint_{S_e} \boldsymbol{W}_i^e \cdot (\boldsymbol{n} \times \boldsymbol{H})\, ds \tag{5.6}$$

さらに，式 (5.3) を用いてすべてのエレメントについて総和をとり，残差 R_i^e を 0 とおくと以下の式が得られる．

$$\sum_{e=1}^{M} [A^e]\{E^e\} - \omega_0^2 \sum_{e=1}^{M} [B^e]\{E^e\} = \sum_{e=1}^{M} \{C^e\} \tag{5.7}$$

C は入力項に相当し，入力がない場合は以下の**固有値問題**となる．

$$[A]\{E\} = \omega_0^2 [B]\{E\} \tag{5.8}$$

式（5.8）は形式的に $\boldsymbol{AE}=\boldsymbol{F}$ の形の行列計算式となり，具体的には以下のように表される．$\boldsymbol{E}$ が未知変数である電界成分，$\boldsymbol{A}$ が要素形状と周波数に依存する行列，$\boldsymbol{F}$ が入力に関する項である．

$$\begin{bmatrix} A & \cdots & A & 0 & \cdots & \cdots & \cdots & \cdots & \cdots & \cdots & 0 \\ 0 & \cdots & 0 & A & \cdots & A & 0 & & \cdots & & \vdots \\ \vdots & & \cdots & & 0 & A & \cdots & A & 0 & \cdots & \vdots \\ \vdots & & & & & & & \ddots & & & 0 \\ 0 & \cdots & \cdots & \cdots & \cdots & \cdots & \cdots & 0 & A & \cdots & A \end{bmatrix} \begin{bmatrix} E_1 \\ \vdots \\ \vdots \\ \vdots \\ E_N \end{bmatrix} = \begin{bmatrix} F_1 \\ \vdots \\ \vdots \\ \vdots \\ F_N \end{bmatrix} \tag{5.9}$$

ここで，行列 $\boldsymbol{A}$ は帯行列および疎行列となる．

有限要素法は空間全体に分布するエネルギー量を最小にする解法であるため，局所的部分のエラーは空間全体に影響を及ぼす．

(2)　モーメント法

モーメント法[10)-12)] は系を記述する積分方程式を，モーメント法と呼ばれる数値解析法を用いて電磁場解析を行う積分方程式に基づく解析手法の総称である．本来は離散化する部分の手法であるモーメント法が積分型解法の名称として使われてしまっているのが混乱のもとである．したがって，有限要素法やFDTD法のように定型的な手法とは異なり，名称の意味するところが多岐に渡り定型的な説明が困難となっている．

図5.6にモーメント法における**2次元メッシュイメージ**を示す．積分型の解析手法なので未知変数は境界部分のみに存在する．未知変数をどのように配置するかによって分類され，空間領域に未知変数を定義するものを**体積積分型**，境界のみに変数を定義するものを**面積積分型**，金属の筐体などを金網形状で近

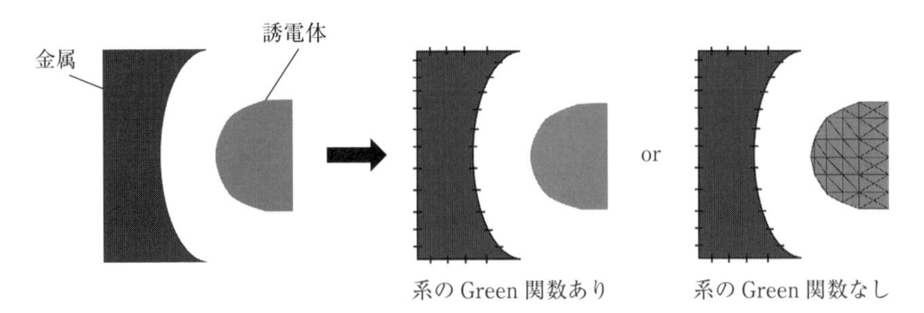

図5.6　モーメント法における2次元メッシュイメージ

似する方法を**ワイヤグリッド型**という．ワイヤグリッド型は自動車や航空機などのコンパクトなモデルとして用いられているが，簡便な手法である反面，制約も多い．ワイヤグリッド型では基底関数および重み関数として Richmond の**区分正弦関数**が広く用いられる[12]．モーメント法では計算式における**グリーン関数**に解析的な条件が入っているので，系のグリーン関数が既知の場合，上手く未知変数を減らすことで高速に高精度の解を計算することが可能である．一方，系のグリーン関数が見つからない場合には解析が困難となる．

以下に，具体的な定式化について簡単に説明する．3 次元での説明は非常に煩雑となるのでここでは 1 次元を例に説明する．一般に系を記述する積分方程式は以下のような形式で表現される．

$$f(x)=\int_{p_1}^{p_2}K(x,x')J(x')dx' \tag{5.10}$$

ここで，J は未知変数であり，たとえば導体表面に流れる電流分布である．f は入力条件を含めた境界条件に関係した部分，K は系のグリーン関数に関係している部分である．いま，J を J_a で近似する．

$$J_a(x)=\sum_{i=1}^{N}J_i a_i(x) \tag{5.11}$$

ここで，a_i は**基底関数**と呼ばれる関数である．式 (5.11) を式 (5.10) に代入すると式 (5.12) が得られる．

$$\begin{aligned} f(x) &\approx \int_{p_1}^{p_2}K(x,x')\left[\sum_{i=1}^{N}J_i a_i(x')\right]dx' \\ &=\sum_{i=1}^{N}\left[\int_{p_1}^{p_2}K(x,x')a_i(x')dx'\right]J_i \end{aligned} \tag{5.12}$$

式 (5.12) の両辺に**重み関数**と呼ばれる w を掛けて積分すると，すなわち，モーメントをとると次式が得られる．

$$\begin{aligned} &\int_{p_1}^{p_2}w_k(x)f(x)dx \\ &=\int_{p_1}^{p_2}w_k(x)\left\{\sum_{i=1}^{N}\left[\int_{p_1}^{p_2}K(x,x')a_i(x')dx'\right]J_i\right\}dx \end{aligned} \tag{5.13}$$

式 (5.13) は以下のように書き換えられる．未知変数は J である．

$$f_k=\sum_{i=1}^{N}\alpha_{ki}J_i \tag{5.14}$$

ただし

$$f_k=\int_{p_1}^{p_2} w_k(x)f(x)\,dx \tag{5.15}$$

$$\alpha_{ki}=\int_{p_1}^{p_2}\int_{p_1}^{p_2} w_k(x)K(x,x')a_i(x')dx'dx \tag{5.16}$$

行列形式で書くと $\boldsymbol{AJ}=\boldsymbol{F}$ のようになる．具体的には，以下のような行列計算式となる．

$$\begin{bmatrix} A & \cdots & A & \cdots & A \\ \vdots & & \vdots & & \vdots \\ A & \cdots & A & \cdots & A \\ \vdots & & \vdots & & \vdots \\ A & \cdots & A & \cdots & A \end{bmatrix}\begin{bmatrix} J_1 \\ \vdots \\ \vdots \\ \vdots \\ J_N \end{bmatrix}=\begin{bmatrix} F_1 \\ \vdots \\ \vdots \\ \vdots \\ F_N \end{bmatrix} \tag{5.17}$$

ここで，行列 $\boldsymbol{A}$ は密行列となる．また，行列要素の計算において留数計算等の煩雑な計算が必要となる場合が多い．積分方程式形の解法は一般的に境界に未知変数を定義する場合が多く，エラーは境界部分に現れてくる．

モーメント法にはさまざまなタイプのものがあり一概にいえないが，積分方程式が基となっているので未知変数は一般に導体表面および誘電体内部に流れる電流とする場合が多い．したがって，未知変数の数そのものを有限要素法やFDTD法に比べて少なくすることが可能である．しかしながら，行列内のすべての部分に非零要素が存在する密行列となっているため，行列要素の数が多くなる可能性がある．したがって，規模の小さな問題は高精度かつコンパクトに解くことができ，アンテナ問題を初めとして電磁波回路に関するさまざまなところで用いられている．しかしながら，問題の規模が大きくなると行列計算に相当労力を要する場合がある．

(3)　FDTD 法

FDTD 法[13)-16)] はマクスウェル方程式を時間軸と空間軸において直接離散化する時間領域の解析手法である．直交座標系で定義された直方体格子を用いる．この格子上に電界成分 E_x, E_y, E_z および磁界成分 H_x, H_y, H_z が定義される．具体的な解析式は直交座標系で表現される各成分式について時間軸 t と空間軸 x, y, z を式（5.18）で表される中心差分を用いて直接離散化することによって得られる．図5.7に中心差分のイメージを示す．

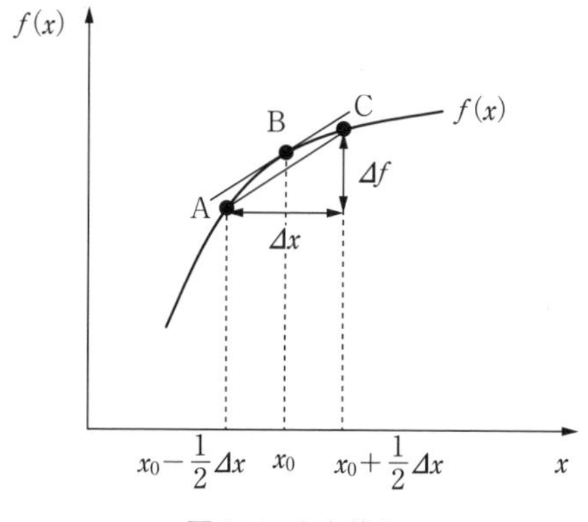

図 5.7　中心差分

$$\left.\frac{\partial f}{\partial x}\right|_{x_0}=\frac{f(x_0+\Delta x/2)-f(x_0-\Delta x/2)}{\Delta x} \tag{5.18}$$

ここでは，電界成分 E_x および磁界成分 H_x に関する FDTD 差分式について説明する．マクスウェル方程式の E_x および H_x 成分は次式で表される．

$$\varepsilon\frac{\partial E_x}{\partial t}=\frac{\partial H_z}{\partial y}-\frac{\partial H_y}{\partial z}-\sigma E_x \tag{5.19}$$

$$\mu\frac{\partial H_x}{\partial t}=\frac{\partial E_y}{\partial z}-\frac{\partial E_z}{\partial y} \tag{5.20}$$

ここで，ε, μ および σ はそれぞれ誘電率，透磁率および導電率である．

また，格子位置 i, j, k，時間位置 n における任意の関数 F を以下のように定義する．

$$F^n(i, j, k)=F(i\Delta x, j\Delta y, k\Delta z, n\Delta t) \tag{5.21}$$

式（5.19）および式（5.20）を式（5.18）を用いて離散化し，式（5.21）の定義を用いて表記すると E_x および H_x 成分に関する以下の FDTD 差分式が得られる．

$$\begin{aligned}E_x^{n+1}&(i+1/2, j, k)=C_a(i+1/2, j, k)E_x^n(i+1/2, j, k)\\&+C_b(i+1/2, j, k)\left[\frac{H_z^{n+1/2}(i+1/2, j+1/2, k)-H_z^{n+1/2}(i+1/2, j-1/2, k)}{\Delta y}\right.\\&\left.-\frac{H_y^{n+1/2}(i+1/2, j, k+1/2)-H_y^{n+1/2}(i+1/2, j, k-1/2)}{\Delta z}\right]\end{aligned} \tag{5.22}$$

$$C_a(i+1/2,j,k)=\frac{2\varepsilon(i+1/2,j,k)-\sigma(i+1/2,j,k)\Delta t}{2\varepsilon(i+1/2,j,k)+\sigma(i+1/2,j,k)\Delta t} \tag{5.23}$$

$$C_b(i+1/2,j,k)=\frac{2\Delta t}{2\varepsilon(i+1/2,j,k)+\sigma(i+1/2,j,k)\Delta t} \tag{5.24}$$

$$\begin{aligned}H_x^{n+1/2}(i,j+1/2,k+1/2)&=H_x^{n-1/2}(i,j+1/2,k+1/2)\\&+\frac{\Delta t}{\mu(i,j+1/2,k+1/2)}\left[\frac{E_y^n(i,j+1/2,k+1)-E_y^n(i,j+1/2,k)}{\Delta z}\right.\\&\left.-\frac{E_z^n(i,j+1,k+1/2)-E_z^n(i,j,k+1/2)}{\Delta y}\right]\end{aligned} \tag{5.25}$$

式 (5.22) および式 (5.25) の左辺は現在の時刻，右辺は過去の時刻における値であり，陽解法となっている．また，他の4成分についても同様の差分式が得られる．全格子点における電磁界の更新式について時間軸に沿って逐次的に計算を行い，電磁現象をシミュレーションしていく．行列計算を行わないためプログラム構造がきわめて簡単であり，行列計算時に問題となる必要メモリや計算時間の増大を招かない特徴がある．

図5.8にFDTD法における**2次元メッシュイメージ**を示す．直方体格子を用いているので境界条件が正確に再現できないことが示されている．図5.9に3次元解析において実際に用いられている単位格子を示す．解析領域全体がこの単位格子を用いて分割される．FDTD法では境界形状適合性を高めるために部分的にメッシュを細かくしようとすると，必然的に系全体のメッシュも細かくなるため使用メモリが増大する問題点がある．

図5.10に電界成分と磁界成分の時間軸上における計算位置を示す．図5.9および図5.10に示されるように電界と磁界は空間および時間的に半ステップずれている．このような差分法を**leap-frog 法**と呼び，波動場の解析に適した手法として知られている．

また，FDTD法には式 (5.26) に示す安定条件という制約条件が存在する．すなわち，空間格子を小さくするとタイムステップも小さくしなければならず，計算時間が増大するという欠点が存在する．

$$\Delta t\leq\frac{1}{c_0}\left(\frac{1}{\Delta x^2}+\frac{1}{\Delta y^2}+\frac{1}{\Delta z^2}\right)^{-1/2} \tag{5.26}$$

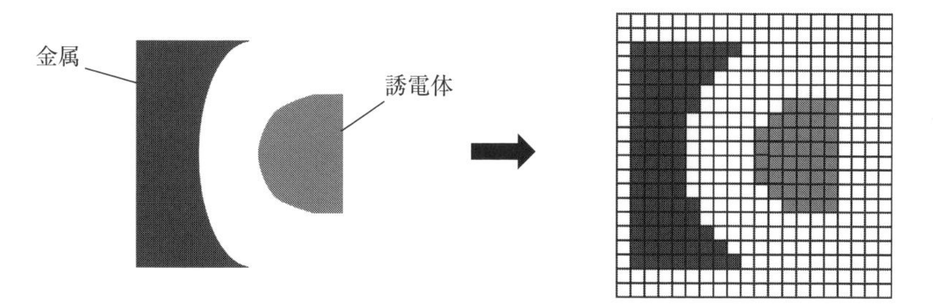

図 5.8 FDTD 法における 2 次元メッシュイメージ

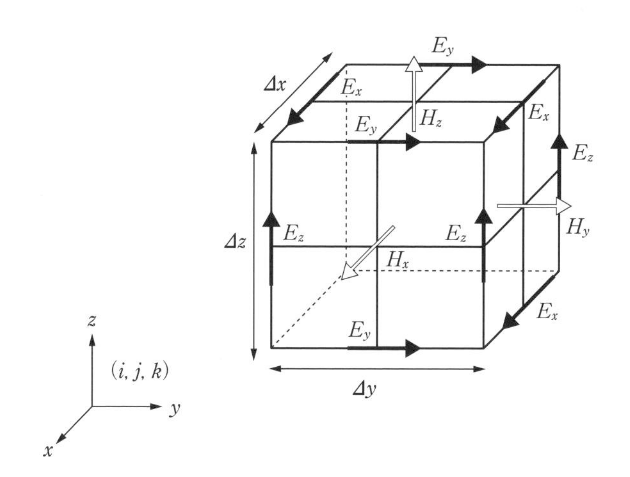

図 5.9 FDTD 単位格子

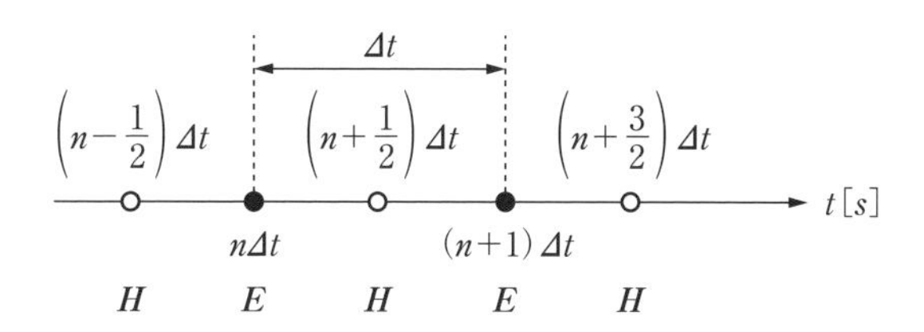

図 5.10 FDTD 法におけるタイムステップ

ここで，c_0は光速度である．また，FDTD法は差分という局所的な計算を行う解法であるので誤差はエラーのある部分に局所的に強く現れる．

(4)　マルチフィジックス

近年，複数の物理現象を同時に解析する**マルチフィジックス解析**が数値シミュレーションの分野において重要となってきている．小形アンテナの設計問題においてもアンテナ単体のみではなく，他の物理現象を考慮した設計が必要となってきている．特に携帯情報端末や医療機器の設計においては人体の影響を考慮した解析が必要不可欠となる．ここでは，一例として人体電磁曝露問題における電磁界および熱のマルチフィジックス解析について説明する[17]．図5.11にそのフローチャートを示す．

媒質の電気定数が温度とともに変化する場合，その影響を考慮するため図5.11 (a) に示されるように温度変化に対するフィードバックが行われる．一方，媒質の電気定数が温度に対して変化しない場合は，解析を単純化するため図5.11 (b) のフィードバックを行わない手順が用いられる．

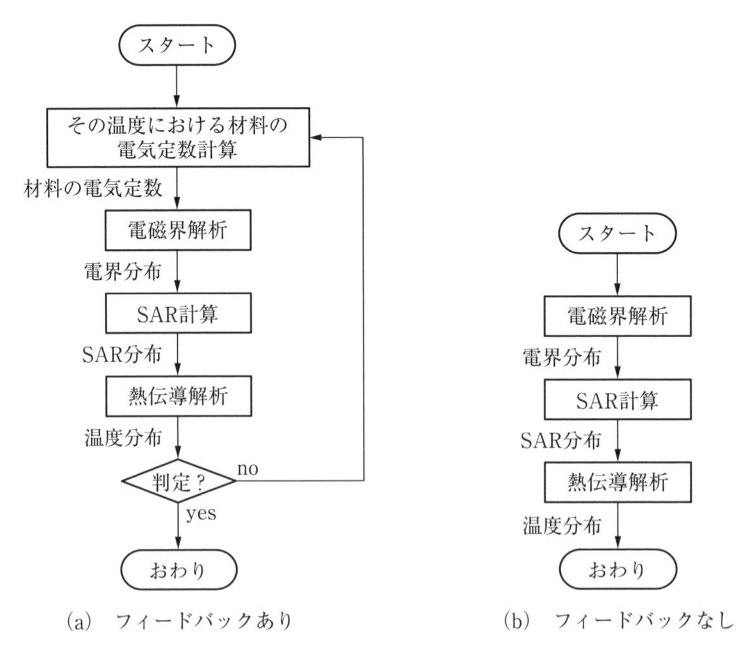

図5.11　人体電磁曝露問題における電磁界および熱のマルチフィジックス解析フローチャート

人体内におけるSAR（specific absorption rate）は電磁界解析により得られた電界値を用いて以下の式で求められる．

$$SAR=\frac{\sigma}{2\rho}|\boldsymbol{E}|^2 \tag{5.27}$$

ここで，$|\boldsymbol{E}|$[V/m]は正弦的に変化する電界強度の最大値を示し，ρ[kg/m^3]およびσ[S/m]は，それぞれ組織の密度および導電率を表している．

生体内温度上昇の計算は，人体モデル内部のSAR分布を熱源として人体組織内および組織間の熱伝導による熱移動，血流による熱冷却，皮膚表面から外気への熱伝達を考慮し，次式により表される．

$$C(\boldsymbol{r})\cdot\rho(\boldsymbol{r})\frac{\partial T(\boldsymbol{r},t)}{\partial t}=\nabla\cdot(K(\boldsymbol{r})\cdot\nabla T)+A(\boldsymbol{r},t)+\rho(r)\cdot SAR(\boldsymbol{r}) -B(\boldsymbol{r},t)\cdot(T(\boldsymbol{r},t)-T_{b,m}(t)) \tag{5.28}$$

ここで，$\boldsymbol{r}$は体内座標を表す位置ベクトル，T[℃]は温度，C[J/(kg･℃)]は組織の比熱，K[W/(m･℃)]は熱伝導率，A[W/m^3]は代謝熱，B[W/(m^3･℃)]は血流定数，$T_{b,m}$[℃]($m=1,\cdots,5$）は異なる部位における血液温度を表す．

また，境界条件は人体モデルの体表および肺の内部に対して次式により与えられる．

$$-K(\boldsymbol{r})\frac{\partial T(\boldsymbol{r},t)}{\partial n}=H(\boldsymbol{r})\cdot(T_S(\boldsymbol{r},t)-T_a(t)) +40.6\frac{SW(\boldsymbol{r},T_S(\boldsymbol{r},t))+PI}{S} \tag{5.29}$$

ここで，H[W/(m･℃)]は熱伝達率，T_S[℃]は外気に接する組織の温度，T_a[℃]は外気温度，SW[g/min]は汗に関する係数，PI[g/min]は不感蒸散量，$\frac{\partial}{\partial n}$は法線微分，$S$[m^2]は人体の表面積を表す．また，40.6[J･min/g/s]は変換係数である．

5.1.4 電磁シミュレーションの実際

小形アンテナは多くの場合携帯情報端末やウェアラブルデバイスなどに搭載されており，その設計および評価では人体を考慮する必要がある場合が多い．

以下にその実際例を示す．

(1)　マイクロストリップアンテナ

アンテナ単体として，マイクロストリップアンテナの解析例[18]を示す．アンテナ単体の解析はどの手法を用いても可能であるが，ここでは取り扱いが簡便な FDTD 法を用いた解析例について示す．

図 5.12 にマイクロストリップアンテナを示す．アンテナの寸法は $W=12.448$ mm, $L=16$ mm, $d=1.945$ mm, $e=2.334$ mm, $h=0.792$ mm，基板の比誘電率は $\varepsilon_r=2.2$ である．また，FDTD 解析における**空間離散間隔**は① $\Delta x=W/32$, $\Delta y=L/40$, $\Delta z=h/4$，② $\Delta x=W/64$, $\Delta y=L/80$, $\Delta z=h/8$ の 2 種類

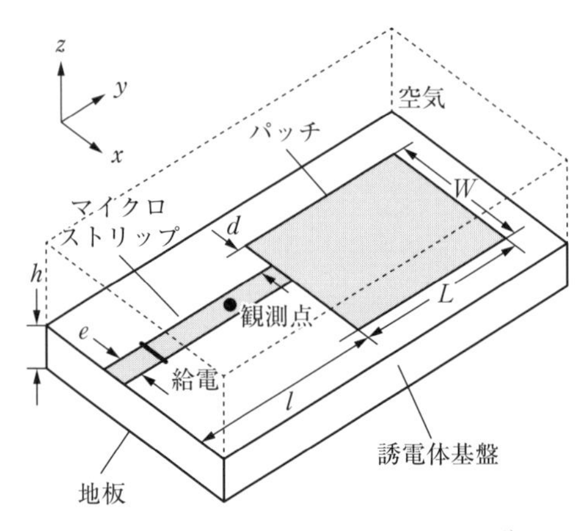

図 5.12　マイクロストリップアンテナ[18]

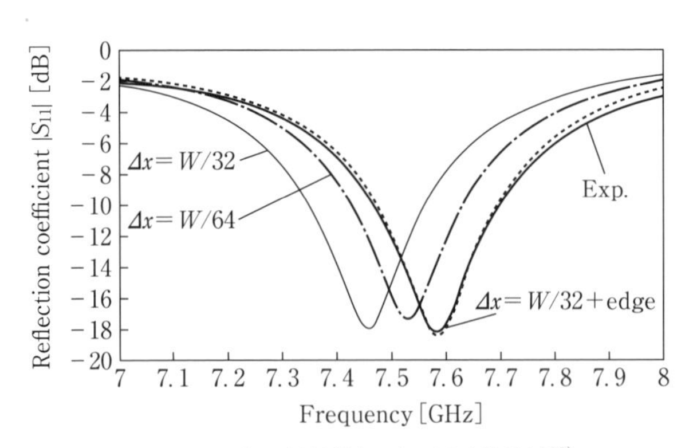

図 5.13　入力反射係数 $|S_{11}|$ の周波数特性[18]

である．

図 5.13 にマイクロストリップアンテナの入力反射係数 $|S_{11}|$ の周波数特性を示す．FDTD 法は差分法に基づく手法であるため空間離散間隔を小さくすればシミュレーション結果が実験値に近づくことが示されている．また，グラフ中の $\Delta x = W/32+\mathrm{edge}$ は①の条件に**エッジ条件**と呼ばれる要素技術を適用した結果である．FDTD 法では解析対象の物理現象を考慮した特殊な要素技術を部分的に適用することによって解析精度を向上させることが可能となる．

(2) 人体 SAR 評価

アンテナが人体近傍に配置された解析例として，携帯電話に対する人体頭部における **SAR 評価**[19] を示す．このような問題においては複雑な多媒質問題を扱うことになるので，FDTD 法が最も有効な解析手法になる．

図 5.14 に人体頭部モデルおよび携帯電話端末を示す．ここでは，皮膚および脂肪，筋肉，骨など 17 種類の組織から成る人体頭部モデルの近傍に金属筐体により構成された携帯電話端末が配置された場合の FDTD 解析が行われている．人体頭部モデルは日本人成人男性の MRI データに基づいて作成されている．本解析例では成人モデルに対して頭部の部位ごとに異なる縮減率を適用して 7 歳児および 3 歳児に相当する頭部モデルを作成している．また，7 歳児および 3 歳児モデルの頭囲に一致するように成人モデルのすべての部位を等倍率で縮小した場合についても検討が行われている．送信周波数は 900MHz，出

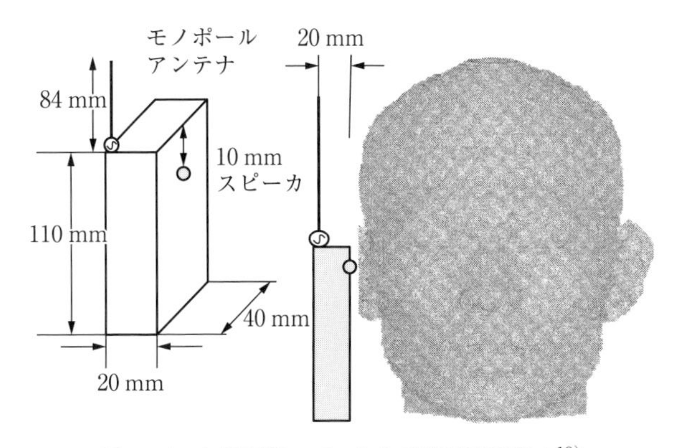

図 5.14 人体頭部モデルおよび携帯電話端末[19]

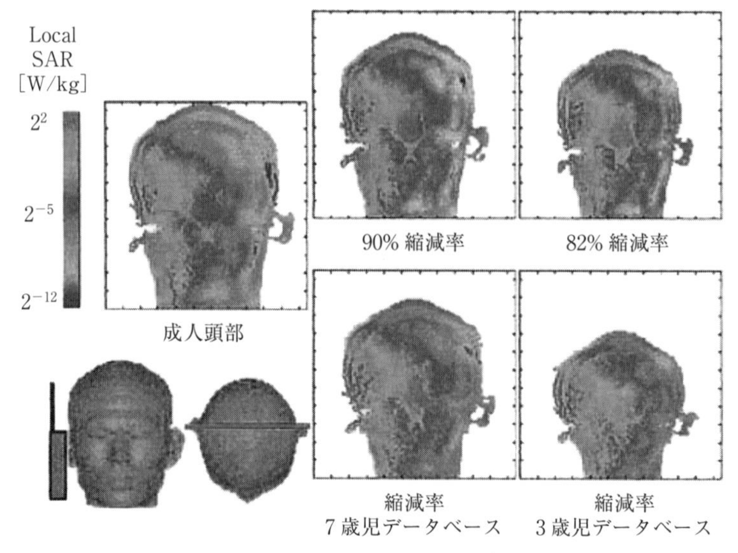

図 5.15　人体頭部 SAR 分布[19)]

力電力は 0.6W となっている．

図 5.15 に人体頭部における SAR 分布を示す．図より，携帯電話が配置された右耳近傍における SAR が強くなっている様子が示されている．

(3)　体内埋込型アンテナ

アンテナが人体に埋め込まれた解析例として，人体モデルに埋め込んだ**ペースメーカ装荷型アンテナ**の特性解析[20)]を示す．この問題も前述（2）の実際例と同様に複雑な多媒質問題を扱うことになるので，FDTD 法が最も有効な解析手法になる．

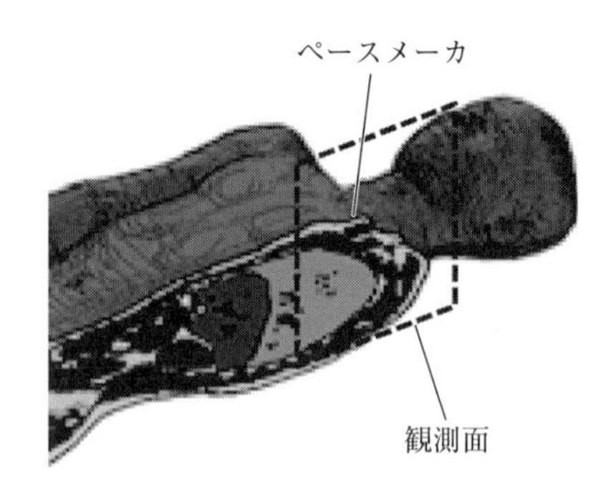

図 5.16　人体モデルおよびペースメーカ埋込位置[20)]

図 5.16 に人体モデルおよびペースメーカ埋込位置を示す．本解析例における**高精細数値人体モデル**は 58 種類の組織から構成され，日本人男性の平均体型を有している．また，**ペースメーカ**は 40 mm×30 mm×10 mm の直方体の導体により模擬され，ペースメーカの筐体を地板とした板状逆 F アンテナ

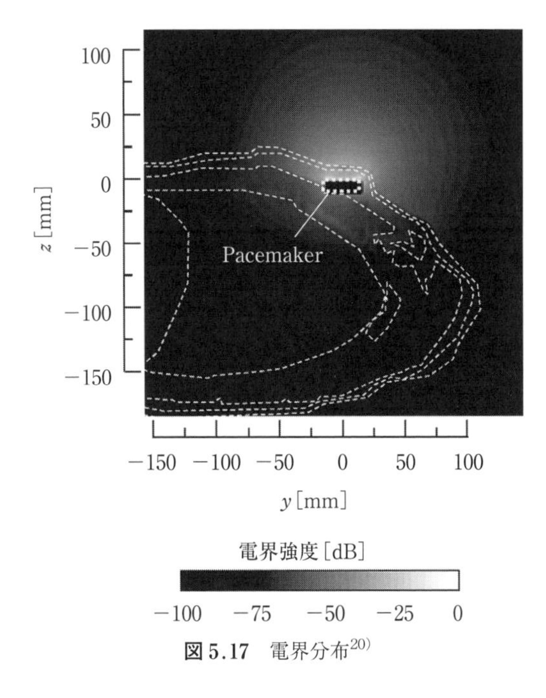

図 5.17　電界分布[20)]

(PIFA) が装着されている．給電周波数は 403.5 MHz としている．

図 5.17 に電界分布を示す．図より，人体正面方向に強く放射している様子が示されている．

5.2　設計の最適化

5.2.1　設計の最適化とは

最適化問題は，以下のように記述される．

$$F(\boldsymbol{x}) \rightarrow \text{最大 or 最小} \tag{5.30}$$

$$G(\boldsymbol{x}) \leq 0 \tag{5.31}$$

$$H(\boldsymbol{x}) = 0 \tag{5.32}$$

ここで，$\boldsymbol{x} = {}^t(x_1, \cdots, x_N)$ はアンテナ寸法などの設計変数，N は設計変数の数である．$F(\boldsymbol{x})$ は $\boldsymbol{x}$ に対する目的関数と呼ばれ，アンテナ設計では帯域幅，入力反射係数，利得などが用いられる．また，$G(\boldsymbol{x})$および$H(\boldsymbol{x})$は**制約関数**であり，それぞれ不等式および等式制約関数と呼ばれる．これらによって$\boldsymbol{x}$の取り得る範囲が制限される．なお，$F(\boldsymbol{x})$，$G(\boldsymbol{x})$および$H(\boldsymbol{x})$は一般的に非線形関数となるため最適解$\boldsymbol{x}_{\mathrm{opt}}$は最適化法を用いて数値的に求められる．

5.2.2　最適化の種類

アンテナの構造を最適化する方法は何を設計変数にするのかによって，図5.18に示すように（a）寸法最適化，（b）形状最適化，（c）トポロジー最適化の3つに分類される[21)]．寸法最適化はアンテナの各寸法を設計変数とする方法である．形状最適化は構造の外形状を設計変数とする方法である．この方法は寸法最適化より自由度は高いが，アンテナの内部構造を含めた設計を行うこ

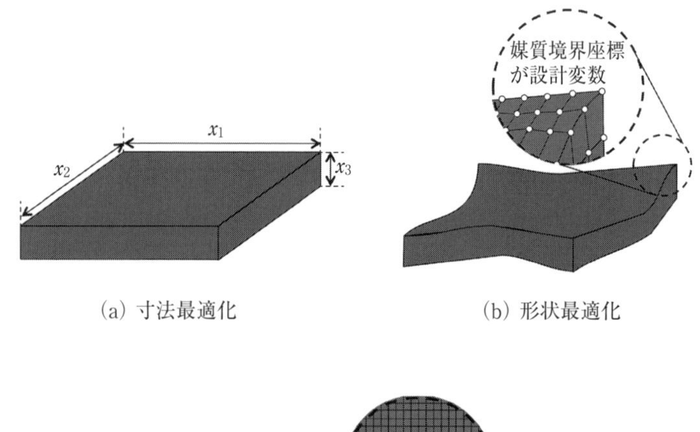

（a）寸法最適化　　（b）形状最適化

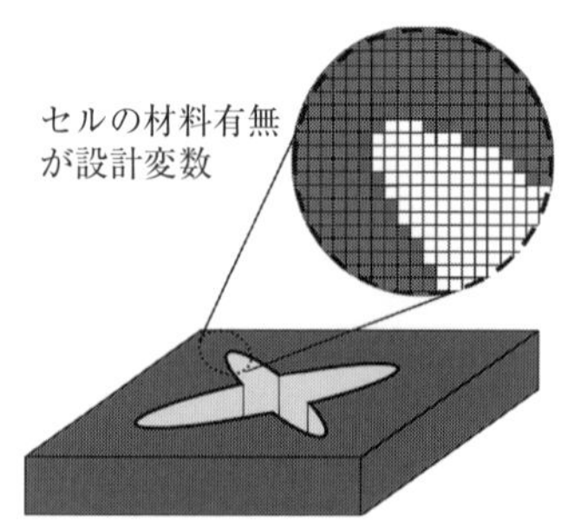

（c）トポロジー最適化

図5.18　構造最適化

とができない．トポロジー最適化は構造の位相，すなわち形態を設計変数とする方法である．この問題は設計空間における材料分布の最適化問題となるため，アンテナの内部に穴を開けるなど自由度の高い設計が可能となる．トポロジー最適化については，5.2.4 項で詳しく説明する．

5.2.3 最適化法の各種

設計変数の最適解 $\boldsymbol{x}_{\mathrm{opt}}$ を求めるための最適化法について説明する．ここでは，代表的な最適化法である勾配法[22]，遺伝的アルゴリズム（GA：genetic algorithm）[23] および粒子群最適化（PSO：particle swarm optimization）[24] について説明する．表 5.4 に各種最適化法の比較を示す．

(1) 勾配法

勾配法は目的関数の勾配，すなわち設計変数に対する感度情報を用いて探索

表 5.4 各種最適化法の比較

	勾配法	遺伝的アルゴリズム	粒子群最適化
基本概念	$F(\boldsymbol{x})$の勾配	生物の進化	群れの採餌行動
設計変数 $\boldsymbol{x}$ の別名	—	遺伝子 or 染色体	粒子位置
$\boldsymbol{x}$ の取り得る値	連続的	連続的 or 離散的	連続的 or 離散的
感度 $\partial F(\boldsymbol{x})/\partial \boldsymbol{x}$ の計算	必要 (計算法：FDM or AVM)	不要	不要
反復計算 1 回当たりの電磁界解析の回数	FDM：$2N+1$[回] AVM：2[回] (N：設計変数の数)	交叉・突然変異法に依存	粒子数[回]

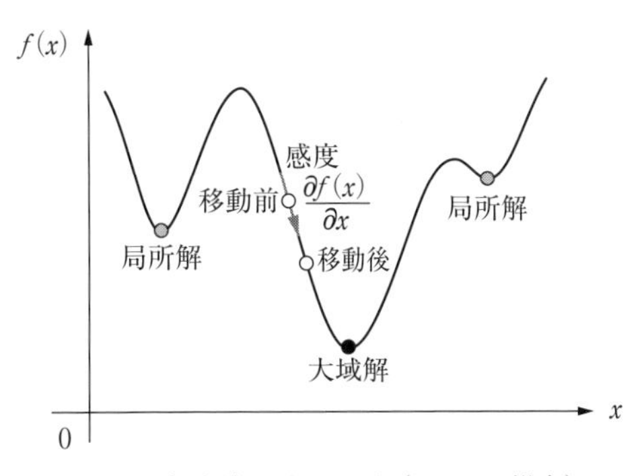

図 5.19 勾配法のイメージ（$N=1$ の場合）

点を逐次移動させることにより最適解を探索する方法である．勾配法は降下法とも呼ばれる．図5.19に勾配法のイメージを示す．初期値に近い局所解を少ない計算量で効率的に求めることが可能である．ただし，単点探索型の手法であるため，大域解を得るためには初期値の選定が重要となる．代表的な方法として，最急降下法，共役勾配法，逐次線形計画法，逐次2次計画法などがある．

感度を求める方法としては，**差分感度解析法**（FDM：finite difference method），**随伴変数法**（AVM：adjoint variable method）が知られている．設計変数の数をN個とした場合，FDMでは$2N+1$回，AVMでは2回の電磁シミュレーションが必要となる．そのため，特にトポロジー最適化など設計変数が多い場合はAVMが有効となる．

(2)　遺伝的アルゴリズム

GAは生物の進化過程を模した最適化法である．設計変数を遺伝子としてもつ個体を複数個生成し，それらに対して選択，交叉および突然変異などの生物

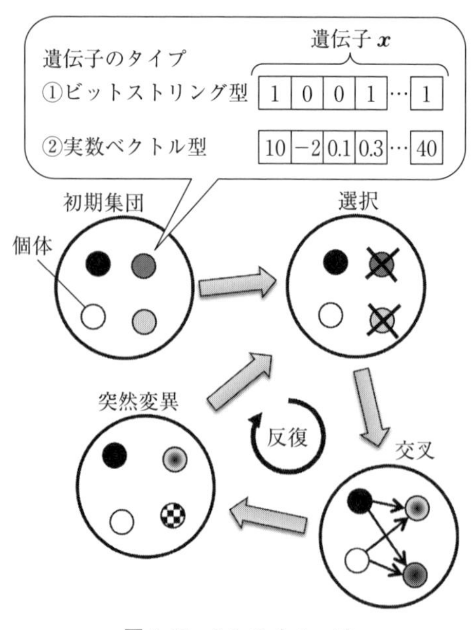

図5.20　GAのイメージ

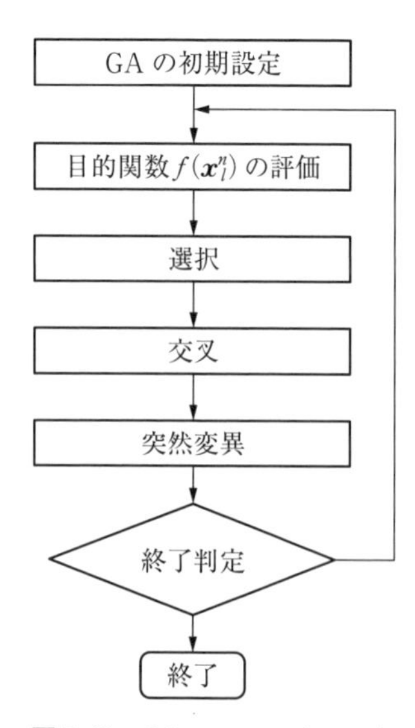

図5.21　GAのフローチャート

の進化過程を模した操作を逐次行うことによって最適解を探索する．また，多点探索型の手法であるため勾配法と比較して計算量は多いが大域解を発見しやすい特徴をもっている．図5.20および図5.21にGAのイメージおよびフローチャートを示す．遺伝子をビット列（0,1）で表す手法をビットストリングGA，実数値ベクトルで表す手法を実数値GAと呼ぶ．両手法では交叉，突然変異などの操作が異なる．なお，どちらの手法も適用可能な問題では一般的に実数値GAを用いた方が探索能力が高くなる．

(3) 粒子群最適化

PSOは鳥などの群れを形成する生物が餌を見つけ出す採餌行動を模した最適化法である．設計変数は解空間における粒子位置として表され，粒子が群れを形成して粒子ごとに異なる速度によって目的関数を改善する方向へ飛び回り最適解を探索する．また，粒子速度は自粒子および群全体の過去の計算時における一時的な最適位置を用いて逐次更新される．図5.22および図5.23にPSOのイメージおよびフローチャートを示す．PSOは本来，設計変数および

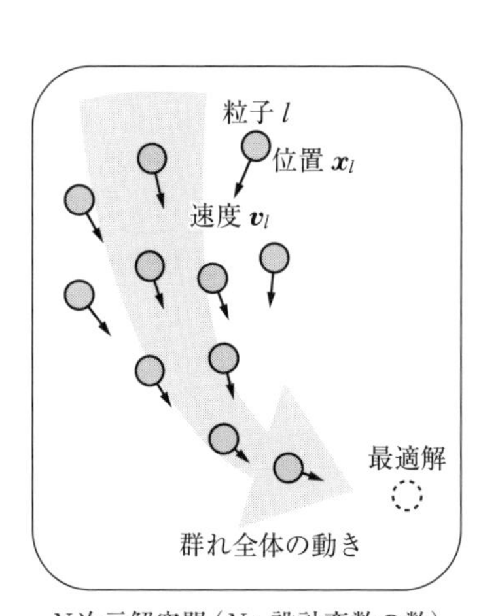

図5.22 PSOのイメージ

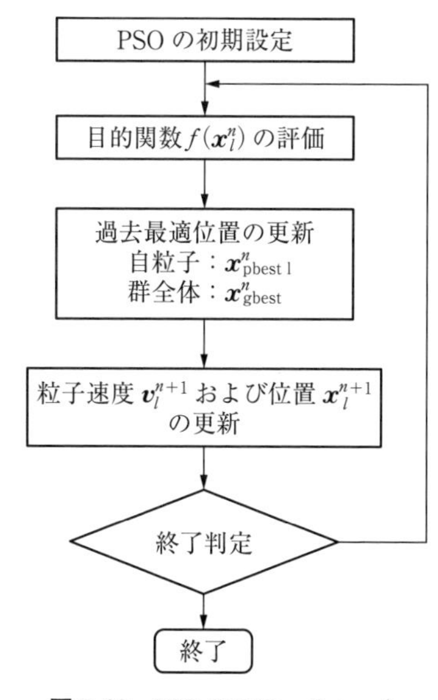

図5.23 PSOのフローチャート

目的関数が連続的な問題を解くための方法であるが，現在では離散問題への拡張も行われている．また，GA と同様に多点探索型の手法であるため，大域解を発見しやすい特徴をもっている．

5.2.4　新しいアンテナ最適設計法

近年提案されている新しいアンテナ最適設計法について紹介する．ここでは，構造最適化の1つであるトポロジー最適化（topology optimization）[25)-26)] とアンテナの多目的最適化法である VMO（volumetric material optimization）[27)-28)] について述べる．

(1)　トポロジー最適化

トポロジー最適化は構造の形態を設計変数とした方法であり，アンテナの内部に穴を設けるなど自由度の高い構造最適化が可能である．ここではトポロジー最適化で一般的な方法である密度法について述べる．この手法ではアンテナの構造最適化問題を材料分布の最適化問題として扱う．具体的な手順は，1）設計空間をセルに分割する，2）セルにおける材料有無（1,0）の離散問題を正規化密度（0〜1）の連続問題へ置き換える，3）勾配法に変数感度解析法である AVM を用いて構造体の密度分布を最適化する，4）密度分布を2値化（0,1）して最適化構造を得る．ただし，材料セルと非材料セルが交互に整列するチェッカーボード現象などによって造形困難な形が生成されてしまう場合もある．この問題を克服するため，空間フィルタの適用，形状最適化の1つであるレベルセット法に基づいたトポロジー最適化法も考案されている[21)]．

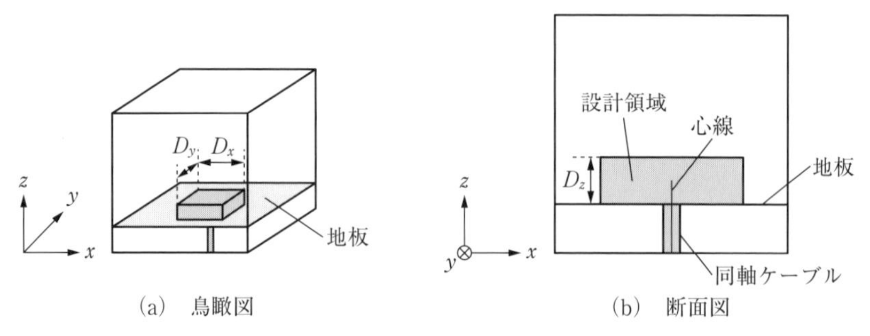

(a)　鳥瞰図　　(b)　断面図

図5.24　誘電体共振器アンテナの初期構造（$D_x=D_y=30$ mm，$D_z=8$ mm）

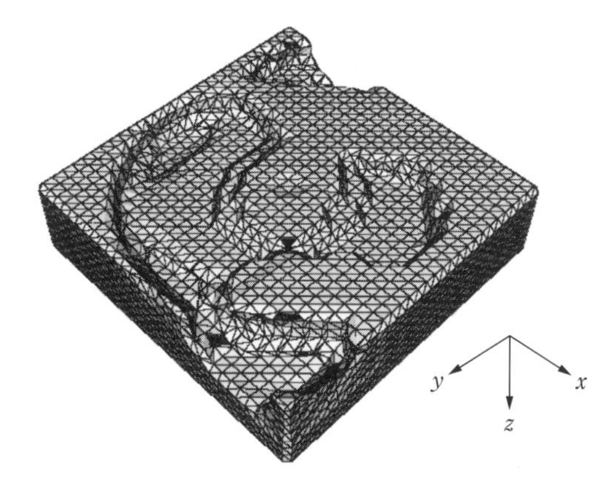

図 5.25 誘電体共振器アンテナの最適化構造[25)]

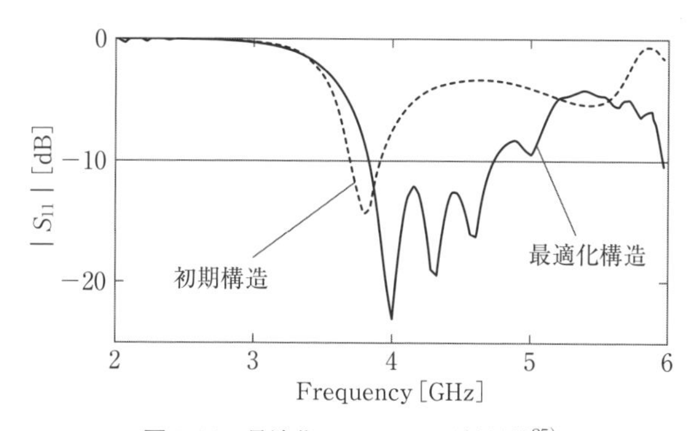

図 5.26 最適化アンテナの反射係数[25)]

次にトポロジー最適化を用いた**誘電体共振器アンテナ**の構造最適化の例を示す[25)]．文献[25)]では電磁シミュレーション法としてFDTD法，トポロジー最適化法として密度法が用いられている．図5.24および図5.25にアンテナの初期構造および最適化構造を示す．図5.26に最適化アンテナの反射係数を示す．この例ではアンテナの広帯域化を目的として，広帯域パルスを入力して給電部の反射エネルギーを最小化する誘電体構造を求めている．この設計法によって広帯域特性を有する独創的な構造のアンテナが設計可能であることが示されている．

(2) VMO

目的関数が複数存在し，それらが互いにトレードオフの関係にある最適化問

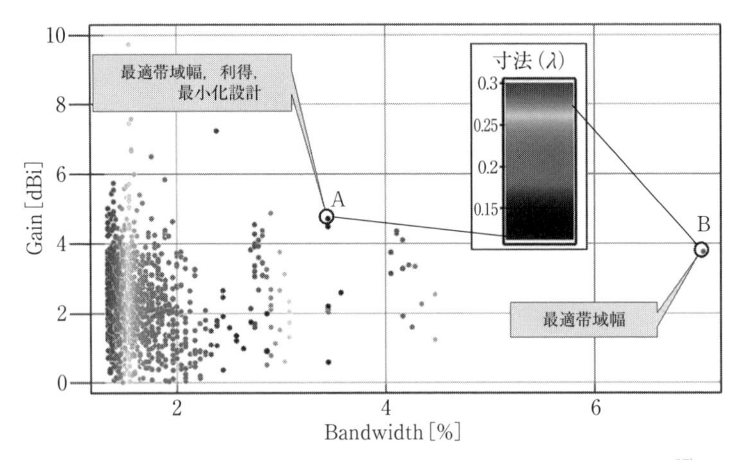

図 5.27　アンテナ最適設計候補の利得，帯域幅およびサイズ特性[27)]

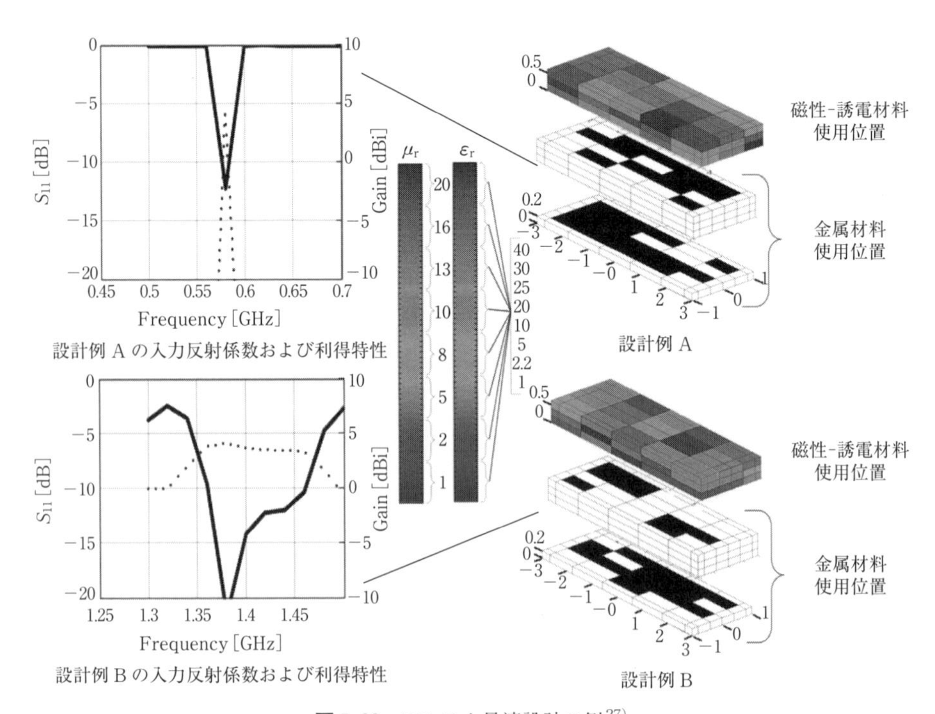

図 5.28　アンテナ最適設計の例[27)]

題を**多目的最適化問題**と呼ぶ．この問題ではすべての目的関数が同時に最良となる解は存在しないため，各目的関数値のバランスが異なる複数の解が求められる．これらの解は一般的に互いに優劣がつけられないため，何れも最適解の1つとなる．

VMO[27)-28)]はアンテナ設計においてトレードオフの関係にある利得，帯域幅およびサイズ（ボリューム）を同時に最適化する多目的最適化問題のための設計法である．本手法は，金属，誘電材料および磁性材料を同時に扱うことが可能な利点も有する．

次にVMOによる金属，誘電および磁性材料を用いた**パッチアンテナ**の設計例を示す[27)]．文献[27)]では電磁シミュレーション法として**FEBI**（hybrid finite element boundary integral）法，最適化法として遺伝的アルゴリズムが用いられている．図5.27にアンテナ最適設計候補の利得，帯域幅およびサイズ特性を示す．図5.28にアンテナ最適設計の例を示す．図5.28では図5.27におけるAおよびBの設計例が示されている．本設計法により従来困難であった利得，帯域幅およびサイズを同時に考慮したアンテナの設計が可能となることが示されている．

〈参考文献〉

1）T. Chan and H. C. Reade：Understanding Microwave Heating Cavities, Artech House, 2000.
2）社団法人 電気学会：計算電磁気学，倍風館，2003.
3）山下榮吉：マイクロ波シミュレータの基礎，電子情報通信学会，2004.
4）佐藤源貞，田口光雄，川上春夫：現代アンテナ工学，総合電子出版社，2004.
5）柏達也：電磁界シミュレーション法—FDTD，FEM，MoMのエッセンス—，日本計算工学会誌 計算工学，Vol.10，No.3，pp.1171-1174, July 2005.
6）小柴正則：光・波動のための有限要素法の基礎，森北出版，1990.
7）J. Jin：The Finite Element Method in Electromagnetics, John Wiley & Sons, 1993.
8）T. Itoh, G. Pelosi and P. P. Silvester ed.：Finite Element Software for Microwave Engineering, John Wiley & Sons, 1996.
9）J. L. Volakis, A. Chatterjee and L. C. Kempel：Finite Element Method for

Electromagnetics, IEEE Press, 1998.

10) R. F. Harrington：Field Computation by Moment Methods, Robert E. Krieger Publishing Company, 1968.

11) A. F. Peterson, S. L. Ray and R. Mittra：Computational Methods for Electromagnetics, IEEE Press, 1998.

12) J. H. Richmond and N. H. Geary：Mutual impedance of nonplanar-skew sinusoidal dipoles, IEEE Trans. Antennas Propag., Vol.23, No.3, pp.412-414, May 1975.

13) K. S. Kunz and R. J. Luebbers：The Finite Difference Time Domain Method for Electromagnetics, CRC Press, 1993.

14) A. Taflove：Computational Electrodynamics：The Finite-Difference Time-Domain Method, Artech House, 1995.

15) A. Taflove：Advances in Computational Electrodynamics：The Finite-Difference Time-Domain Method, Artech House, 1998.

16) 宇野亨：FDTD法による電磁界およびアンテナ解析，コロナ社，1998.

17) 平田晃正：電波ばく露に対する人体のマルチフィジクス解析と応用，電子情報通信学会論文誌C, Vol.J97-C, No.5, pp.209-217, 2014.

18) T. Kashiwa, M. Uchiya, K. Suzuki, and Y. Kanai：FDTD analysis of microwave circuits using edge condition, IEEE Trans. Magnetics, Vol.38, No.2, pp.705-708, Mar. 2002.

19) J. Wang, and O. Fujiwara：Comparison and evaluation of electromagnetic absorption characteristics in realistic human head models of adult and children for 900-MHz mobile telephones, IEEE Trans. Microw. Theory Tech., Vol. 52, No.3, pp.966-971, 2003.

20) 高橋応明，中田智史，齊藤一幸，伊藤公一：多層媒質モデルを用いたペースメーカ装荷型アンテナの特性解析，電子情報通信学会論文誌B, Vol.J93-B, No.12, pp.1636-1643, 2010.

21) 西脇眞二，泉井一浩，菊池昇：トポロジー最適化，丸善出版，2013.

22) 田村明久，村松正和：最適化法，共立出版，2002.

23) 小林重信：実数値GAのフロンティア，人工知能学会論文誌，Vol, 24, No, 1, pp, 147-162, 2009.

24) 石亀篤司，安田恵一郎：群れの知能：Particle Swarm Optimization，日本知能情報ファジィ学会誌，Vol.20，No.6，pp.829-839，2008.

25) 野村壮史，佐藤和夫，田口健治，柏達也：FDTD法を用いたトポロジー最適化によるアンテナ設計手法，電子情報通信学会論文誌B，Vol.J89-B，No.12，pp.2196-2205, Dec.2006.

26) E. Hassan, E. Wadbro, and M. Berggren：Topology optimization of metallic antennas, IEEE Trans. Antennas Propagat., Vol. 62, No. 5, pp. 2488-2500, May 2014.

27) S. Koulouridis, D. Psychoudakis, and J. L. Volakis：Multiobjective optimal antenna design based on volumetric material optimization, IEEE Trans. Antennas Propag., Vol.55, No.3, pp.594-603, Mar. 2007.

28) K. Fujimoto, and H. Morishita：Modern Small Antennas, Cambridge University Press, 2014.

6 小形アンテナの特性評価

6.1　小形アンテナの特性評価で注意すべき事柄

ここで対象にする小形アンテナは，携帯機器に搭載されており，かつ人体の影響も受けることを想定する．したがって通常のアンテナ測定の際に注意すべき事項に加えて，携帯機器のアンテナ測定に固有な注意すべき点について取り上げる．一般にアンテナの寸法が小さくなるにつれてその特性の測定が困難になる．小形アンテナ測定の困難さは，アンテナ構造の非対称性からくる測定の難しさやアンテナ特性が周囲環境の影響に敏感であることに起因する．小形アンテナが無線システム機器のプラットフォームに組み込まれた場合や取り付けられる場合に測定がより困難になる．その際にはアンテナ系はアンテナと機器筐体の組み合わされた構造となり，そのようなアンテナ系の特性を測定する必要がある．

このように小形アンテナの性能の信頼できる特性を得るためには特別な配慮が必要である．注意を払わなければならない代表的な場合は次のとおりである．

・アンテナの寸法が波長あるいは近傍導体の寸法に比べて非常に小さい場合

・アンテナ構造が非対称の場合

・何らかの近接物がアンテナに影響を及ぼす場合

小形アンテナの特性を正確に測定する効果的な方法が見つからない場合がある．たとえば，アンテナの寸法が極端に小さいとき，特に抵抗成分が非常に小さく測定が大変困難になる．

携帯機器に搭載された小形アンテナの特性は，携帯機器本体やそれを保持・操作する人の影響を大きく受けるために，測定に際しては特別な注意が必要である．特に問題になるのは測定のためにアンテナに接続する同軸ケーブルである．**同軸ケーブル**をアンテナに接続する際に，同軸ケーブルの外部導体に電流が流れないように注意する必要がある．

アンテナ系が対称性を有する場合には，地板（完全導体）を利用すればその影像（イメージ）により本来のアンテナと等価なアンテナの特性を測定することができる．たとえばダイポールアンテナの場合，その半分のモノポールを地板上に置くと影像により等価的にダイポールと同等な特性が測定できる．地板を使用しない場合と比較して簡単で，比較的誤差の少ない測定が可能となる．

地板は理想的には無限大の寸法が必要であるが，実際の測定では地板を無限大にはできない．寸法が小さく，測定周波数の数波長以下の場合は不要な電流が地板上に誘起して，地板の裏面にも電流が流れ，不要な放射を生じる場合がある．したがってアンテナの入力インピーダンスや放射特性の正確な測定が困難になる．このため，自由空間でのアンテナ特性を測定できるようにするため，通常は数波長以上の大きさの地板を用いる必要がある．しかし，有限の寸法の地板の場合，放射特性の測定では端部からの散乱波のために，放射パターンがひずむ可能性がある．このような現象は，地板が有限の大きさである限りある程度の影響は避けられない．

地板を用いることの特徴は測定に同軸ケーブルを使ってアンテナに給電できることで，地板を用いなければ同軸ケーブルをダイポールアンテナに直接接続できない．それは平衡系のダイポールに不平衡系の同軸ケーブルを直接接続するとケーブルの外導体に不要な電流が誘起して正しい測定はできない．この場合は平衡-不平衡変換のバランが必要になる．不要な電流の存在は，ノイズの発生や不要な干渉を受ける可能性があり，安定した測定が不可能になる．地板の下から同軸ケーブルを接続して測定することにより安定した測定ができる大きな利点がある．不平衡系のアンテナでは測定の際に同軸ケーブルを用いることができるので地板は無関係である．

平衡-不平衡接続の問題を避ける手段として，同軸ケーブルを用いず，光ケーブルシステムの利用がある．高周波信号を光信号に載せて光ファイバーで伝送し，そのアンテナの給電端で光信号から高周波信号を取り出す方法で，同軸ケーブルの代わりに誘電体の光ケーブルを利用するために，同軸ケーブルの影響は無関係になる．またこの方法では入力インピーダンス特性も測定可能であり，アンテナとの接続部分を小形化することができ，かつ平衡・不平衡変換も不要となり，非常に有用な測定法である．

6.2 小形アンテナの特性評価

小形アンテナで重要な特性としては，(1) 入力インピーダンス，(2) 帯域幅，(3) 放射指向性，(4) 利得がある．小形アンテナの特性評価としては，まずこれらの基本特性が設計仕様を満足することで判定される．さらに，実用状態における小形アンテナの性能として (5) **放射効率**，ならびに (6) SAR (specific absorption rate) がある．以下，これら小形アンテナの特性評価方法について順に説明する．

6.2.1 入力インピーダンスと帯域幅

アンテナの**入力インピーダンス** Z_{in} は，アンテナ給電端における電流 I に対する電圧 V の比として定義される．

$$Z_{\mathrm{in}}=\frac{V}{I}=R+jX=R_{\mathrm{rad}}+R_{\mathrm{loss}}+jX \tag{6.1}$$

入力インピーダンスの実部，すなわち，抵抗 R は放射に寄与する放射抵抗 R_{rad} と損失に関わる損失抵抗 R_{loss} の和として与えられる．一方，入力インピーダンスの虚数部，すなわち，リアクタンス X はアンテナの近傍における蓄積エネルギーに関連したパラメータである．代表的な半波長ダイポールの入力インピーダンス $R+jX$ は，$73+j42.5\,\Omega$ である．アンテナの給電に長さ y，特性インピーダンス Z_c，伝搬定数 γ の同軸ケーブルを使用した場合，同軸線路を含めたアンテナの入力インピーダンス $Z_{\mathrm{in}}(y)$ は

$$Z_{\mathrm{in}}(\mathrm{y})=Z_C\frac{Z_L+Z_C\tanh\gamma y}{Z_C+Z_L\tanh\gamma y} \tag{6.2}$$

で与えられる．ここで $Z_L = Z_{in} = R + jX$ である．

放射抵抗 R_{rad} は放射電力 P_{rad} を用いて

$$R_{rad} = \frac{2P_{rad}}{[I]^2} \tag{6.3}$$

と表せ，一方で損失抵抗 R_{loss} は損失電力 P_{loss} を用いて

$$R_{loss} = \frac{2P_{loss}}{[I]^2} \tag{6.4}$$

と表せる．放射電力 P_{rad} はアンテナに供給さる電力 P_{in} からアンテナの損失電力 P_{loss} を差し引いた電力である．

6.2.2　放射効率 η

アンテナの**放射効率** η は，アンテナへの入力電力 P_{in} のうち，どれだけが放射に寄与するかの割合を比率で表したパラメータで，放射電力 P_{rad} と入力電力 P_{in} の比で与えられる．

$$\eta = P_{rad}/P_{in} \tag{6.5}$$

入力電力 P_{in} は放射電力 P_{rad} とアンテナ内の損失電力 P_{loss} の和であり

$$\eta = P_{rad}/P_{rad} + P_{loss} \tag{6.6}$$

で表される．さらに関連する抵抗成分を使えば

$$\eta = R_{rad}/(R_{rad} + R_{loss}) \tag{6.7}$$

と表される．通常，アンテナに用いられる導体は損失が小さいので，一般的には η は1として扱われる．しかし，波長に比して小さい電気的小形アンテナは小さくなるほど放射抵抗が小さくなり，損失抵抗が支配的になると η は非常に低くなる．

6.2.3　アンテナの利得と効率

放射効率 η とアンテナの**指向性利得** D を用いて，**実効利得** G は

$$G = \eta D \tag{6.8}$$

で与えられる．アンテの効率を高めればアンテナの利得は向上する．通常アンテナに使われる導体は損失が小さいので一般的には η はほぼ1として扱える．しかし，電気的小形アンテナの場合，導体の損失抵抗が放射抵抗に比較して大

きくなる場合があり，ηは小さくなる．

6.2.4 反射係数Γ

アンテナの入力インピーダンスに関連した重要なパラメータとしてアンテナ入力端（給電端）における**反射係数**Γおよび$\boldsymbol{VSWR}$がある．

アンテナの給電端，すなわち式（6.2）において$y=0$における反射係数Γは

$$\Gamma=\frac{Z_L-Z_C}{Z_L+Z_C} \tag{6.9}$$

である．これを用いて**定在波**の割合を示すパラメータとしての**リターンロス**R_Lおよび$VSWR$はそれぞれ

$$R_L=-20\log_{10}|\Gamma| \tag{6.10}$$

$$VSWR=\frac{1+|\Gamma|}{1-|\Gamma|} \tag{6.11}$$

で与えられる．

6.2.5 帯　域　幅

R_Lや$VSWR$は，**帯域幅**に関する基準が同等であれば，同じ帯域幅での特性で示される．逆に帯域幅は，R_Lおよび$VSWR$を用いて定義される．すなわち，ある値のR_Lあるいは$VSWR$に対する帯域幅が通常用いられる．

これに対して，利得，放射効率，ビーム幅，軸比などでは，定義が異なる特性量に対する帯域幅が必ずしも一致しないので，たとえば$VSWR$などの回路的な特性量が周波数に対して急峻に変化するとしても，利得，放射効率など放射に関する特性量の周波数に対する変化は同様ではない．帯域幅の定義はどの特性量に着目して論じているのかが必要である．ある特性量に対する帯域幅は必ずしも他の特性量に対する帯域幅に対応していないことに注意すべきである．

6.2.6 入力インピーダンスの測定

アンテナの**入力インピーダンス**測定は**ネットワークアナライザ**（**NWA**：

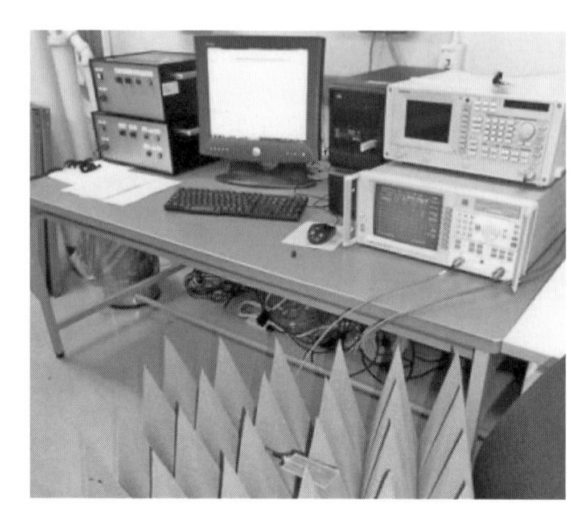

図 6.1　インピーダンスの測定状態

network analyzer）によって行われることが多い．図 6.1 は NWA によってマイクロストリップアンテナの入力インピーダンスを測定している状況である．図のように床に**電波吸収体**を置いて床からの不要反射を除去している．以下入力インピーダンス測定に関して，具体的な測定手順および測定事例について述べる．

NWA によって入力インピーダンスを測定する手順は次のようである．図 6.2（a）は**被測定アンテナ**（**AUT**：antenna under test）と NWA を接続する方法と入力インピーダンス測定用の接続端末の実例を示している．AUT は NWA に同軸線路で接続される．その際，この同軸線路と AUT 給電には補助同軸線路がよく用いられる．図（b）には，接続端末内にセミリジッドケーブルで補助同軸線路を実装している場合を示している．この場合，NWA の校正基準面を同軸線路のコネクタから AUT 接続部（給電点）に移動する必要がある．

校正手順は下記のようである．

（1）　NWA を，同軸線路のコネクタ端を基準面として校正する．

（2）　同軸線路に AUT を接続する前に，補助同軸線路の先端を短絡して入力インピーダンスを測定する（図 6.3 の A 点）．

（3）　NWA の電気長補正の機能を用いて A 点を**スミスチャート**上の短絡点

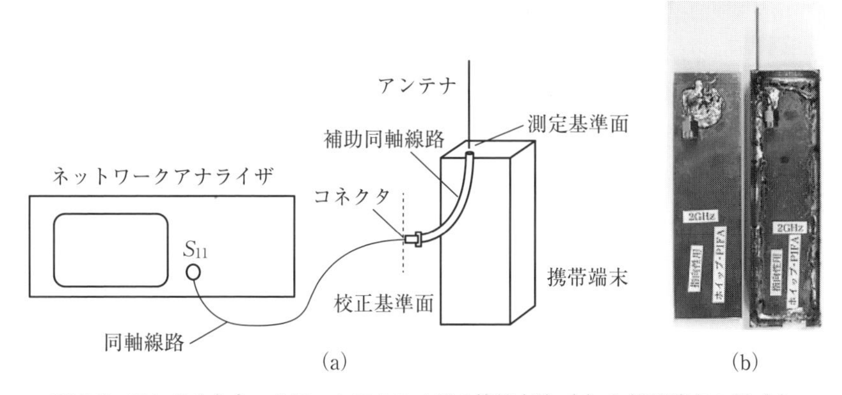

図 6.2　アンテナとネットワークアナライザの接続方法（a）と接続端末の例（b）

（図 6.3 の B 点）に一致させる.

（4）　同軸線路と補助同軸線を接続する.

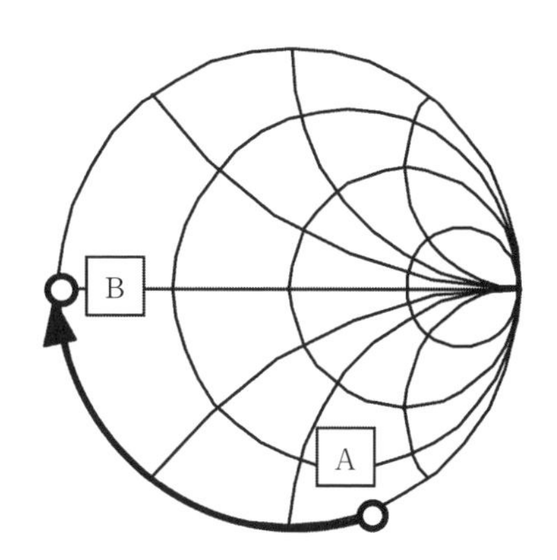

図 6.3　測定基準面の設定方法

以上の手順によって AUT 接続部（給電点）を位相の基準面として AUT の入力インピーダンスを測定することができる. なお, 測定に用いる補助同軸線路とは別に校正用の同軸線路として, 補助同軸線路と同じ長さ（もちろんコネクタも同じ）の先端を短絡した同軸線路を用意しておくと, アンテナから補助同軸線路を取り外すことなく校正を行うことができる. この場合, 用意する同軸線路の長さを正確に補助同軸線路と同じ長さにしなければ測定に誤差が入るので念入りな注意が必要である.

入力インピーダンス測定の実例として, **スリーブダイポールアンテナ**の入力インピーダンスの測定例を紹介する. 図 6.4 にスリーブダイポールアンテナの構造を示す.

図のように直径 10 mm の真鍮製の筒により**シュペルトップバラン**（次節 6.3 で説明）を形成し, 同軸ケーブルの中心導体をシュペルトップの短絡面から 1/4 波長だけ延長する. これにより, 中心導体とシュペルトップ外側の導体面が半波長ダイポールアンテナとして動作する．図6.5はスリーブダイポールアンテナの入力インピーダンスと *VSWR* の周波数特性である．図から周波数 f_0=940 MHz において *VSWR*=1.1 であり良好な整合状態であることがわかる．さらに図（b）から帯域幅がわかる．*VSWR* が2および3の帯域幅はそれぞれ Δf=71 MHz および Δf=121 MHz である．**比帯域**（帯域幅/中心周波数）はそれぞれ7.5%および12.9%となる．これらの帯域内では，インピーダンス不整合による電力損失はそれぞれ0.5 dB および1.25 dB 以下である．

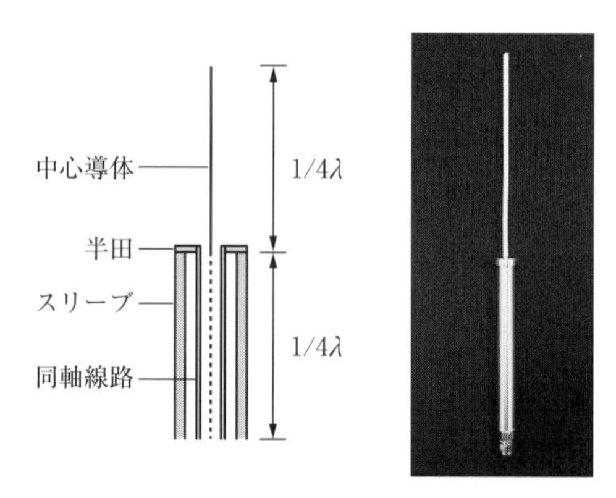

図6.4　スリーブダイポールアンテナの構造

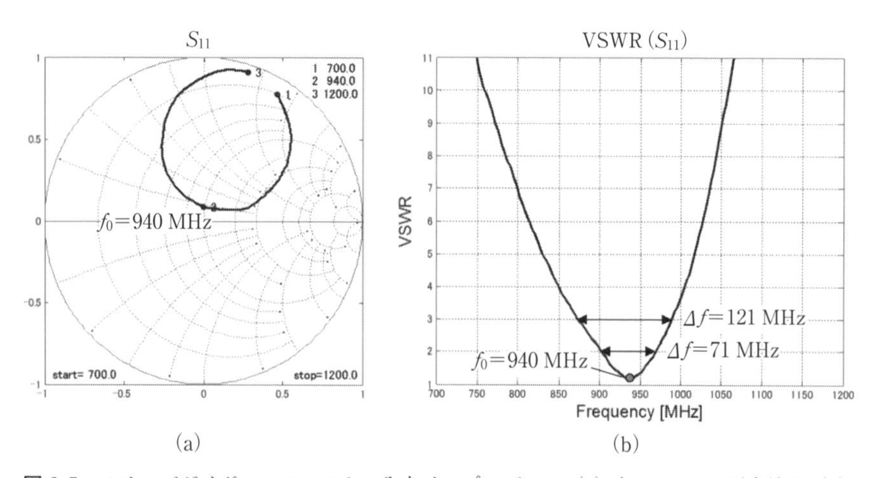

図6.5　スリーブダイポールアンテナの入力インピーダンス（a）と VSWR の測定結果（b）

6.2.7　放射特性の測定

A.　放射パターン

アンテナの指向性，すなわち**放射パターン**は，アンテナからの放射あるいは受信強度の角度特性を示す．アンテナからある一定距離だけ離れた球面上で，角度 θ，ϕ の関数として放射電界 $P_r(r,\theta,\phi)$ の各成分 E_θ，E_ϕ あるいは電力密度 $|E|^2$ の θ，ϕ 成分を表示したものである．座標系を図 6.6 に示す．図には放射電界成分 E_r，E_θ および E_ϕ を示している．E_r は r 成分で，遠方界ではゼロである．アンテナは通常座標の原点に置く．z 軸に平行な平面波は**垂直偏波**，直交する平面波は**水平偏波**と称する．

電界が複数の偏波成分によって表される場合，成分ごとの放射パターンを表示したり，放射の**主偏波**（copolarization）とそれに直交する**交差偏波**（cross polarization）の放射パターンをそれぞれ表示したりする．また，放射全般について調べるためには**電力密度パターン**を用いる．放射パターンは電界（電力）値をリニアで表示する場合と，dB を用いる場合がある．dB を用いると，電界または電力パターンの表示は同じになることはいうまでもない．また，**可逆性の定理**から，アンテナの送信時の放射パターンは受信時も同じである．放射パターンを表示する際，角度 θ，ϕ に関する相対的な放射分布を用いるた

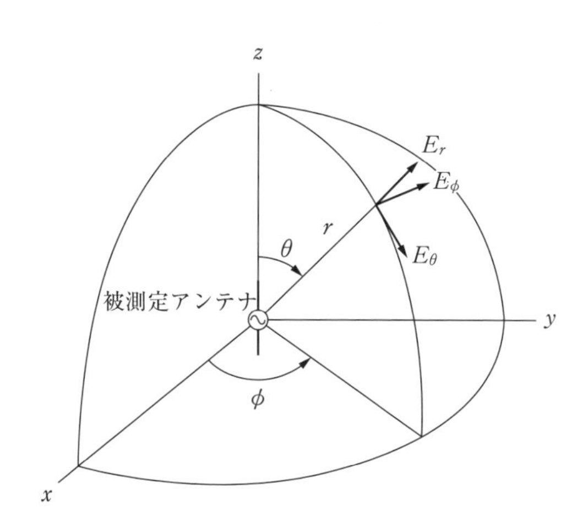

図 6.6　アンテナの座標と放射電磁界

め，パターンの最大値で正規化して表示する場合が多い．最近では，角度θ，ϕの関数として立体的に放射パターンを把握するために3次元パターンの表示を利用することが多くなっている．

B．放射パターンの測定

放射パターンの測定には，図6.7に示すような測定系を使用する．被測定アンテナ（AUT）を回転台（turn table）に載せ，それを回転（水平）させながらAUTから放射された電波を受信アンテナ（Rx antenna）で受信する．受信アンテナには指向性の鋭い八木-宇田アンテナ用い，受信レベルを角度ごとに受信する．AUTが小形アンテナの場合は比較的広い指向性をもつため，周囲にある金属類の影響を受けやすいので，アンテナや周辺物体を支持する治具などには発砲スチロールやポリプロピレンなどの電磁波に対する影響ができるだけ小さい材料を使うようにする．

測定では，たとえば小形アンテナを装着した小型機器（EUT：equipment under test）のような場合，図6.8のように回転台に機器を載せ，回転による角度ごとのレベルを測定する．図の（a）はEUTのx-y面パターンを測定する場合で，EUTを垂直に置いてあればE_ϕパターンが得られる．y-z面やz-x面の測定では，図（b），（c）のようにEUTの向きを変えて測定する．

EUTをターンテーブルに置く際，回転台と周辺の物の影響を小さくするた

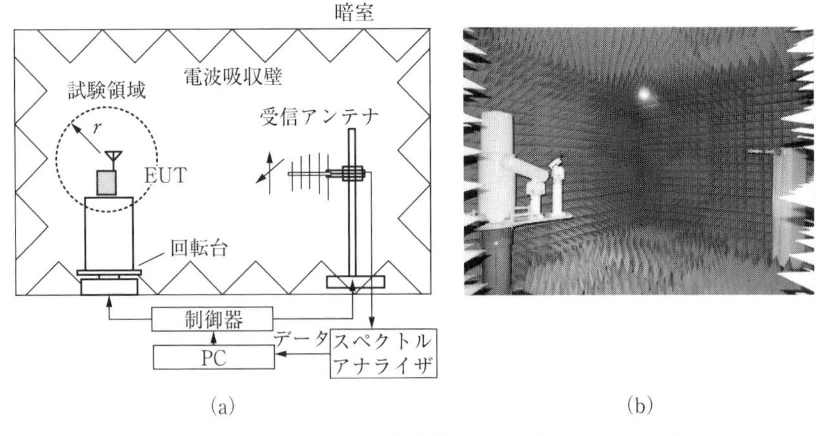

図6.7　電波暗室における放射指向性の測定セットアップ

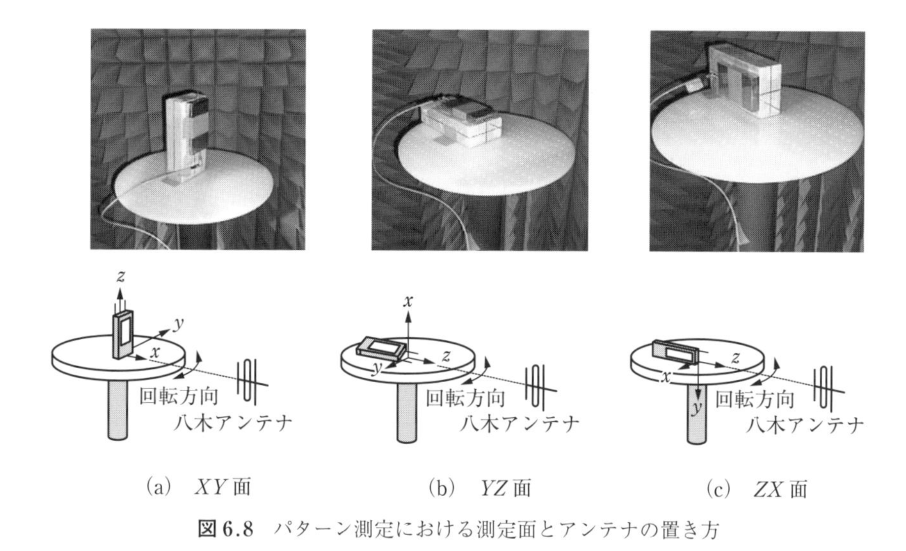

図 6.8 パターン測定における測定面とアンテナの置き方

め，アンテナを回転台からできるだけ離すように支持する治具を用いる．治具には誘電体など電磁界を乱さないような材料を用いる．

放射パターンは通常水平，あるいは垂直偏波の測定をする．アンテナを内蔵している EUT などではアンテナ周辺の導体や筐体などに電流を誘起して放射パターンは複雑な形状になり，放射の偏波面も一様ではなくなる．このような場合，両偏波面の測定が必要になる．

パターンの測定結果の表示は**極座標**の場合と**直角座標**の場合と 2 様がある．放射パターンが比較的鋭い場合には直角座標図 6.9（a）が適しているが，ダイポールアンテナなどパターンが鋭くない場合には極座標図（b）を用いる．

放射パターンは，通常，室内の壁全面に電波吸収体（absorber）をはりつめた図 6.7（b）（写真）のような**電波暗室**（**電波無響室**）で測定する．写真は典型的な電波暗室の例で，幅 285 cm，奥行き 355 cm，高さ 240 cm の大きさで，約 130 個の電波吸収体（1 辺 60 cm）によってすべての壁面が覆われている．写真は，ブラウジング姿勢のファントムに近接した携帯端末の指向性を測定しているときの様子である．

測定では，最初に基準アンテナの利得を把握しておく必要がある．通常**基準アンテナ**には整合のとれた半波長ダイポールアンテナを用いる．2 GHz 以上の

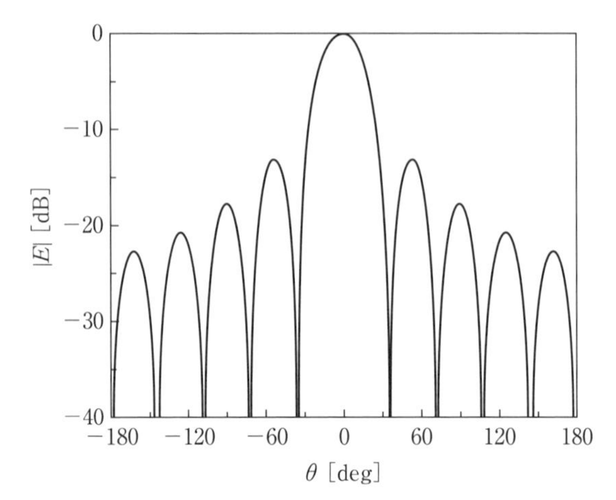

(a)　直角座標表示による放射パターンの例
($|\sin(n\theta)/(n\theta)|$, $n=5$)

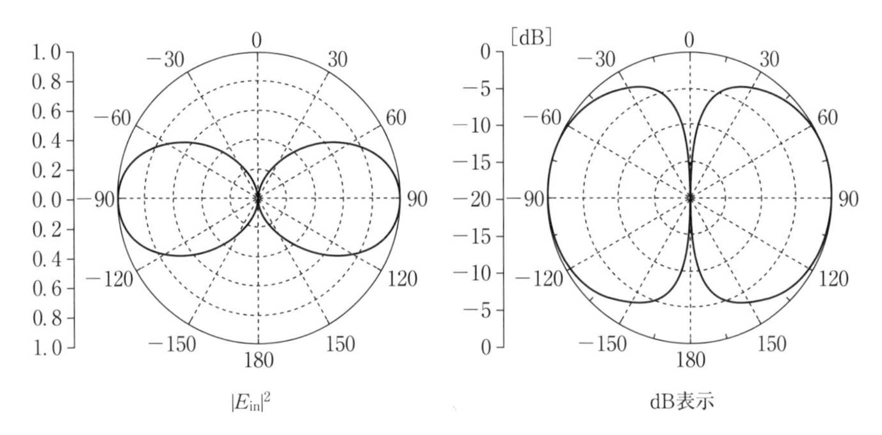

(b)　リニア表示とdB表示によるパターンの例（微小電気ダイポール）

図6.9　パターンの測定結果の表示

周波数では矩形ホーンアンテナを用いることがある．

図6.7の測定系で回転台に基準アンテナを載せて送信アンテナとして用い，受信アンテナで受信レベルを測定する．このレベルがアンテナの特性評価の基準となる．次にEUTを回転台に載せて角度ごとの受信レベルを求め，その最大値と基準レベルの比をとるとEUTの利得がわかる．受信レベルの角度ごと

の表示が放射パターンになる．

EUT は回転台上に設定している **Quiet Zone** 内に置く．Quiet Zone の領域内は平面波で，波面の位相誤差は 10 度以下，振幅の変動（ripple）も 1 dB 以内，主偏波に対する直交偏波のレベル比が 40 dB 以下，等に設定されている．電磁界の乱れがなく，正しく安定した測定ができる環境で，大体半径 $\lambda/2\pi$（λ：測定に使用する周波数 f の逆数，波長）範囲を領域とする．

E_θ 成分および E_ϕ 成分それぞれのパターンを求める際に注意すべきは座標系のとり方である．たとえばダイポールアンテナでは，アンテナを座標系の原点で z 軸上に置くと，E_θ パターンが X–Z 面内で，E_ϕ パターンが X–Y 面内で求められる．E_θ パターンは 8 の字パターンであり，E_ϕ パターンは円である．アンテナを x 軸上に置いて測定すると，Y–Z 面内には円状のパターンが E_θ パターンとして得られ，X–Y 面内では 8 の字パターンが E_ϕ パターンとして得られる．これらパターンの測定の際，受信用の八木–宇田アンテナ素子の向きは電波暗室の床に対して垂直である．これを水平にすると E_θ パターンと E_ϕ パターンが入れ替わる．

指向性の大きさ（振幅）のみを測定する場合は図 6.7 のように**スペクトラムアナライザ**（spectrum analyzer）を用いるが，振幅とともに位相も測定する場合はネットワークアナライザ（NWA）を用いる．

C.　利得の評価

基準アンテナとする半波長ダイポールアンテナの最大受信レベルを P_d，EUT の受信レベルを $P_a(\theta, \phi)$ とすると，座標点 (θ, ϕ) における AUT の**利得** $G(\theta, \phi)$ は次式によって求められる．表示する単位を dB とする際，半波長ダイポールアンテナを基準としている場合は dBd である．

$$G(\theta, \phi) = \frac{P_a(\theta, \phi)}{P_d} \tag{6.12}$$

$P_a(\theta, \phi)$ の最大値と P_d の比はアンテナの利得である．

D.　位相指向性測定

振幅指向性に加えて**位相指向性**を測定するには**ベクトルネットワークアナライザ**（**VNWA**：vector network analyzer）を用いる．

E．放射効率の測定

放射効率の代表的な測定法には，Wheeler Cap 法，Q ファクタ法，パターン積分法，およびランダムフィールド法などがある．

(1)　Wheeler Cap 法[1)]

Wheeler Cap 法は，アンテナの放射を抑制する金属シールドで覆ったときと覆わないときの入力インピーダンスを測定するだけの簡易な方法で，精度高く放射効率を求められる特徴がある．この金属シールドは提案者の名にちなんで Wheeler Cap といい，測定法を Wheeler Cap 法といっている．測定するアンテナは地板に設置し，地板の下から給電してインピーダンスを測定する手法のため，適用するアンテナは対称構造に限定される．

電気的小形アンテナでは，アンテナの中心から半径 $r=\lambda/2\pi$ の球内は，蓄積界が支配的で放射界はほとんど存在しないと考えられる．そこで，図 6.10 のように被測定アンテナ（AUT：antenna under test）を半径 r の完全導体のキャップで覆うと，キャップ内は蓄積界で，アンテナ素子上の電流分布は変化せず，放射を抑制できる．

キャップで覆わないときのアンテナへの入力電力を P_{in} とすると，キャップで覆って放射を抑制したときのアンテナへの入力電力は，P_{in} から放射電力 P_r

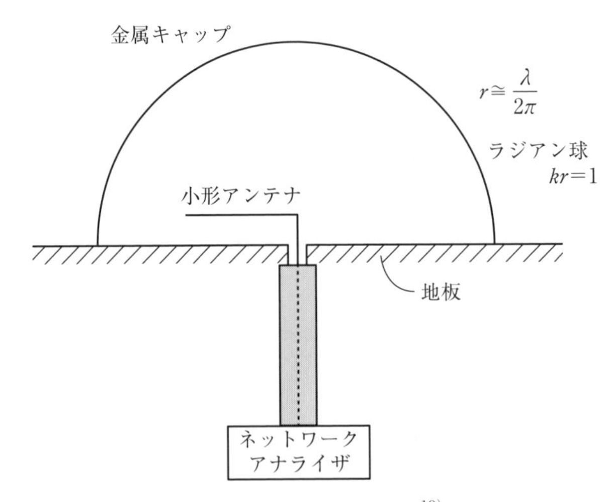

図 6.10　Wheeler Cap 法[19)]

を差し引いた電力（$P_{in}-P_r$）で，アンテナ内の損失による消費電力 P_l に等しい．アンテナ系が等価的に C, R, L の直列共振回路で表現されるとすると，その入力抵抗 R_{in} は放射抵抗 R_r と損失抵抗 R_l の和で表され，P_{in} は $R_{in}|I|^2=(R_r+R_l)|I|^2$，$P_r=R_r|I|^2$ なので，$P_r(=P_{in}-P_l)$ と P_{in} の比である**放射効率** η は

$$\eta=\frac{P_r}{P_{in}}=1-\frac{P_l}{P_{in}}=\frac{Rr|I|^2}{(R_r+R_l)|I|^2}=1-\frac{R_l}{R_{in}} \tag{6.13}$$

で与えられる．ここで I[A] は回路に流れる電流である．このように，放射効率はアンテナを覆ったときの入力抵抗 $R_{cap}=R_l$ と覆わないときの入力抵抗 R_{in} の比を用いて算出できる．

アンテナが並列共振回路で表現される場合は入力コンダクタンス G_{in} を用いて同様に扱えばよい．

アンテナの共振，非共振にかかわらず放射効率を求めるのに，入力インピーダンスでなくアンテナの入力端における**反射係数**を用いる方法がある[2)]．給電線路が無損失の場合，アンテナに供給される電力を P_0 とすると，アンテナへの入力電力 $P_{in}=P_r+P_l$ はアンテナにおいて放射および損失として消費される電力に等しく，この場合，アンテナ給電端における反射係数を Γ_{in} とすると

$$P_{in}=P_r+P_l=P_0(1-|\Gamma_{in}|^2) \tag{6.14}$$

アンテナを金属キャップで覆うと放射電力は $P_r=0$ となるので，このときの反射係数を Γ_{cap} とすると，損失電力 P_l は

$$P_l=P_0(1-|\Gamma_{cap}|^2) \tag{6.15}$$

であり，放射効率は

$$\eta=1-\frac{P_l}{P_{in}}=1-\frac{1-|\Gamma_{cap}|^2}{1-|\Gamma_{in}|^2}=\frac{|\Gamma_{in}|^2-|\Gamma_{cap}|^2}{1-|\Gamma_{in}|^2} \tag{6.16}$$

と与えられる．

アンテナを覆う**キャップの形状**は球状である必要はなく，製作が容易な直方体状のキャップ（図6.11）が用いられるのが一般的である．キャップの大きさは容積が球の場合と同程度であればよいとされているが，一辺が $\lambda/2\pi$ の数倍大きくても放射効

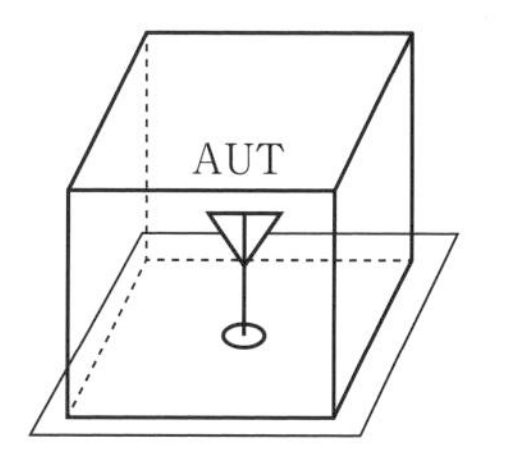

図 6.11　方形金属キャップ

率を誤差を小さく算出することができるといわれている[3)]．しかしキャップが共振を起こす寸法を避けなければならない．もしキャップが共振する場合は，キャップの内表面の損失抵抗が加わり，放射効率に寄与するため，放射効率は実際の値よりも小さく算出され，場合によっては負となってしまうことが知られている[4)]．共振周波数を避ければキャップ内表面の損失抵抗は無視でき，放射効率にほとんど影響を与えないため，シールドの材料は良導体の金属であればよい．

キャップを使用する際，注意しなければならないのはキャップを置く地板との接触面に隙間がないようにすることである．隙間があると，そこにインピーダンスが存在し，測定に誤差が入る．

(2)　**Q ファクタ法**[5)]

損失を有する実際のアンテナの Q 値を測定し，一方で無損失のアンテナの Q 値を計算で求め，両者の Q 値を比較することにより，放射効率が求められる．損失のあるアンテナと無損失アンテナの Q 値をそれぞれ Q_R，Q_L とすると

$$Q_R=\frac{\omega_0 P_s}{P_{Rt}+P_L} \tag{6.17}$$

$$Q_L=\frac{\omega_0 P_s}{P_R} \tag{6.18}$$

となる．ここで $W_0=2\pi f_0$（測定に用いる角周波数），P_s，P_R および P_L は，それぞれ，蓄積電力，放射電力および損失電力である．

したがって，放射効率 η は

$$\eta=\frac{Q_R}{Q_L} \tag{6.19}$$

から求められる．これら Q を求めるには，無損失アンテナの入力インピーダンス $R_i(=R_r+jX)$ を算出すれば $P_s=|I|^2X$，および $P_R=|I|^2R_r$ から式（6.16）および（6.17）を用いて Q_L が求まる．一方，AUT について，測定により比帯域を求め，その逆数から Q_R を求められる．この方法は，無損失アンテナが特に複雑な形状を有する場合は難しい．しかし，最近の電磁界シミュレータによればこの理論計算が可能である．

(3) パターン積分法[6,7,8]

AUT から放射される遠方界の電力密度を受信アンテナで測定し，全立体角で積分することにより全放射電力を求めて，入射電力との比をとることにより放射効率 η を求める方法である．図 6.12 がその測定系の例である．

図のように球面状の台（spherical positioner）に受信アンテナ（probe）を載せて台を球面に沿って移動させ，AUT からの放射界を受信し，3 次元的に放射電力の表示を得る．この測定では 0.5 dB 程度の精度で測定が可能であるが，AUT と受信アンテナとの距離 R を十分に離して遠方界になる球面上で測定すること，AUT の中心が走査球面の中心にくるようにすること，などが重要である．AUT に入力される全電力 P_t は

$$P_t=(1-|\Gamma_t|^2)P_{av} \tag{6.20}$$

である．ここで Γ_t は AUT の反射係数，P_{av} は AUT に入力される有能電力である．一方，距離 R の球面上における電力密度の各成分を $P_i(i=\theta,\phi)$ とし，これを利得 G_r の直線偏波の受信アンテナで受信した場合の受信電力の各成分を W_i とすると

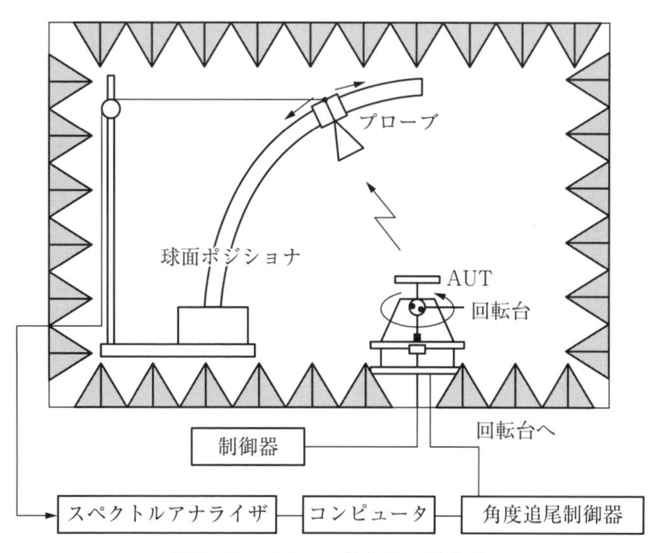

図 6.12 パターン積分法の測定系

$$W_i = P_i(1-|\Gamma_r|^2)\frac{\lambda^2 G_r}{4\pi} \tag{6.21}$$

で与えられる．この場合，受信アンテナの反射係数をΓ_rとしている．一方，AUT から放射される全電力P_{rad}は

$$P_{\mathrm{rad}} = R^2 \int (P_\theta + P_\phi)\,d\Omega \tag{6.22a}$$

$$= \frac{R^2 4\pi}{\lambda^2 G_r(1-|\Gamma_r|^2)} \int \{W_\theta(\theta,\varphi) + W_\phi(\theta,\phi)\}\,d\Omega \tag{6.22b}$$

で与えられるので，放射効率ηは

$$\eta = \frac{P_{\mathrm{rad}}}{P_t} = \frac{R^2 4\pi}{\lambda^2 G_r(1-|\Gamma_r|^2)(1-|\Gamma_t|^2)P_{aw}} \int \{W_\theta(\theta,\phi) + W_\phi(\theta,\phi)\}\,d\Omega \tag{6.23}$$

と求まる．

(4)　**ランダムフィールド法**

アンテナを含む全空間にわたって放射電力を統計的な考え方を導入して測定し，より簡易に放射効率を求める方法である．携帯機器などは使用環境の電磁界がランダムな分布をしている場合が多い．このような環境でのアンテナの特性（機器など周辺の環境を含む）の評価は，等価的な**ランダム分布**の電磁界の環境の中で行う．それには，図6.13に示すように，アンテナから任意の方向で一定距離離れた場所に波長と比べて小さな電波散乱体をおいてランダムな電磁界を発生させた環境の室内でアンテナを全方向に回転させてEUTには振幅が入力電界に比例し，位相がランダムな散乱波の合成波が受信されるようにする．EUTが小形アンテナの場合は，一般的に鋭い指向性をもたないので受信電磁界は統計的には**レイリー分布**になると考えてよい．

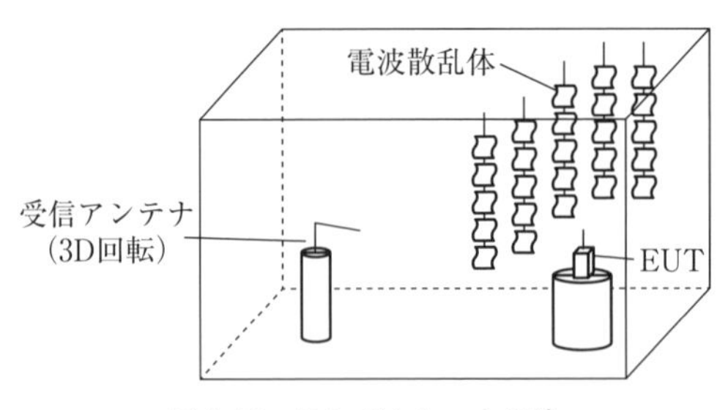

図6.13　ランダムシールド法

受信した散乱界の電力は，アンテナから全空間に放射された全電力に強い相関をもっているので，放射効率が既知の基準アンテナ（たとえば，半波長ダイポールアンテナ）と，ランダムな散乱電磁界環境で測定したEUTの受信電力との差を求めればEUTの放射効率を決定できる．この方法では測定環境の電磁界のランダム性を確保するのがきわめて重要である．

6.2.8 SAR

携帯機器から放射される電磁波が人体に及ぼす影響を評価する指標として**SAR**（specific absorption rate：比吸収率）があり，次式により定義されている．

$$SAR=\frac{\sigma}{\rho}E^2 \quad [\mathrm{W/kg}] \tag{6.24}$$

ここで，Eは入力電界の振幅（実効値）[V/m]，σは生体組織の導電率[S/m]，ρは生体組織の密度[kg/m^3]である．わが国においては2002年6月より携帯電話の局所SAR上限値が定められ，SAR測定を義務化する法律が制定された．任意の人体組織10 g当たりのSAR平均値（局所SAR）が2 W/kg以下になるように定められている[9]．

SAR測定には電界プローブ法による方法が一般的に用いられている．図6.14に電界プローブ法によるSAR測定システムを示す．電界プローブ法による携帯電話のSAR測定には，人体頭部形状の容器に人体組織と等価な電気的特性もつ溶液を充填した**電磁ファントム**（6.3節で記述）を用いる．

ファントムの形状は，人体頭部あるいはその他の部位の形状を平均的に模擬したものである．世界共通の標準ファントムとして用いられているものとして，**SAM**（specific anthropomorphic mannequin）**ファントム**と呼ばれているものがある．これは，米国陸軍による寸法統計データの90パーセンタイル値の成人男性頭部形状データに基づいて作成されている．

電界プローブ法ではセンサに入力した電界強度の2乗に比例する直流電流を出力する．ここであらかじめ比例係数に相当する校正係数を求めておく必要がある[11,22]．

ファントム内部には，人体の各組織（脳，筋肉等）における媒質の電気定数

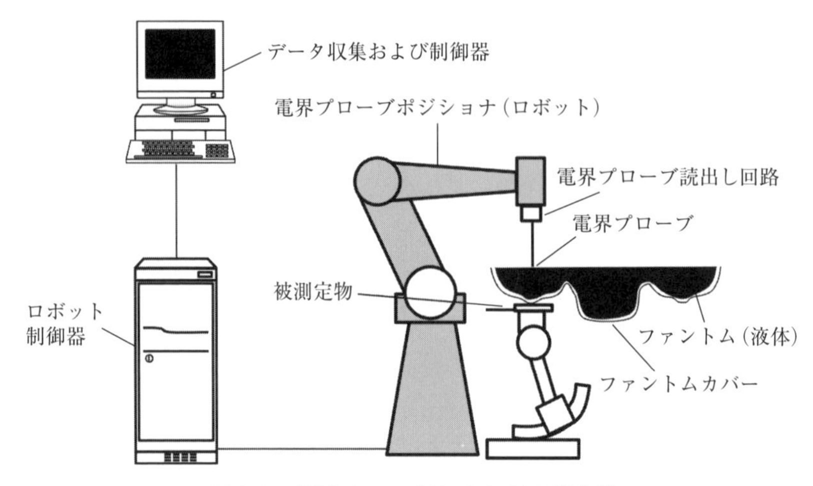

図 6.14　電界プローブ法による SAR 測定系

を模擬した液体を充填する．すなわち，ファントム内部に生体と等価な液状誘電体を満たすことによって，人体の形状および電気定数を模擬している．実際の頭部は脳，頭蓋骨，皮膚などさまざまな組織から構成されており，これらの組織の電気定数はそれぞれ異なる値をもつため，頭部の電気特性は不均一である．したがって，厳密には不均一な液体ファントムを用いるべきであるが，不均一な構造をもつ液体ファントムの製作は困難であるため，平均的に人体の電気特性を模擬する均一ファントムが使用されている．表 6.1 は，このような考えに基づいて，頭部液体ファントムとして国際的に定められている代表的な周波数におけるファントムの電気定数である．

測定では通話状態を想定し，ファントムに携帯電話を密着させた状態で行う．その際，測定標準ではファントムの左右両側について「頬の位置」と「傾斜の位置」の 2 つの位置で測定することが求められている[9]．多関節ロボットで保持した電界プローブを溶液に挿入し，ファントム表面に沿うように走査させて SAR 分布を測定する．その後，SAR の最大値を検出し，その最大値を中心としてファントム内部方向へ立方体状に走査を行い，1 g または 10 g 当たりの値の平均値を算出する．この測定を携帯機器の保持姿勢，使用周波数などの条件を変えて行い，その中で最も高い局所 SAR の判定を行う．

表 6.1 頭部等価ファントムの電気定数

Frequency [MHz]	比誘電率の実部 ε_r	導電率 σ[S/m]
300	45.3	0.87
450	43.5	0.87
835	41.5	0.90
900	41.5	0.97
1450	40.5	1.20
1800	40.0	1.40
1900	40.0	1.40
2000	40.0	1.40
2450	39.2	1.80
3000	38.5	2.40

この測定方法は，SAR の定義に忠実であり，携帯電話のような放射電力の小さな無線機器の測定に適しており，高い精度をもっているので，SAR の標準測定法として推奨されている．電界プローブ法の欠点は測定に長い時間がかかり，機器の量産過程での利用が困難なことである．そこで，測定の簡易化により測定時間を短縮した SAR 測定方法が提案されている[10)]．

6.3 測定に関連した重要な事柄

6.3.1 平衡系-不平衡系接続の問題

同軸ケーブルを用いたアンテナ系の特性測定で重要なのは，**平衡系-不平衡系接続**の問題である．図 6.15 のようにアンテナが平衡系の場合，給電に同軸ケーブルを直接接続すると，接続線上に流れている電流 I_1，I_2 の一部 I_3 が不平衡電流として同軸ケーブルの外導体上に流れる．そのためアンテナの特性，たとえば入力インピーダンスが変化し，また**不平衡電流**が不要な放射を発生する場合もあり，その影響で放射パターンが変わる．

また同軸ケーブルの外導体に不要電流が流れていると，ケーブルの引き回し方や配置などによって周囲の環境条件の影響が入り，本来のアンテナ特性とは異なる結果となって正確な測定ができなくなる．さらに不要電流が流れている

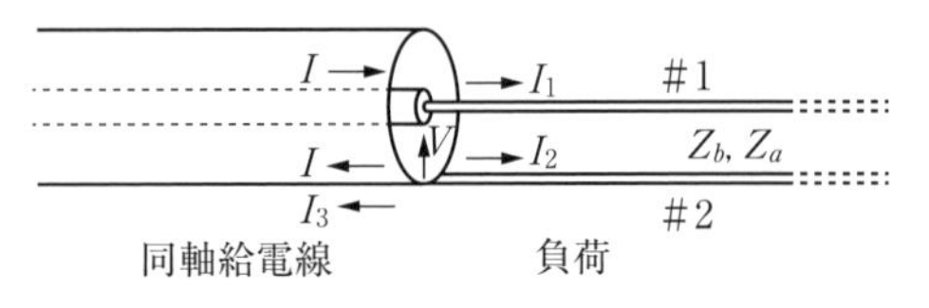

図 6.15　平衡系-不平衡系の接続

同軸ケーブルが対向するアンテナとの間に入ると結合により放射パターンを変化させる場合がある．特に放射パターンのヌル付近ではレベルが高くなり，ヌルにならない可能性があるので同軸ケーブルの配置には細心の注意が必要である．

AUT が非対称，あるいは複雑な構造をもつ場合にも同じような現象が生じる．非対称構造のアンテナは金属地板上に置いて測定できないので特別な注意が必要となる．

同軸ケーブルの外導体に不要な電流を流さないためには，**不平衡系アンテナ**の場合，同軸ケーブルにフェライトビーズを被せて外導体に高インピーダンスをもたせて不要電流を阻止する方法がある．あるいは，同軸ケーブルの引き回し方を工夫して不要放射の影響をなくするなどの対策を講じる．積極的な対策としては**平衡-不平衡変換器**（**バラン**）を使用することである．同軸ケーブルの不要電流をなくさなければ特性測定は正しく行えない．

放射パターンの測定で同軸ケーブルを用いず，**小型発振器**を機器内に入れて直接アンテナに給電して測定する方法がある．この方法ではアンテナに直接またはバランを介して発振器を接続するので，同軸ケーブルの影響がなくなり放射パターンの測定が誤差なく行える．しかし，入力インピーダンス特性の測定ができない欠点がある．そのためにアンテナの絶対利得を求める際には，入力インピーダンス特性を別の方法で測定する必要がある．

同軸ケーブルを用いないで測定する方法として光システムの利用があるが，後の項で述べる．

6.3.2　平衡-不平衡変換器（バラン）

図 6.16 に代表的なバランを示す．図 (a) は**シュペルトップ**と呼ばれるバランで，同軸ケーブルの外側に一端が短絡された長さ 1/4 波長の円筒導体を被せ

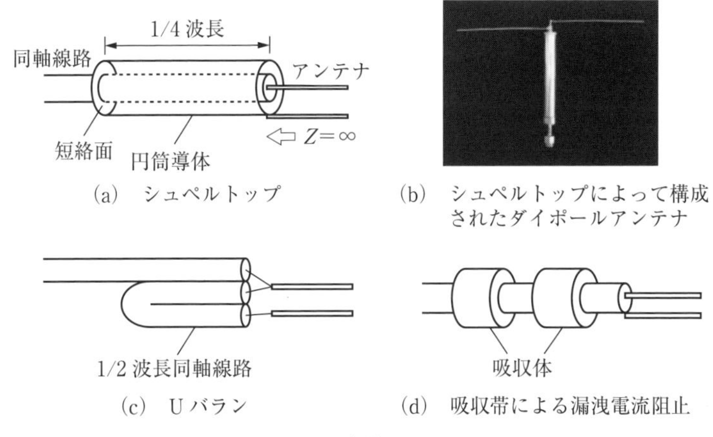

(a) シュペルトップ　(b) シュペルトップによって構成されたダイポールアンテナ

(c) U バラン　(d) 吸収帯による漏洩電流阻止

図 6.16 各種のバラン

た構造をしている．これにより，アンテナ側から円筒内を見たインピーダンスが無限大になり外導体に漏洩電流が流れなくなる．図 (b) は半波長ダイポールアンテナにシュペルトップを用いて給電している構成の例である．図 (c) は半波長の同軸ケーブルを迂回路として用いた **U バラン**である．図 (b) と (c) のバランはいずれも線路長を利用しているので周波数特性をもち，バランの動作周波数帯域が限られる．それに対して，図 (d) のバランはフェライトなど損失のある材料を用いて漏洩電流を阻止しており，この場合は広帯域に阻止効果がある．ただし，フェライトには 1 GHz 以上の高周波で比透磁率が急激に低下し，電流阻止の周波数帯域が限られる場合があるので注意が必要である．

図 6.16 (a) に示したシュペルトップの動作は，図 6.17 のようになる．

図 6.18 に U バランの具体的な使用例を示す．**半波長フォールデッドダイポールアンテナ（FDA）**に適用した場合で，アンテナは半波長迂回同軸線路による U バランで給電されている．U バランには，平衡-不平衡変換器としての機能とインピーダンス変換器としての 2 つの機能がある．これらの機能は次のように説明される．

U バランは，図のように，半波長迂回同軸線路により，位相の 180° 異なる電圧を a-b 間に作る．同軸ケーブルの外導体の電圧はゼロであるから，a にお

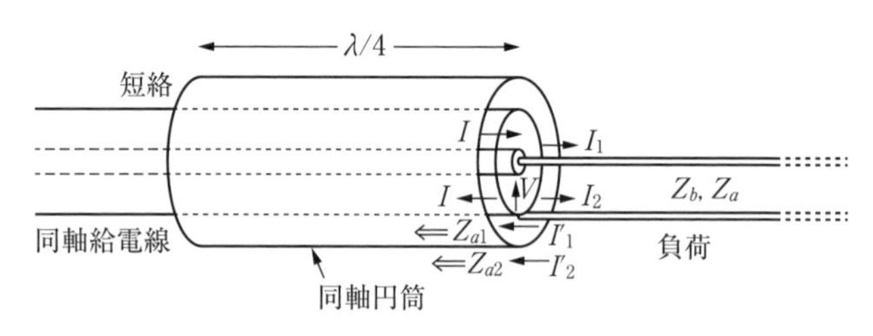

図 6.17　シュペルトップ

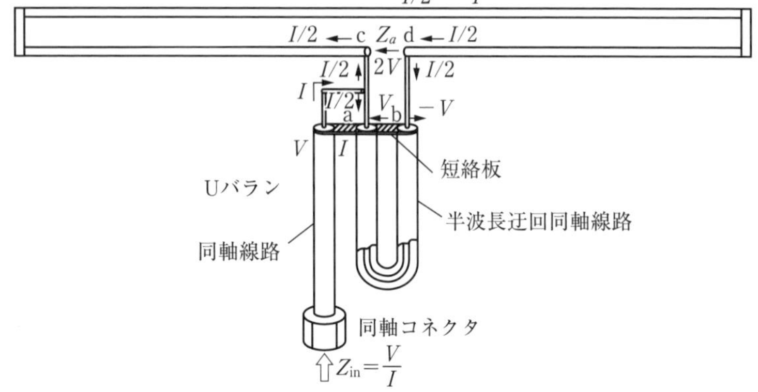

図 6.18　Uバランを用いて給電した半波長フォールデッドダイポールアンテナ

ける中心導体の電圧を V とすれば，b における中心導体の電圧は $-V$ である．したがって，FDA の給電点 c-d 間の電圧は $2V$ となる．さらに点 a，b における中心導体の電流は，大きさは同じで向きは互いに反対であるから FDA の左右の素子には同じ大きさの電流 $I/2$ が誘起されることになる．FDA の給電点に生じる電圧と電流は，アンテナ中点に対して対称になっており，ダイポールアンテナの場合と同様に，平衡系アンテナに対すると同様に給電端では等しい電流で左右の素子に給電をしている．これが U バランの平衡-不平衡変換器の機能である．

次に U バランの入力端子，すなわち図の同軸コネクタから見た入力インピーダンス Z_{in} は

$$Z_{in}=\frac{V}{I} \tag{6.25}$$

である．U バランの出力端子（アンテナの給電端子）における電圧は $2V$ であり，電流は $I/2$ であるから，U バランの出力端子においてアンテナ側を見たインピーダンス Z_{a} は

$$Z_a = \frac{2V}{I/2} = 4\frac{V}{I} = 4Z_{\mathrm{in}} \tag{6.26}$$

である．すなわち，U バランの出力端子のインピーダンスは入力端子のインピーダンスの 4 倍となり，1：4 の**インピーダンス変換器**としての機能をもっているといえる．半波長 FDA の入力インピーダンスは 300 Ω であるから，U バランを接続することによって，同軸コネクタから見た入力インピーダンス Z_{in} は 75 Ω となり，75 Ω の特性インピーダンスの同軸線路を用いればインピーダンス整合が容易である．U バランは FDA に対して，平衡-不平衡変換の動作とインピーダンス変換の 2 つの動作を同時に行って接続している．

U バランを同軸ケーブルで作る場合，半波長迂回線路の長さ l は次式によって計算できる．

$$l = \frac{\lambda_0}{2\sqrt{\varepsilon_r}} \tag{6.27}$$

ここで，λ_0 は自由空間波長，ε_r は同軸線路の中心導体を充填している誘電体の比誘電率である．たとえば，$\lambda_0 = 315.8$ mm（周波数：950 MHz），$\varepsilon_r = 2.1$（ポリテトラフルオロエチレン：PTFE）の場合，$l = 109$ mm となる．

図 6.19 は，セミリジッドケーブル（直径：2.19 mm，特性インピーダン

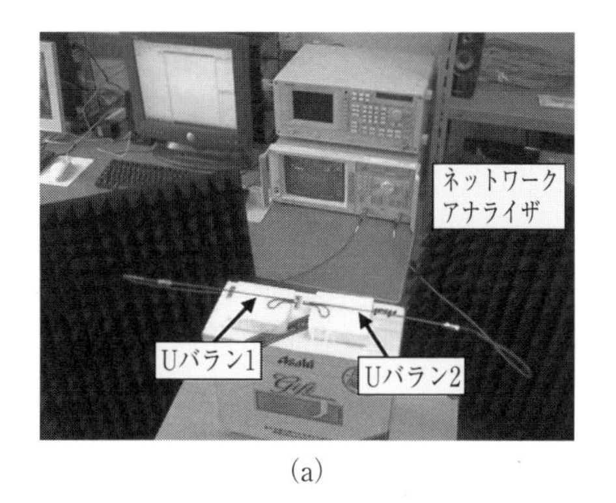

(a)

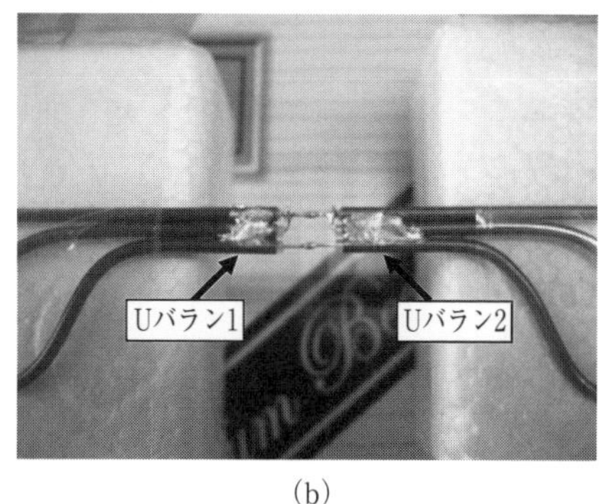

(b)

図 6.19　U バランのインピーダンス測定

ス：50 Ω）で製作したUバランのインピーダンスをネットワークアナライザで測定している様子である．この場合，Uバランの平衡側のインピーダンスは不平衡側の4倍の200 Ωとなるので，Uバラン単体をNWAに接続して測定することができない．そこで，図のように，Uバランを2つ製作してそれぞれの平衡側を半田付けし，不平衡側をNWAのポート1と2に接続して，全体を不平衡回路として測定する．

図6.20（a）にインピーダンス，（b）に**VSWR特性**，（c）に挿入損失のそれぞれの測定結果を示す．迂回線路の長さlは上記の計算値をもとにインピーダンス特性が最適となる長さを実験的に求め，l=126 mmとした．図（b）のように，950 MHz付近で$VSWR$は最小となり，$VSWR$が2以下となる周波

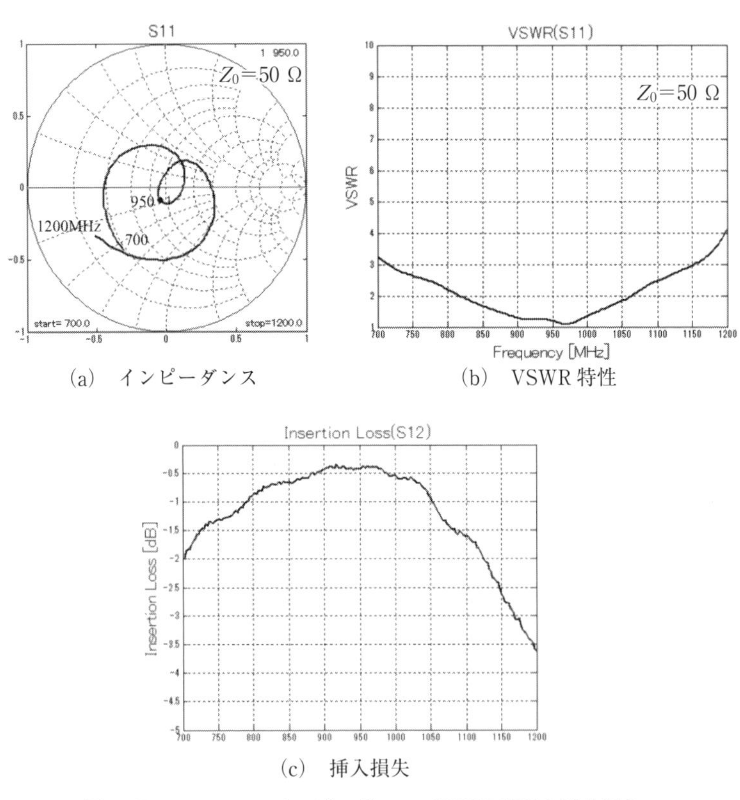

（a）インピーダンス　（b）VSWR特性

（c）挿入損失

図6.20　Uバランのインピーダンス・VSWR特性と挿入損失

数帯域幅は 260 MHz（比帯域幅：27% @950 MHz）であった．挿入損失は 2 つの U バランの合計なので，1 つ当たりは図（c）の 1/2 である．図より 950 MHz における挿入損失は，U バラン 1 つ当たり 0.2 dB 程度であることがわかる．図 6.19 のように，中心周波数の 950 MHz 付近では良好な整合状態が得られ，**挿入損失**（insertion loss）は小さいが，周波数が中心から離れるに従って特性が劣化している．これは，迂回同軸線路の電気長が半波長からずれ，図 6.18 に示した，“180° 位相が異なる電圧を a-b 間に作る”という機能が損なわれているからである．

6.3.3 光系を用いた測定

アンテナ指向性の測定に用いられる一般的な方法は，同軸ケーブルを使用してネットワークアナライザ（NWA）と被測定アンテナを接続する方法（同軸測定系）である．しかし同軸ケーブルには平衡系-不平衡系の直接接続により不要電流が外導体に発生する場合があり，それが二次放射源となる可能性がある．さらに，外導体に不要電流が流れるとケーブルが散乱体にもなる場合もあってアンテナの放射特性の測定に大きな影響を及ぼす．不要電流の影響をなくするのにバランが一般的に用いられるが，バランには周波数特性があり，漏れ電流を除去できる周波数帯域を外れると，漏れ電流の影響が現れてくる．

そこで，同軸測定系に替わって，電気信号を光信号に変換して伝送する測定法（**光測定系**）が用いられる[11]．その測定系では，要素として小型 **PD**（photodiode）モジュールと **LD**（laser diode）**モジュール**および光ファイバーケーブルを用いる．

光測定系の特長は以下のようである．

① 光ケーブルは非金属であるため漏洩電流の影響がまったくない．

② したがって同軸ケーブルのような電波の散乱の影響などが現れない．

③ 数 GHz の広帯域特性を有するため，広帯域にわたる測定を行うことができる．

図 6.21 に光測定系の構成を示す．基本的には電気信号を用いる場合と同様であるが，AUT への接続に光ファイバーケーブルを用いるのが異なる．図中の実線は光ファイバーケーブルを表し，破線は同軸ケーブルを表している．ネ

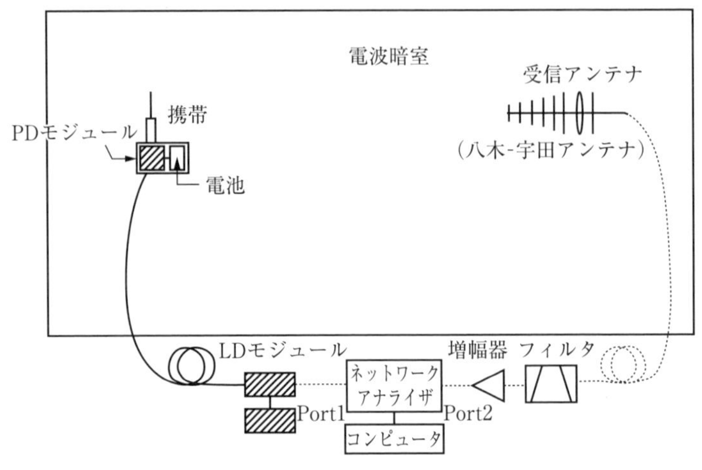

図 6.21　光測定系の構成

ットワークアナライザ（NWA）の Port 1 から電気信号は LD モジュールにより光信号に変換され，光ファイバーケーブルを通してアンテナ接続端子にある PD モジュールまで光信号を伝達する．PD モジュールで光信号を電気信号に変換し，その出力を AUT に入力する．AUT から放射された電波は受信用の八木-宇田アンテナで受信され，フィルタ，増幅器などを介して NWA の Port 2 に入力される．NWA ではコンピュータ制御により必要なデータを収集する．

図 6.22（a）に LD モジュール，（b）に PD モジュールの概観写真，（c）にスリーブダイポールに PD モジュール接続した例を示す．PD の駆動部（駆動回路，整合回路および電池）は 22×22×7 mm の金属筐体内に内蔵されている．そのため，端末アンテナと駆動部の間には非常に高いアイソレーションが実現できている．

PD モジュールおよび LD モジュールを直接接続した状態での**変換利得**（S_{21}）の周波数特性を図 6.23 に示す．図より，10～2500 MHz において変換利得が 20±3 dB のフラットな周波数特性が得られていることがわかる．さらに PD モジュールの出力端には 10 dB のアッテネータが内蔵されており，上記の周波数帯において VSWR は 1.1 以下である．2 GHz において内蔵電池で連続駆動した場合の S_{21} の時間特性（振幅と位相特性）を測定したところ，内蔵電

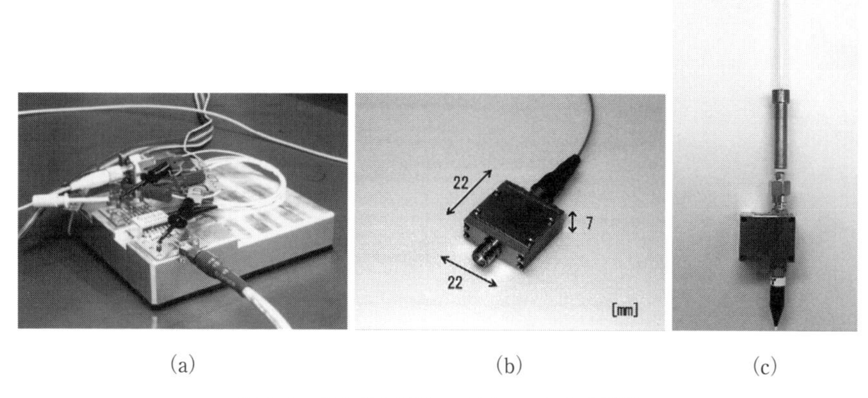

(a) (b) (c)

図 6.22 LD および PD モジュールの使用例

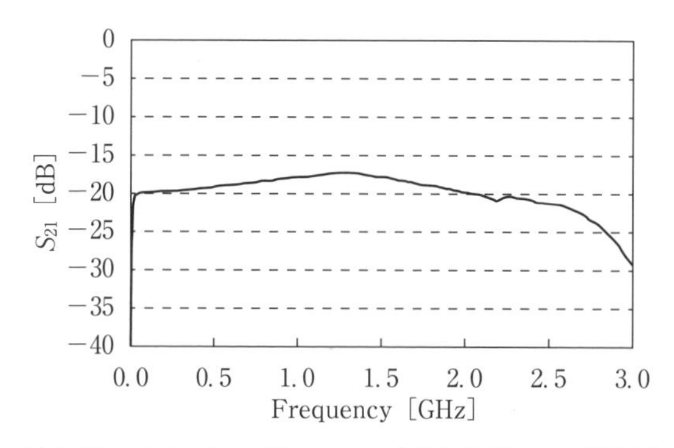

図 6.23 LD と PD モジュールを直結した場合の伝達特性

池による連続駆動時間は約 160 分で，振幅変動：±0.1 dB 未満，位相変動：±1 度未満であった．

インピーダンス測定の場合は，測定法は異なり，次のように AUT における電気信号の反射による測定になる．

A. インピーダンス測定

測定系は図 6.24 のようで，AUT の端末には NWA からの電気信号が端子 No.1 を通して LD モジュールに入力し，光信号に変えられた電気信号は光波として光ケーブルにより送られ，アンテナ接続端末（terminal box）内の PD モジュールに送られる．ここで光信号が電気信号に戻されて端子 #5 からサー

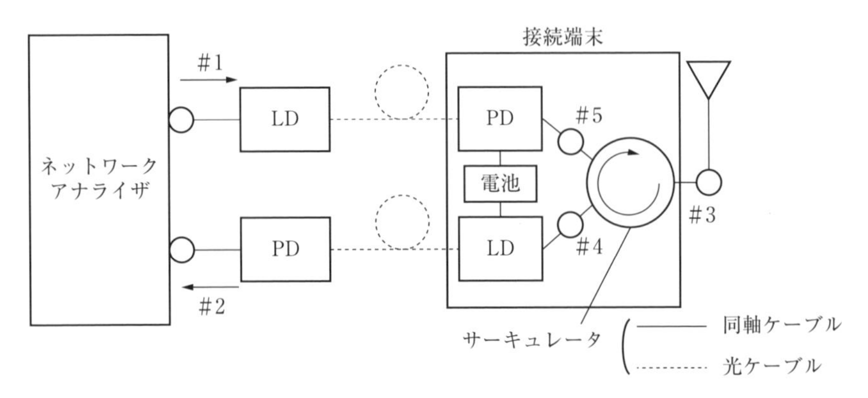

図 6.24　インピーダンスの測定系構成

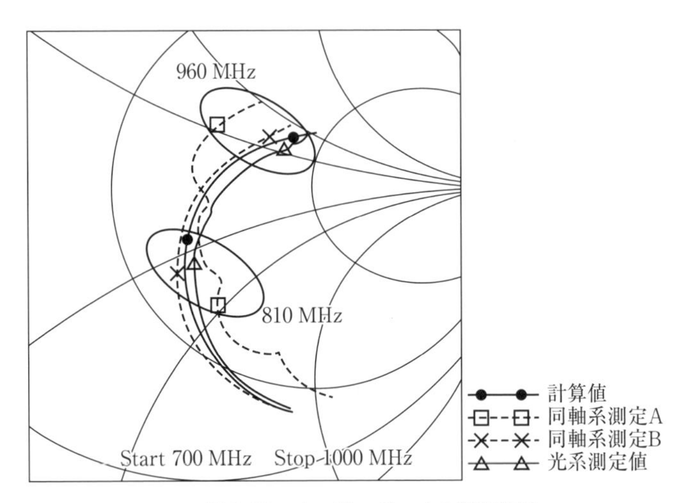

図 6.25　インピーダンスの測定値例

キュレータに入り，端子 #3 から AUT に入力される．AUT で反射した電気信号は端子 #3 を通り，**サーキュレータ**を介して端子 #4 から LD モジュールに入力し，ここで光信号に変換されて光ファイバーケーブルを通して PD モジュールに送られ，端子 #2 から NWA に入力して AUT のインピーダンスが求められる．

インピーダンスの測定値例を図 6.25 に示す．アンテナは携帯機器上端に装着されており，アンテナへ給電のケーブルは携帯機の下端から接続されている

(図 6.26). 比較のために同軸ケーブル接続の場合も示し，その方法をそれぞれ A，および B としている．B はアンテナ給電端に直接接続の場合である．

図 6.25 では光系の測定値とともに参考値として同軸系の測定値をも示している．図では，同軸系 A の場合の誤差が大きく，ケーブルの影響が表れており，一方 B および光系では比較的計算値にも近く，妥当な結果であることを示している．

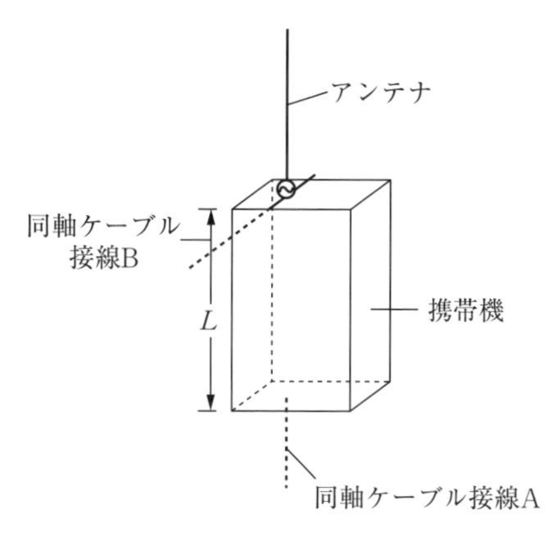

図 6.26　携帯機へのケーブル接続法

B．放射指向性の測定

図 6.21 に示した測定系で，NWA の通過特性（S_{21}）より**放射指向性**を測定する．**光ファイバーケーブル**を用いれば，同軸ケーブルのように漏えい電流による電波の放射・散乱を生じないだけでなく，**複素指向性**（振幅および位相指向性）を高精度に測定できる利点がある．図 6.21 に示した測定系の要素は図 6.27 のようで，測定例を図 6.28（a）に示す．図の（b）は比較のために同軸

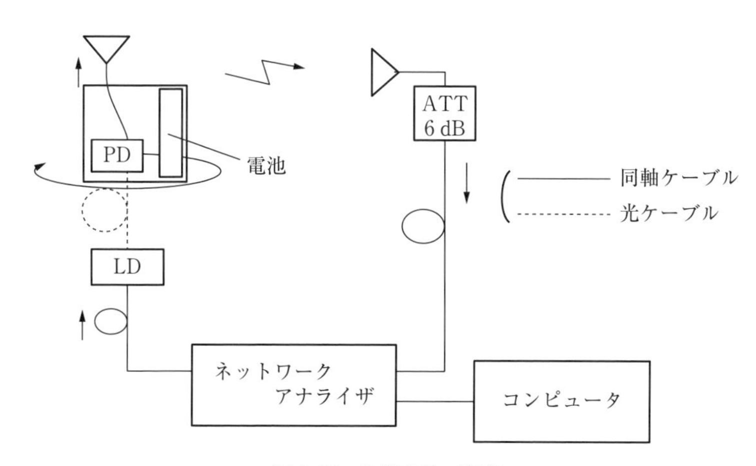

図 6.27　光測定系の要素

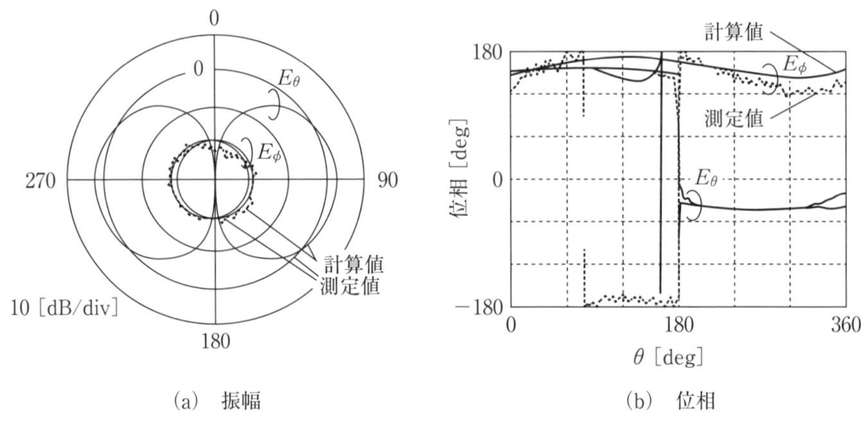

(a)　振幅　　　(b)　位相

図 6.28　パターン測定例

系の測定値を示している．

6.3.4　電磁ファントム

人体に近接して使用される無線機の特性を評価するには，アンテナと人体の電磁的な影響下での測定が不可欠である．実際に人体を用いたアンテナ測定では，再現性が悪いこと，垂直面内指向性の測定が困難なこと，人体の部位別のメカニズム解析が困難なこと，などの欠点があり，人体の電磁気的性質を模擬した**ファントム**を用いて評価する方法が活用されている[12)]．

ファントムの使用目的は，アンテナの放射パターンやインピーダンスなどの特性を実際の使用状態に近い条件で把握することである．その点が，人体への電磁的影響評価に主眼を置く比吸収率（SAR）測定を目的とするファントムとは大きく異なる．すなわち，SAR 測定では防護指針に基づいた人体頭部内部の電磁界が主な評価対象となるが，アンテナの特性評価では使用者の要求精度あるいは目的に応じて頭部以外の手，指，腕，肩，胴体などの放射特性に影響する人体全体の部位がファントムのモデル化の対象となる．

人が保持して使用する携帯端末の種類はきわめて多岐に渡っている．それぞれの携帯端末に特有の使用法があるとともに，1つの端末に対して保持の仕方や装着方法が異なり条件が多様である．一方，性能評価の面から考えると，使用環境や目的に応じて異なった**評価尺度**（**性能評価指標**）で携帯端末の性能を求める必要がある．このことから，アンテナ特性を調べるために適正なファントムを考えるためには，対象とする携帯端末の使用形態をよく把握するとともにファントムを用いる目的を明確にしなければならない．アンテナの開発という観点から見た人体ファントムに対しては

(1) どのようなアンテナをどのような状況で評価するのか

(2) 評価したい特性は何か

という2つの視点が重要である．

携帯端末アンテナを評価するためのファントムにはさまざまな種類のものが使われている．携帯端末を開発・設計するという立場から考えると，ファントム使用の最終目的は，実用状態における通信機器の性能把握である．

携帯機器の使用上の特徴は，人体の近くで用いられることである．たとえば携帯電話は待ち受け時は着ている服装のポケットや携行する鞄などに収納されており，通話やブラウジング時においては，一般に使用者がアンテナを含めた携帯機器を人体の頭部（耳）に近接させて使用する．このとき，人体はアンテナからすると非常に大きな体積を有する損失性媒質の存在なので，アンテナの特性は人体から少なからず影響を受ける．具体的にはアンテナの入力インピーダンスが変化し，また人体の存在がアンテナからの放射パターンを変化させる．その結果，機器内ではアンテナに接続する無線回路で不整合損失を生じ，空間では無線通信回線の劣化を引き起こす．したがって，携帯機器用アンテナの設計・開発は，使用環境におけるアンテナと人体の電磁相互干渉の問題を十分考慮して行う必要がある．

携帯端末アンテナの評価にはさまざまな種類のファントムが用いられている．端末アンテナと人体の電磁相互影響の研究は初期段階ではその基礎的なメカニズムの理解に主眼が置かれていた．そのため，実験用の**人体電磁ファントム**も現象の把握が容易であることから，図6.29のように，球体，直方体，回転楕円体などのきわめて単純な形状のものが用いられていた．

しかし，単純形状ファントムは，アンテナと人体の電磁相互作用の基本的なメカニズムや影響低減対策の原理的な検証には有効であるが，実用状態における特性を高精度に求めたいときには不向きである．そこで高精度な特性評価の

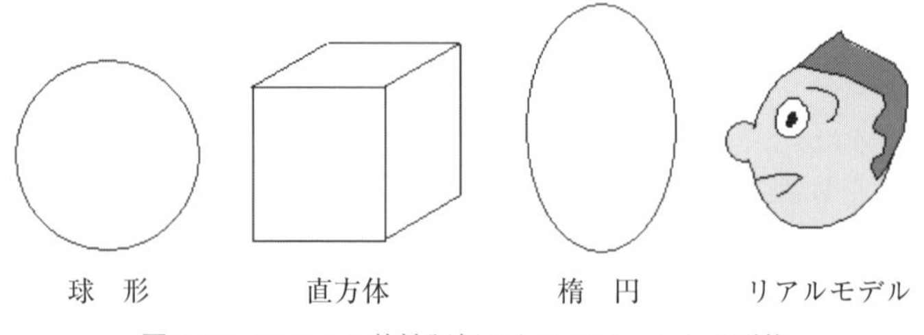

図 6.29　アンテナ特性評価のためのファントム形状

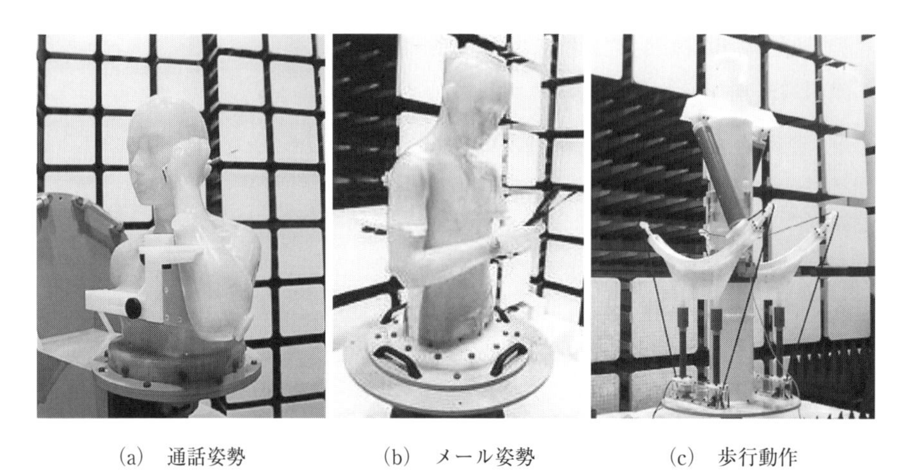

(a)　通話姿勢　　(b)　メール姿勢　　(c)　歩行動作

図 6.30　端末アンテナ評価用リアルファントム

ため，携帯端末が人によって操作されている状態を模擬した電磁評価用高精度なリアルモデルが開発されている[13,14]．

図 6.30 に高精度ファントムの外観写真を示す．(a) は通話姿勢，(b) はメール姿勢，(c) は歩行動作を模擬した動的ファントムである．

携帯端末は3次元的に（x-y-z）方向に自在に移動でき，人体と端末の相対位置の変化によるアンテナの特性変化が容易にかつ精度よく測定できるようになっている．また，手のひらの形状は端末の形状に合わせて製作してあり，腕部だけを交換してさまざまな状態の端末の評価が可能である．ファントムの材質は FRP で，内部に人体の電気的特性を模擬した塩とエチレングリコールを調合した生理的食塩水が充填されている．FRP の厚さは頭や手などの端末に近接する部分は3 mm で薄くファントム容器の電磁的影響をできるだけ小さくし，一方，強度を必要とする胴体部分の厚さは5 mmにしてある．さらに腕を動かすための機構部分には金属部品を避け，数種類のプラスチックを用い，電磁計測に対する影響を少なくしている．

以上のファントムでは，人が歩行するときの腕振り動作など使用者の動的特性を考慮できないが，図（c）は人の歩行動作を模擬できるファントムである[15]．腕を振る動作はコンピュータによって制御され，振る角度や速度を自在に変化することができる．これにより，人の動きによって生じるシャドウイング現象と周辺の地物などの環境によって生じるフェージング現象を同時に測定することができ，環境条件の重畳現象を解明するのに有効である．

6.4　リバブレーションチェンバ内の測定[16]

リバブレーションチェンバ（reverberation chamber）は，被測定機器（EUT：equipment under test）の特性評価を実際に近い電磁界環境で行うよう，**ランダムな電磁界**の環境を有する空間を構成した直方体状の測定室である（図6.31）．測定室の内壁全面に導体板が張られ，シールドルームのような構成である．室内には導体の電磁波モード攪拌機を置いて回転させることによりランダムな電磁界を発生させている．測定対象であるEUTと受信アンテナは壁面から平行に少し離れた位置に配置する．モード攪拌機は大きな金属板，あるいは櫂の様な形状の金属羽根で，回転によりの室内の電磁界がランダムな分布になるようにして，電磁界の偏波や振幅が空間で一様になるようにしてい

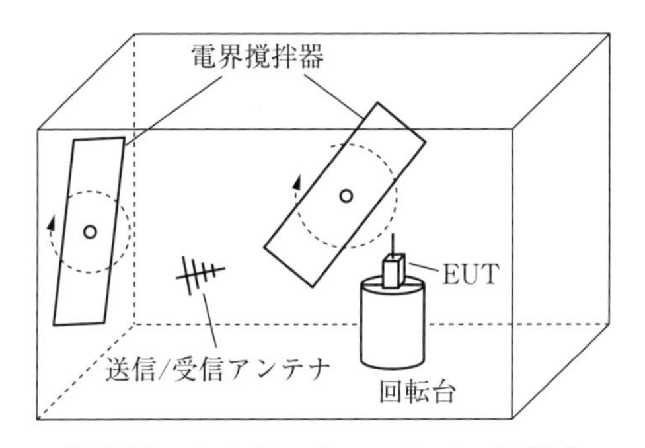

図6.31　リバブレーションチェンバの構成

る．モード攪拌機は受信アンテナに全角度から等確率で電磁波が到来する様に配置し，回転速度を設定する．

リバブレーションチェンバは一般的に電波暗室と比較して専有空間は狭く，電波吸収体を用いないので経済的にも安価である．EUTおよび受信アンテナは室内空間の中心付近に配置するが，空間的に対称になる位置には配置しないよう注意する．またEUTから受信アンテナに直接波が入射しないように金属製の衝立を設けて，ランダムで統計的には**レイリー分布**である室内の電磁界が，直接波の存在によりライス分布にならないようにするためである．

〈参考文献〉

1）アンテナ・無線ハンドブック，3.2.1節，オーム社，2006

2）桜井仁夫，菊池秀彦，新井宏之，安藤真，後藤尚久：アンテナのスモールモデルに対するWheeler法による効率測定の考察，1987信学春全大，S8-3, March 1987.

3）村本充，石井望，伊藤精彦：Wheeler法による放射効率測定に関する検討，信学論（B-II），Vol.J78-B-II, No.6, pp.454-460, June 1995.

4）Y. Huang, R. M. Narayanan and G. R. Kadambi：Electromagnetic coupling effects on the cavity measurements of antenna efficiency, IEEE Trans. Antennas Propag., Vol.51, No.11, pp.3064-3071, Nov. 2003.

5）J. E. Hansen：Spherical Near-field Antenna Measurements, IEE Electromagnetic Waves Series 26, Peter Peregrinus Ltd., 1988.

6）前田忠彦，大浦聖二，諸岡翼：全立体角放射特性の測定による小型アンテナの放射効率の測定，信学技報，A, pp.88-119, Jan. 1989.

7）佐々木亮，陳強，中村精三，澤谷邦男：ページャ用ループアンテナの放射効率の測定とその改善，信学論文誌（B-II），Vol.J81-B-II, No.12, pp.1153-1155, Dec. 1998.

8）Q. Chen, H. Yoshioka, K. Igari and K. Sawaya：Measurement of Radiation Efficiency of Antennas in the Vicinity of Human Head proposed by COST 244, Proc. IEEE Antennas and Propagation Society Int. Symp. Digest, AP-S'99, Vol.4, pp.1118-1121, June 1999

9）（社）電波産業会標準規格，携帯型無線機端末の比吸収率測定法，ARIB STD-

T56 2.0 版, Jan. 2002.

10) 梶原正一, 尾崎晃弘, 小川晃一, 小柳芳雄：量産工程の品質管理を目的とした近傍磁界測定による高速SAR推定方法の提案およびその装置化, 信学論 (B), J90-B, 11, pp. 1193-1205, Nov. 2007.

11) 天利悟, 山本温, 岩井浩, 小川晃一：光ファイバーを用いた端末アレーアンテナ評価系の開発, Matsushita Technical Journal, Vol.54, No. 1, pp.46-51, Apr. 2008.

12) 小川晃一：アンテナ設計からみた電磁ファントム, 2000 信学ソサエティ大会チュートリアル講演, No.TB-1-8, Sep. 2000.

13) 小川晃一, 岩井浩, 畠中順子：通話状態における携帯端末アンテナの電磁評価用高精度リアルファントム, 信学論 (B), J85-B, 5, pp.676-686, May 2002.

14) 岩井浩, 小川晃一, 畠中順子：端末アンテナ電磁評価用PDA姿勢リアル形状擬似人体の開発, 信学論 (B), J89-B, 5, pp.784-793, May 2006.

15) N. Yamamoto, N. Shirakata, D. Kobayashi, K. Honda, and K. Ogawa：BAN Radio Link Characterization Using an Arm-Swinging Dynamic Phantom Replicating Human Walking Motion, IEEE Trans. Antennas Propagat., Vol.61, No.8, pp. 4315-4326, Aug. 2013.

16) 石井望：アンテナ基本測定法, p.189, コロナ社, 2011.

7 アンテナ小形化の手法

4章におけるアンテナ小形化の原理を基に，実際に小形化する方法について各小形アンテナについて記述する．

7.1 電気的小形アンテナ（ESA）の場合

7.1.1 共振周波数を下げる

A. 遅波構造を使う

最も一般的なのは**メアンダライン**，**ジグザグ**，**ノーマルモードヘリカル**，**フラクタル**など（図4.4），幾何形状繰り返しの**周期構造**である．

メアンダライン[1)]は小形化の手法としてよく利用されており，図7.1のように素子の1ユニットの形状は方形（a）だけでなく，三角形（b），正弦波状（c）などの規則的，あるいは図7.2のような不規則な形状の周期的な繰り返しがある．メアンダラインでユニットの形状が三角形の場合はジグザグ[2)]である．

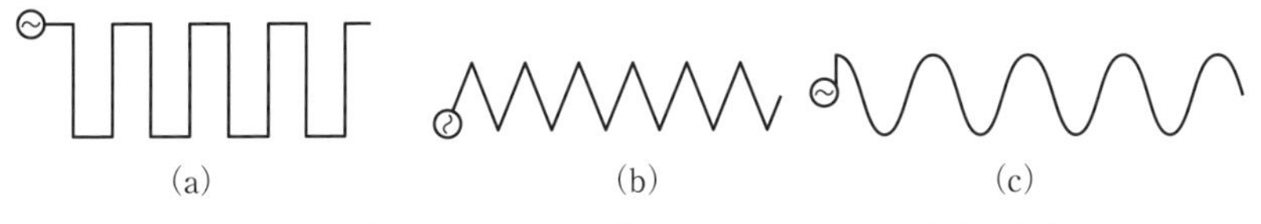

図7.1 メアンダライン（a）方形，（b）ジグザグ，（c）正弦波状

これらは素子単独でも他の素子（ダイポール，モノポール，ループなど）との組み合わせでも用いられる（図7.3）．

フラクタル[3]は繰り返しの1ユニットがフラクタル形状で，図7.4のようにダイポール状の場合（a）と地板上に設置するモノポール状（b）とがある．フラクタル形状は小形化に直接関連はないが，素子寸法が長くなることによって共振周波数が下がるので，小形化の効果が出る．

2次元（2D）の**遅波構造**には，**渦巻き**（spiral）状（図7.5（a））や**対数周**

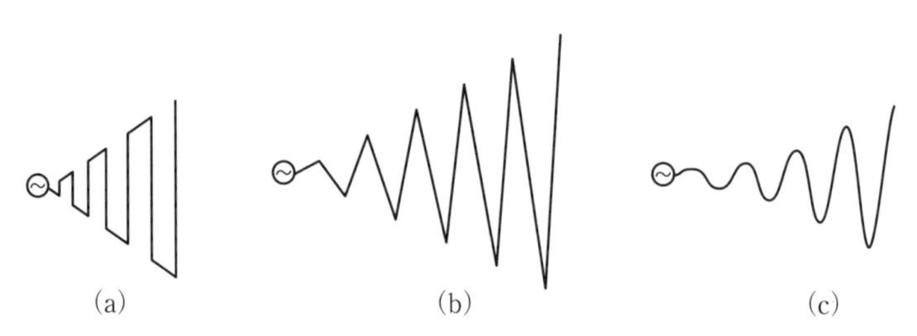

図7.2　メアンダライン　(a)　変形方形，(b)　変形ジグザグ，(c)　変形正弦波状

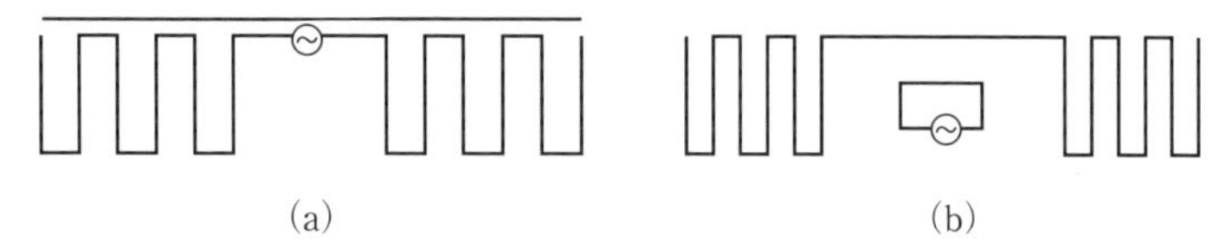

図7.3　メアンダラインダイポール　(a)　線状素子，(b)　ループ

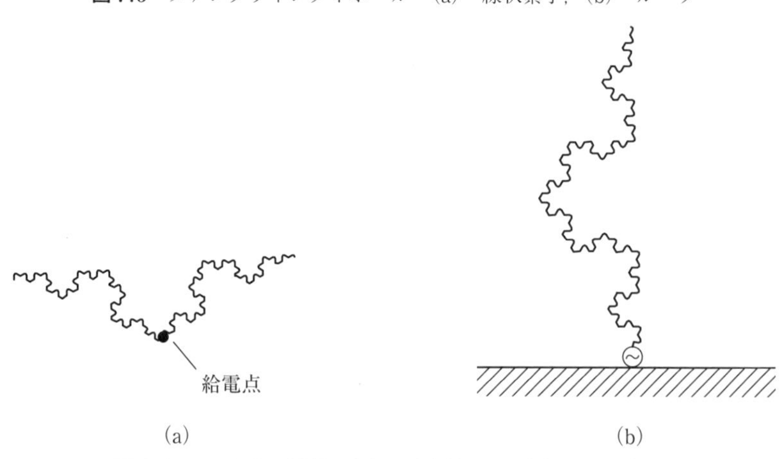

図7.4　フラクタル形状　(a)　ダイポール，(b)　モノポール

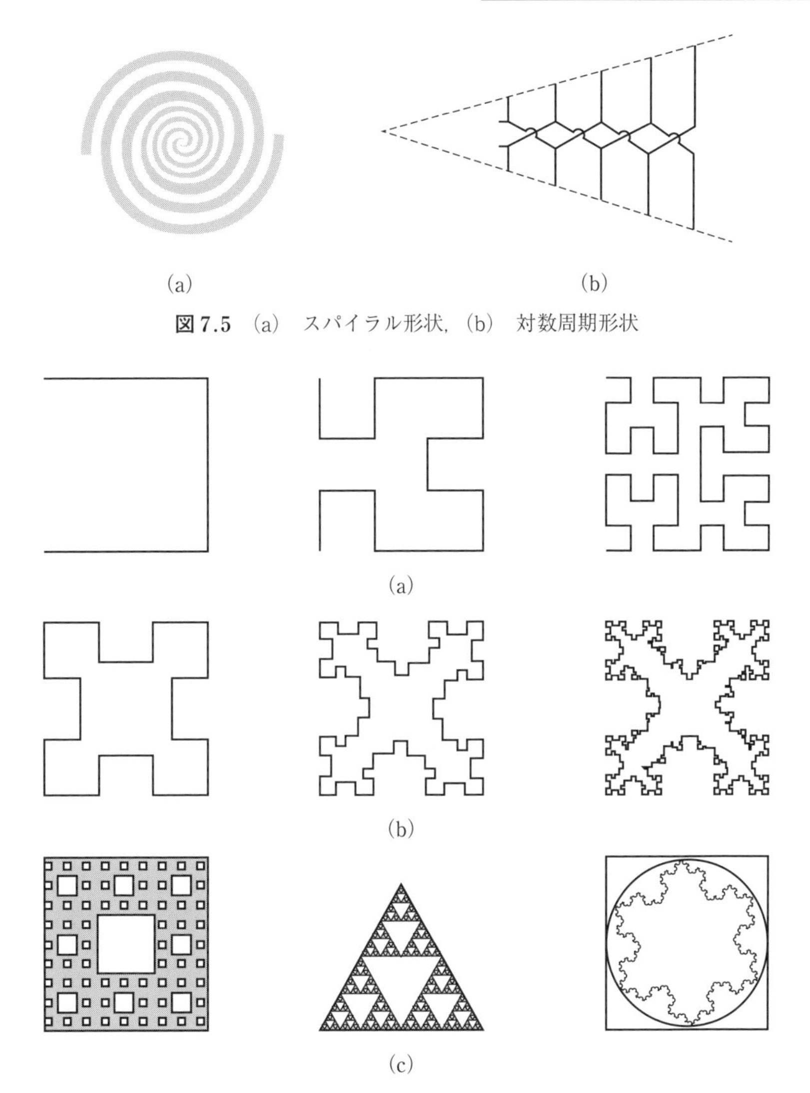

図 7.5 (a) スパイラル形状，(b) 対数周期形状

図 7.6 平板状フラクタル (a) ペアノ形状 (b) ヒルベルト形状 (c) ミンコフスキー形状

期配列 (log periodic array) (b) などがある．**フラクタル形状**は平板やその縁の形状に用いられる場合がある（図 7.6）．図 (a) は方形に適用され，1 次，2 次 ,3 次繰り返しを示している．図 (b) は方形の周辺に適用した 1 次，2 次，3 次繰り返しを示す．図 (c) は方形，三角形，円形の周辺に適用した例であ

る．これらは平板アンテナを広帯域や多周波共振にするのに用いる．この場合はESAの大きさであっても同時にFSAとしても扱われる．

3次元（3D）構造では，**ヘリックス**（helix：**らせん**）状や誘電体，磁性体などを立体構造で用いる構成がある（図7.7）．その他の3D構成では，導体板の平面を**corrugate**や，**trough**状にした構成（図7.8）や，誘導性，あるいは容量性のインピーダンスをもつ構造を周期的に配列した構成（図7.9），あるいは平板表面に孔を周期的に配列した構成やスロット列を設けた構成（図7.10）などもある．単純に誘電体や磁性体の材料を表面に張る場合もある．

伝送線（transmission line：**TL**，図7.11（a））による場合は，装荷する回路素子C，またはL（図（b））を調整して伝送線を遅波構造にする[4]．**β-ω図**は図7.12のようで，並列回路の共振周波数$\omega_p=1/\sqrt{L_LC_R}$，直列回路の$\omega_s=\sqrt{L_RC_L}$である．$\omega_p\neq\omega_s$の場合，この伝送線は不平衡（unbalance）といい，$\omega_p=\omega_s$の場合は平衡（balance）という．回路構成により，伝送線の特性が異なるので，目的に応じてC，Lを適当に選択して用いる．

CRLH TLではユニット長pに対してNユニットの場合，$\beta_m p=\beta_m(l/N)=\pi/N_0$なので複数の共振モードをもち，マルチバンドのアンテナが形成できる（図7.13（a））．CRLH TL線上のm次共振状態の電流分布は図（b）のようで，$m=0$，すなわち**ゼロ次**という特殊な**共振特性**状態を取り得る[5]．この場合，TL上の電流振幅は一様で，$1/\lambda_g=0$ゆえに共振波長は無限大になる．すなわち共振周波数はTLの長さに依存せず，負荷のCLにより決まる．したがってTLの長さが短くても低い周波数での共振を得るので，アンテナの小形化に有用である．

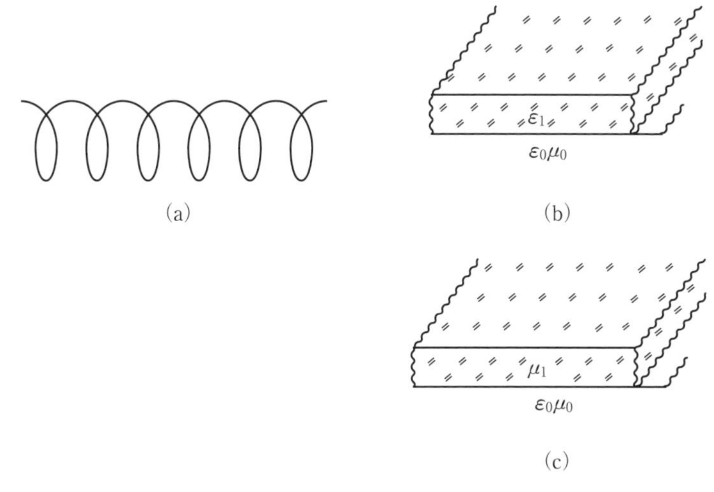

図 7.7　3D 遅波構造　(a)　ヘリカル線，(b)　誘電体，(c)　磁性体

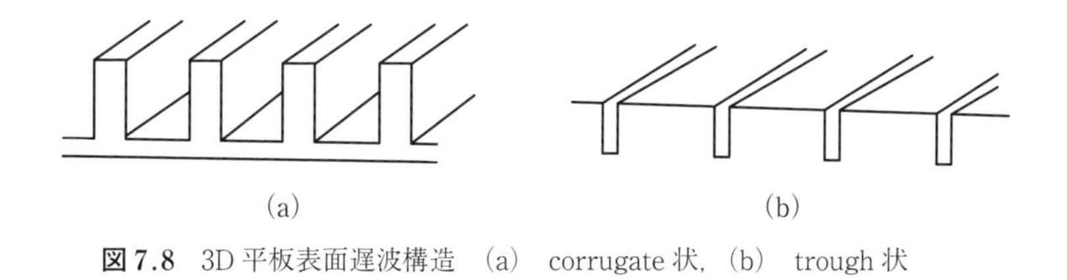

図 7.8　3D 平板表面遅波構造　(a)　corrugate 状，(b)　trough 状

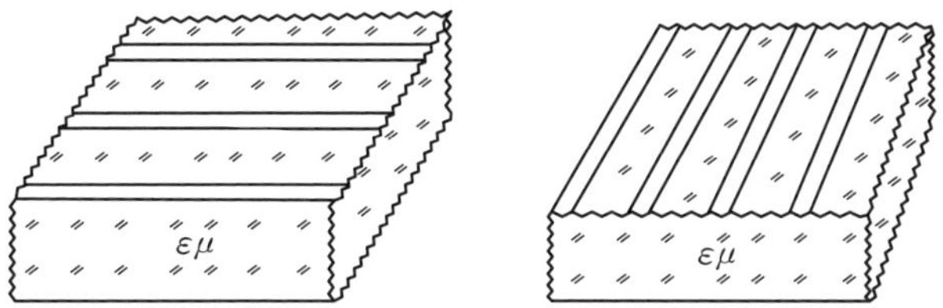

$\varepsilon\mu$　　$\varepsilon\mu$

(a)　　(b)

図 7.9　3D 周期配列遅波構造　(a)　誘導性スロット，(b)　容量性スロット

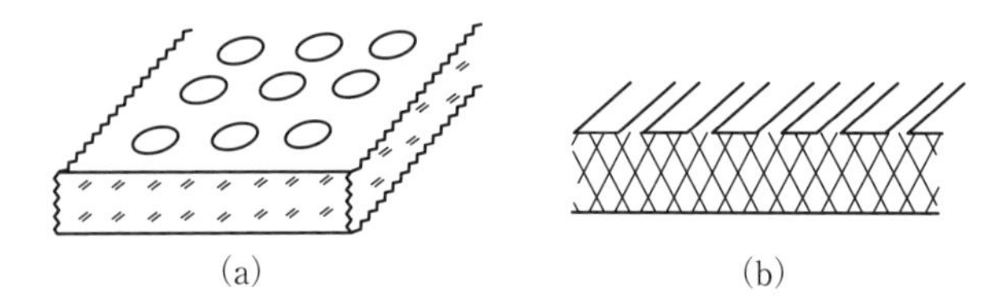

図7.10　3D 遅波構造　(a)　孔の周期配列，(b)　スロットの周期配列

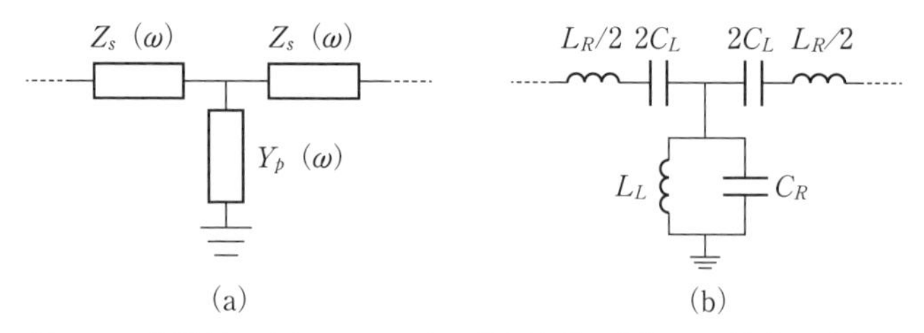

図7.11　伝送線　(a)　ユニットの等価表現，(b)　CL 装荷回路表現

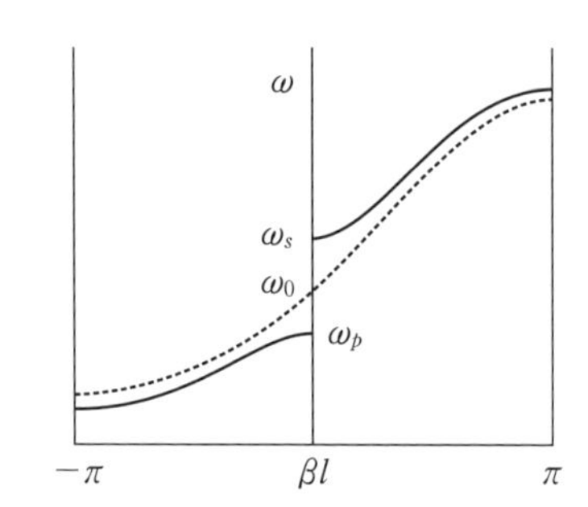

図7.12　伝送線 β-ω 図

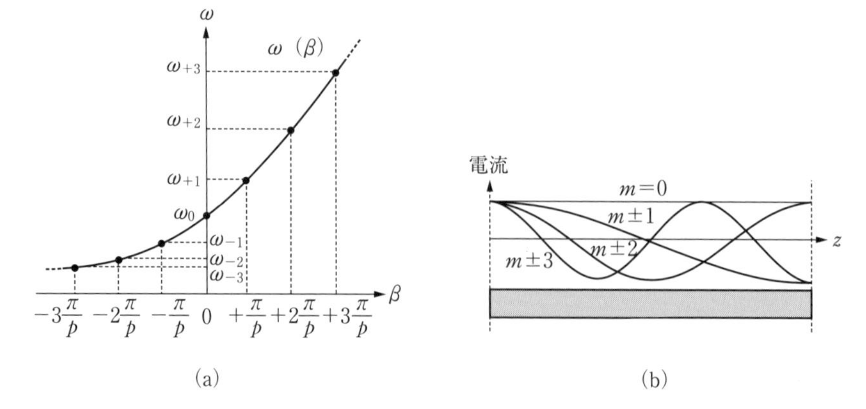

図7.13　N ユニット伝送線　(a)　共振特性，(b)　m 次の電流分布

B. 材料を使う

(1) 誘電体，磁性体

一般的によく用いられる方法で，アンテナ素子に材料を装荷する場合と，材料そのものをアンテナとして用いる場合がある．共振周波数は，材料の比誘電率をε，あるいは比透磁率をμとすると，それぞれ$1/\sqrt{\varepsilon}$，あるいは$1/\sqrt{\mu}$に低下するので，それだけ小形化される．並行平板素子に誘電体（比誘電率ε）を挟んで用いるマイクロストリップアンテナは代表的な例で，棒状フェライト（比透磁率μ）にコイルを巻いて使用するフェライトアンテナは材料をアンテナとして用いる例である．

(2) メタマテリアルを使う

近年メタマテリアルを利用した小形化がよく論じられるようになった．DNG（ε，μともに負）あるいはSNG（ε，μ一方が負）の材料はどちらもアンテナの小形化に利用される．等価的なCRLHの利用もある．

C. 素子構成の組み合わせ

複数素子を組み合わせて低い共振周波数を得るようにする．モノポール素子に寄生素子を付加するのは一例である（図7.14）．

D. 素子上の電流経路を長くする

(1) スロットやスリットを使う

平板アンテナで，スロットやスリットを設け，それに沿って電流経路が迂回するので経路長が長くなり，共振周波数が下がり，アンテナの小形化が実現する（図7.15）．

(2) 素子形状を変える

電流経路を長くするように素子形状を変える．A.項で記述した線状素子，メアンダラインやジグザグ等はその例である．

そのほか，線状素子では太くする（図7.16），平板素子では面積を広くする（図7.17），などして電流経路を長くするなどの方法がある．この場合，電流経路の数が増えて広帯域，あるいはマルチバンドになり，ESAでなくFSAとして扱われる場合が多い．

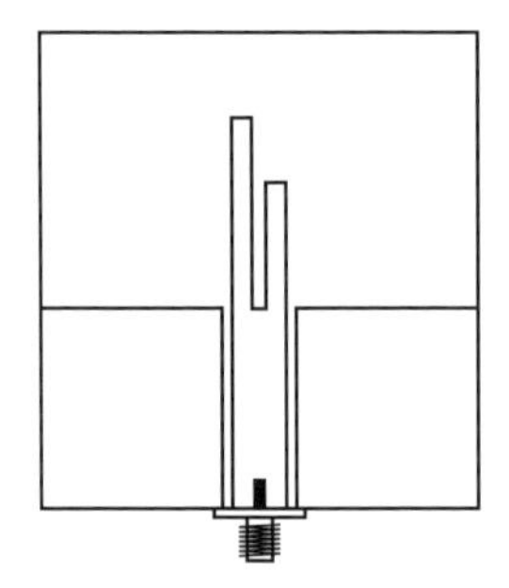

図 7.14　複合モノポール素子

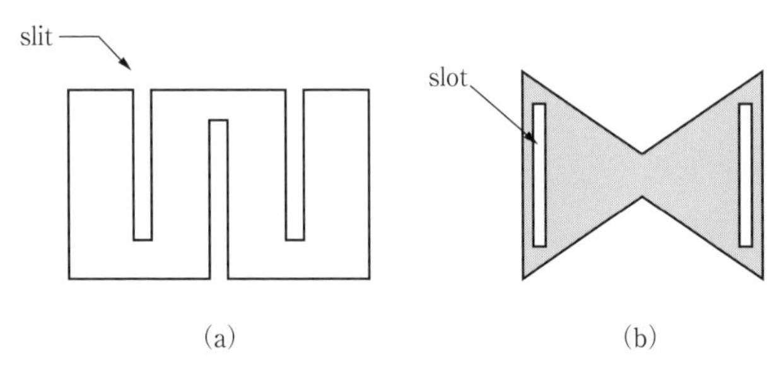

図 7.15　複合素子（a）スリット装荷，（b）スロット装荷

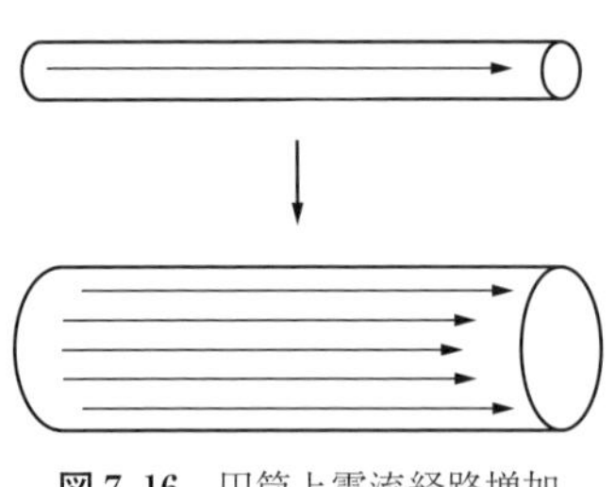

図 7.16　円筒上電流経路増加

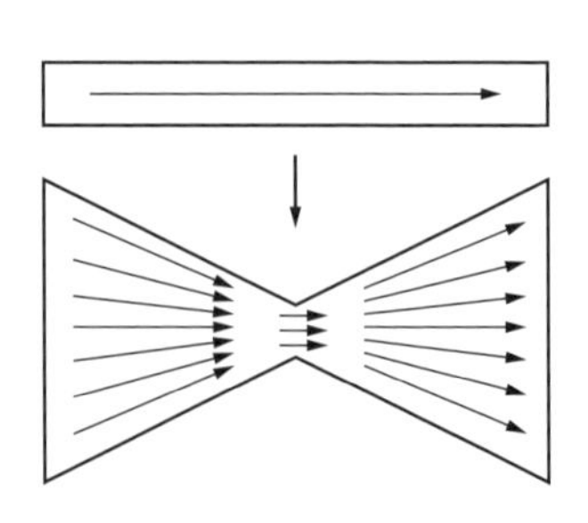

図 7.17　平板上電流経路増加

7.1.2　アンテナが占める空間の効率的利用

アンテナ系を包含する最小の空間，2D であれば円（図 7.18），3D の場合は球（図 7.19）の内部をできるだけ有効に使いアンテナを構成する．

この場合，ESA である条件は，アンテナの最大寸法に接する円，または球の半径 a が，$ka \leqq 0.5$（$k=2\pi/\lambda, \lambda$：波長）の場合である（この球を**(球)**$_{\mathrm{Chu}}$ という）（図 7.20（a））．この寸法はアンテナ素子周辺のハードウェア，たとえばアンテナを設置する地板（完全導体）が有限の場合（図（b））や筐体などの寸法も含む（図（c））ことに注意を要する．

具体的には，たとえば線状のダイポールアンテナは，空間を多く利用していないので能率の良くない形状である．それで広帯域にするには，細い円筒状の場合は直径を太くし（図 7.16），平板状の場合は面積を広くする（図 7.17）．限られた面積内で広く利用するには，線状素子の場合は線長を延長するように形状を変える．

A．　2D の場合

幾何学的パターンを利用する方法もあるが，アンテナとして放射効率を落とさない形状にしなければならない．**幾何学的パターン**の例は，**ペアノ曲線**[6] や**ヒルベルト曲線**[7]，あるいは**フラクタル**を利用したダイポールなどがあるが，適切な位置で給電する．

図 7.21 で（a）はペアノ形状の第 3 次繰り返しまで，（b）はヒルベルト形状の第 4 次繰り返しまでを示す（素子上の点は給電点の例）．

図 7.22 は各種フラクタル形状の例で，（a）はモノポール状，tree 状，円形

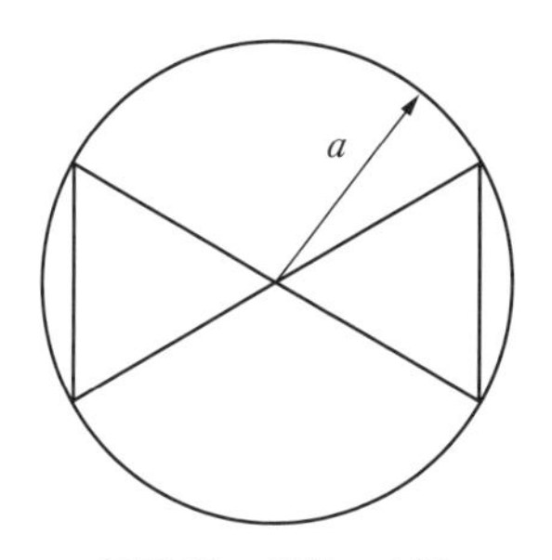

図 7.18　半径 a の円

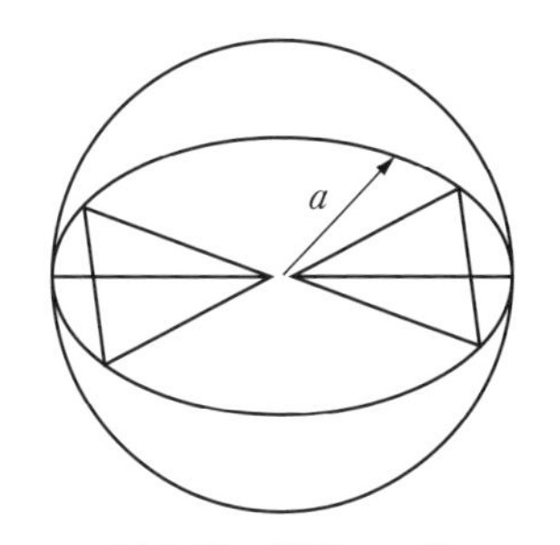

図 7.19　半径 a の球

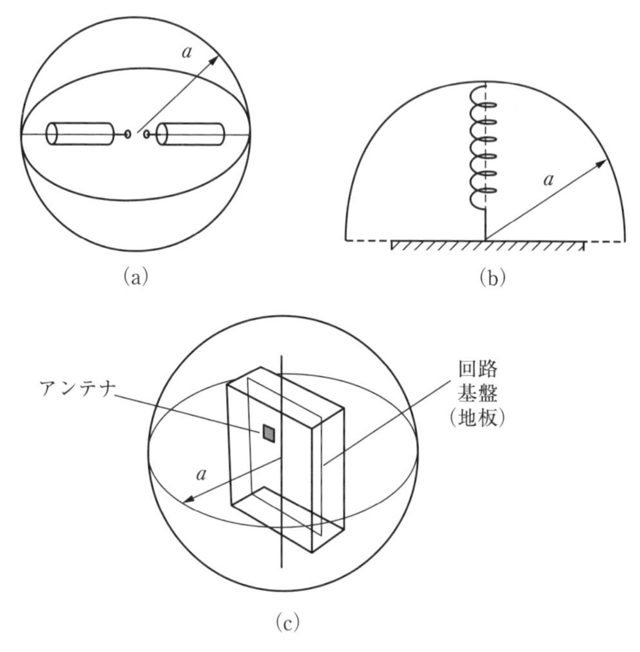

図 7.20　アンテナを含む球
(a)　半径 a の球，(b)　半径 a の半球（有限大地板を含む），(c)　半径 a の球（筐体を含む）

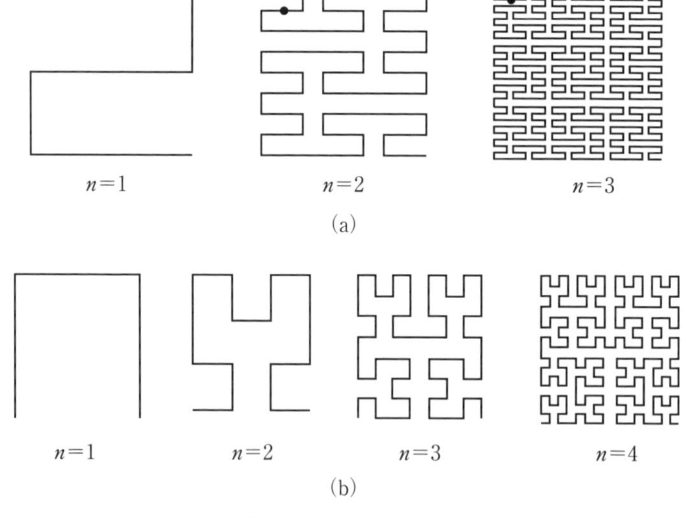

図 7.21　フラクタル形状　(a)　ペアノ形状，(b)　ヒルベルト形状

図 7.22　フラクタル形状（a）コッホ形状，（b）ミンコフスキー形状，（c）ツェルピンスキ形状

状などを示し，（b）は方形の周辺に適用した場合，（c）は三角形，および正方形に適用した例を示している．

B.　3D の場合

アンテナ素子を球面に沿って構成し，**(球)**$_{\mathrm{Chu}}$ の内部を最大限に使うようにして放射の面積を広げる．ダイポールアンテナなど直線状素子の場合は，円内部を使用する率は非常に小さく，効率的ではない．

7.1.3　放射モードを増す

A.　TE, TM モードの組み合わせ

最も典型的なのは一例として，小形ダイポールと小形ループの組み合わせによる TM と TE モード放射の構成がある（図 7.23（a））．実際には，かつて運用されていたページャ用アンテナがあり[8)]，そのアンテナ素子は，超小形ループである．**TM モード**は，受信回路を載せる基板とループを等価的にダイポールとして動作させ，**TE モード**のループ素子とともに複合アンテナを構成したものである（図（b），（c））．TE, TM 両モードが直交して動作するのでループの 8 字放射パターンとダイポールの放射パターンとの組み合わせ（図 7.24）でほぼ全方向性パターンが得られ，その結果，ページャに必要なほぼ全方向に一様な受信感度を得，同時に受信感度も向上している．このアンテナの原理，技術は一般的に有用で，ESA 実現の典型的な手法の 1 つである．

ダイポールアンテナとループアンテナの他に，モノポールとループ（図 7.25（a）），モノポールとスロット（図（b））等がある．

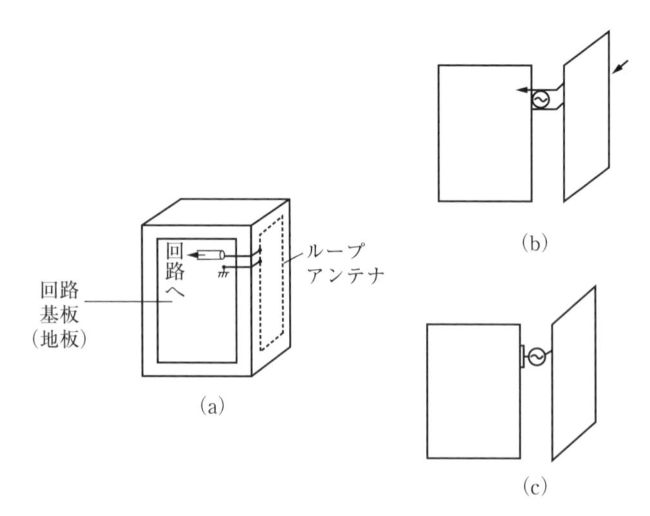

図 7.23　TE，TM モード素子の組み合わせ
（a）ページャ用アンテナ，（b）ループと基板，（c）等価的なダイポール構成

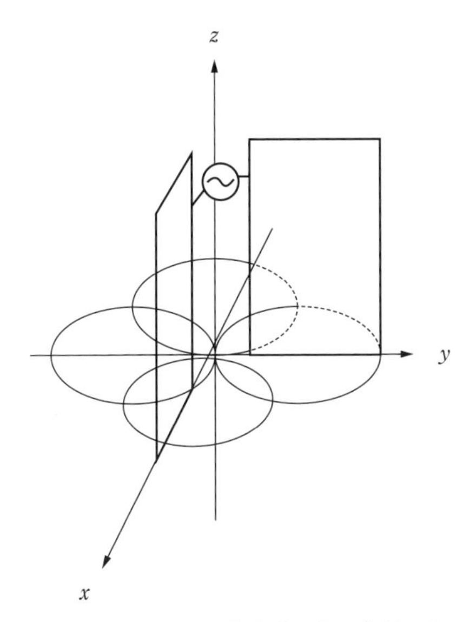

図 7.24 TE，TM モード素子による放射パターン

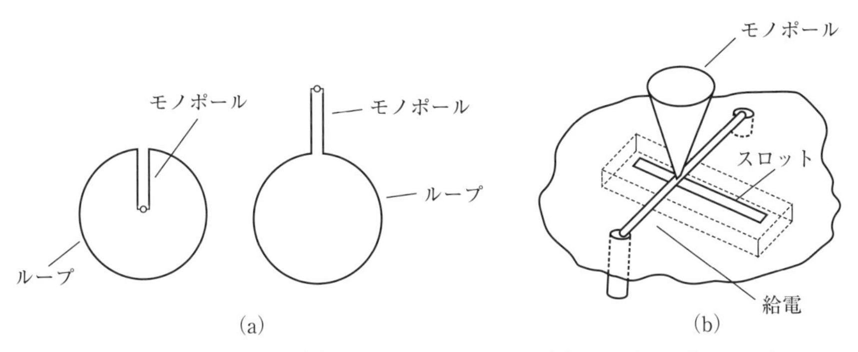

図 7.25 複合アンテナ (a) ループとモノポール，(b) モノポールとスロット

B.　補対素子を使う

自己補対の素子を使用する例としてモノポールとその補対であるスロットの組み合わせがある[9,10]（図 7.26）．スパイラル素子も補対形状に構成できる（図 7.27）．

C.　双対素子を使う

E, H 素子の合成により，アンテナ系内で自己共振をとる構成にする．たとえばL字モノポールとその双対であるスロットとの組み合わせである（図 7.28）．

アンテナ給電端で整合の際，TM 素子には容量性 C, TE 素子には誘導性 L, のようにそれぞれの素子を使う方法もある．

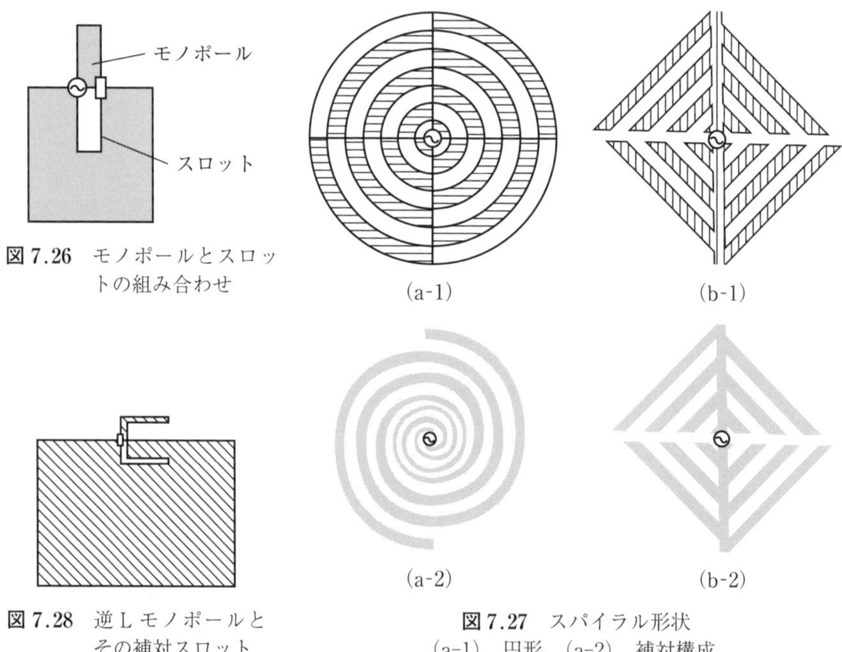

図 7.26　モノポールとスロットの組み合わせ

図 7.28　逆 L モノポールとその補対スロット

図 7.27　スパイラル形状
(a-1)　円形，(a-2)　補対構成，
(b-1)　方形，(b-2)　補対構成

7.1.4 電流分布を一様にする

アンテナを小形化していくと，たとえばダイポールアンテナ素子上の電流分布は三角分布に近づく[11)]（図 7.29）．これを一様にする手段として素子の頂部に容量素子（たとえば円板）を装荷（**トップローディング**）する（図 7.30 (a)）．容量素子としては，円板に線状素子を同心円状（図 (b)），渦巻き (spiral) 状（図 (c)），格子状（図 7.31 (a)）などにして用い，さらにかさ型ヘリックス（helix：らせん状）に構成した例がある[12)]（図 (b)）．給電のモノポール素子は直線状だけでなく，ヘリックス状の場合（図 (c)）がある．

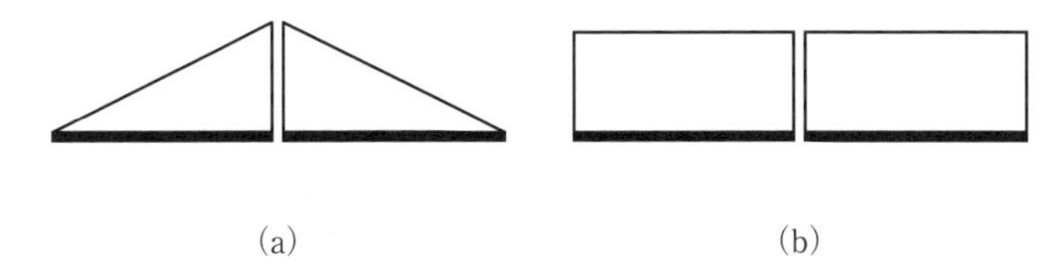

図 7.29 小形化ダイポール電流分布 (a) 三角形状，(b) 方形（一様分布）

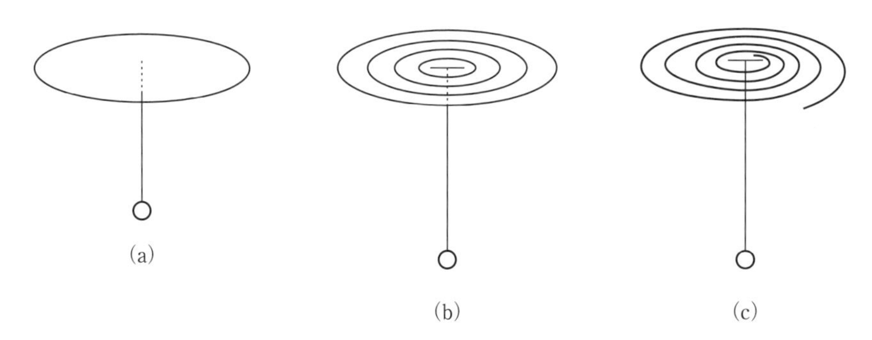

図 7.30 トップローディング (1)
(a) 円板状，(b) 同心円線状円盤，(c) 線状スパイラル

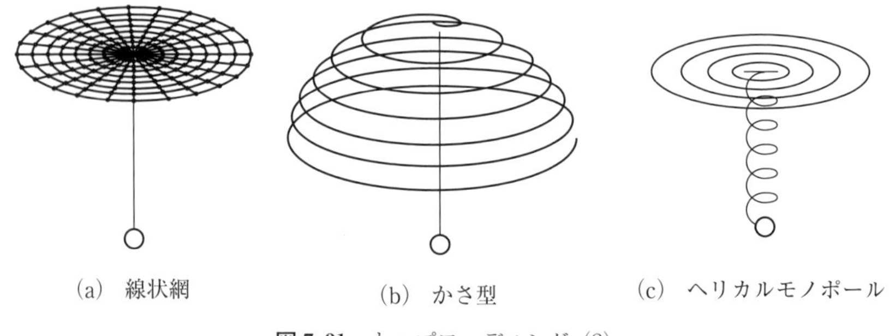

(a)　線状網　　(b)　かさ型　　(c)　ヘリカルモノポール

図 7.31　トップローディング (2)

7.1.5　材料を使う

A．電磁材料

最も一般的なのは**誘電材料**（比誘電率 ε），あるいは**磁性材料**（比透磁率 μ）を用いてアンテナを小形化する方法で，古くから用いられている．磁性材料は，比較的損失が大きく，高い周波数領域での使用には制限がある．しかし，最近は低損失の材料も開発されていて，マイクロ波，ミリ波などの領域などでも用途，目的に応じた使用が可能になっている．

B．メタマテリアル

メタマテリアルには材料特有の特性があり，これを利用してアンテナの小形化へ種々応用される．その主なものは，放射体の近傍界での整合（空間整合）と，遅波特性応用による小形化である．

(1)　MNG の利用

TM 放射体の近傍に近傍界のリアクタンスを相殺し共振条件を得るに適当な大きさの MNG を置いて，**空間で整合**をとる[13]（図 7.32）．MNG 材料として，どのような寸法のものを近傍界のどこに置くかは，シミュレーションにより最適化を図るのがよい．アンテナ素子に MNG 材料を装荷して共振周波数を下げることにより小形化を図る場合もある．図 7.33 は，放射素子（方形ループ）に対して，その寄生素子（方形ループ）を等価的な MNG として動作する CLL（capacitance loaded loop）素子として用いている．

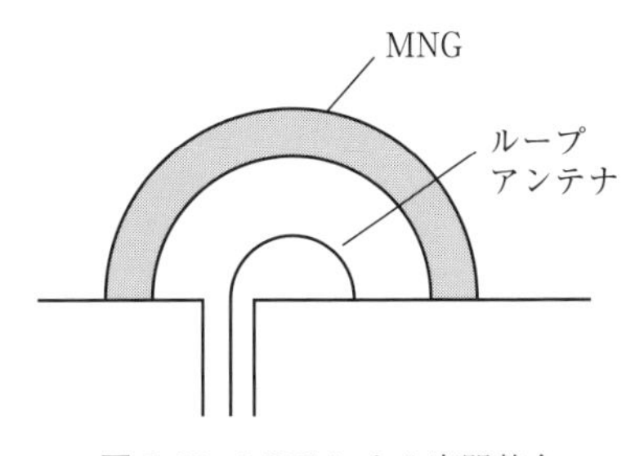

図 7.32 MNG による空間整合

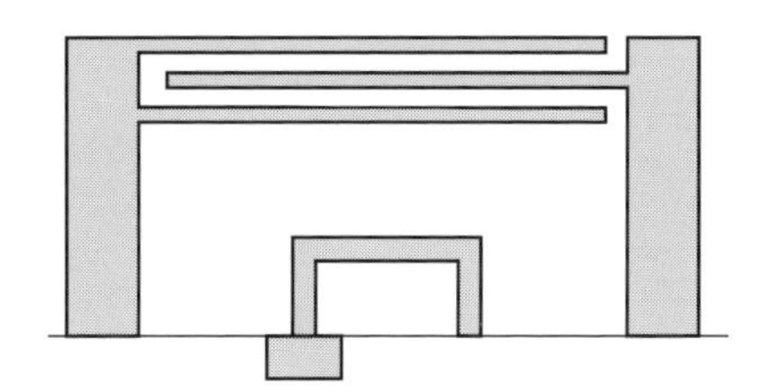

図 7.33 アンテナ素子による MNG 構成

(2) ENG による

この場合も TE 放射体の近傍に **ENG 材料**を置いて空間で整合をとる[14)]（図 7.34）場合と，アンテナ素子に装荷して共振周波数を下げる（図 7.35）場合との 2 方法がある．ENG 材料の大きさや置く場所，方法など，最適化にはシミュレーションか実験により決める．図 7.35 では，マイクロストリップ TL をダイポールの終端とし，その TL に 5 個のスパイラル状インダクタンスを装荷して等価的な ENG として動作させている．

図で（a）は俯瞰図，（b）は上面図，（c）は装荷するスパイラル状インダクタンスを示している．

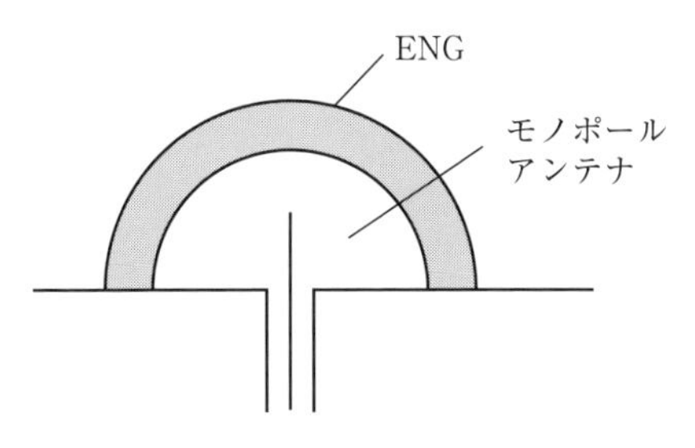

図 7.34 ENG による空間整合

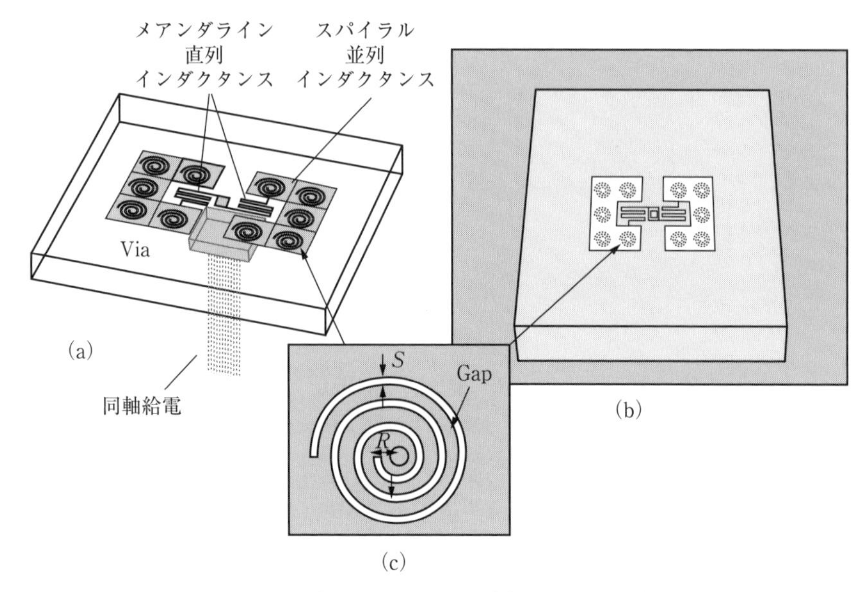

図 7.35　アンテナ素子に ENG 装荷　(a)　俯瞰図, (b)　上面図

(3)　**DNG による**

伝送線 TL（等価回路，図 7.36）の RH/LH 特性を利用する方法[15]が代表的である．

(4)　**CRLH TL**

CRLH TL は **RH/LH 特性**（図 7.37）をもたせられる[16]ので，等価的にメタマテリアル MM として使える．また，ユニット長 p の TL を N 個接続した際の**多共振特性**（図 7.38）の**ゼロ次**（$m=0$）**共振**を用いる興味ある方法がある．この場合，共振は線路長に依存せず，付加するリアクタンスによるので，小形化に非常に有用である．

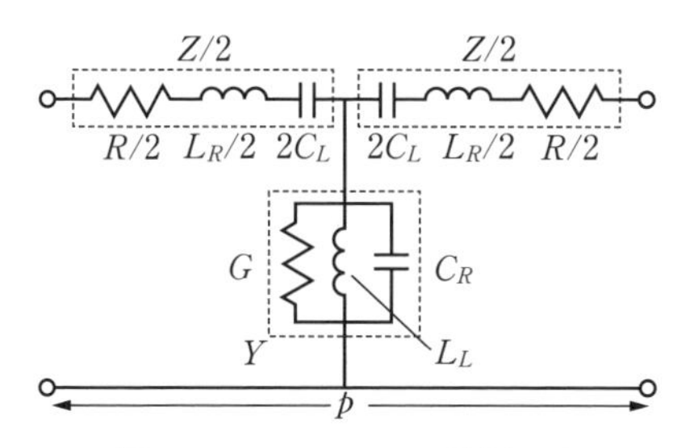

図 7.36　CRLH TL の等価回路

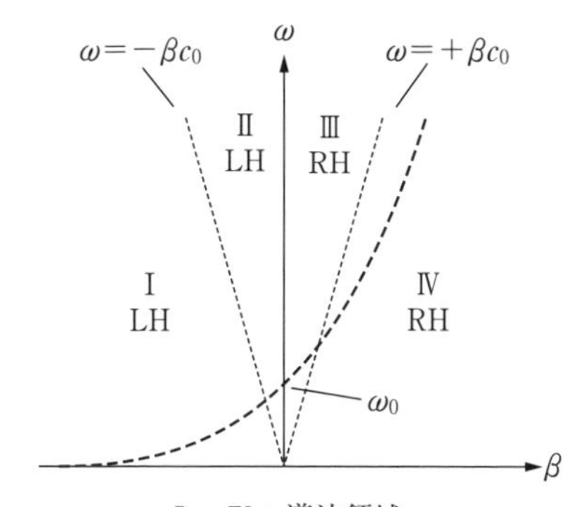

図 7.37　CRLH TL の β-ω 図

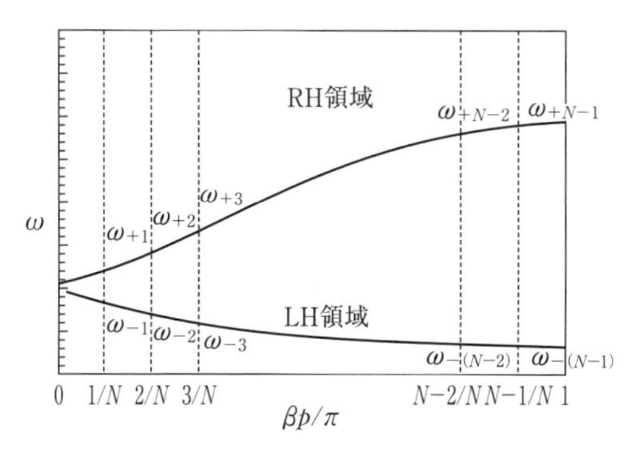

図 7.38　Nユニット接続 CRLH のゼロ次共振特性

ゼロ次共振の場合の例を図7.39に示す．図の場合，**インターデジタルキャパシタ**（inter-digital-capacitor）によるC_Lと寄生インダクタンスL_Rとの直列共振によるMM(μ)と，寄生容量C_RとスタブのインダクタンスL_Lによる共振によるMM（ε）を用いたCRLH TLである．図7.40は磁性モードパッチアンテナでゼロ次モードをもたせた場合の例である．通常のパッチアンテナの双対モードなのでパッチの周囲に磁流M_sが存在し，それによりモノポールとして動作する．これはマッシュルーム構造をもつので配列してHIS平面として使える．

MNG, ENGなどによる空間整合は，等価的な材料でなく，実際に開発され

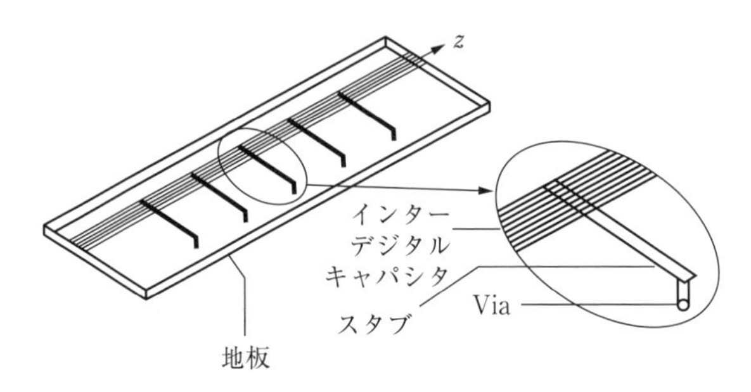

図7.39　CRLHによるゼロ次共振素子のS_{11}

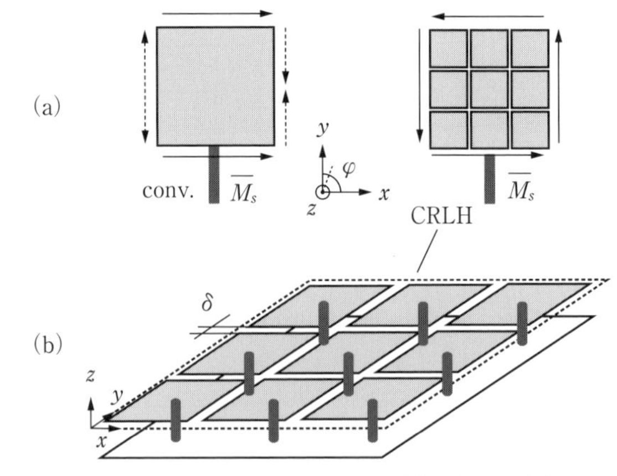

図7.40　ゼロ次モードの磁性パッチ　(a)　素子，(b)　配列

ている材料[17]を用いてアンテナの小形化が試みられている[18].

7.1.6 一体化による

アンテナ素子に他の素子を**一体化**（integration）して構成し，特性を向上させることにより実効的な小形化を行う.

A. 複合素子

ダイポールとループの複合による折り返しダイポールは代表的で，小形化ができる[19]（図 7.41）. また，PIFA の水平素子（平板）にスロットやスリットを入れて共振周波数を下げ，小形化する方法もある（図 7.42（a））. 地板にスロットを入れる場合もある（図 7.42（b））. 先述の top-loading も素子の複合の例といえる.

B. 機能素子を一体化する

アンテナ系に能動素子，たとえば発振，増幅，などの回路を一体化して送信電力の増加，利得の向上を図る場合がある. この場合は一体化する回路の直線性，ノイズ，などに留意する必要がある.

通常の LCR 回路での整合が困難な場合に，**Non-Foster 回路**[20]の利用や，**NIC**（negative impedance converter）[21]（図 7.43）を用いる場合がある. たとえば，非常に短いダイポールアンテナの場合，大きい容量性リアクタンスに対する整合に際して，NIC により容量性リアクタンスを負性，すなわち誘導性リアクタンスに変え，共振をとり整合をしやすくする（図 7.44）[22].

NIC はリアクタンス成分の符号を変えるので，大きいリアクタンス成分に対する共振条件を容易に得ることができるため整合をとるのに利用しやすい. 抵抗成分は NIC により負性抵抗成分になるので，別にインピーダンス変換回路が必要である.

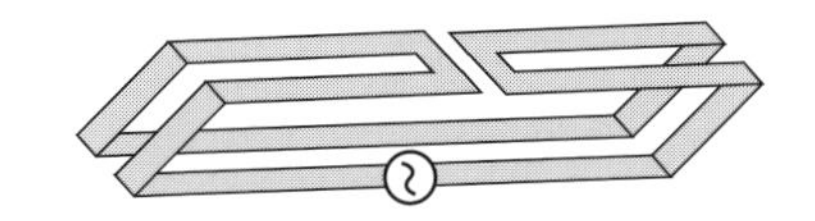

図 7.41 ループと組み合わせた折り返しダイポール

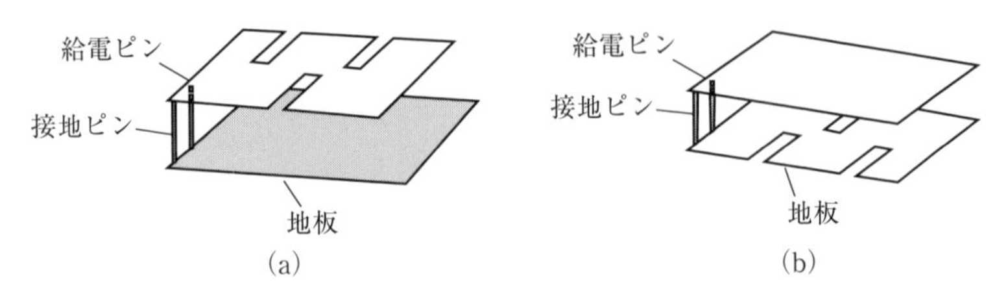

図 7.42　PIFA にスリット装荷　(a)　水平素子に，(b)　地板に

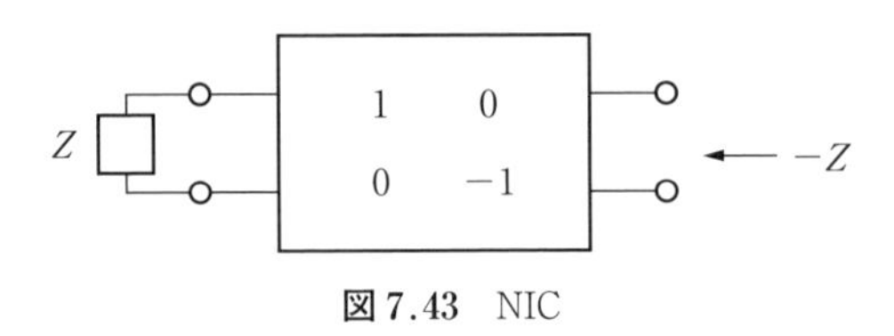

図 7.43　NIC

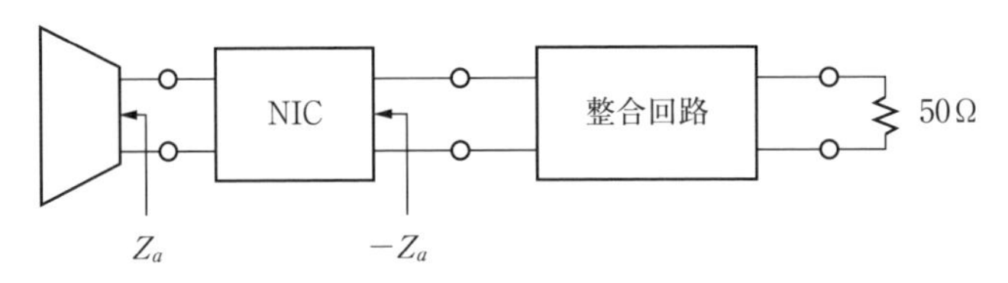

図 7.44　NIC を用いた整合回路

7.2　機能的小形アンテナ（FSA）の場合

7.2.1　広帯域化，マルチバンド化（空間を有効に利用する）

基本的には 7.1.3 項で記述した手法（空間を有効に使う）と同じであるが，広帯域化，あるいはマルチバンド化を主目的として利用する手法である．そのため構成するアンテナの素子形状が異なる場合が多い．

A.　電流経路長，あるいは経路数を変える

電流経路の長さを変えるには放射電流の経路にスロットやスリットを入れる．電流はスロットやスリットを迂回して流れるので共振長が長くなり，共振周波数が低くなる．たとえば PIFA の水平素子をスロット素子に入れる例がある[23]．地板にスロットを入れる方法もある（図 7.42（b））．

電流経路の数を増すには経路の面積を広げる．複数の電流経路が形成されて広帯域かマルチバンドの動作をするようになる．そのためにアンテナ素子形状を変える．

平板状の素子では面積を広くし，かつ電流の流れが多方向になるようにする．たとえば三角形，梯形，円形など（図7.45）で，三角形の場合の電流経路は図7.46のようである．ダイポール状で素子形状が三角形の場合は**ボウタイ**（bow tie）**アンテナ**と呼ばれている．逆三角形の場合もある（図7.47）．複数の共振周波数が得られ，広帯域，あるいは**マルチバンド**にできる．アンテナ素子形状を幾何学的形状に，たとえばペアノ，ヒルベルト，フラクタルなどを用いる方法もある．幾何学的形状そのものを励振する場合（図7.48）と，平板アンテナ周辺に適用する場合（図7.49）の2様がある[24]．

B.　複合素子構成にする

アンテナが占める空間全域を使うように素子を複数使用して広帯域化，あるいは複数の共振周波数を得る．たとえば長さの異なる素子を併用して共振周波数を複数に，すなわちマルチバンドにする．複数の共振周波数が重複すれば広帯域化になる．平板アンテナ素子にL状スロット（図7.50（a））や折り返しスロット（図（b））を入れて多共振にするなどがある．

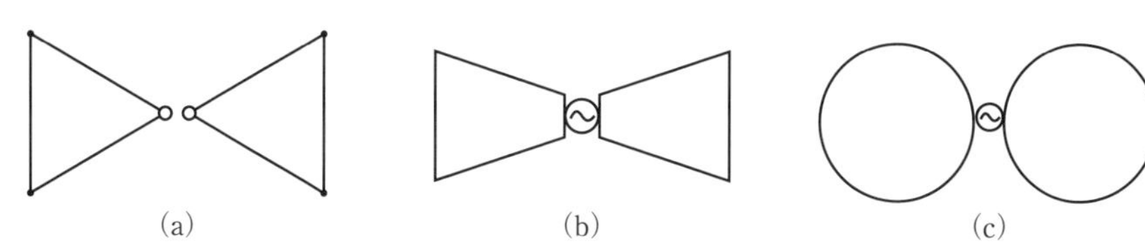

図7.45　電流経路延長　(a)　bowtie,（b）　台形ダイポール,（c）　円形ダイポール

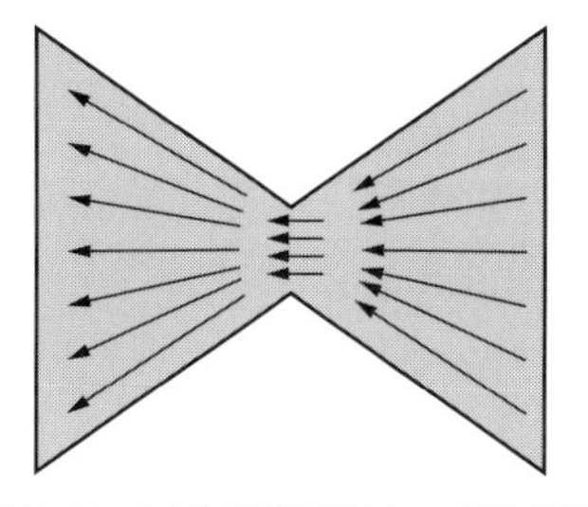

図7.46　三角形状平板上の電流経路

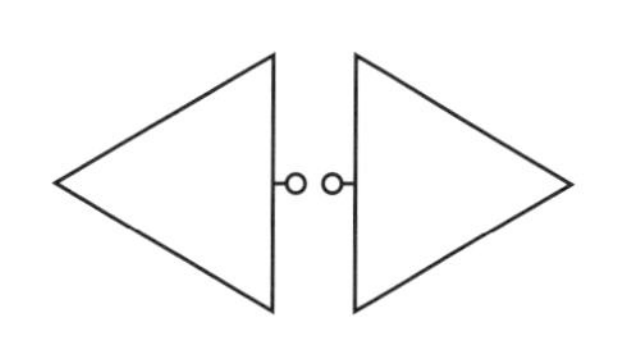

図7.47　逆三角形ダイポール

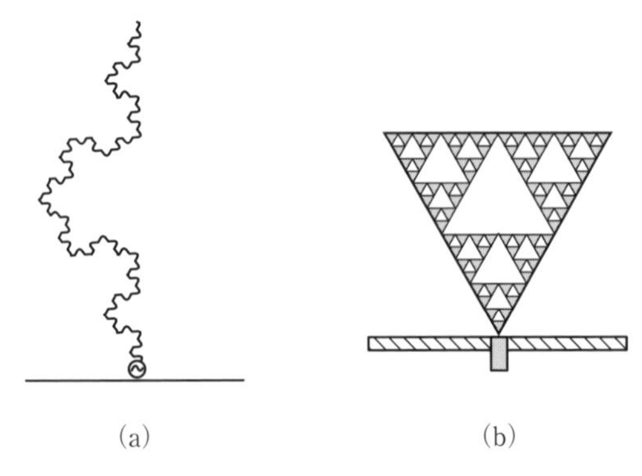

図7.48　フラクタル形状モノポール

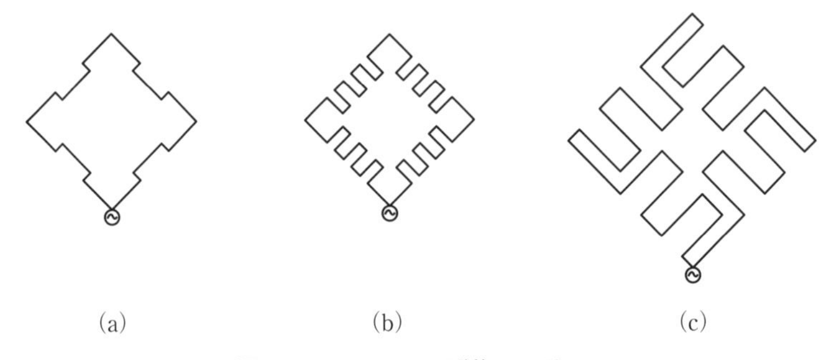

図7.49　フラクタル形状モノポール
(a)　ミンコフスキー，(b)　メアンダライン，(c)　箱状メアンダライン

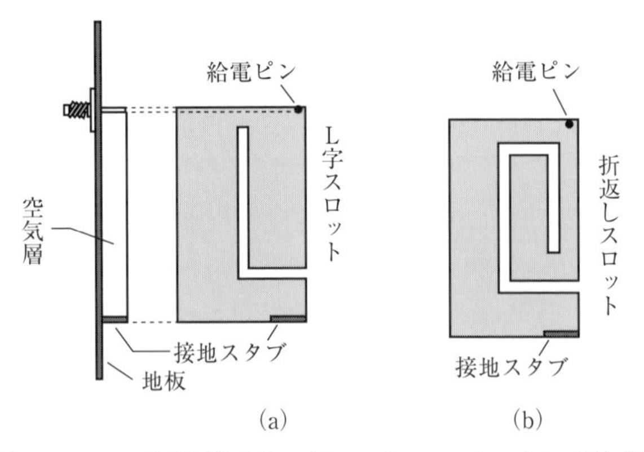

図7.50　平板アンテナの多共振構造化　(a)　L字スロット，(b)　折り返しスロット

7.2.2 機能の装荷

本質的に線形，受動などの特性をもつアンテナ系内に機能素子を装荷して素子の機能あるいは特性を向上する．または新しい機能をアンテナ系にもたせる．装荷する素子は能動（active），または受動（passive）のどちらかである．

① **受動素子の場合**：

L, C, R などの回路素子をダイポールあるいはモノポールに装荷して電流分布の長さを大きくする，あるいは位相を変化して放射パターンを変える（図7.51）などある．たとえば可変容量 C を中間に装荷して周波数を変えて位相を変化させることにより放射パターンを変える（図7.52）．

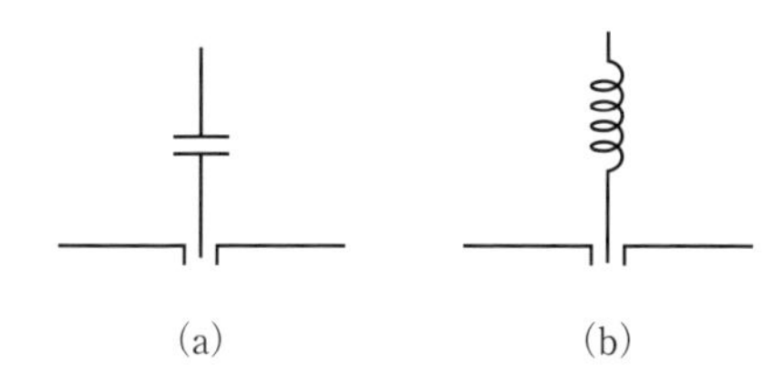

図7.51 モノポール素子中間装荷 (a) キャパシタ，(b) コイル

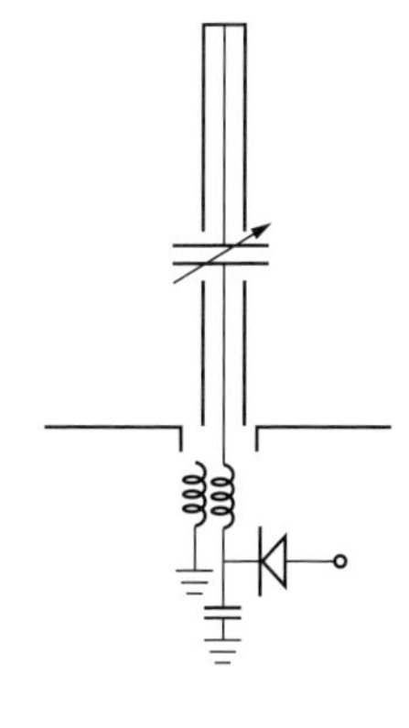

図7.52 ダイポール素子の放射パターン制御

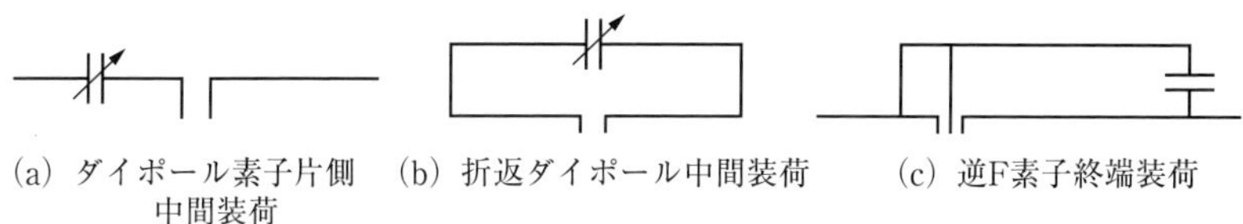

図7.53 キャパシタの装荷

アンテナ小形化の目的で容量 C，あるいはインダクタンス L をアンテナ系に装荷する．たとえばダイポール素子の中間点に C や L を装荷したり，逆F素子の先端に C を装荷する（図7.53）．

② **能動素子の場合**：

能動素子の場合は増幅，発振，周数数変換，変調，復調，スイッチ等の機能をアンテナ系に装荷，一体化して，これら機能をもつアンテナ系にする．小形アンテナの放射，利得等を増強し，あるいはアンテナ系内での周波数変換や，変調，復調，等の動作も行わせることができる．これらは **AIAS**（active integrated antenna system）と呼ばれる[25]．

このほか，AIASは，動作周波数やアンテナ素子上の電流分布，放射パターン等の変化，制御などの目的に利用される．用いる能動素子はトランジスタが代表的であるが，スイッチ素子である **MEMS**（microelectronic mechanical switch）や**バラクタ**，**pin ダイオード**などもある．

メタマテリアルの利用もあり，一体化によるアンテナ系の機能化はインテリジェント化するなど，高度化したアンテナシステムがある．例としては周波数追尾，放射パターン走査，さらに高度な放射特性制御，たとえば特性可変多機能アンテナシステムなどである（後述）．

R, C, L など受動素子も同時に用いられる．また回路あるいはネットワークを一体化してアンテナをシステム化する場合もある．

A．　機能の装荷

(1)　増幅・送信電力増加

送信系では，送信電力を増すために増幅回路，あるいは発振回路をアンテナに装荷する場合がある．

CRLH によるアンテナ系では，**RH/LH 特性**を利用してビーム走査，ビームの制御，等を行う．MEMS を用いてビームの制御を行う場合もある[26]．

送信系への能動回路の装荷に際しては，高安定度，低雑音性，必要帯域幅，線形性などについて考慮が必要である．回路に非線形特性があれば信号入力が相互変調により歪み，かつ S/N が低下するので，非線形を避けるように留意しなければならない．

受信系では，小形アンテナの利得増加を目的に増幅回路を装荷する場合がある．給電端に装荷する場合は，アンテナ系の入力インピーダンスに整合するように調整した回路を用いる．

単純にアンテナ系と負荷回路の間に増幅回路を挿入するのは，いわゆるブースタ増幅器であって，特性改善にはならない．

受信系でも，線形性，低雑音性，安定性，等について考慮が必要である．非線形性があると，入力信号における相互変調により，ひずみを生じ，S/N が低下する．増幅の評価は単に利得ではなく，受信出力における S/N で行う[28]．

(2) 放射パターン制御

放射パターンの制御にはアンテナ素子上の電流分布を変化させる．そのためには素子上にたとえば**可変容量素子**バラクタを装荷し（図 7.53），バイアス電流により容量を変化させてアンテナ素子上の電流分布の位相を変化させ，パターンを変化させる．バイアス電流の調整により放射の形や向きを変える場合もある．

(3) **周波数制御**

共振周波数を可変にする場合はバラクタを装荷し，バイアス電流の調整により行う．周波数可変，あるいは多周波動作のアンテナ系を得る[27]．

この手法は，人体の影響により共振周波数やアンテナの入力インピーダンスが変化するような場合に，整合のずれを検知して，その変化に対応して共振周波数やインピーダンスを変化させ整合条件を**適応制御**（adaptive control）するのに利用される[29]．

(4) **特性可変多機能アンテナ**[30]の実現

アンテナ素子上の電流分布の変化によるインピーダンス，共振周波数，放射特性などを目的に変化させる**多機能アンテナ**である．

放射特性の制御により，MIMO，広帯域アンテナ（UWBA），妨害波除去（anti-jamming），など多機能なアンテナ，あるいは無線システムの構成ができる．

B．整　合

給電点での整合が困難な小形アンテナの場合，**NIC**（negative impedance converter）が利用できる．NIC はアンテナの給電点に用いれば広帯域に，かつ効率よく整合がとれる（図 7.44）．たとえば小形ダイポールの小さい抵抗成分，大きい容量性リアクタンスに対して整合をとる場合，大きい誘導性リアクタンスが必要であるが，一般的には損失が大きく，放射効率を下げる．そこで給電点にNICを用いると容量性リアクタンスは反転して誘導性になり，共振には容量性リアクタンスを使えるので比較的損失を小さく整合がとれる．

7.3　寸法制限付き小形アンテナ（PCSA）の場合

7.3.1　影像（イメージ）の利用

完全導体**PEC**（perfect electrical conductor）板を地板としてアンテナを設置し，地板による影像を利用してアンテナの高さを1/2にする．ダイポールなどTM素子では地板に垂直に，ループなどTE素子では平行に置く．典型的なTM素子はモノポールアンテナ（図7.54），TE素子は**マイクロストリップアンテナ**（MSA）である（図7.55）．

地板が無限大でない場合は地板に電流が流れ，地板が放射体の一部として動作するので，影像の利用はできない．この場合は放射素子と地板を一体化した

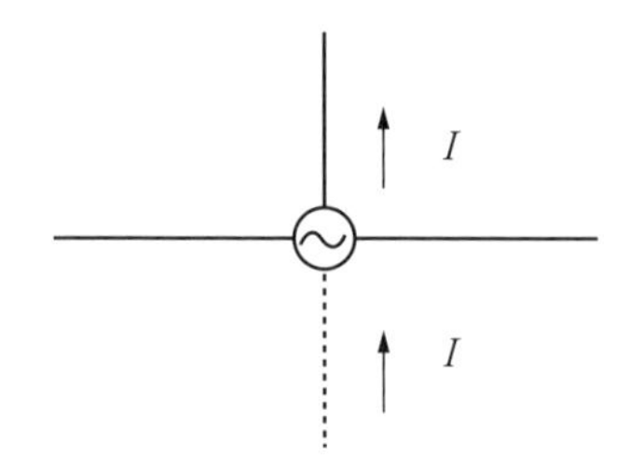

図7.54　PEC地板上TE素子

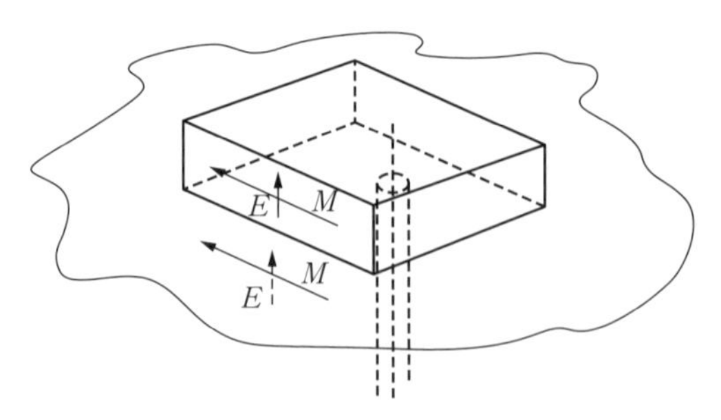

図7.55　PEC地板上TM素子

放射体として取り扱い，アンテナ系の設計をする．地板の寸法により放射特性は異なり，設計が難しい場合がある．このような場合は，実験によるか，シミュレーションにより，最適な設計を行う．

地板が無限大というのは，必ずしも無限の大きさでなく，使用波長の数倍の寸法であれば無限大として取り扱っても大きな誤差は入らない．

7.3.2 HIS の利用

ダイポールアンテナのように TM 励振素子は完全導体地板上に平行に設置すると，負のイメージにより放射は相殺されてアンテナとしての動作はしない．しかし表面に高インピーダンスをもつ平板（HIS（high impedance surface））を地板として使用すると，負のイメージは生じないので，低姿勢アンテナが実現できる（図 7.56）[29)]．

また HIS は表面電流を抑制するので，有限の地板の場合 PEC では放射電流が裏面に流れ，後方放射があるが，HIS の場合は後方への電流が抑制され，後方放射が小さい（図 7.57）．また，表面電流が抑制されるので複数の素子を近接して置いても素子間の結合が小さいので，狭い空間に多数素子の配列が可能になる．したがって小型機器で狭い空間に多数のアンテナ素子が配列できるので，MIMO への利用ができる．

HIS として具体的な例は，**マッシュルーム構造**を利用した平板（図 7.58）[30)]や **EBG**（electromagnetic band gap）を用いた平板[32)]を地板として用い，TM モードアンテナを地板上 0.1λ 程度まで近接して設置し，低姿勢アンテナを実現した例がある[31)]．低姿勢アンテナの実現や狭い空間に多数のアン

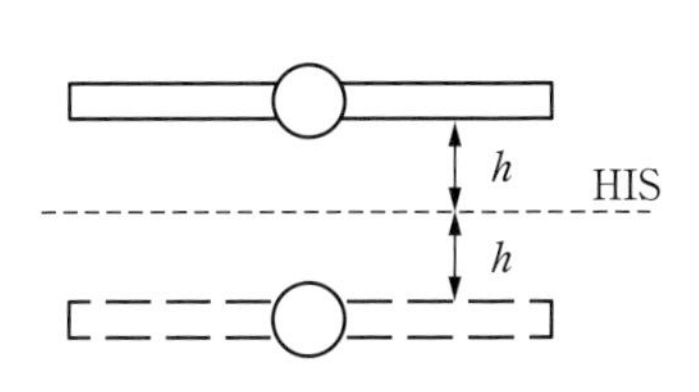

図 7.56 HIS 地板上 TM 素子

図 7.57 有限大 HIS 地板上モノポールの放射パターン

テナ素子を接近して配列できる利点がある（図7.59）.

マッシュルーム構造（図7.58（a））は，MMの代表例であるが，その断面は図（b）のようで1ユニットは等価的にLC回路を構成し（図（c）），MMの構成は，共振回路（図（d））の配列と等価になり，高い表面インピーダンスをもつHISを実現する．HISは高い表面インピーダンスにより，表面電流の抑制ができるため，地板が波長に対して比較的小さくても表面電流が抑制され，地板背面への放射が減少する．

周波数特性をもつHISである**FSS**（frequency selective surface）の利用[33]もある．FSS構成の具体例は，導体板にスロットを配列して，その共振周波数に対する高い表面インピーダンスにより周波数選択性をもたせた平板としての利用である[34]（図7.60）.

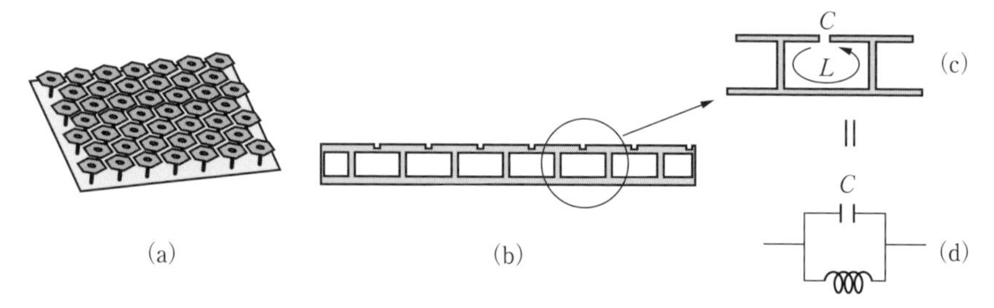

図7.58 マッシュルーム構造平板
（a） 俯瞰図，（b） 側面図，（c） 1ユニット，（d） 1ユニット等価回路

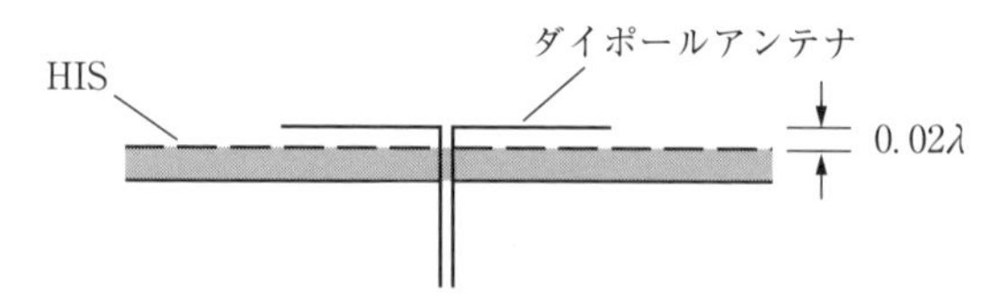

図7.59 HIS地板上低姿勢アンテナ

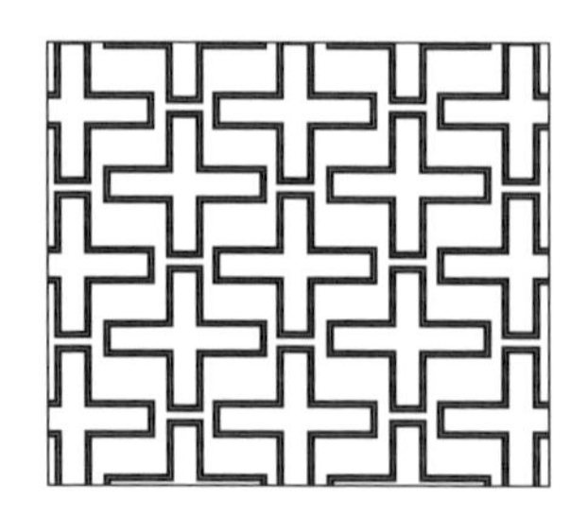

図7.60 スロット配列によるFSS平板の例

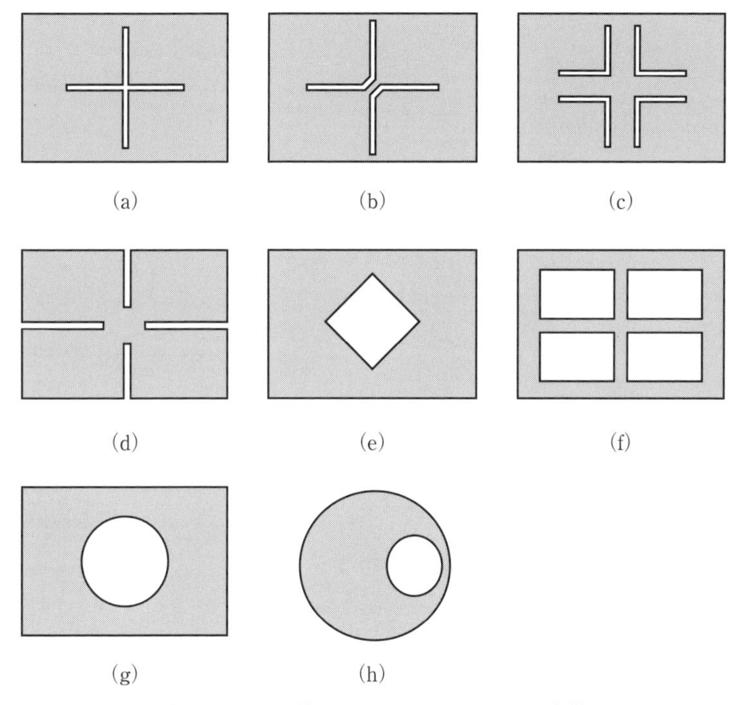

図 7.61　FSS 平板のスロット配列パターン各種

配列するスロットの形状は各種あり，図 7.61 はその例である．

7.4　物理的小形アンテナ（PSA）の場合

7.4.1　寸法の小さいアンテナ

RFID などの小型無線機器の外観は箱型（図 7.62（a）），カード型（図（b）），pencil 型（図（c）），カプセル型（図（d）），など多種多様である．用途も多彩で，通信用，遠隔制御用，センサ用，データ伝送用，等々があり，通信距離も数 cm 程度の至近距離用から，1 m 以内の近距離用，数 m，数十 m，数百 m，など中・遠距離用の各種がある．

また，使用周波数も短波帯（HF）から VHF, UHF, SHF 等広範囲で，この

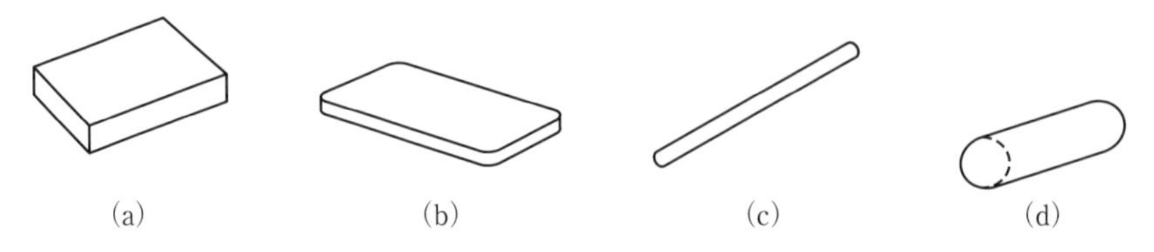

図 7.62　RFID の外観　(a)　箱型，(b)　カード型，(c)　pencil 型，(d)　カプセル型

ほか広帯域やマルチバンドで使用の場合もある．これらに用いるアンテナは機器の筐体，形状，その寸法，アンテナの設置場所，等の他，機器の用途，目的に応じた適切な設計が必要で，さらに使用回線（周波数，帯域，通信距離，など）に応じて使用するアンテナ小形化の設計技術が要求される．大切なのは，アンテナは必ず整合させて用いることが必要である．

小形の機器で構造が複雑であり，アンテナも小さいためアンテナのインピーダンスの測定が困難で，整合条件がわからない状態，あるいは**整合回路**を入れる場所を取り難い，などといった場合があるが，できるだけ整合はとるべきである．場合によっては，実用になるからといって整合をとらないまま使用されている例があるが，これは好ましくない．

もし整合がとれていなければ，送受信の効率が低く，通信距離も短くなる．電池を使用していればその消費時間が短くなり，電池のより大きいのが要求される．したがって機器の寸法が大きくなり，かつ重くなる．

複雑な条件でもシミュレーションにより整合条件は求められる場合があり，整合回路の構成方法，整合の具体化，などが可能になる整合をとることにより，効率高く放射が得られれば，伝送距離を拡大でき，電池使用の場合はその寿命を長く保てる．また電池の小形化も可能になる．その結果，機器の小形化，軽量化が望めるし，機能向上も可能である．

小型機器に装着するアンテナとしては，一般的なダイポール，モノポール，ループ，逆 F，などの線状素子が代表的で，これらを平板化し，かつ変形した素子が多く用いられる．

寸法を小さくするためには前述したメアンダラインやジグザグなど**遅波構造**により ESA を構成する技術を用い，これらは，**渦巻き（スパイラル）**（図 7.63 (a)），スロット（図 (b)）あるいは逆 F（図 (c)）などとの組み合わせ

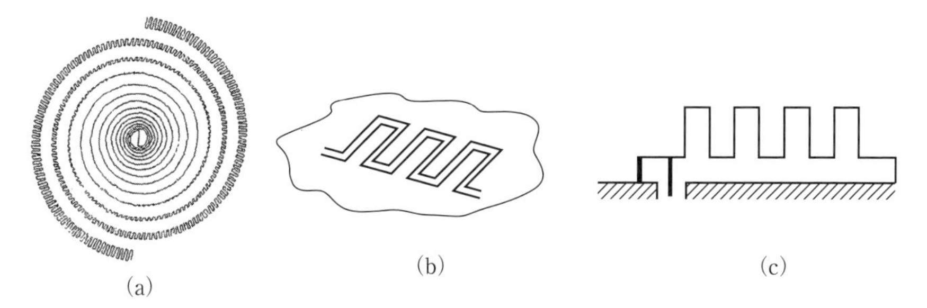

図 7.63 アンテナ小形化の手法 (a) スパイラル構造，(b) スロット配列，(c) 逆F

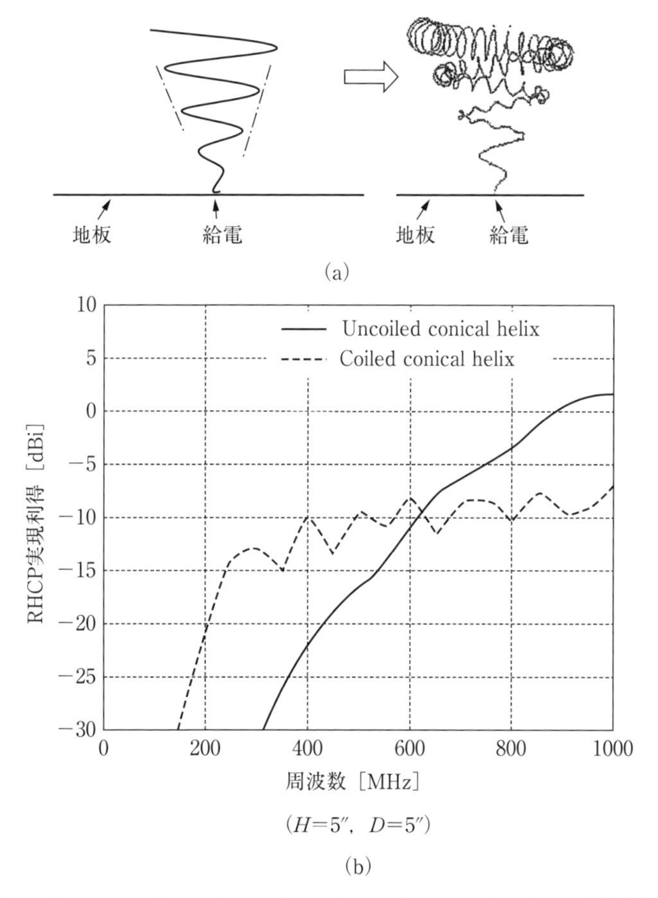

図 7.64 コイル状コニカルヘリックスモノポール（CCMH）と利得特性

が多用される．さらにPIFA，ヘリックス（helix）やMSAなどの立体素子にも使用される．メアンダラインを**円錐状ヘリックス**（conical helix）に適用してコイル状にした例は図7.64（a）のようで，その特性をメアンダラインを適用しない場合と比較したのが図（b）である．低い周波数領域（600 MHz以下）ではコイル状にした方が利得は高い．

これらESAやPSA以外に最近はマルチバンドや広帯域など，多周波で動作させる機器が多いのでFSAやPCSAなどの小形化素子も多い．

これらアンテナの設計には上記の基本的条件に加えて，機器の構造や，アンテナ素子周辺の環境条件を含める必要があり，機器操作の人体の影響も考慮しなければならない．送受信の関係も含めて小さいながら1つのシステムとしての設計になる．条件が複雑な場合は，シミュレーションによる解法が特に有効である．

7.4.2　マイクロ波，ミリ波，テラヘルツ波などの素子

高い周波数領域のアンテナは，使用波長が短いので必然的にアンテナの寸法も小さい．**ホーンアンテナ**や**パラボラアンテナ**などは通常素子単体で用いる場合が多く，一般的な設計手法が用いられる．しかし，近年では技術の進展により，複合素子など一体化した複合アンテナなどが開発されており，さらに平面型などプリントされたマイクロ波，ミリ波アンテナが実用になっている．

〈参考文献〉

1a）K. Noguhci, et al.：Impedance Characteristics of Meander Line Antenna Mounted on a Conducting Plane, IEICE National Convention,B-1-106, p.106,1999.

1b）K. Noguchi, et al.：Impedance Characteristics of a Small Meander Line Antennas, Transacton of IEICE, Vol. JB-BII, No.2, pp.183-184, 1998.

2）S. H. Lee and K. K. Mei：Analysis of Zigzag Antennas, IEEE Trans on Antennas and Propagat., Vol.18, No.6, pp.760-764, 1970.

3a）D. H. Werner and S. Granguly：An Over View of Fractal Antenna Engineering Research, IEEE Trans. on Antennas and Propagat., Vo.45, No.1, pp.38-57, 2003.

3b）C. P. Baliada, J. Romeo and A. Cardame：The Koch Monopole：A SmallFractl

Antenna, IEEE Trans. on Antennas and Propagat., Vol.48, No.11, pp.1773-1781, 2000.

4) J. L. Volakis, C. C. Chen and K.Fujimoto：Small Antennas. 4.3.2, pp.212-213.

5) N. Engheta and R. W. Zyolkowsky：Metamaterial Physics and Engineering, John Wiley and Sons, 2006.

6a) J. Zhu, A. Hoofer and N. Engheta：Peano Antennas, Antennas and Wireless Propagat. Lett., Vol.3, pp.71-74, 2004.

6b) H. Oraizi and H. Hadayati：Miniaturizationof microstrip antenna by the novel application of the Giuseppe Peano Fractal geometries, IEEE Trans. on Antennas and Propagat., 60. pp.3559-3567.

7a) J. M. Vay, N. Engheta and A. Hoofer：High impedance surface using Hilbert curve inclusions, IEEE Microwave Wireless Component Letters, Vol.14, No.3, p.4777, 2004.

7b) X. Chen, Naeini and Y. Lin：A down-sized printed Hilbert antenna for UHF band, IEEE Int. Symp., pp.581-584, 2003.

8a) K. Fujimoto, et al.：Small Antennas, Research Study Press, UK, 1981.

8b) K. Fujimoto：Small Antennas in K.Chan (ed), Encyclopedia of RF and Microwave Engineering, Vol.5, p.4771.

9) Y. Mushiake：Self-complementary antennas, Springer, London, 1996.

10) K. Fujimoto：Small Antennas, in K.Chan (ed), Encyclopedia of RF and Microwave Engineering, Vol.5, p.4771.

11) K. Fujimoto and H. Morishita：Moderen Small Antennas, Cambridge University Press, p.56, 2013.

12) K. Fujimoto and H. Morishita：Moderen Small Antennas, Cambridge University Press, p.196, 2013.

13a) F. Billoti, A. Ali and L. Vegni：Design of miniaturized metamaterial patch antenna with μ-negative loading, IEEE Trans. Antennas and Propagat., Vol.56, No.6, pp.1640-1647, 2008.

13b) P. Y. Chen and A. Ali：sub-Wavelength Elliptical Patch Antenna Loaded With μ-negative Metamaterials, IEEE Trans. on Antennas and Propagat., Vol.58, No. 9, pp.2909-2919, 2010.

14a) H. R. Stuart and A. Pidverbesky：Electrically Small Antenna Element Using

Negative Permitivity Resonators, IEEE Trans. on Antennas and Propagat., Vo. 54, No.6, pp.1644-1653,2006.

14b) S. Kolen, B. Delacresonniere and J.L. Gantier：Using a negative capacitance to increasing the tuning range of varactor diode, IEEE MTT 4a, pp.2425-2430.

15) Y-S Wang, M-Feng Hsu and S. J. Chung：A Compact Antenna Utilizing a Right/Left Handed Transmission Line Feed, IEEE Trnas. on Antennas and Propagat., Vol.56, No.3, pp.675-6822008.

16a) A. Lai, C. Caloz and T. Itoh：Composite right/left-handed transmisson line metamaterials, IEEE Micowave Mag. September, pp.34-50, 2004.

16b) C. Caloz, T. Itoh and A. Rennings：CRLH Metamaterial Leaky Wave and Resonant Antennas, IEEE Antennas and Propagat Magazine, Vol.50, No.5, pp.26-39.

17) T. Tsutaoka, et al.：Negative Permittivity Spectra of Magnetic Materials, IEEE iWAT 2008, Chiba, Japan, p.202, pp.279-281.

18) S. Bee, K. Saegusa, T. Tsutaoka and K. Fujimoto：A Study on Miniaturization of Antenna by Loading Negative Permittivity Material, Digest B-I-56 in Society Meeting of IEICE, 2015 (in Japanese).

19a) S. Hayasida：Analysis and Design of Folded-Loop Antenna, Doctoral Diss. National Defence Academy, 2006 (in Japanese).

19b) S. Hayasida, H. Morishita and K. Fujimoto：A Wideband-Folded Loop Antenna for Handsets, IEICE, Vol. J86-B, No.9, pp.1779-1803, 2003 (in Japanese).

20) H. Mizaei and G. V. Eleftheriades：A resonant printed monopole antnna with an embedded non-Foster matching network, IEEE Trans. on Antennas and Propagat., Vol.44, pp.672-676.

21) H. Yogo and K. Kato：Circuit realization of negative impedance converter at UHF, Electronic Lett.Vol.10, No.9, pp.155-156, 1974.

22) J. G. Linvill：Transistor Negative Impedance Converter, Proc. IRE, June 1953, Vol.41, pp.725-729.

23) K. Fujimoto and H. Morishita：Modern Small Antennas, Cambridge University Press, p.137, 2013.

24) K. Fujimoto and H. Morishita：Modern Small Antennas, ch. 7. pp. 144-158.

25) K. Fujimoto：Integrted Antenna Systems, in K. Chan (ed), Encyclopedia of RF and Microwave Engineering, Vol.3, John Wiley and Sons, pp. 2113-2147, 2005.

26） C. A. Balanis (ed)：Modern Antenna Handbook, ch.11, 11.4, pp. 547-576.

27） J. L. Volakis, C-C, Chen and K. Fujimoto：Small Antennas, ch. 3, pp. 195-199.

28） C. A. Balanis (ed)：Modern Antenna Handbook, ch. 8, pp. 359-377.

29） C. A. Balanis (ed)：Modern Antenna Handbook, ch.15, 15.3, pp.741-760.

30） K. Fujimoto and H. Morishita：Modern Small Antennas, Cambridge University Press, ch.6, 6.4, pp.70-72, 2013.

31） K. Fujimoto and H. Morishita：Modern Small Antennas, Cambridge University Press, ch.8, 8.2.3, pp.335-339, 2013.

32） L. Akhoondzadeh-Asl et al.：Wideband Dipole on Electromagnetic Band Gap Plane, IEEE Trans. on Antennas and Propagat, Vol.55, No.9. pp.2426-2434, 2007.

33） B. A. Munk：Frequency Selective Surface, John Wiley and Sons, 2000.

34） B. A. Munk：Frequency Selective Surface, John Wiley and Sons, pp.38-56, 2000.

8　小形アンテナの実際例

4章で記述した方法を用いて具体的にアンテナを小形化した実際例を紹介する．

8.1　電気的小形アンテナ（ESA）の場合

8.1.1　遅波（SW）構造の応用

典型的な ESA の例は，遅波構造を用いたアンテナである．代表的な線状素子では図 4.4 に示したような（a）**メアンダライン**（meander line）や，（b）**ジグザグライン**（zigzag line）などによるもので，2D では（c）**NMHA**（normal mode helical antenna）などがある．それぞれダイポールやモノポールとして使用されている．形状も，同じ周期の構成や，変形した周期構成などがある．

A．　メアンダライン利用チップアンテナ[1)]

折り返しメアンダラインを用いて寸法が 3.2×1.6×0.8（単位 mm）の小形チップアンテナを構成している．アンテナは，通常のプリント基板（PCB）作成法を用いてメアンダラインを２層の基盤に形成し，板状のスルーホールを用いて接続して折返し構造とし，寸法を半減し，コンパクトにしている．

上層の基板には低損失のプリプレグ（熱硬化性樹脂をラミネートしたエポシレジン $\varepsilon_r=3.34$）を用い，その下面を地板とし，上面にメアンダラインをプリントしている．下層基板も同様，プリプレグを挟み，上面にメアンダライン，下面に地板をプリントした構成である．上層と下層の間には誘電体（ε_r =3.33）コアを挟んでいる．図8.1はアンテナの俯瞰図，図8.2は側面図，図8.3は各層の分解図である．

シミュレーションによる反射係数 S_{11} は図8.4のようで，−10 dB帯域幅は2.65〜2.81 GHz（5.86%），平均利得は −0.5 dBi である．

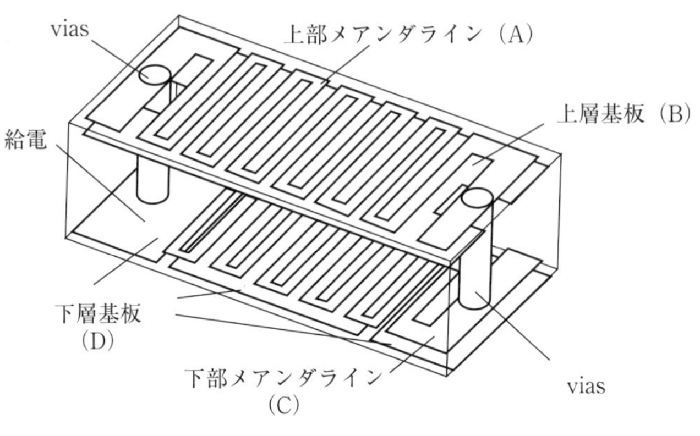

図8.1　アンテナの俯瞰図

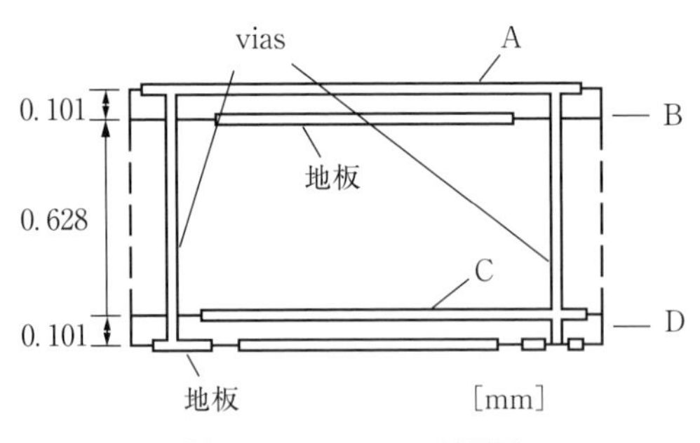

図8.2　アンテナの側面図

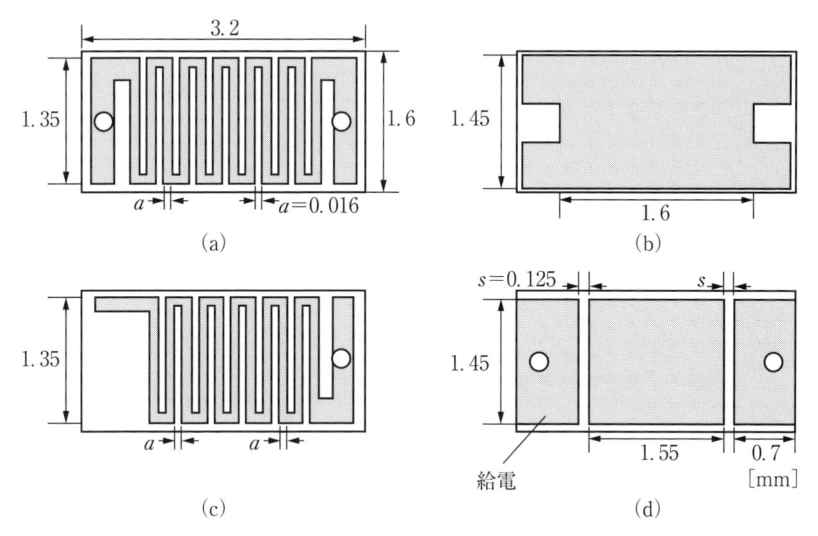

図 8.3 アンテナ各層の分解図

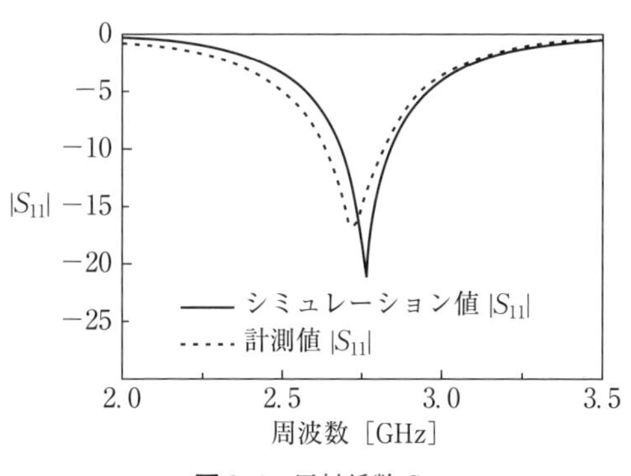

図 8.4 反射係数 S_{11}

B. 遅波（SW）構造を水平素子に取り入れた PIFA[2)]

PIFA の水平素子に **SW 構造**を装荷し，かつ L 素子を装荷してさらにコンパクトな，**マルチバンドアンテナ**を構成した．0.9,1.57,1.9,2.45 GHz の 4 バンドで，SW 構造は図 8.5 のような（b）歯形，（c）**メアンダライン**，（d）**フラクタル**（fractal），および（e）**HIW**（high impedance wire：高インピーダンス線）などである．

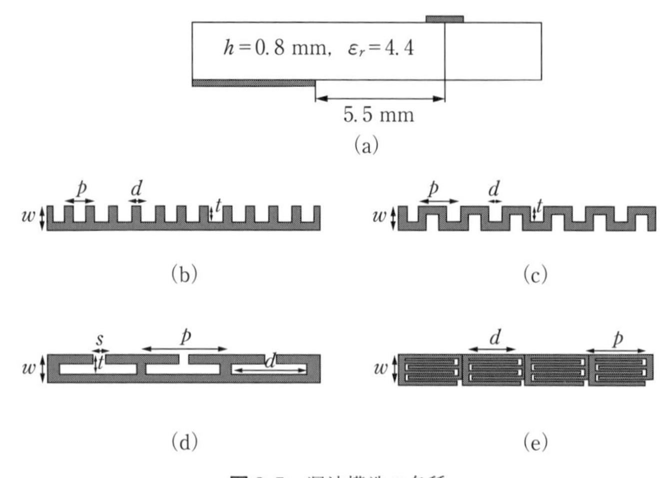

図 8.5　遅波構造の各種
(a)　断面図,(b)　歯形,(c)　メアンダライン,
(d)　フラクタル1次繰り返し,(e)　HIW(高インピーダンス線)

アンテナの構成は,図 8.6 のようで,(a) は 4 バンド**逆 F アンテナ**(inverted-F:**IFA**),(b) は **SW 構造装荷 4 バンド IFA** である.どちらも水平素子に SW 構造を装荷し,図 8.7 のような PIFA を構成している.

反射係数 S_{11} は図 8.8 のようで,図には通常の **PIFA**(planar IFA)の場合との比較,ならびに遅波構造を装荷した PIFA に L 素子の装荷の有無による違いを (a),(b) に示している.**HIW 装荷**の場合に最低の共振周波数を得,歯形,フラクタル,メアンダラインの順に低い共振周波数を示している.これから,HIW,歯形,フラクタル,メアンダラインの順にアンテナの小形化がなされることを意味し,その**短縮率**はそれぞれ 21%,11%,9%,8.5% である.L 型素子を装荷した場合は,さらに小形化され,短縮率はそれぞれ 40%,22%,14%,10% である.放射効率は 5～10% 程度劣化する.

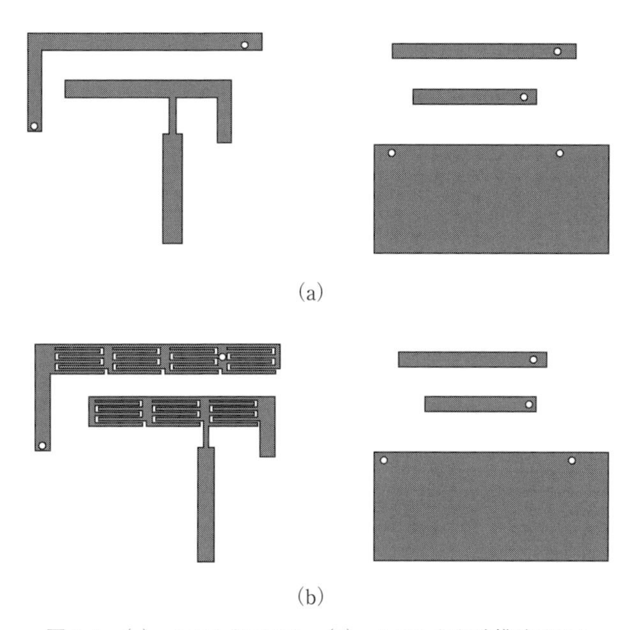

図 8.6 (a) 4 バンド PIFA，(b) 4 バンド遅波構造 PIFA

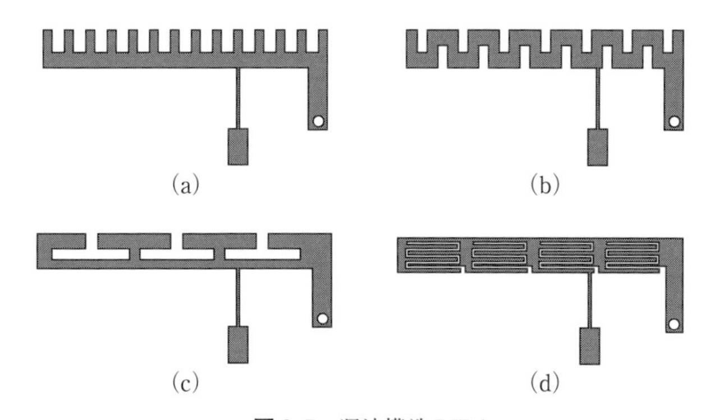

図 8.7 遅波構造 PIFA
(a) 歯形，(b) メアンダライン，(c) フラクタル 1 次繰り返し，(d) HIW

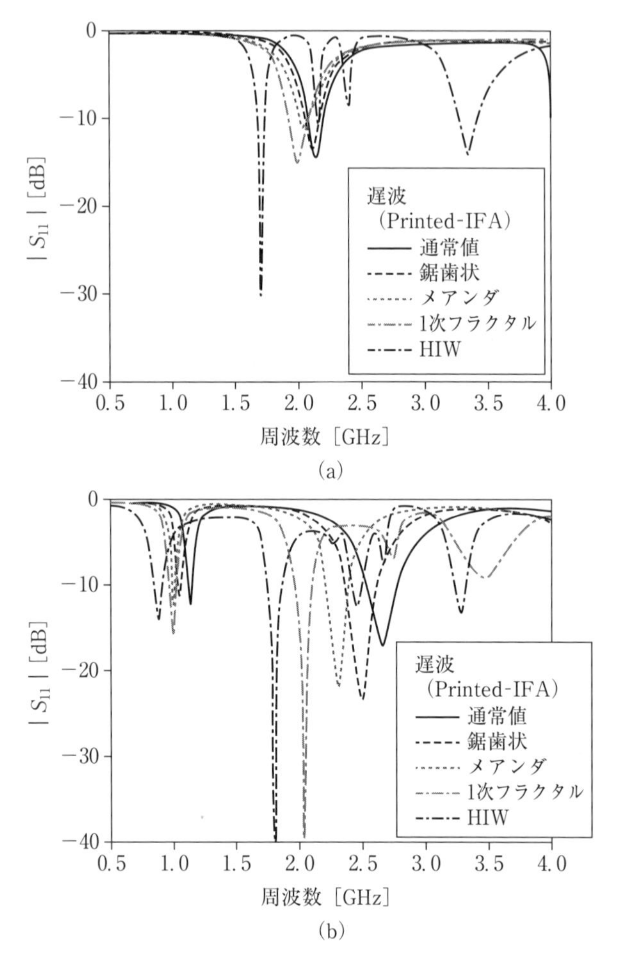

図8.8　遅波構造素子のS_{11}　(a)　プリントIFA，(b)　L素子装荷IFA

C.　電流経路の延長（PIFAの水平素子にスリットを装荷）[3)]

PIFAの水平素子にメアンダ状にスリットを入れて電流経路を長く，共振長を長くしてアンテナを小形化し，人体頭部にうめ込みできる大きさにした．PIFAは，図8.9のように水平素子の上に**寄生素子**を加え，それぞれにスリットをメアンダ状に設けた構成である．

人体頭部に装荷するのに最適なアンテナを設計するために，図8.10のよう

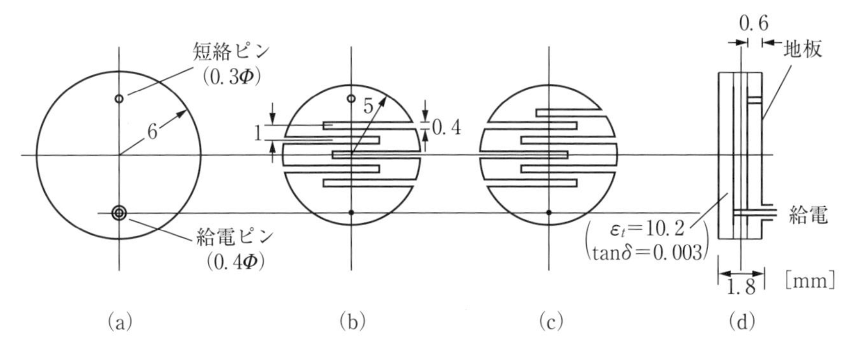

図 8.9 円盤状基板上 PIFA（水平素子をメアンダ状スリットで構成）

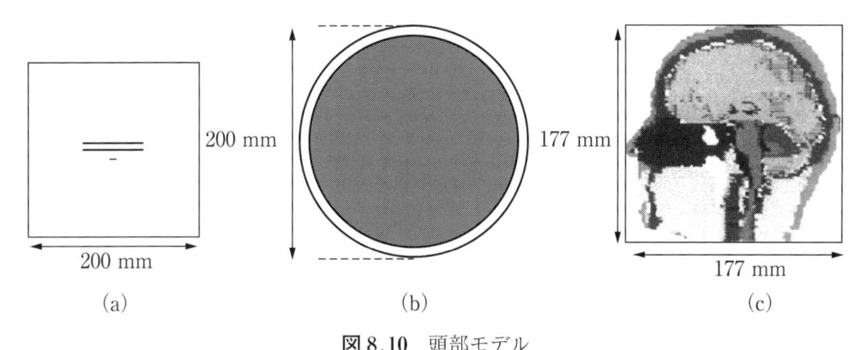

図 8.10 頭部モデル
(a) 直方体，(b) 球状モデル（皮膚，頭蓋骨，脳），(c) 解剖学的モデル

な**頭部モデル**を用いて必要な周波数帯域 402，433，868，および 915 MHz におけるアンテナの動作のシミュレーションを行い，最適なパラメータを求めた．図には（a）単純なシミュレーション用立方体，（b）立方体より実際に近いモデルの球体，（c）解剖学的な頭部モデル，それぞれを示している．図 8.10 のようなモデルを用いて最適化した PIFA の放射パターン（y-z 面）は図 8.11 のようである．

これから，必要な 4 周波数帯域における平均利得は約 −39 dB〜−37 dB で，最大利得特は −36 dB〜−32.9 dB であることがわかる．−10 dB 帯域幅は，それぞれの帯域において，約 30 MHz〜40 MHz といった広い帯域幅の特性を示している．広帯域性は人体頭部に装荷した際に組織の影響による変化を緩和するために必要である．

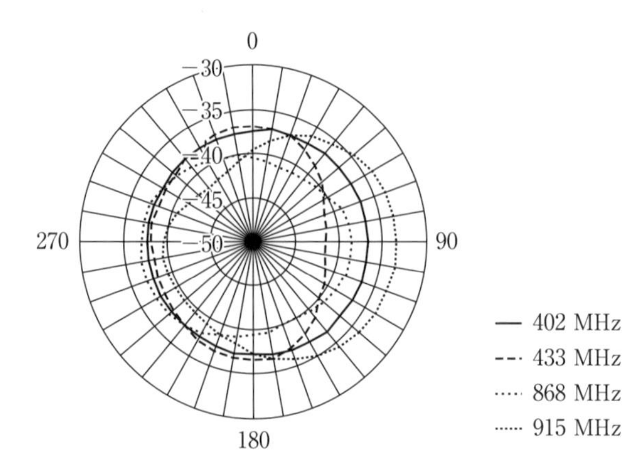

図 8.11　最適化した PIFA の放射パターン

8.1.2　空間の有効利用

代表的なのは**幾何学的パターン**の利用である[4)]．幾何学的パターンの1つペアノ形状を方形パッチの周辺に用いて，表面積を一定に保ちながら共振周波数を下げてアンテナの小形化を行い，小形化しても帯域幅を比較的広く保ち，かつ利得も通常のパッチアンテナとおよそ同等の値を得たアンテナである．アンテナの形状は図 8.12 のようで，(a) は**イニシエータ**（**原型**）である直線から**1次ペアノ形状**（ジェネレータ）に移り，それを方形パッチに適用したのを (b) に示している．図には寸法パラメータも記してある．

シミュレーションによる S_{11} は図 8.13 のようであるが，共振周波数は，同じ寸法の方形パッチアンテナの 2.25 GHz から，1次繰返しペアノ（iterate 1）形状装荷の場合は 1.9 GHz に下がり，2次繰返しペアノ（iterate 2）形状の装荷では 1.4 GHz になっており，ペアノ形状装荷の繰返し次数が大きくなるにつれアンテナの小形化が進んでいる．2次繰返しペアノ形状の場合は，2.9 GHz にも共振が現れており，2共振状態になっている．

広帯域にするのにパッチと地板の間の空気層を厚くして，共振周波数が 2.25 GHz の場合 750 MHz の広い帯域を得ている．

他の幾何学的パターン，**フラクタル形状**，**三角形状**（triangular）**コッホ**，**方形コッホ T 型**および**シアピンスキフラクタル**などの形状をパッチアンテナ

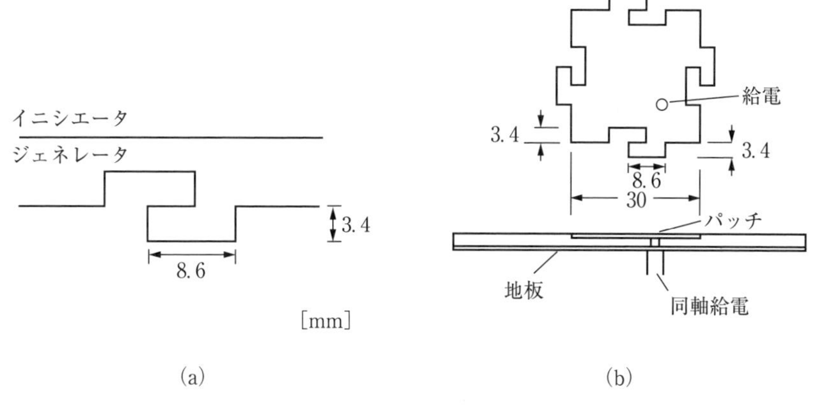

図 8.12 周辺にペアノ形状を用いた方形パッチアンテナ

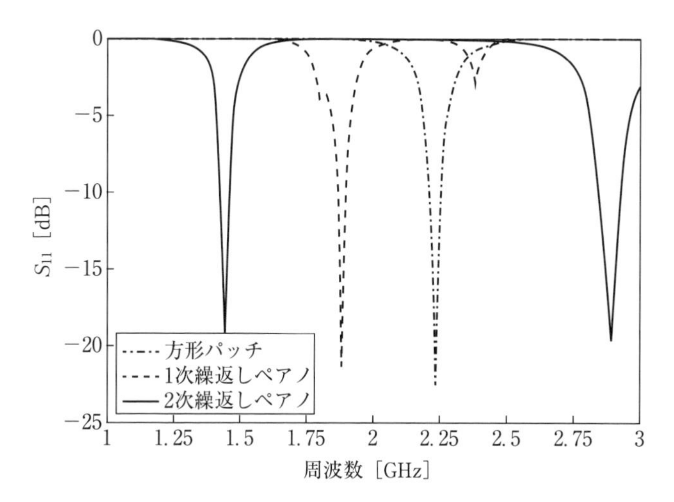

図 8.13 シミュレーションによる S_{11}

の周辺に用いた例は図 8.14 のようで，その特性の比較を表 8.1 に示している．この場合，方形の面積はすべて 900 mm² であるが，パッチ周辺の長さはペアノ型が最も長く，電流経路が長いため共振周波数が最も低く，一方で帯域は方形コッホが最も広い．

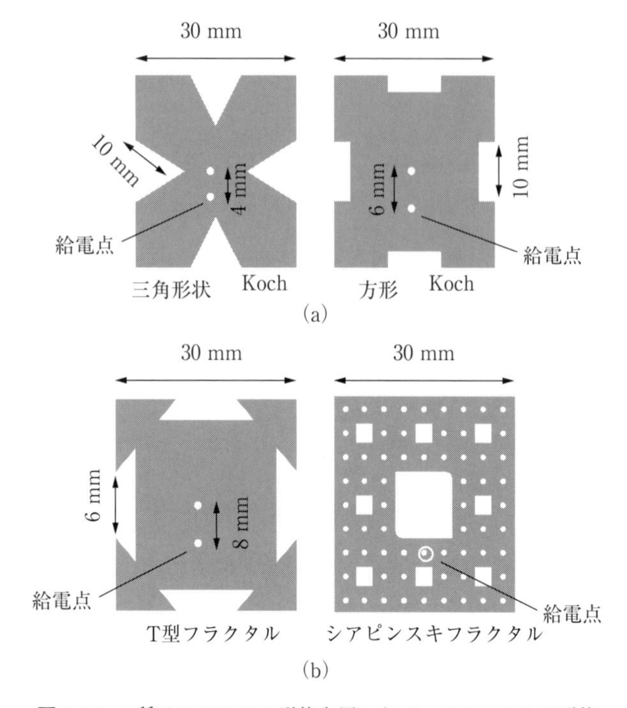

図 8.14　4 種のフラクタル形状を用いたパッチアンテナの形状

表 8.1　各種フラクタル形状を周辺に用いた方形パッチアンテナの特性

フラクタル	共振周波数 [GHz]	帯域幅 [MHz]	面積 [mm^2]	周囲長 [mm]
ペアノ	1.87	44	900	155.4
三角形状コッホ	1.91	36	900	148.6
方形コッホ	2.15	82	900	133.3
T 型	2.14	40	900	134.6
シアピンスキ	2.05	40	900	129

8.1.3　材料の利用

CSSR（complementary sprit-ring resonator：**補対スプリットリング共振器**）構造によるメタマテリアル特性を応用してアンテナを小形化した例である[5)]．図 8.15 のような円盤状 CSSR を図 8.16 のように円形放射パッチと地板の間に置き，小形化して通常のパッチアンテナと同等な放射特性を実現してい

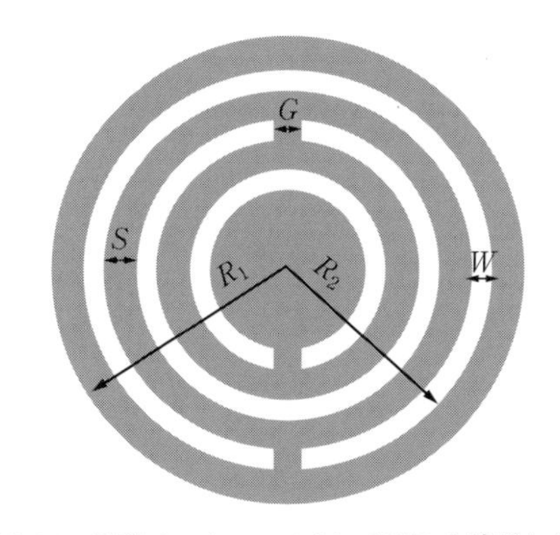

図 8.15 円形パッチアンテナに CSSR を適用した例

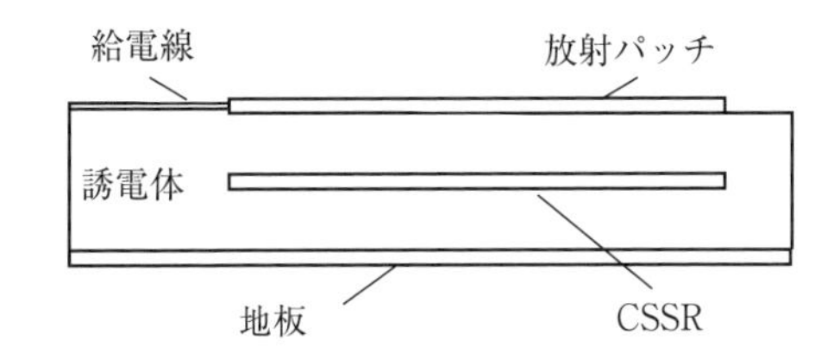

図 8.16 円形パッチアンテナに用いた CSSR の形状

る．この場合，CSSR のパラメータを最適に選択してパッチアンテナが 2.4 GHz に共振時整合が得られるようにしている．

小形化したパッチアンテナの寸法は，半径 46.2 mm，厚さ 2.34 mm で，円形地板も同じ半径である．CSSR の外径を 12，8，および 6（mm）の 3 種類にした場合のそれぞれの寸法パラメータは表 8.2 のようである．半径 12,8，および 6 mm は，通常のパッチアンテナの半径の 1/2,1/3，および 1/4 に相当し，面積では 1/4,1/9，および 1/16 である．CSSR の半径は地板の半径の 1/2 に保ち，基板（ε=2.33）の厚さは 2.34 mm，50 Ω 整合のための給電マイクロストリップ線は幅 1.5 mm である．

面積比 1/4，1/9 および 1/16 の場合における反射係数 S_{11} は図 8.17，8.18，および 8.19 のようで，図には通常のパッチアンテナの S_{11} も比較のために示してある．小形化することにより帯域幅は狭くなり，それぞれ 1.2%，0.81%，および 0.4% で，通常の小形パッチの場合は 1.3% なので 1/4 短縮の

表 8.2　CSSR のパッチ半径と寸法パラメータ

パッチ半径	N	R_1	R_2	W	G	S
12	1	23	7.1	1.5	1.15	—
8	1	15	6.2	1.6	1.75	—
6	3	11.5	9.9	1.65	1.9	1.05

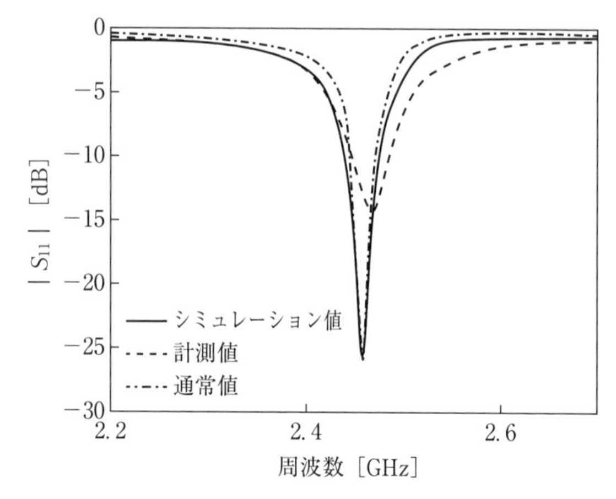

図 8.17　CSSR の反射係数（面積比 1/4 の場合）

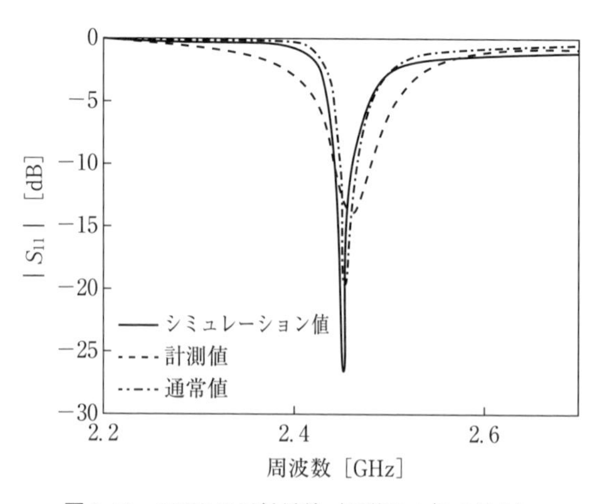

図 8.18　CSSR の反射係数（面積比 1/9 の場合）

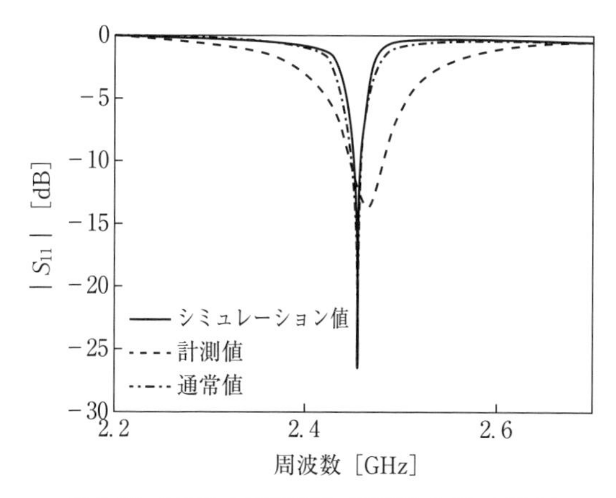

図 8.19 CSSR の反射係数（面積比 1/16 の場合）

場合はそれほど大きい低下ではない．効率も低下しているが，それぞれ 84.7%，49.8% および 28.1% であったのに対し，通常のパッチでは 94% で，1/2 短縮の場合にはそれほど大きい低下ではない．

8.1.4 整　　合

アンテナの小形化に伴い，Q と寸法は逆数関係なので，Q は寸法が小さいほど大きく，したがって帯域幅は狭くなる．その値には限界があって，ある寸法でそれ以上小さくならない Q の値があり，アンテナの帯域幅に対してある値以上の大きい Q は得られない．この限界に対して，整合に**能動回路**を用いればアンテナを小形化してもある程度小さい Q，あるいは広い帯域幅が得られる．その一方法として，整合をアンテナの給電端でなく，アンテナ内部に回路を装荷して整合をとる方法が提案されている[6]．能動回路として，**Non-Foster 回路**，具体的には **NIC**（negative impedance converter）あるいは **NII**（negative impedance inverter）[6] の応用がある．

このようなアンテナの設計は，リアクタンスが C_a，L_a のアンテナの整合に用いるリアクタンス C_t，L_t の代わりに **Non-Foster Network**[7] を用いることで，これによりアンテナの同調特性を再現する回路を合成することにある．アンテナの同調特性は，図 8.20（a）で示した S_{11} のように C_t による共振周波数 ω の変化に対する特性から，図 8.20（b）のように B_t による ω の変化を広帯

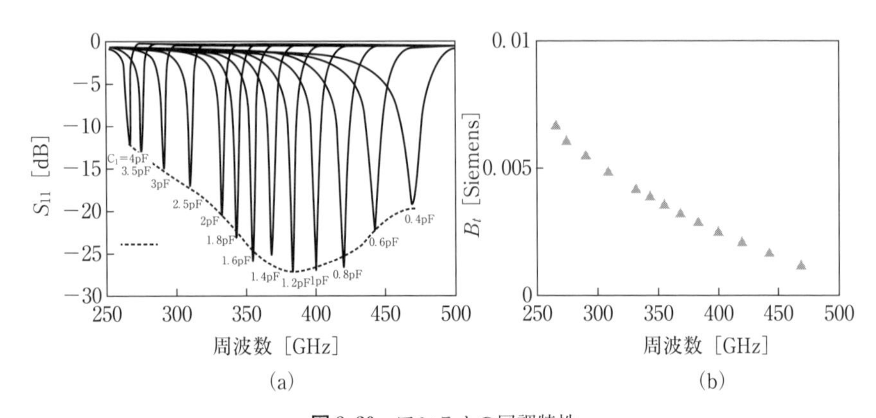

図8.20　アンテナの同調特性
(a)　C_tによる共振周波数対S_{11}，(b)　B_tによる共振周波数の変化

域にわたり表される．B_tは並列C_tによる場合は$B_t=\omega C_t$であり，直列L_tによる場合は$X_t=\omega L_t$である．回路の合成はFoster，またはNon-Fosterリアクタンス回路を用いてアンテナの同調特性を実現することである．

ここで対象とするアンテナとして図8.21のようなモノポールパッチを考え，Non-Foster Networkをアンテナ基板内に装荷する構成とした[8)]．図8.20 (b)のような同調特性の合成はユニークでなく，たとえばFosterおよびNon-Foster Networkを組み合わせで行える．そこで3様の可能性を取り上げ，C，L，$-C$および$-L$の素子で合成する検討を行った．

試作アンテナは図8.22のようで**NIC**回路が装荷されており，挿入した図は基板の底面にNICに対するDCバイアス回路，および，NIC回路の共振用のトリマが置かれていることを示している．NIC回路にはリンビル（**Linvill**）の回路[9)]が使われている．

トリマの調整（4段階：段階1～4）によるS_{11}の変化を図8.23 (a)～(d)に示している．Non-Foster Networkを用いた場合と通常の受動アンテナの場合とS_{11}を測定して-10 dB比帯域幅の実験結果をシミュレーション結果と合わせて表8.3に示した．

トリマの4段階の調整に対してNon-Foster Network装荷アンテナの方が広い帯域幅を得ていることを示している．また，送受信システムに利用した場合，Non-Foster Networkを用いたアンテナの方がより広い帯域にわたって受

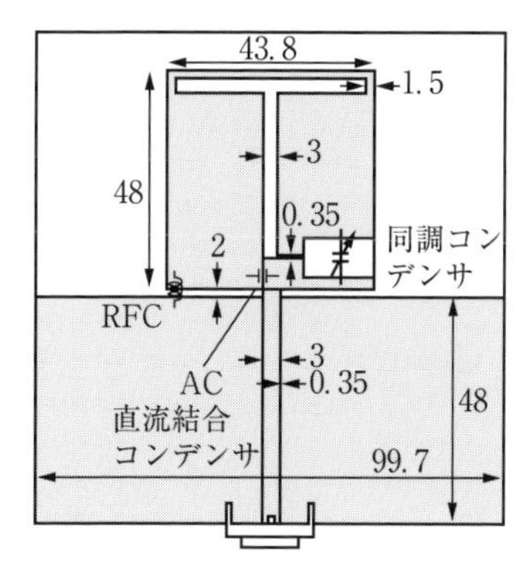

図 8.21 Non-Foster Network を装荷したモノポールパッチアンテナ

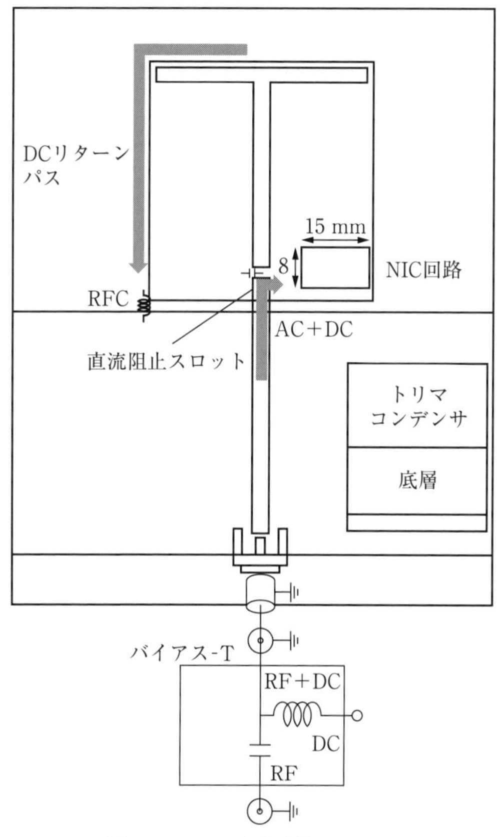

図 8.22 NIC 装荷試作アンテナ

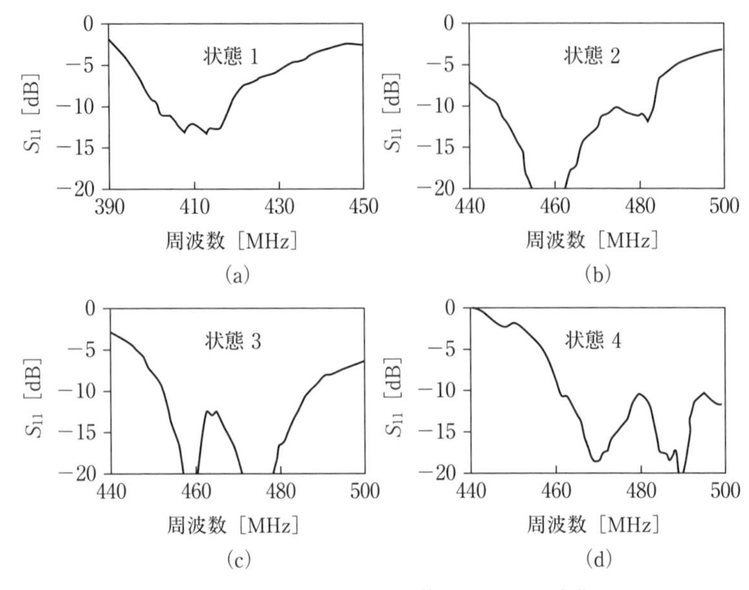

図 8.23　共振用トリマの調整による S_{11} の変化
(a) 状態 1, (b) 状態 2, (c) 状態 3, (d) 状態 4

表 8.3　トリマの調整による帯域幅の変化：Non-Foster アンテナとの比較

トリマの調整	−10 dB S_{11} 比帯域幅	
	非励振アンテナ	Non-Foster アンテナ
State 1	2.0%	4.0%
State 2	2.9%	8.1%
State 3	2.9%	7.4%
State 4	3.0%	8.3%

信信号レベルを得ていた．

8.2　機能的小形アンテナ（FSA）の場合

8.2.1　広帯域・マルチバンドアンテナ

A．UWB（ultra-wide-band）アンテナ

準補対（QSC：quasi-self-complementary）関係にある 2 次元構成対数周期

形状を用いて UWB アンテナを実現した[10]．図 8.24 は平面的に構成した対数周期形状の QSC で，同様な QSC を 3 次元的に図 8.25 のように構成した．図は上面図と側面図を示し，アンテナは**低姿勢**で，半径 1.2 λ_{max} × 0.25 λ_{max}（λ_{max}：帯域の最低周波数の波長）に収まる寸法である．VSWR 特性は図 8.26 のようで，270 Ω 整合状態で 1 GHz から 20 GH 以上まで広い帯域特性を示している．

1 オクターブにわたる帯域特性をもつ **QSC 構成**を 5 種類検討し，そのうち

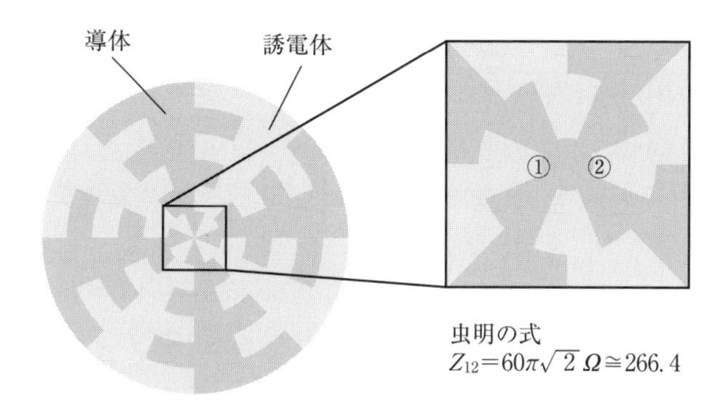

図 8.24　準補対（QSC）関係にある対数周期形状 UWB アンテナ

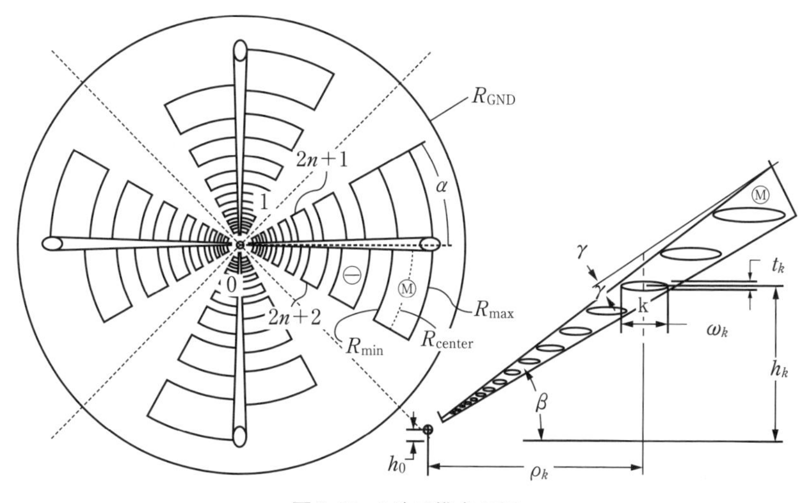

図 8.25　3 次元構成 QSC

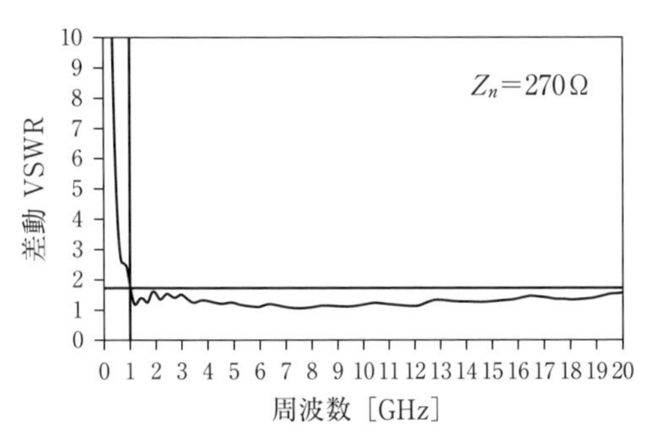

図 8.26　3次元構成 QSC アンテナの VSWR

の1つ，0.4 GHz～4 GHz にわたる帯域特性をもつアンテナを試作した．地板の直径は 77.5 mm，対数周期形状の最後の素子の高さは 19 cm である．4素子は中心で 50 Ω 同軸線に接続されている．アンテナは**2偏波特性**を有する．放射特性の測定方法，実測結果などを記述している．

B.　マルチバンドアンテナ

小形でコンパクトな7バンドの**ハンドセット用内蔵アンテナ**の提案である[11]．図 8.27 のような構成で，2つの対称的な平面状メアンダ素子をインダクタとしてもち，ハンドセット基板（FR-4，ε_r=4.4，$\tan\delta$=0.02，寸法 0.8×50×115 mm^3）の上部を除いて設置し，7バンドを実現するとともに SAR の値を軽減する効果を得ている．アンテナは，**FR-4 基板**の両面にそれぞれプリント基板をもち，1つを主地板（50×100 mm^2）とし，その上部の一部 15×20 mm^2 を突出させて，地板のない残りの部分 15×30 mm^2 にアンテナ素子を置く構成としている．

アンテナは，図 8.28 のように**T 型給電素子**と，**L 型放射素子**から成り，長い素子は 810 および 962 MHz の2つの共振モード（810 MHz で 0.25 λ），短い素子（962 MHz で 0.25 λ）で低域の 824～960 MHz 帯の動作をさせる．給電素子の長さは 32 mm（800 MHz で 0.25 λ）で，約 1800 MHz で 0.25 λ の共振モードをもち，広域の 2450 MHz の共振モードは長短双方の放射素子（長さ 90 mm）が共通して発生させる．短い方の素子は直接給電し，長い方は結合による給電を行っている．

シミュレーションおよび測定による S_{11} は，図 8.29 のようで，4つの共振モ

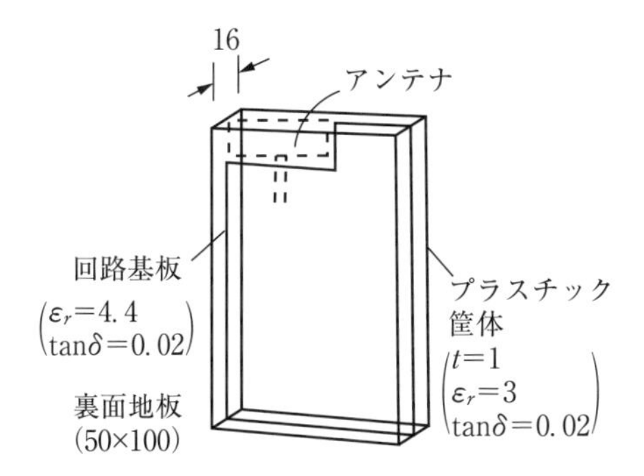

図 8.27 小形コンパクト7バンドハンドセット用アンテナ

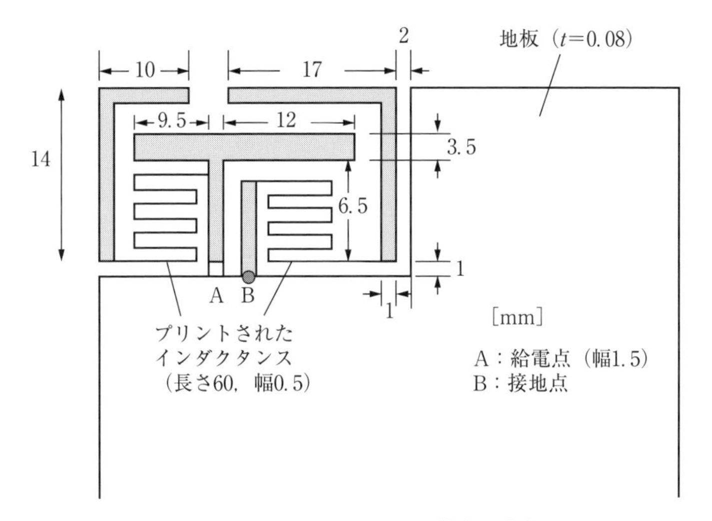

図 8.28 7バンドアンテナの構成と寸法

ードがみられる．低域は **GSM850/900 用**（824～960 MHz）をカバーする 810～962 MHz の帯域，広域の 1710～2690 MHz の帯域は **DCS1800/PCS1900/UMTS2100/LTE2300/2500** の動作に適応する．放射特性の考察，SAR の評価により，移動端末機として適応する．

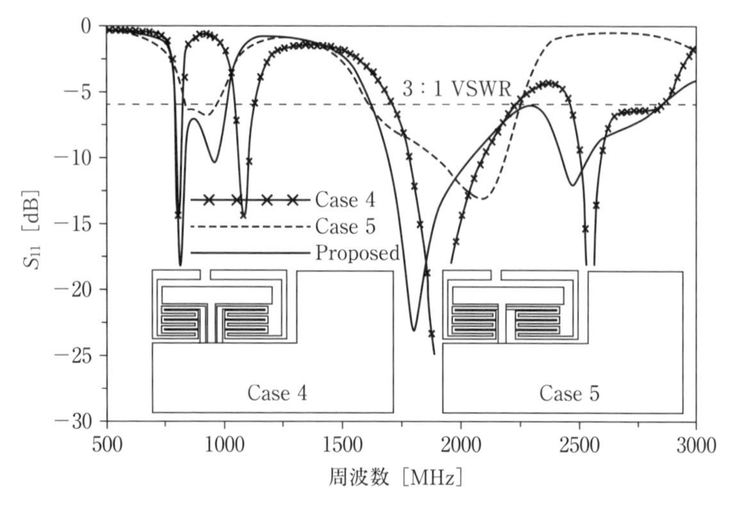

図 8.29　2種類の7バンドアンテナの S_{11}

8.2.2　機能装荷アンテナ

A.　周波数可変（frequency reconfigurable）アンテナ

一対の**ボウタイパッチ素子**をループ状に構成し，小形で読取り距離が 0.4 W の小さい EIRP でありながら 3 m 程度を確保できる UHF RFID **タグアンテナ**を紹介する[12)]．2つの**ボウタイ素子**を4本の vias で接続してループ状にして長さを半減し，2本の線状寄生素子をボウタイ素子に沿わせてタグの共振モードを変えて励振し，動作周波数を柔軟に可変できるようにした．したがって RFID は，860〜960 MHz にわたり動作させられ，世界の RFID の帯域に対応できる．

アンテナの構成は図 8.30（a）のようで，（b）は横断面図，（c）は側面図である．ボウタイ素子の上部に線状**寄生素子**を設け，この寄生素子の用い方で3様の動作モードをもたせている．基板の底面は地板で上部のボウタイ素子を側面の vias で接続している．vias は等価的にインダクタ L_a を構成し，2つのボウタイ素子間のキャパシタンス C_a とともにアンテナの共振周波数 $f=1/\sqrt{L_aC_a}$ を決める要素になっている．

等価回路は図 8.31 のようで，vias の1本のインダクタンス L_n が並列で L_a

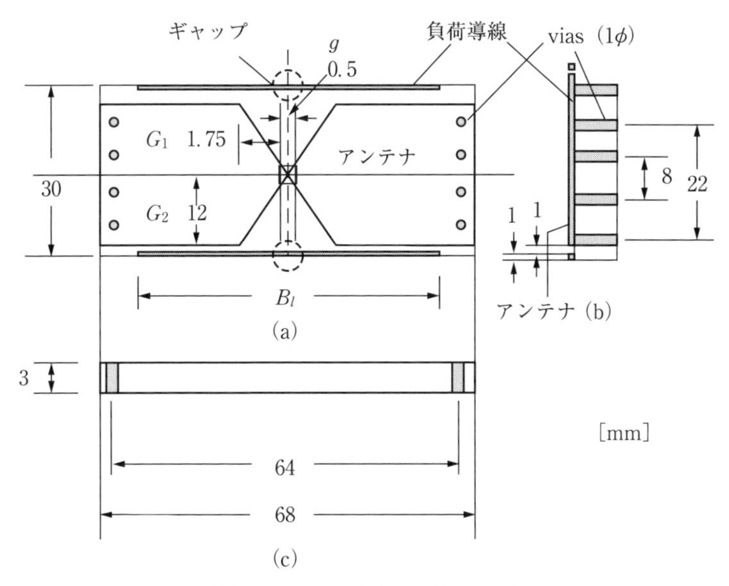

図 8.30　RFID 用ボウタイアンテナ

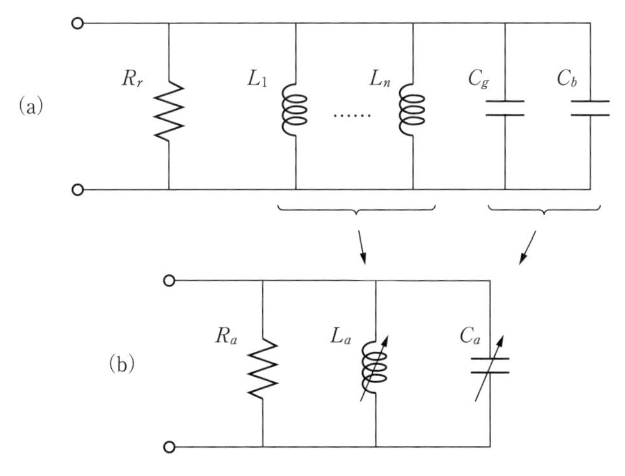

図 8.31　RFID タグアンテナの等価回路　(a)　一般的表現，(b)　等価表現

を，ボウタイの間隔によるキャパシタ C_g ならびに装荷した線状素子によるキャパシタンス C_b が並列で C_a を構成する．R_r はボウタイ素子の放射抵抗である．vias の本数，間隔，ならびにボウタイ素子の間隔，装荷素子の有無，な

どによる特性変化を考察して最適なパラメータを見出し，アンテナを試作して特性を求めた．

アンテナの寸法は $L=68$, $G_1=1.75$, $G_2=12$, $g=0.5$, $b_l=68$, $B_\omega=B_g=1$ で，全体は 68×30×3（mm³）である．読取り距離は，0.4 wEIRP で帯域の低域で 3 m，中域で 3.2 m，高域で 3.3 m であった．タグの寸法は 0.5×0.5×0.01 (λ) の金属板の上に 1 mm の間隔で置いた場合である．

B．センサ機能装荷アンテナ

UHF RFID **熱センサアンテナ**で，パラフィンの特性が温度により変化するのを利用して，アンテナにパラフィンを装荷して熱センサとして動作させる小形 UHF RFID **タグ**である[13]．アンテナ素子は，寸法が 44×30×1（mm³）の誘電体基盤（FR4：$t=0.035$ mm）上にプリントし，その下部に同じ寸法で内寸 1 mm の袋状のプラスチック（厚さ 0.1 mm）にパラフィンを入れた構成である（図 8.32）．

方形プラスチック袋内部に充填したパラフィンの性質や特性の熱による変化をアンテナの共振周波数偏移により検知して対象の熱を評価する．

タグアンテナ素子は図 8.32 のようである．アンテナ素子は図 8.33 のように **V 字状ダイポール**で，頂部で折り返して共振長を 870 MHz に保ち，かつアンテナの小形化を図っている．

図に示す給電素子 d に短絡素子 g を f 素子を通じて接続してアンテナを 870 MHz に共振するよう **T 型整合**を行っている．T 型回路はインピーダンス変換の役目をしている．タグアンテナの寸法パラメータは表 8.4 のようである．

アンテナの中央部両端の a には Higgs 2 IC を置いている．この IC の感度は −14 dbm で，IC のインピーダンスにはパラフィンの容量 0.2 pf が並列に入

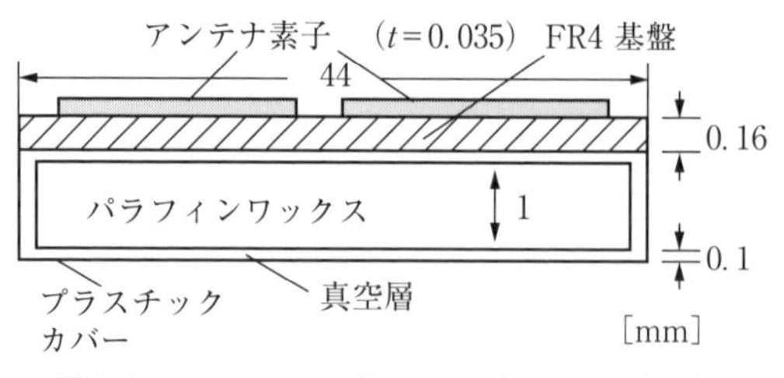

図 8.32　UHF RFID 熱センサ用アンテナ側面図

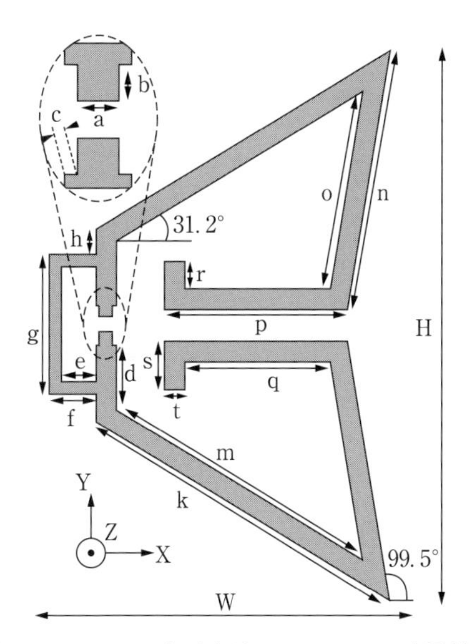

図 8.33 RFID V 字ダイポールアンテナの素子構成

表 8.4 RFID タグアンテナの寸法パラメータ

個所	長さ [mm]	幅 [mm]	個所	長さ [mm]	幅 [mm]
a	1		u	3	1.5
b	1		n	20.5	1.5
c	0.25		o	16	1.5
d	5	1.5	p	14.4	1.5
e	2.75	1	q	11.6	1.5
f	3.75	1	r	2.25	1.5
g	11	1	s	3.75	1.5
h	1.92	1.5	t	1.5	
k	27	1.5	H	44	
m	23	1.5	W	30	

る．パラフィンは 36°～40° で特性が変化し始める．パラフィンの誘電率は室温で約 2.1±01 で，熱により 1.8±01 にまで変化する．その変化により，アンテナの共振周波数が偏移し，物体の熱（温度）が検知される．パラフィンの特性の熱変化は非可逆性なので感知する温度は閾値になる．

物体感知の最大距離は図 8.34 のようで，タグアンテナを空き箱の上に置い

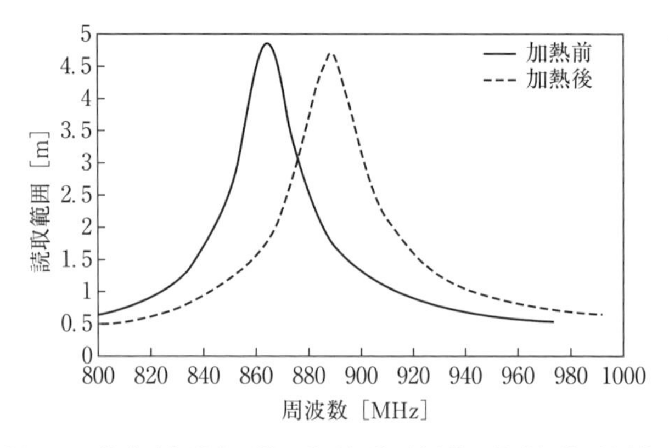

図 8.34　物体感知最大距離．熱感知前（実線），熱感知後（点線）

たとき最大5mで，熱感知により25MHzの周波数変化がみられた．金属ケースの上に置いたときの最大は2mで，熱感知により約1.55mになり，周波数変化が30MHzあった．

8.3　寸法制限付き小形アンテナ（PCSA）の場合

8.3.1　広帯域パッチアンテナ

方形基板に45度傾斜した方形スロットを設け，その中央に方形パッチを入れて広帯域にしたアンテナで[14]，図8.35のような形状である．スロットの中央に方形寄生パッチを装荷することにより，帯域の低域周波数が下がり，高域周波数が上がって$|S_{11}|<-10$ dBの帯域2.9〜5GHzが2.23〜5.35GHzと広くなった．アンテナや基板（地板）の寸法を変えて特性を検討し，最適寸法を求めた．

最適寸法により試作したアンテナの寸法は図8.35のようで，この場合のS_{11}は図8.36のようである．-10 dBS_{11}帯域幅は3130MHz（2235〜5355MHz）で中心周波数3790MHzに対して82.8%の広い特性である．放射パターンは，動作周波数全域にわたりy-z面では全方向性で，x-z面では8字特性である．利得は動作周波数にわたり4〜5dBであった．2.4/5.2GHzのWLAN利用に

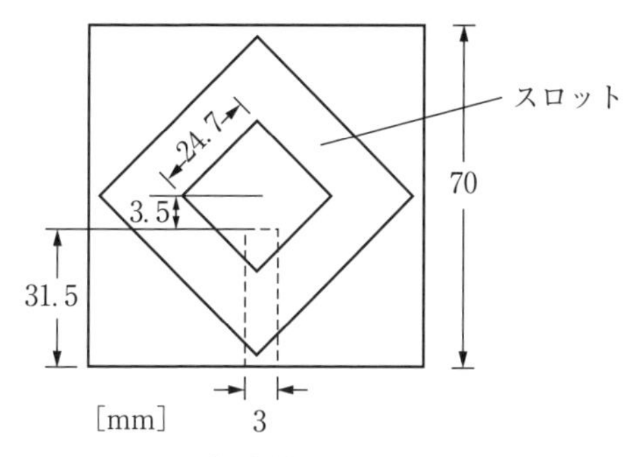

図 8.35 方形基板上スロットアンテナ

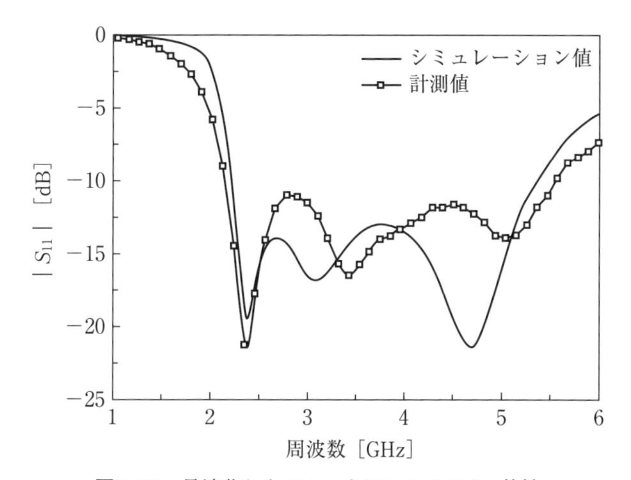

図 8.36 最適化したスロットアンテナの S_{11} 特性

最適と考えられる．

8.3.2 ファブリ・ペロー共振アンテナ

補対関係にある方形 FSS（周波数選択性をもつ面）から成る EBG を用いて**ファブリ・ペロー共振**（Fabry-Perot resonance：**FPR**）広帯域アンテナを構成した[15]．**FPR アンテナ**は，EBG 構成を地板から適当に離して**不完全反射面**（**PRS**：partially reflection surface）の地板として用いればキャビティになり，FPR を実現する．アンテナの特性は PRS の性質により決まり，PRS と地板の反射位相 ϕ_H および ϕ_L を用いれば動作周波数 f は PRS と地板の間隔を h と

して

$$f=(c/4\pi h)\cdot(\phi_H+\phi_L-2N\pi)\quad(N=0,1,2,\cdots)\tag{8.1}$$

完全導体（PEC）地板の場合は $\phi_L=\pi$ で，アンテナを低姿勢にするには通常 $N=0$ を用いる．

地板が PEC の場合，式（8.1）から

$$\phi_H=(4\pi h/c)f+\cdot(2N-1)\pi\tag{8.2}$$

と表せる．EBG は式（8.2）を満足する構造にする．それには補対関係にある 2 枚の FSS を用いる．FSS の一面は図 8.37 の左側のように方形パッチの配列で，他面は図の右側ように方形開口の配列である．図の中央は側面を示し，基板は厚さ $T(=0.787\,\mathrm{mm})$ の誘電体板（$\varepsilon_r=2.2$, $\tan\delta=0.0009$）の上面に方形パッチ列，下面に開口列を置く．

それぞれのユニットは図 8.38 のようで，等価的には図 8.39 のようにパッチ列は B の回路，開口列は D の回路で表される．誘電体基板は特性インピーダンス Z_{01} の伝送線の一部として等価的に C 部のように表され，これら定数は $Z_{01}=Z_{\mathrm{air}}/\sqrt{\varepsilon_r}, L_{01}=T\sqrt{\varepsilon_r}$ でそれぞれ与えられる．Z_{air} は**波動インピーダンス**で 377 Ω である．反射の位相の周波数特性が正の傾斜であるように**スミスチャー**

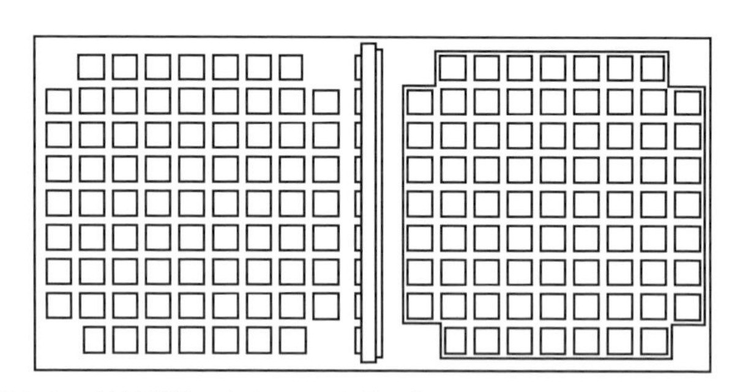

図 8.37　補対関係にある EGB を用いたファブリー・ペローアンテナ

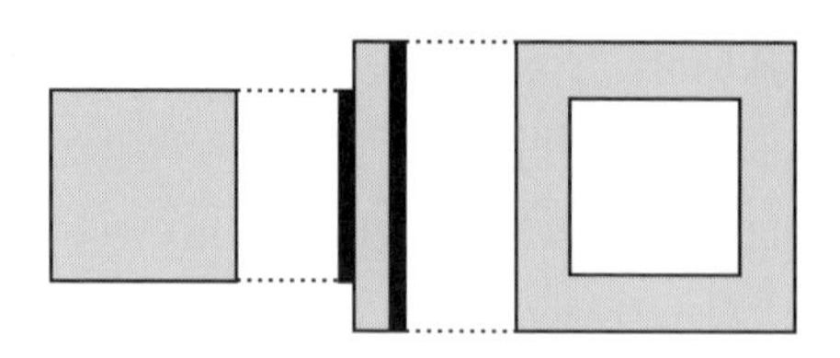

図 8.38　FRR アンテナの 1 ユニット

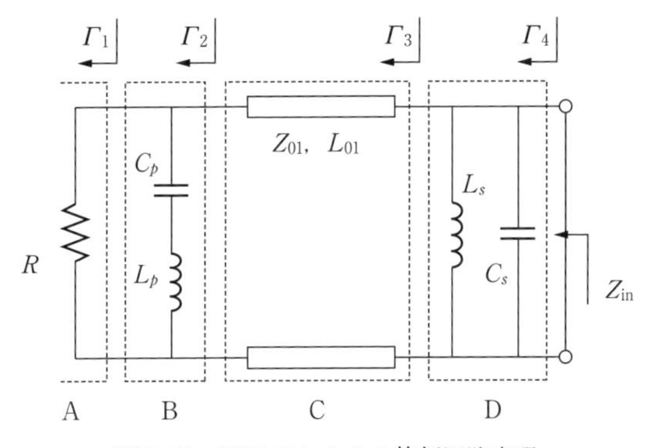

図 8.39 FRR アンテナの等価回路表現

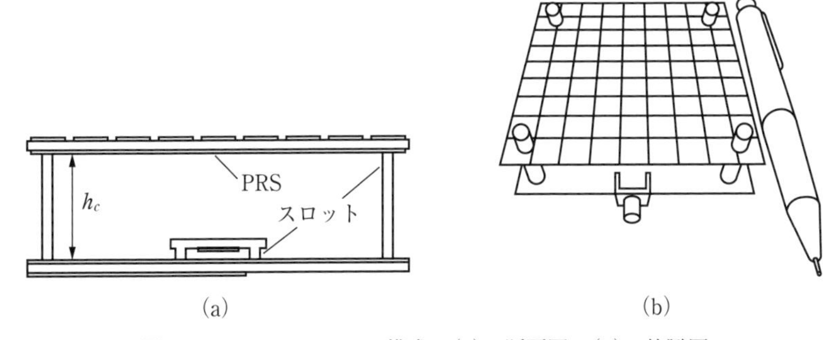

図 8.40 FRR アンテナの構成 (a) 断面図, (b) 俯瞰図

トを用いて検討し，EBG 構造の設計を行った．ユニットセル，パッチおよび開口の寸法はそれぞれ 6.3×6.3, 8×8[mm³]（10 GHz で $\lambda/3$）および 5.6×5.6mm²である．

アンテナの構成は図 8.40 のようで，広帯域給電には図 8.41 のように上に浮かした寄生パッチ素子を給電線に結合して行っている．その断面を（a)，試作アンテナを（b）に示している．S_{11} の測定値，およびシミュレーション値はは図 8.42 のようである．

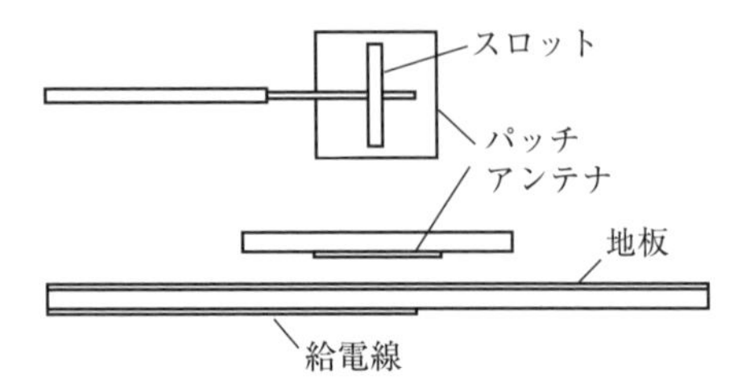

図8.41　広帯域給電素子の構成

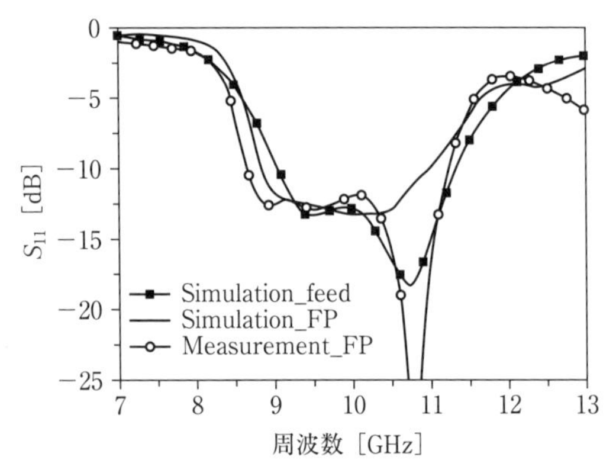

図8.42　FRR アンテナの S_{11} 特性

8.3.3　補対構造スプリットリング共振アンテナ

補対構造をもつ**スプリットリング共振器**（CSRR：complementary sprit-ring resonator）と，**リアクティブインピーダンス平板**（RIS：reactive impedance surface）とを装荷したコンパクトなパッチアンテナの設計，および特性について紹介する[16]．アンテナは図8.43のように2つのCSRR**素子**を，正方形パッチ配列をプリントした誘電体基板の上に配列して構成している．全体は，放射に寄与するCSRRとRISの間，およびRISと地板の間に誘電体（2.4 GHzで $\varepsilon=4.02$，$\tan\delta=0.009$）を用いた3層構造になっている．

CSRRは図8.44のように等価的にLC共振回路で表され，直交する電界で励振されると，等価的にリングの軸方向に電気ダイポールとして働くと考えられ，リング表面に沿う波を放射する．よってCSRRとパッチの結合により，90度の位相差のある放射が生じるので円偏波を発生する．RISは共振周波数

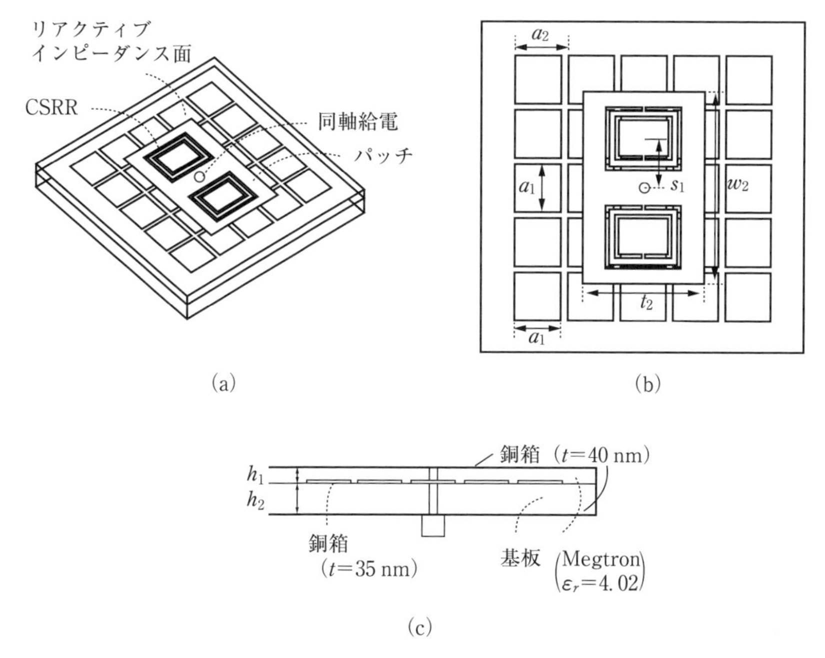

図 8.43 CSRR の S_{11} の構成 (a) 俯瞰図，(b) 上面図，(c) 側面図

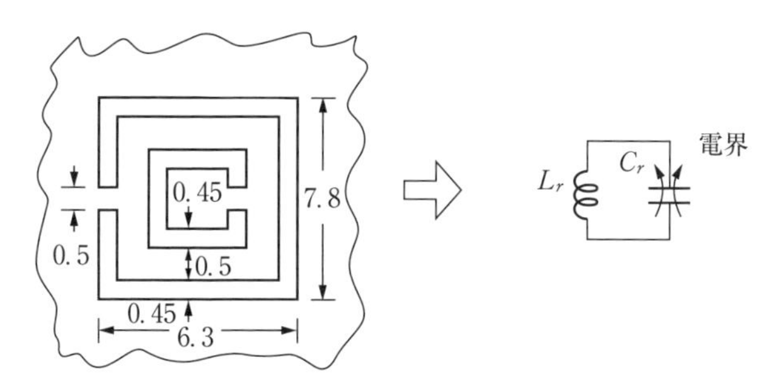

図 8.44 CSRR のトポロジおよび等価表現

を下げ，また，放射特性を改善する．

2つのCSRR素子の向き，給電方法などにより，2バンド1偏波，2バンド直交偏波，2バンド円偏波などの放射が得られる．CSRR素子の向きを同方向にした場合のS_{11}のシミュレーション値は図8.45のようである．

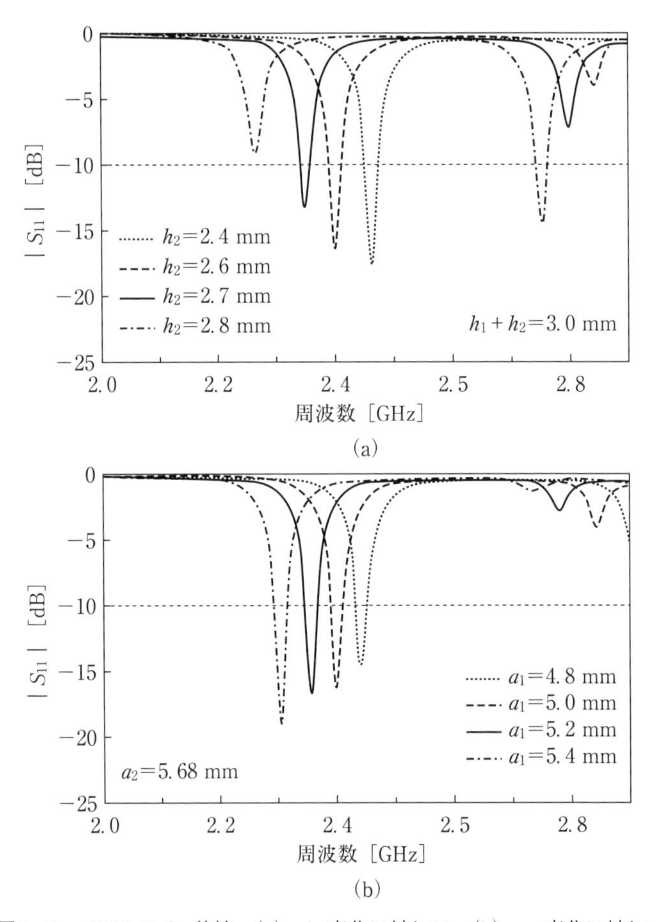

図8.45　CSRRのS_{11}特性　(a)　h_2変化に対して，(b)　a_1変化に対して

8.4　物理的小形アンテナ（PSA）の場合

8.4.1　小形寸法アンテナ

A.　広帯域 PC 用アンテナ

タブレット PC 用で，小形で**広帯域**なアンテナであり[17)]，広帯域化の技術とアンテナの小形化の手法を用いて構成している．アンテナは図 8.46 のように単純な**ループモノポール**を 2 分割して，左側を給電，右側を寄生素子としているが，双方共閉じたループ形状を有し，狭い間隔で結合している．

アンテナは図 8.47 のように**携帯端末**の上部の一端に取り付ける．分割する前のループ状モノポール（図 8.48（a）の基本共振周波数は 1.1 GHz であるが，2 分割することにより，低域では 698 MHz から 960 MHz，高域では 1700 MHz から 2700 MHz にわたる共振を得ている．低域の帯域をさらに下げるため図 8.48（b）のように 2 つの近接したループを設け，約 750 MHz での共振を得ている．

高域の帯域を拡げるために一対の**折返し素子**を加え（図 8.48（c）），1.8, 2.05，2.8 GHz の共振モードを得ている．さらに 8.48（d）のように給電素子に L 状の平板素子を付加して 1.05 GHz の共振を得たが，より一層低い共振を得るために，この素子を長くしないまま素子上にインダクタンス素子を装荷して（図 8.48（e））共振周波数の調整をしている．用いたインダクタス素子は，

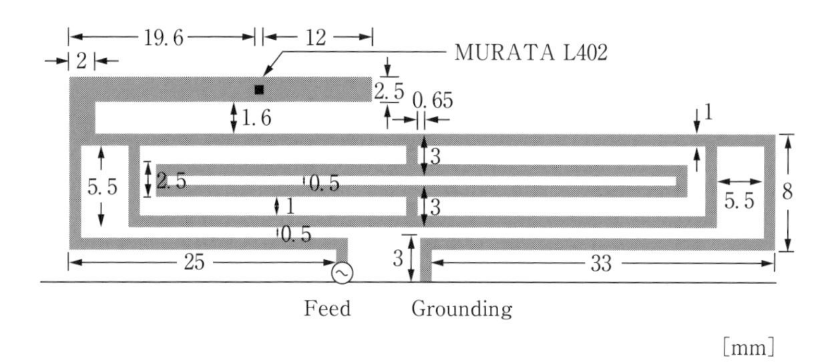

図 8.46　タブレット PC 用広帯域小形ループアンテナ

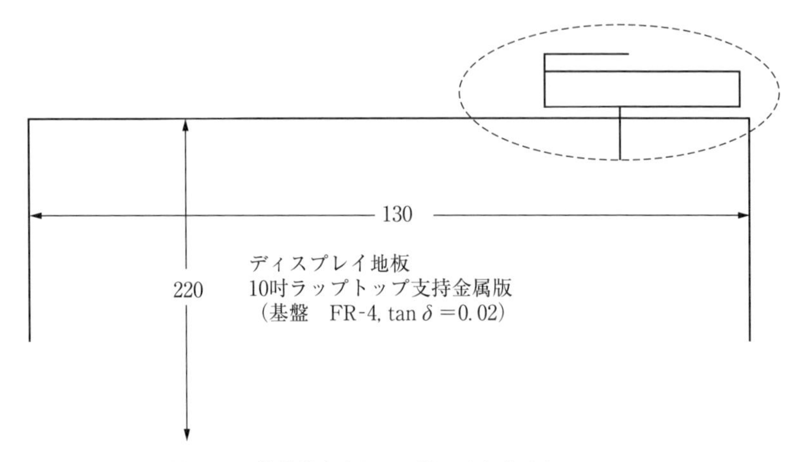

図 8.47　携帯端末地板の一端に取り付けたアンテナ

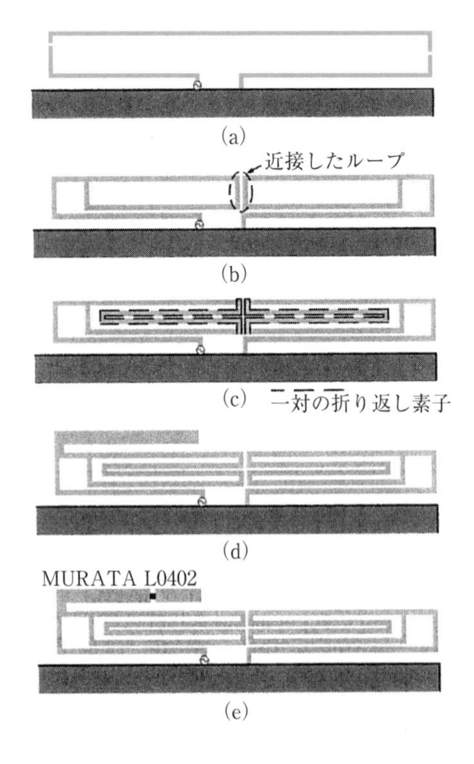

図 8.48　アンテナの構成（a）基本ループ,（b）折り返しループ付加,（c）一対の折り返し素子付加,（d）L状素子付加,（e）インダクタンス付加

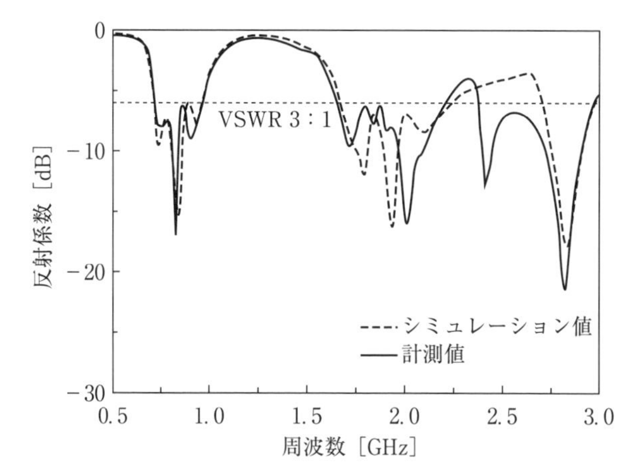

図 8.49 試作アンテナの S_{11} 特性．シミュレーションおよび測定結果

MURATA L0402 で，大きさは 1.0×0.5［mm²］である．

アンテナを試作し，130×220［mm²］の地板の右端上に搭載した場合の反射係数を測定し，かつシミュレーション結果と比較した．図 8.49 のようである．6 dB（VSWR＝3：1）インピーダンス帯域幅の測定結果は，低域で 250 MHz，これは中心周波数 831 MHz に対して 30％に相当し，高域で 560 MHz，中心周波数 1920 MHz に対して 29％相当である．

これらの結果はシミュレーション結果とよい一致をみている．放射パターンを 800 MHz と 1860 MHz で測定して考察し，またいくつかの周波数における利得と放射効率を測定した．**LTE700** と **GSM850/900** の帯域では利得は 0.58～1.42 dBi で，効率は 56％であった．**GSM1700/1800** および **UMTS** の帯域（1700～2170 MHz）に対しては 0.3～3.03 dBi で効率は 48～84％であった．**WLAN2400** と **LTE2300/2500** の帯域に対しての利得は 1.48～3.43 dBi，効率は帯域にわたり 56％であった．

B. 無線センサネットワークノード用アンテナ

電気的小形の立方体形状全方向性 2.4 GHz のアンテナを紹介した[18]．アンテナ素子は図 8.50 のように $\lambda/2$ ダイポール状で，長さ L_a，幅 W_a の直線素子の先にメアンダライン素子を用いて寸法の短縮を図っている．**メアンダラインアンテナ**の原型は図 8.51 のようで，表 8.5 に寸法を示してある．図 8.52 はこ

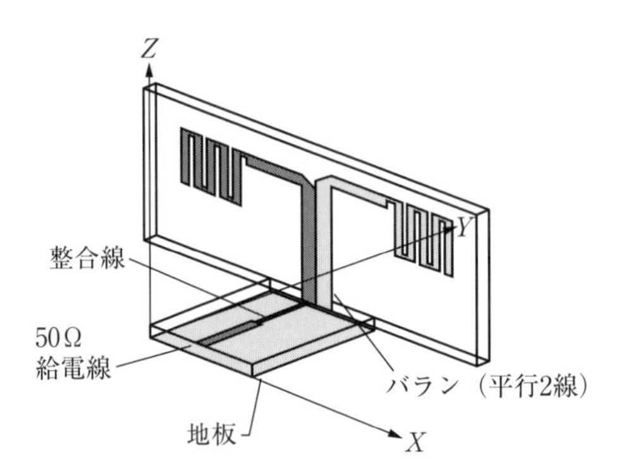

図8.50　立方体形状2.45 GHz小形アンテナ

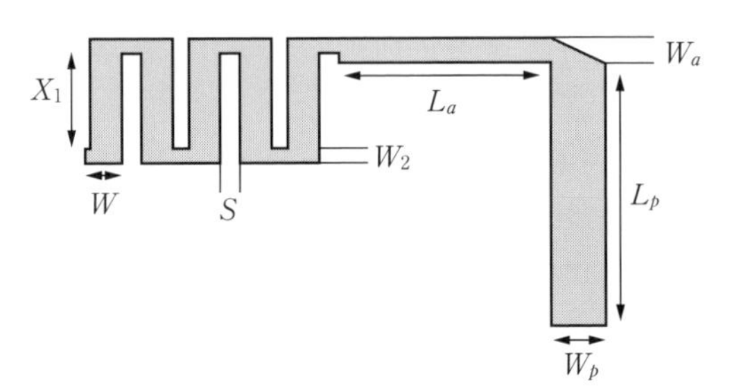

図8.51　メアンダラインアンテナの原型

表8.5　メアンダラインアンテナの寸法パラメータ

L_a	5.8	L_{50}	5
W_a	1	W_{50}	0.8
L_p	11	X_1	4.1
W_p	1.5	W	0.8
L_s	5	W_2	0.5
W_s	0.3	S	0.5
接地長さ	11.3	接地幅	10

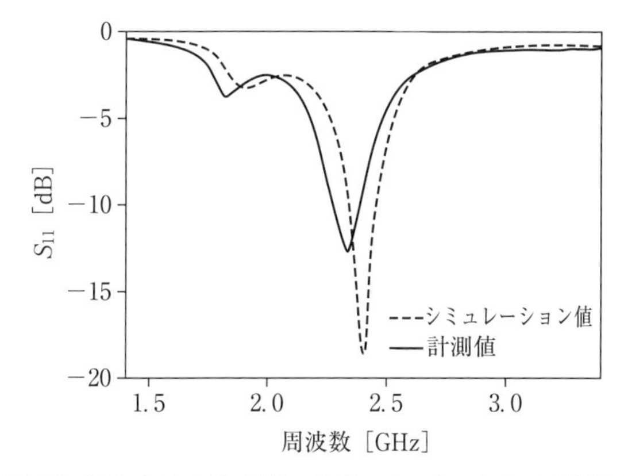

図 8.52 アンテナの S_{11} 特性．シミュレーションおよび測定値

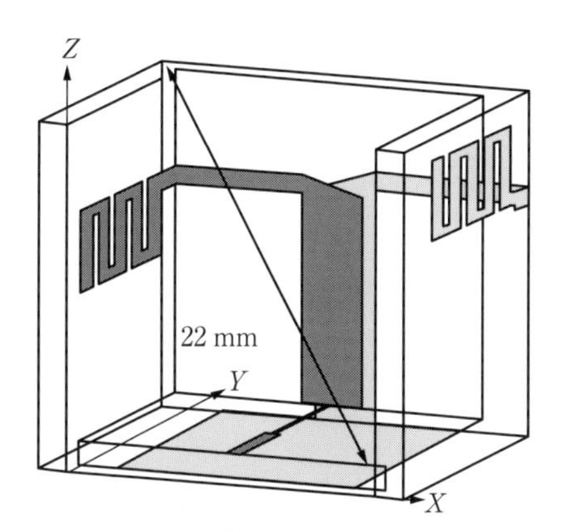

図 8.53 立方体形状小型アンテナ

のアンテナの S_{11} である．

立方体形状アンテナは，直線素子両端のメアンダライン素子を直角に折り曲げて図 8.53 のように立方体の 2 面（y-z 面）にプリントし，給電は直線素子（x-z 面）に直交して，$\lambda/2$ 平行平板による**平衡-不平衡変換バラン**を接続して行っている．アンテナの寸法は表 8.6 のようである．測定した S_{11} はシミュレーション結果とともに図 8.54 に示している．比帯域幅はメアンダラインアンテナと比較して小さくなっている（比率 2.35）．

次にダイポールとバラン両面を誘電体（厚さ 50 mil の Roger/RT Duroid

表8.6　立体アンテナの寸法

L_a	7.8	L_{50}	3
W_a	1	W_{50}	0.8
L_p	11	X_1	3.2
W_p	2.5	W	1
L_s	6	W_2	0.5
W_s	0.3	S	0.5
接地長さ	10.3	接地幅	10

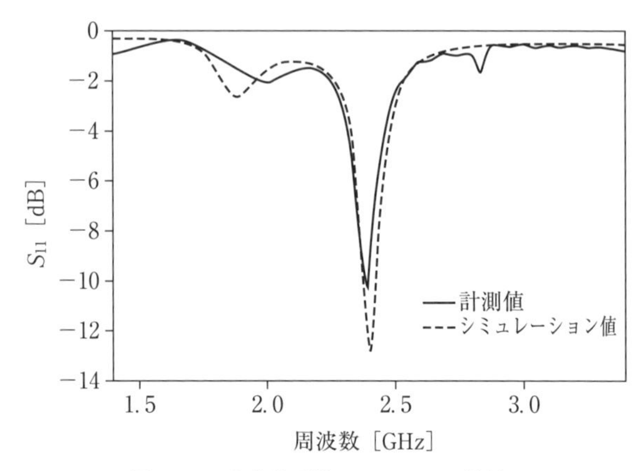

図8.54　立方体形状アンテナ S_{11} 特性

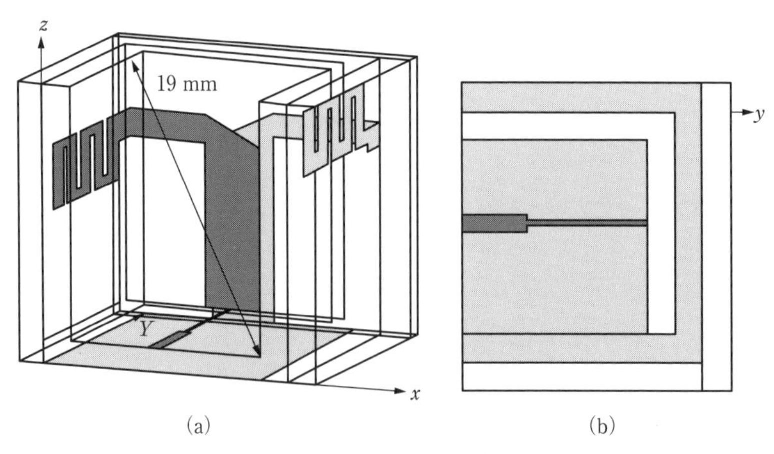

図8.55　誘電体装荷立方体形状アンテナ　(a)　側面図,（b）上面図

表8.7 第2のアンテナの寸法

L_a	5.2	L_{50}	3
W_a	1.5	W_{50}	0.8
L_p	9	X_1	1.5
W_p	2.8	W	1.1
L_s	7	W_2	1
W_s	0.2	S	0.5
接地長さ	11.3	接地幅	10

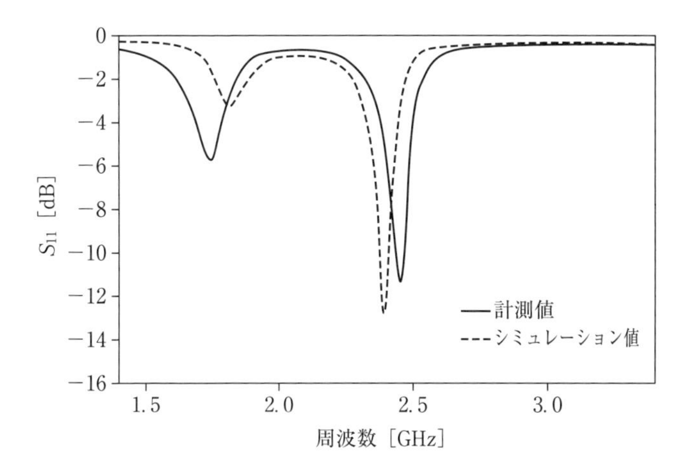

図8.56 第2のアンテナの S_{11}：シミュレーションおよび測定値

表8.8 メアンダアンテナとアンテナNo.1，No.2の特性比較

パラメータ	メアンダラインアンテナ	第1立方体アンテナ	第2立方体アンテナ
指向性利得(*M*)	1.6	1.6	1.55
10dBリターンロス帯域幅(*M*)	4.7	2	1.5%
軸比(*S*)	28.4	17.6	16.21
利得（尖頭値）(*M*)	1.72	1.69	1.25
利得（尖頭値）(*S*)	1.82	1.37	1.07
放射効率(*M*)	83.3	78.1	72.9
ka	0.7	0.55	0.45

ka は，給電回路を含めたアンテナ系の寸法 $k=2\pi/\lambda$, a はアンテナの最大寸法を包含する球の半径，*M*：測定値，*S*：シミュレーション値.

6010）で覆い，図8.55に示すように小形化した第2のアンテナを製作した．寸法は表8.7のようで，第1のアンテナは容積比1.3である．S_{11}は図8.56のようで，その他の特性，利得，帯域幅，等は表8.8のようである．寸法はメアンダラインアンテナの$ka=0.7$に対し，立方体アンテナは$ka=0.55$，第2のアンテナは0.45である．

特徴的なのは小形でも効率は比較的高く，70～80%であった．また，立方体の下面が地板として用いられるので，センサ用の電子回路が取り付けられ，立方体内部に金属物や誘電体ブロック（3，5，8 mm^3）を入れてもアンテナの特性に影響がみられなかった．

センサノードへのアンテナの取り付けは限られた空間に制限されるので，ここで紹介した立方体アンテナは要求に適合している．

C.　PIFA 人体装着通信用アンテナ

2.45 GHz で動作するコンパクトな**人体通信用 PIFA** である[19]．アンテナの寸法は26×26×4 [mm^3] で，図8.57のように方形パッチ（20.5×26 [mm^2]）を給電ピンと短絡ピンの上に置き，地板は端で折り曲げてアンテナを小形にした．パッチは地板の3.5 mm 上に，折り曲げた地板の高さは4 mm である．パッチを含めて地板の全体の長さは32 mm で，誘電体は使用していない．インピーダンス整合のために短絡片をパッチに取り付けた．

図8.58（a）のような3種類（六角柱，円柱，3層の誘電体角柱）を腕のファントムとして用いた．図には**ファントム**それぞれの寸法を入れてある．図

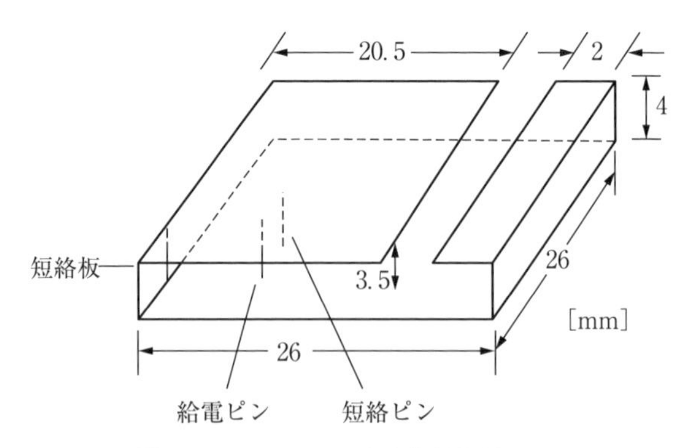

図 8.57　コンパクトな人体通信用 2.45

(b) は，シミュレーションによる S_{11} を示している．アンテナはファントムの 4 mm 上に置いた．ファントムの比誘電率 $\varepsilon=3.52$，導電率 $\sigma=1.165$/m である．3 層の誘電体は，それぞれ $\varepsilon=42.85$，$\sigma=1.59$，$\varepsilon=5.25$，$\sigma=0.10$，$\varepsilon=53.5$，$\sigma=1.81$ である．

図 8.59 は提案したアンテナの自由空間およびファントム近くに置いた場合の放射パターンのシミュレーション値である．(a) は x-z 面，(b) は y-z 面で，実線は自由空間値，点線はファントムを用いた場合を示している．放射パ

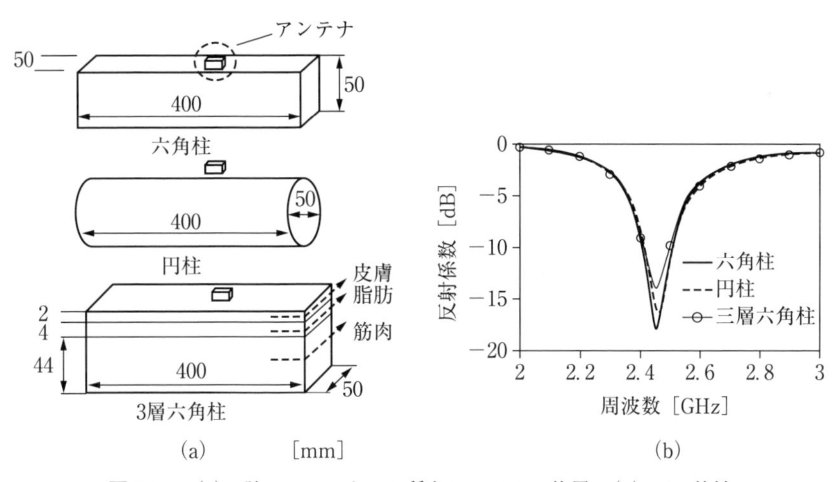

図 8.58 (a) 腕のファントム 3 種とアンテナの位置，(b) S_{11} 特性

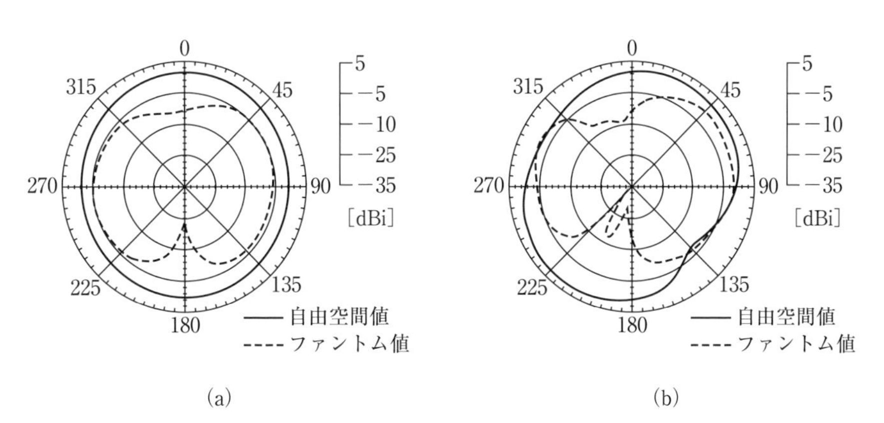

図 8.59 放射パターン（シミュレーション値）

ターンの実験値は図 8.60 のようで，(a) は y-z 面，(b) は x-z 面である．

図 8.61 はファントム上に置いたアンテナの S_{11} **特性**で，シミュレーションおよび実験結果を示している．誘電体をモノポールに装荷することにより，広帯域になり，きわめて小さいモノポールでも 12.6%，あるいは 4 対 1 の広帯域特性が得られ，この帯域にわたり 4 dBi の利得が得られ，幅広い応用が見込める．アンテナの表面精度が重要で，ことに X バンド以上では精度を上げる必要がある．

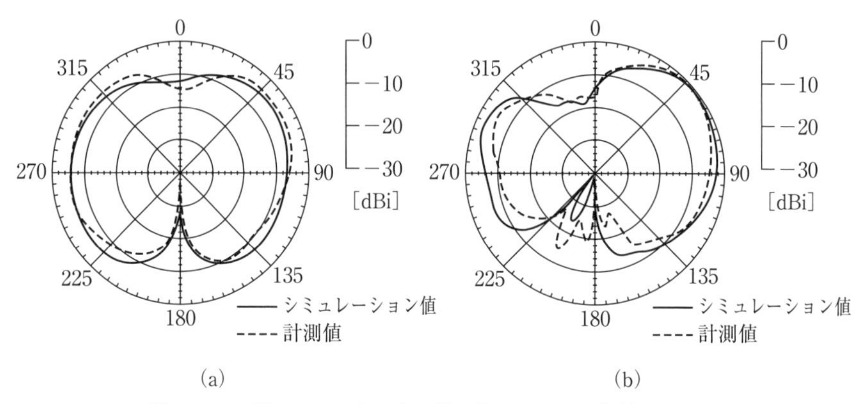

図 8.60　3 種のファントム上に置いたアンテナの放射パターン

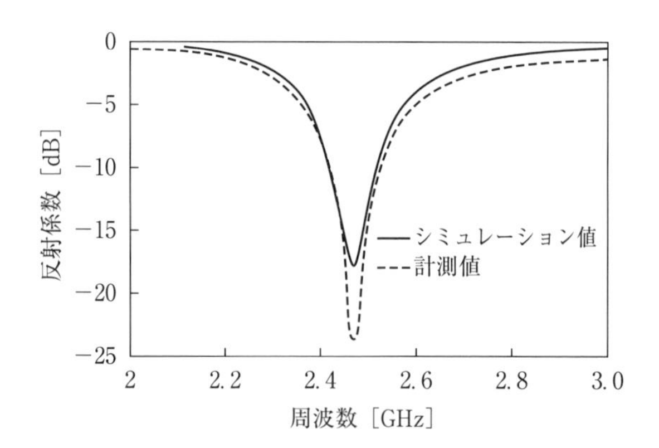

図 8.61　S_{11} 特性；シミュレーションと実験値

8.4.2 マイクロ波，ミリ波アンテナ

A. 20 GHz 半球型 DRA（dielectric resonator antenna）

直径 d の地板上の長さ l，直径 $2r$ のモノポールに半径 a，誘電率 ε の半球状の誘電体を図 8.62 のように取り付けたアンテナである[20]．図の（a）は上面図，（b）は側面図（半球型 **DRA**：HDRR：hybrid monopole dielectric resonator）で，（c）は側面図（円錐型 DRA：**CoDRR**：cylindrical dielectric resonator）である．誘電体の中心部を半径 b だけ切り取ってあり，モノポールとは $s=b-r$ だけの空間がある．

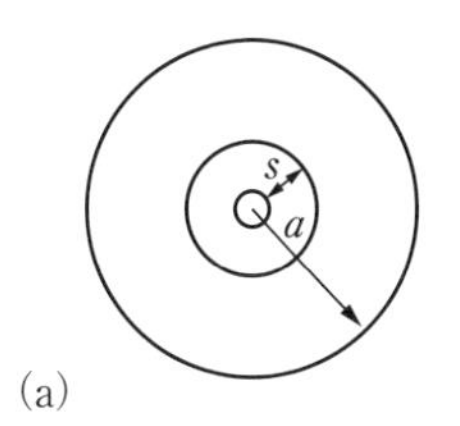

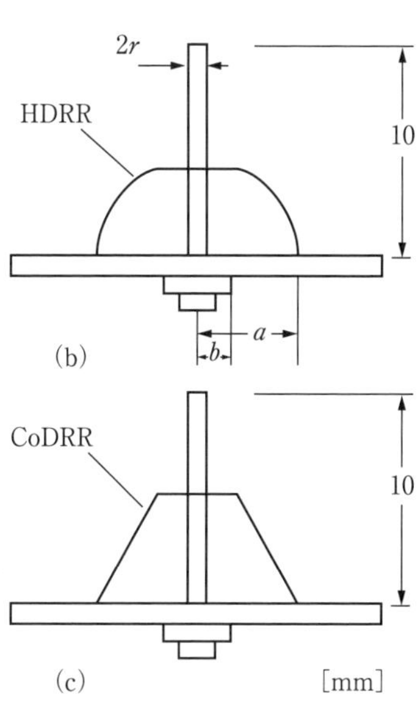

図 8.62 モノポールに半球状誘電体装荷 DRA （a） 上面図，（b） 側面図（HDRA），（c） 側面図（CoDRA）

円錐の底部の半径は a，上部の半径は b である．円錐の高さは，$h \doteqdot a$ とした場合，$a^2/(a-b)$ である．動作周波数は最高，最低周波数 f_H，f_L で決められ，誘電体装荷モノポールの場合，$f_H \doteqdot 4f_L$ で，主モードの周波数 $f_1=1.25\,f_L$ でモノポールによる共振第 1 モード周波数 $f_2=3f_1$ である．

設計パラメータは（1）$l=\lambda_1/4(\lambda_1=c/f_1)$，（2）$r$：$0.019\,\lambda_1<S<0.042\,\lambda_1$ の場合 $S \leqq r_2 \leqq c/2$，（3）$a=4.7713\times\mathrm{Re}(ka)/f_r$，ここで $f_r=0.5(f_1+f_2)$，（4）$l=a$，などである．Re(ka) は ka の実数で誘電率 ε の関数である．ε に対して数値的に与えられていて，表 8.9 に示してある．設計者は適当に選びアンテナの寸法を設計できる．設計指針に基づいて設計したアンテナの周波数帯によるパラメータは表 8.10 のようである．HDRA および CoDRA の S_{11} 特性は図 8.63 および図 8.64 に示すようである．

表 8.9　HDRA TM_{101} モードの Re(*ka*)

ε_r	Re(*ka*)	ε_r	Re(*ka*)
2	3.18200	45	0.64943
4	2.24670	50	0.61845
6	1.83440	55	0.59143
8	1.58870	60	0.56762
10	1.42090	65	0.54645
15	1.16020	70	0.52745
20	0.92278	75	0.51030
25	0.84240	80	0.49470
30	0.77926	85	0.48044
35	0.72803	90	0.46733
40	0.68547	95	0.45524

表 8.10　HDRA と CoDRA の寸法パラメータ

設計周波数 f_L-f_H[GHz]	λ_l[cm]	アンテナパラメータ [mm]				
		l	s	r	b	a
#1：4-16	6.00	15.0	1.35	0.65	2.0	6.8
#2：5.6-22.4	4.29	10.7	1.3	0.65	1.95	4.8

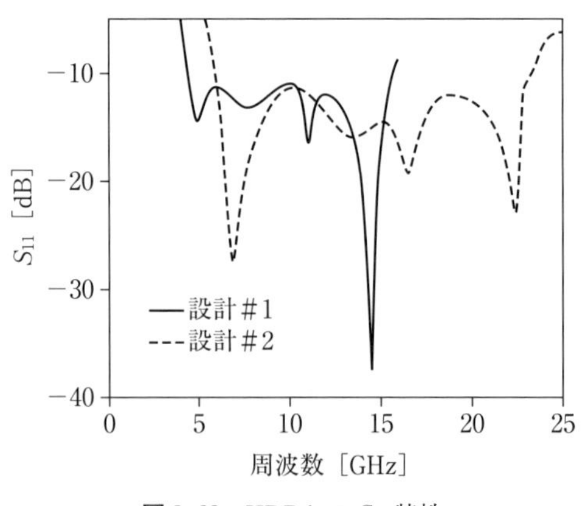

図 8.63　HDRA の S_{11} 特性

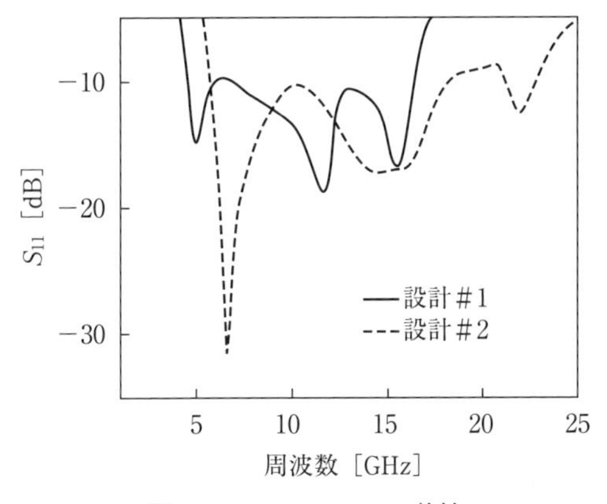

図 8.64　CoDRA の S_{11} 特性

B.　60 GHz 電界-磁界型アンテナ

λ/4 磁気ダイポールと **λ/2 電気ダイポール**とを組み合わせて 60 GHz で広帯域，かつ単方向性アンテナを開発した[21]．電気ダイポールは図 8.65（a）のような平板状で，磁気ダイポールは図 8.65（b）のように短絡した平行平板の構成である．M は磁流を示す．アンテナは図 8.65（c）のように磁気ダイポールを地板上に垂直に立て，その先端に電気ダイポールを取り付ける．

実際のアンテナは図 8.65（d）のように誘電体基板上に電気ダイポールをプリントし，磁気ダイポールは 3 本の円筒状ピンを用い，それを電気ダイポールの内側から誘電体基板を通して地板に接地する．一方の円筒状ピンの中央は給電ピンとし，それに **T 状素子**を取り付けて電気ダイポールで構成する．

アンテナを上面から見ると図 8.65（e）のようで，側面から見た場合は図 8.66 のようである．動作周波数帯は 60 GHz で，平型ダイポールの長さ L は 2.2 mm（60 GHz で $\lambda_g/2$，λ_g：誘電体内波長），誘電体部の厚さは 0.787 mm（60 GHz で $\lambda_g/4$）である．これらは，適切な S_{11} および利得を得るパラメータとして設定された寸法である（図 8.65（e），および図 8.66）．

T 状素子は，直線状，L 状などを用いた給電を検討して広帯域，かつ交叉偏波分の低い放射を得るのに適切という観点から用いている．図 8.67 および図 8.68 に W を変えたときの S_{11} および利得の測定結果を示す．$S_{11} < -15$ dB に対する比帯域幅は 33% 以上あり，平均利得は 7.5 dBi である．これらの特性か

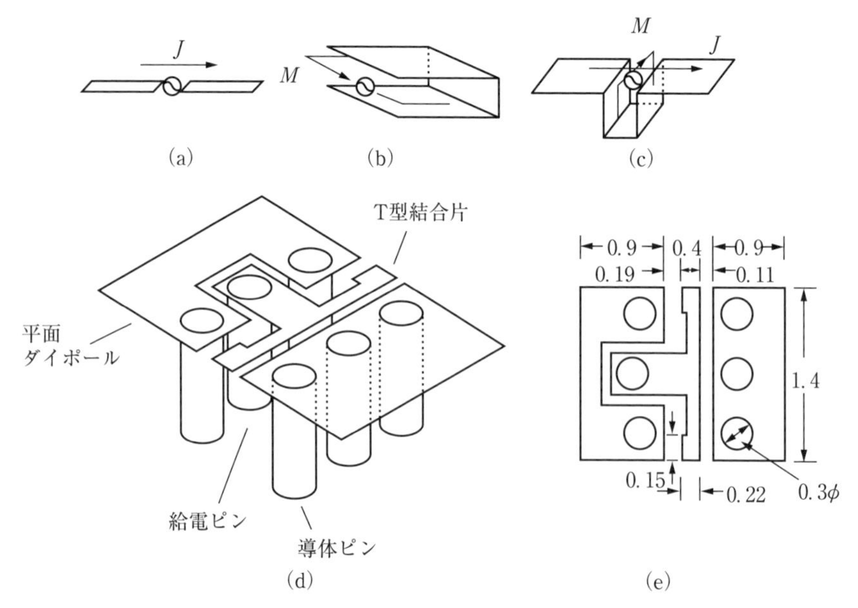

図 8.65　60 GHz 小形広帯域アンテナ
(a)　$\lambda/4$ 磁気ダイポール，(b)　$\lambda/2$ 電気ダイポール，
(c)　電気 / 磁気組み合わせアンテナ，(d)　俯瞰図，(e)　上面図

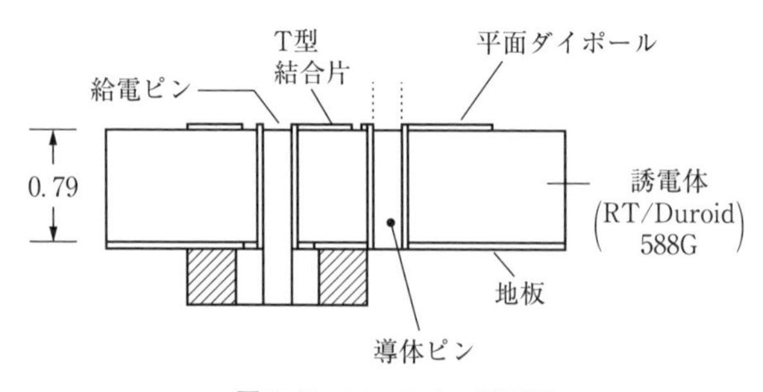

図 8.66　アンテナの側面図

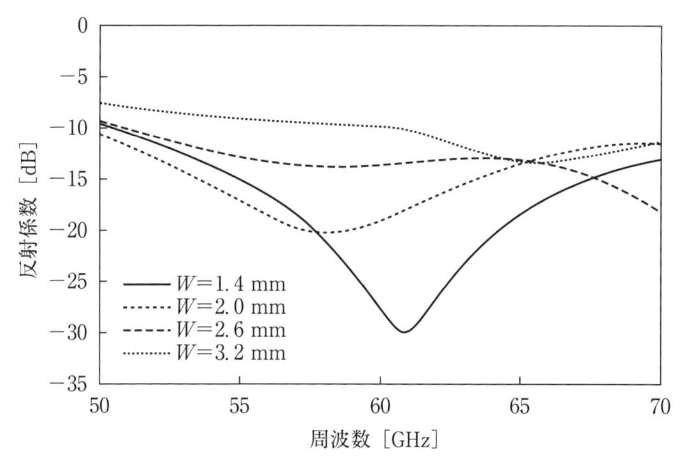

図 8.67　60 GHz アンテナの S_{11} 特性

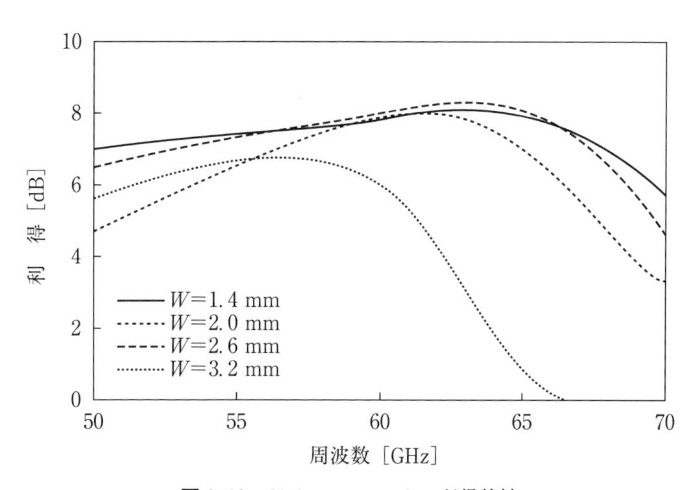

図 8.68　60 GHz アンテナの利得特性

らこのアンテナはミリ波帯の無線通信に有用といえる.

C. THz 帯カーボンナノチューブ（carbon-nanotube）応用アンテナ

カーボンナノチューブ（CNT）を用いて THz 以上の周波数用のアンテナを構成する検討をした[22]. CNT は**グラファイト板**を 1 軸に沿って円筒状に巻いてできているので, CNT の導電性は軸方向になる. 導電率は高く, 10^8A/cm^2 以上なのでアンテナへの応用が可能である. 円筒状に構成するグラファイト板が 1 層か多層かによって **SWNT** か **MWNT** に分類される. アスペクト比のきわめて高い 1 内壁面の円筒状の SWNT は, 導電率は高いが単位長当たりの抵抗値が大きく, 高周波での利用には制限がある. そこで SWNT を束ねて **CNT**（**BCNT**：bundled CNT）として抵抗値（損失）を軽減し, 図 8.69 のような小片ダイポール形状にしたアンテナを考えた. この小片は薄い導体層（大体〜10 nm）で, 軸方向に電流を通す.

BCNT を構成する単一の NT は, 挿入図で示したように SWNT の等価モデルで表され, これらが並列で束状になっている. 長さ l の等価モデルのインピ

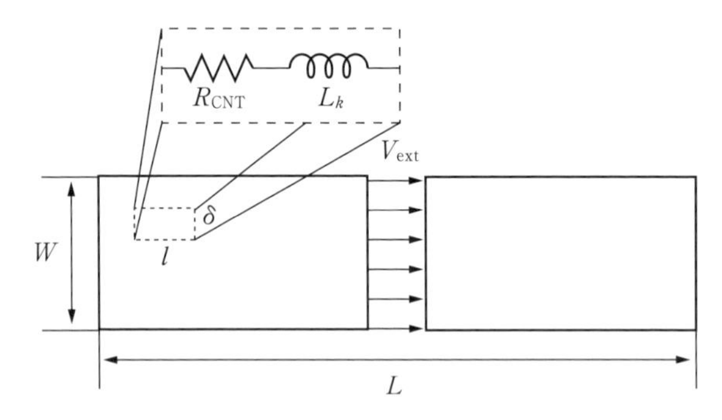

図 8.69　BCNT 応用ストリップダイポールアンテナ

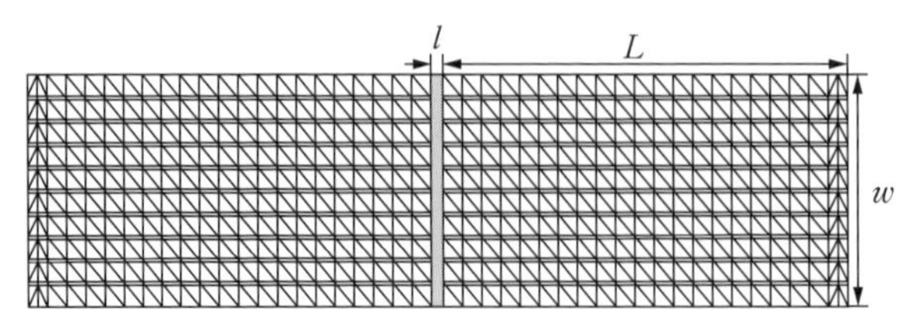

図 8.70　中央間隙給電ストリップダイポールアンテナ

ーダンス Z は抵抗 R_{CNT} と動的インダクタンス L_k と SWNT の数密度 N で与えられ，抵抗成分 R_x は

$$(R_{CNT}+j\omega L_k)l/N \tag{8.3}$$

から求まる．ここで $R_{\mathrm{CNT}}=6.5\,\mathrm{k\Omega/\mu m}$，$L_k=16\,\mathrm{nH/\mu m}$ である．

一方，BCNT と比較する金箔の THz 領域の導電率は Drude-Smith モデルから求まる．アンテナへの応用には金箔の厚さは 20 nm 以上に選べる．複素導電率の実部は周波数とともに減少し，虚部は 10 THz 近辺で最低になる．

BCNT あるいは金箔から成るアンテナの特性を評価するために図 8.69 のような小片ダイポールの長さ L を変えて 1～50 THz にわたり基本的な共振を調べた．アンテナは図 8.70 に示すように小片ダイポールの中央のギャップ Δ で給電する．アンテナの幅 w は $L/6$，Δ は $\lambda/100$ とした．実現しやすい密度である 10 および 50［CNT/μm］の 2 種類の BCNT アンテナを用いた．長さは 1 THz で動作するダイポールの長さに相当する 150 μm とした．

このアンテナは入力インピーダンスが高く（kΩ レベル），実用の伝送線には整合が難しい．図 8.71 に示した反射係数からわかるように密度を高くして 10^3［CNT/μm］以上にするとインピーダンスは下がり，整合しやすくなる．

BCNT の周波数に対する小形化の効果を示すために多くの BCNT アンテナ

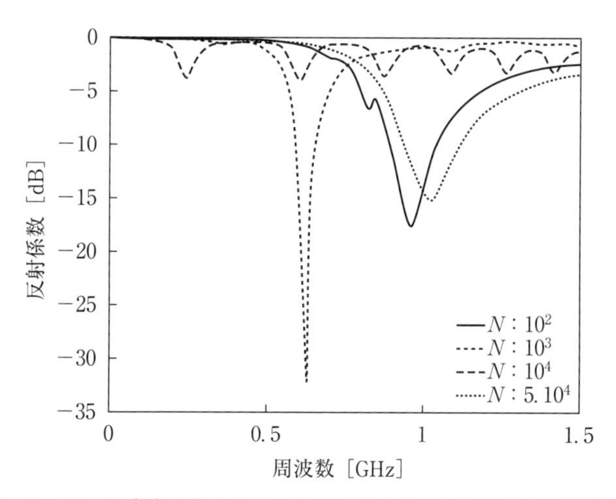

図 8.71 BCNT 密度の異なるストリップダイポールアンテナの反射係数

を用い検討した．ある密度に対して1〜50 THzにわたり半波長に等しい長さの小片ダイポールを設計し，第1共振周波数を決定した．$2L/\lambda$で定義されるアンテナの小形化率は図8.72のようにBCNTの密度が10^3から$5 \cdot 10^4$ [CNTs/μm]になると1に近づく．$5 \cdot 10^4$ [CNTs/μm]の場合，THzの低い領域では表面抵抗成分が金箔と同様になるが，リアクタンス成分の影響でさらにアンテナが小形化になる．金箔の方はおよそ1に近いが，5 THz以上になると1より小さくなる．CNNTアンテナの特徴の1つに放射効率がある．通常の金属性アンテナよりはある周波数以上で高くなる．

図8.73（a）は共振周波数に対するアンテナの効率を示し，（b）はCNTの密度が10^4以上の場合を拡張して表している．この図では金箔アンテナとの効率の比較もしている．Nが$2 \cdot 10^4$以上の密度のBCNTアンテナの効率は金箔より高い．

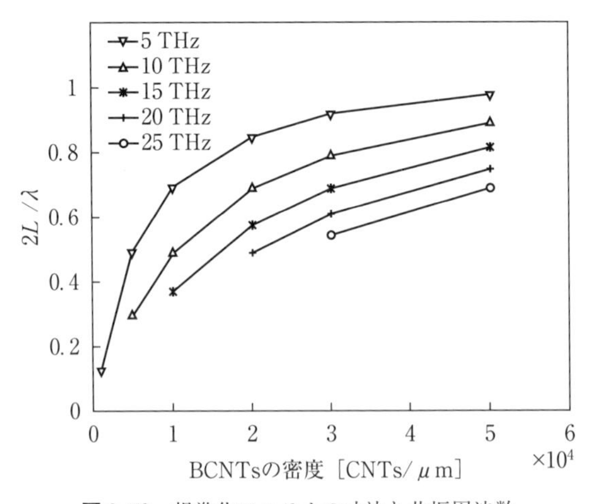

図8.72　規準化アンテナの寸法と共振周波数

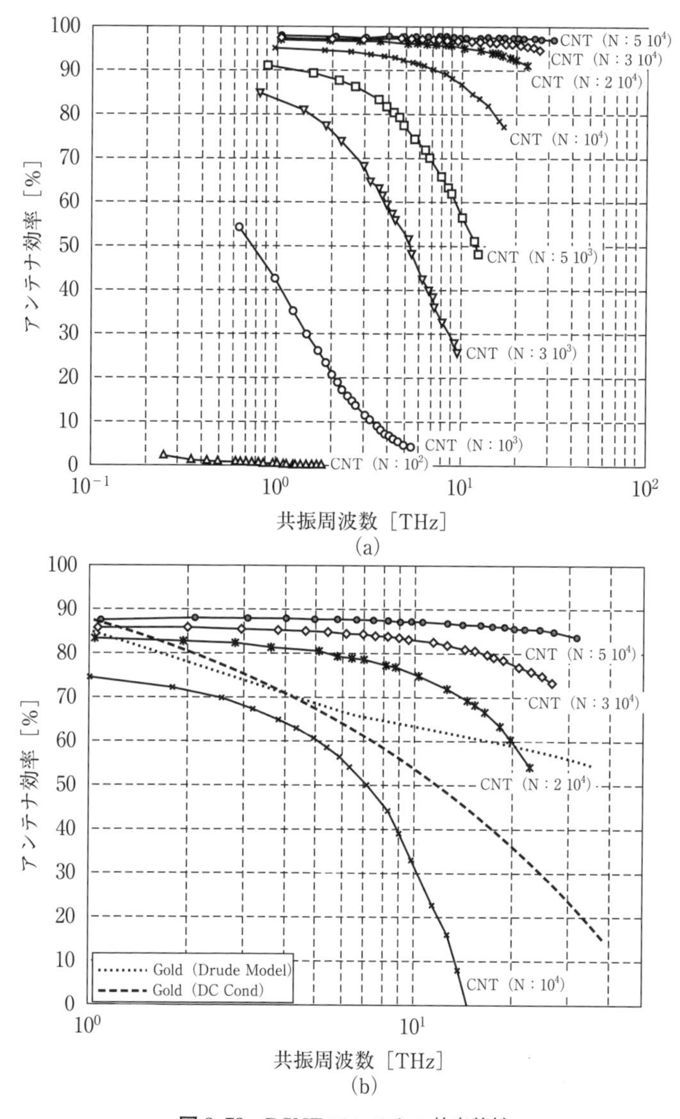

図 8.73 BCNT アンテナの効率特性
(a) CNT に対して，(b) BCNT 密度 10^4～5×10^4[CNTs/μm]の範囲を拡大表示

〈参考文献〉

1) M. W. K. Lee, K. W. Long and Y. L. Chow：Low Cost Mender Line Chip Microstrip Antenna, IEEE Trans. Antennas Propagat., Vol.62, No.1, Jan.2014, pp.442-445.
2) D. M. Elsheakh and A. M. E. Safwat：Slow-Wave Quad-Band Inverted-F Antenna(I-FA), IEEE Trans. on Antennas Propagat., Vol.62, No.8, pp.4396-4401, Aug. 2014.
3) A. Kiourti, and K. S. Nikita：Minature Scalp-Implantable Antennas for Telemetry in the MICS and ISM Bands：Design, Safety Consideration and Link Budget Analysis, IEEE Trans. Antennas Propagat., Vol.60, No.8, pp.3568-3574, Aug. 2012.
4) H. Oraizi and S. Hadayat：Miniaturization of Microstrip Antennas by the Novel Application of the Giuseppe Fractal Peano Geometries, IEEE Trans. Antennas Propagat., Vol.60, No.8, pp.3559-3569, Aug 2012.
5) R. O. Ouedraogo, et al.：Miniaturization of Patch Antennas Using a Metamaterial-Inspired Technique, IEEE Trans. Antennas Propagat., Vol.62, No.5, May 2012, pp.2175-2181.
6) T. Yanagisawa：RC active network using current inversion type negative impedance converters, IRE Trans. on Circuit Theory, Vol.4, Sept. 1957, pp.140-144.
7) S. E. Sassman-Fort and R. M. Rudish：Non-Foster impedance matching network of electrically small antennas, IEEE Trans. Antennas Propagat., Vol.57, No.9, pp.2230-2241, September 2009.
8) H. Mirzaei and G.V. Eleftheriades：A Resonant Monopole Antenna With an Embedded Non-Foster Matching Network, IEEE Trans. Antennas Propagat., Vol.61, No.11, pp.5363-5371, November 2013.
9) L. G. Linvill：RC active filters, Proc. IRE, Vol.42, March 1954, pp.555-564.
10) G. Cortes-Medellin：Non-planar quasi-self-complementary ultra-wideband feed antennas, IEEE Trans. Antennas Propagat., Vol.59, No.6, pp.1935-1944, June 2011.
11) Y-Ling Ban, et al.：Compact-Fed Antenna With Two Printed Distributed Inductors for Seven-Band WWAN/LTE Mobile Handset, IEEE Trans. Antennas

Propagat., Vol.61, No.11, pp.5780-5784, November 2013.
12) K-H Lin, S-L Chen and R. Mittra：A Loop-Bowtie RFID Tag Antenna Design for Metallic Objects, IEEE Trans. Antennas Propagat., Vol.61, No.2, pp.499-504, February 2013.
13) A.A. Babar et al.：Passive UHF RFID tag for heat sensing applications, IEEE Trans. Antennas Propagat., Vol.60, No.9, pp. 4056-4064, September 2012.
14) Y. Sung：Bandwidth Enhancement of a Microstrip Line-Fed Printed Wide-Slot Antenna With a Parasitic Center Patch, IEEE Trans. Antennas Propagat., Vol.60, No.4, pp. 1713-1716, April 2012.
15) N. Wang, et al.：Wideband Fabry-Perot Resonator Antenna With Two Comple-men-tary FSS Layers, IEEE Trans. Antennas Propagat., Vol.62, No.5, pp. 2463-2471, May 2014.
16) Y. Dong, H. Toyao and T. Itoh：Design and Characterization of Miniaturized Patch Antennas Loaded With Complementary Split-Ring Resonators, IEEE Trans. Antennas Propagat., Vol.60, No.2, February 2012, pp.772-785.
17) S-H Hang and W-J Liao：A Broadband LTE/WWAN Antenna Design for Tablet PC, IEEE Trans. Antennas Propagat., Vol.60, No.9, pp.4354-4359, September 2012.
18) I. T. Nassar and T. m. Weller：Development of Novel 3-D Cubic Antenna for Compact Wireless Sensor Nodes, IEEE Trans. Antennas Propagat., Vol.60, No. 2, pp.1059-1065, Fbruary 2012.
19) C-H Lin, K. Saito, M. Takahashi and T. Itoh：A Compact Planar Invertedf-F Antenna for 2.45 GHz On-Body Communications, IEEE Trans. Antennas Propagat., Vol.60, No.9, pp.4422-4425, September 2012.
20) D. Guha, B, Gupta and M.M.Antar：Hybrid Monopole-DRAs Using Hemispherical/Conical-Shaped Dielectric Ring Resonators：Improved Ultra-wideband Design, IEEE Trans. on Antennas Propagat., Vol.60, No.1, January 2012, pp.393-398.
21) K.B.Ng, et al.：60 GHz Plated Through Hole Printed Magneto-Electric Dipole Antenna, IEEE Trans. Antennas Propagat., Vol.60, No.7, pp.3129-3135, July 2012.
22) S. Choi and K. Sarabandi：Performance Assessment of Bundled Carbon Nano-

tube for Antenna Applications at Terahertz Frequencies and Higher, IEEE Trans. Antennas Propagat., Vol.59, No.3, pp.802-809, March 2011.

9 用途別小形アンテナの例

9.1 RFID, NFC 用

RFID（radio frequency identification）は**個体認証**の一種であり，さまざまな用途で利用され急速に普及し始めている．Suica®に代表される鉄道の乗車券，自動車運転免許証，パスポート，住宅の鍵など 13.56 MHz 帯を用いた複数のシステムが電子マネーや認証の分野で着実に普及してきている[1-3]．このRFID の利用分野としては主に（1）課金，プリペイド，（2）セキュリティ管理，（3）物品・物流管理，トレーサビリティ等に大別される[4,5]．また，**NFC**（near field communication）という 13.56 MHz 帯の RFID の規格を統合して世界中で使えるシステムも登場している．RFID システムは，データベースと張り巡らされたネットワークで構成されており，ユーザーに見えるのは**タグ**と**Reader/Writer**（以下 **R/W**）だけである[6,7]．

RFID タグは，認証を行う対象に貼り付けて利用する．RFID は，従来から利用されている個体認証と比較し優れた点が数々ある．従来の個体認証は，光学的または電気的な接触によって読み取りをしているため，極近傍でしか読み取ることができず，汚れや遮蔽に対しても弱い一方で，RFID は電波を使用しているため，タグが直接確認できなくても読み込みが可能であり，汚れや遮蔽に強い点，同時に複数のタグを読み込み可能な点，情報の書き替えが可能な点などが，バーコードなどの他の個体認証より優れている．また，RFID は出力電力やアンテナの特性を変えることにより読み取り可能な範囲を自由に調整できる．このため，物流管理や図書館の蔵書管理では，パレットごと，書棚ごとに一度に在庫チェックができる．このように，RFIDシステムは，他の個体認証より有利な点が数多くあり，これからの社会に有用なシステムであることがわかる．

図9.1にRFIDタグおよび**リーダ/ライタ**（R/W）の構成を示す．タグはアンテナと送受信部および情報が記録されているメモリで構成され，送受信部とメモリはICチップとして一体になっている．最近では，アンテナも含めてチップ化されているものも市場に登場している．R/Wは，アンテナおよび送受信部とネットワークに接続するためのコントローラで構成される．

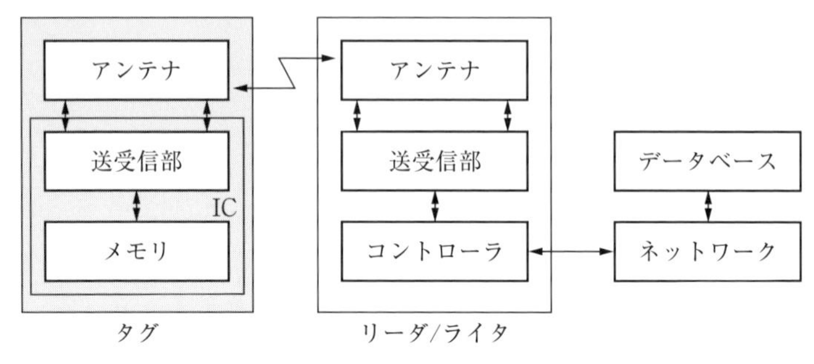

図9.1　タグ・R/Wの構成

RFIDタグは使用する用途によって必要とする通信距離が異なっており，通信距離が長く電池を搭載している**アクティブ型タグ**と非搭載で通信距離の短い**パッシブ型タグ**がある．アクティブ型は電源と発振回路があるため通信距離を長くでき，物流などに使用されている．アクティブ型タグに使用されているアンテナもパッシブ型タグのアンテナとほぼ同じであることから，ここではアンテナの特性が重要なファクターとなるパッシブ型について述べる．

このパッシブ型RFIDタグは電池を搭載しないことから，通信と同時にIC駆動に必要な電力の伝送を行う必要があり，ほとんどの場合この**電力伝送**で通信距離が決定される．この電力は搬送波で送信され，その電力伝送可能距離は搬送波周波数，R/W出力，通信方式，変調方式，符号化方式，ICの消費電力，実装されるアンテナの利得および周辺の電波環境によって決定される．図9.2に示すように，R/Wから送信された電波を整流することによりICの駆動

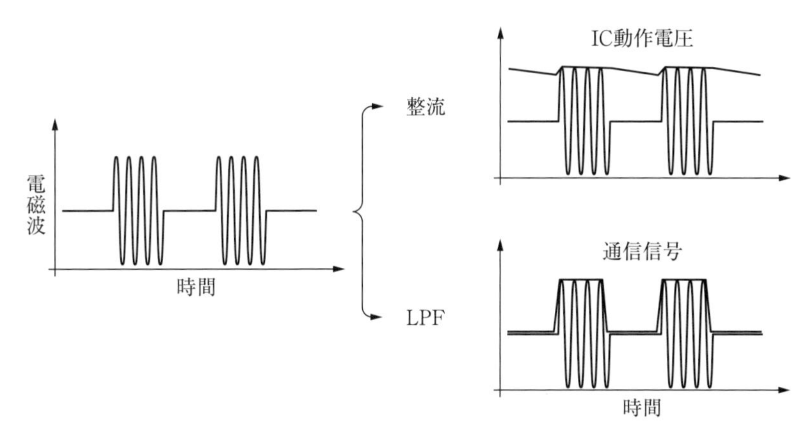

図 9.2 RFID の通信

電源とし，LPF（ローパスフィルタ）によって包絡線検波することにより，通信データとする．

このパッシブ型 RFID タグの搬送波に使用可能な周波数帯域は電力伝送に必要な出力を要することから **ISM バンド**（Industrial, Scientific and Medical Band：**産業科学医療用バンド**）を中心にいくつか決まっている．主なものとしては，135 kHz 帯（125 kHz を含む）または 13.56 MHz 帯等を用いた**電磁誘導方式**と 920 MHz 帯または 2.45 GHz 帯を用いた**電波方式**である（このほかにも 433 MHz，5.8 GHz がある）．通信距離は，電波法に定められる R/W からの放射電力（EIRP：Equivalent Isotropically Radiated Power）により，HF 帯では短く UHF 帯では長くなる[3]．

また，表 9.1 にまとめたように，高い周波数の UHF 帯，マイクロ波帯で用いると，波長が短いために読み取りを行う際に周囲の水分などの影響を受けやすい．RFID システム利用分野の中でも，電磁誘導方式は，(1) 課金，プリペイド，(2) セキュリティ管理の分野で利用されることが多い．これは，その利用形態から通信可能なエリアを限定したいため，135 kHz 帯に比べ波長が短い 13.56 MHz 帯が一般的に広く用いられている．家畜管理，スキー場のリフト乗り場，回転寿司の皿，クリーニングの管理タグ，カジノのチップなどで利用される場合は，水や金属の影響を比較的受け難い特徴を生かして，135 kHz 帯がよく用いられる[8-10]．

表 9.1　周波数による特徴

	電磁誘導方式		電波方式	
周波数	135 kHz 以下	13.56 MHz	900 MHz 帯	2.45 GHz
通信距離	～0.3 m	～1.0 m	～数 m	～2.0 m
水，粉塵の影響	受け難い → 受けやすい			
アンテナ	コイル ループ，スパイラル IC		ダイポール パッチ Patch	

一方，電波方式は，(3) 物品・物流管理，トレーサビリティ等で広く用いられている．この分野では，通信距離の延伸化要求が強く，2.45 GHz 帯と同じ送信出力が可能で，波長の長い 920 MHz 帯 RFID が注目されている．2.45 GHz 帯は，2005 年日本国際博覧会愛知万博のチケットや，駐車場の入退場管理などに使用されている．

これに対し，920 MHz 帯は，荷物パレットに積んだ物流管理などに使用されている[11-13]．UHF 帯の周波数は EU の 850 MHz 帯とアメリカの 920 MHz 帯を多くの国で使用しており，日本だけが 950 MHz 帯を使用していたが，EU の周波数変更に伴い日本も 2012 年 7 月より 920 MHz 帯へ移行した[14]．

電磁誘導方式では磁界を利用するコイルや，スパイラルアンテナが用いられている．13.56 MHz 帯では通信エリアが近傍界内となるため，磁界が同じ近傍界内でも距離の 2 乗に反比例して減衰する．それは距離に対する減衰が電界ほど急峻ではなく，IC 駆動電力を伝送できる距離範囲が広くなるためである．一方，電波方式では通信距離範囲のほとんどが遠方界となるため，コイル，スパイラルアンテナなどの短絡型アンテナに比べインピーダンスが高く，空間インピーダンスとの整合性が良いダイポールアンテナやパッチアンテナ等の開放型のアンテナが用いられる．

9.1.1 13.56 MHz帯用アンテナ

金銭やセキュリティ等に関連した**非接触ICカード**等の利用分野では，通信可能距離を制限したシステムとするために一般的に搬送波として13.56 MHz帯を，アンテナとしては平面実装可能な**スパイラルアンテナ**が用いられている（表9.1）．表9.2に13.56 MHz帯の**RFIDタグ**の種類を示す．

電力伝送の観点からは，搬送波成分を時間的な積分値として最も多く含む方式が望ましい．しかしRFIDタグの小形化の観点から，RFIDタグ側に複雑な復調回路をもつことは困難であり，変調方式としては最も単純な**ASK**（amplitude shift keying）**変調**が多く用いられる．また，R/Wからタグ，タグからR/Wへの符号化方式がそれぞれの規格で異なっている．さらに，**国際標準化機構**（**ISO**）のType A, Bは，タグからR/Wへの通信に副搬送波を使用する非対称形だが，**FeliCa**®（ISO提案時はType C）は副搬送波を使用しない対称形となっている．

表9.2 13.56 MHz帯RFIDタグの種類

<table>
<tr><th colspan="2"></th><th>Type A</th><th>Type B</th><th>FeliCa</th><th>NFC</th></tr>
<tr><td colspan="2">変調方式</td><td>100% ASK</td><td>10% ASK
タグ→R/Wは
BPSK</td><td>10% ASK</td><td rowspan="5">既存規格統合</td></tr>
<tr><td rowspan="2">符号化方式</td><td>R/W→タグ</td><td>Modified Miller</td><td>NRZ</td><td>Manchester</td></tr>
<tr><td>タグ→R/W</td><td>Manchester</td><td>NRZ</td><td>Manchester</td></tr>
<tr><td colspan="2">通信速度</td><td>106 kbps〜</td><td>106 kbps〜</td><td>212 kbps〜</td></tr>
<tr><td colspan="2">通信形</td><td colspan="2">非対称形
タグからR/Wは副搬送波使用</td><td>対称形</td></tr>
<tr><td colspan="2">規格</td><td colspan="2">ISO/IEC 14443</td><td>—</td><td>ISO/IEC 18092
ISO/IEC 21481</td></tr>
<tr><td colspan="2">推進企業・団体</td><td>Philips</td><td>Motorola</td><td>Sony</td><td>Moversa
(Sony＋Philips)</td></tr>
<tr><td colspan="2">実用例[11]</td><td>ICテレホンカード
taspo</td><td>住民基本
台帳カード
IC運転免許証</td><td>Suica, Edy</td><td>携帯電話</td></tr>
</table>

NFC（near field communication：**近距離無線通信**）は，周波数 13.56 MHz 帯を利用する通信距離 10 cm 程度，RFID の国際規格である．表 9.2 で示した従来からある国際標準規格は，推進企業の足場であるヨーロッパ，アメリカ，アジアでそれぞれ普及しており，国際的な互換性が必要とされるようになった．そこで，まず Type A と FeliCa を統合した**国際標準規格 ISO/IEC 18092**（**NFCIP-1**）として 2003 年 12 月に規格化された．その後，2005 年 1 月には，Type B も統合した国**際標準規格 ISO/IEC 21481**（**NFCIP-2**）として制定された．

この共通規格を推進する団体として NFC フォーラムがあり，130 社以上が加盟している．NFC フォーラムでは，Type A, Type B, FeliCa をそれぞれ NFC-A, NFC-B, NFC-F と称している．NFC 対応機器では，1 台の R/W で従来の通信規格の RFID タグと通信することが可能となる．また，携帯電話などの小型機器に導入することにより，機器同士で双方向に画像などのデータを通信することが可能となり，従来の R/W とタグという ID をやり取りする関係から，双方向データ通信ができる規格に発展している．

周波数 13.56 MHz を用いている電磁誘導型の RFID タグ用アンテナは，図 9.3 に示すようにスパイラルを同一平面上に形成している．その巻き始めと巻き終わりは裏面に配線されたブリッジ構成で IC と接続されている．R/W も同様なスパイラルアンテナを用いている[16)]．また，イモビライザや動物管理に用いる 135 kHz 以下の周波数（波長 2 km 以上）を使用した RFID タグについては，フェライトコアに導線を巻き付けたコイルアンテナを用いており，13.56 MHz 帯の RFID タグ用アンテナとほぼ同じ考え方で設計が可能である．

電磁誘導型の RFID タグ用アンテナの基本的な動作は，R/W から放射される磁界がタグのループアンテナを鎖交することにより通信が行われる（図 9.4）．これはファラデーの電磁誘導の原理の応用である．

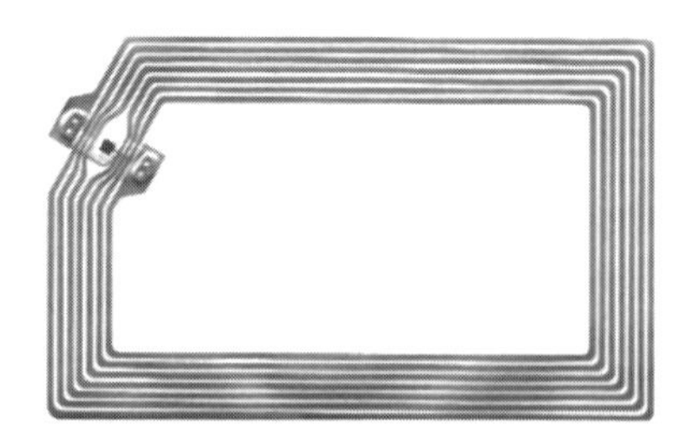

図 9.3　RFID タグに実装されたスパイラルアンテナ例

このとき誘起される電圧は，コイルを通る磁界の大きさによって決まる．誘起

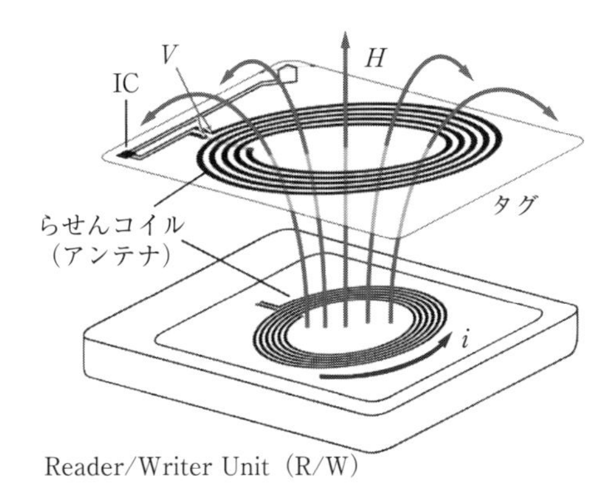

図 9.4 電磁誘導型 RFID の動作原理

電圧 V は，ループ面積 S とループを鎖交する磁界 H によって，$V=\omega\mu SH$ と表される[17]．ここで，μ は透磁率，ω は角周波数を示す．電圧 V は鎖交する磁界 H とループ面積 S とに比例しているので，ループの面積を大きくとれば電圧は大きくなるが，カードの大きさなどによりループの面積は決まるので電圧を増やすには，巻き数を増やす必要がある．スパイラルアンテナのように N 回巻にすれば，約 N 倍の誘起電圧が発生し，IC，チップを駆動する電力を賄える．RFID の R/W も同じようなスパイラルアンテナを用いるため，これらの系は疎結合のトランス回路として等価回路で扱うことができる．

タグ側のアンテナはスパイラルアンテナが基本となっているが，アンチコリジョン，タグを重ねたときのインピーダンス変化への対応などにより，さまざまな形状，意匠（たとえば木の葉型など）のアンテナを採用している．また，R/W 側のアンテナも同様のスパイラルアンテナを採用しており，改札機や決済システムなど単体で使用されるものが多いが，用途によってはタグの向きによる未検知を防ぐため，2 つのアンテナを直交して配置する等，さまざまな対応がなされている．

9.1.2 920 MHz 帯・2.45 GHz 帯用アンテナ

物品・物流管理，トレーサビリティ等の用途にも用いられる RFID タグは，通信可能エリアを可能な限り広くしたシステムとするために搬送波として

図 9.5　920 MHz 帯 RFID タグのアンテナ

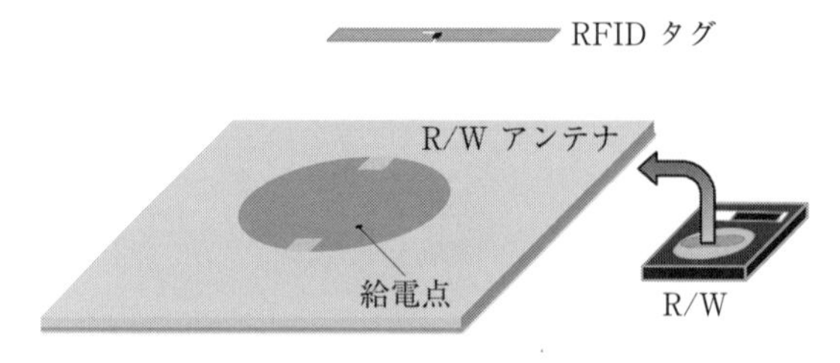

図 9.6　UHF 帯 RFID のアンテナ系

UHF 帯（860～960 MHz）やマイクロ波帯（2.45 GHz 帯）を用いる．このためのアンテナとしては基本的には**ダイポールアンテナ**を用いている（図 9.5）．

一方，R/W 側は回路と一体型にする場合，回路側に電磁波を放射し誤動作させないため，図 9.6 のように単向性の**パッチアンテナ**を用いる．また RFID タグのアンテナの向きに対する任意性をもたせるために**円偏波放射素子**を用いているものが多い．

ここで RFID タグのアンテナ設計の上で最も重要なのは，その利得とともに，タグに取り付ける IC チップとの**整合性**である．電力の流れは図 9.7 に示すように考えられるので，アンテナ側で共役整合を取ることで受信電力を有効に IC に供給することが必須である．一般的に IC は入力容量成分が支配的なので，その入力インピーダンス Z_{IC} は式（9.1）で表される．これよりアンテナに求められる入力インピーダンス Z_{Ant} は式（9.2）のように定義される．さらにアンテナで受信したエネルギーが熱として消費されるのを防ぐために，その抵抗成分（R_{IC}, R_{Ant}）は極力小さいことが望ましい．

$$Z_{IC}=R_{IC}-j\frac{1}{\omega C_{IC}} \tag{9.1}$$

$$Z_{Ant}=R_{Ant}+j\omega L_{Ant}$$
$$\begin{cases} R_{Ant}=R_{IC} \\ \omega L_{Ant}=\dfrac{1}{\omega C_{IC}} \end{cases} \tag{9.2}$$

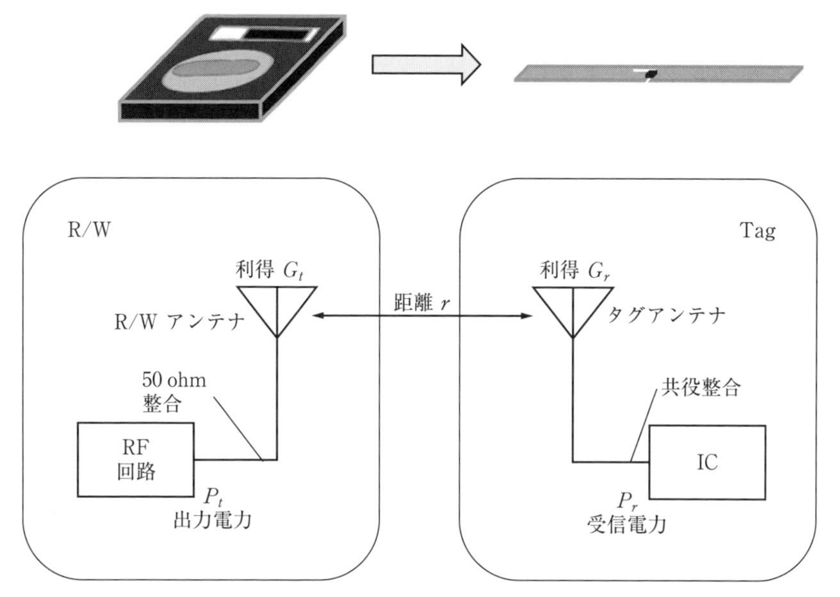

図 9.7 R/W-Tag 間の電力流れ図

ここで，R_{IC}：IC の抵抗，C_{IC}：IC のキャパシタンス，R_{Ant}：アンテナ入力インピーダンスの抵抗分，L_{Ant}：アンテナ配線によるインダクタンスである．

IC の入力インピーダンス Z_{IC} はおのおのの設計および周波数にもよるが，一般的に

$$\begin{cases} 5 \leq R_{IC} \leq 50 \quad [\Omega] \\ 5 \leq \dfrac{1}{\omega C_{IC}} \leq 2000 \quad [\Omega] \end{cases} \tag{9.3}$$

程度の範囲である．半波長ダイポールアンテナのインピーダンスは $Z_{\mathrm{Dipole}} \fallingdotseq 73+j45[\Omega]$ であり，IC と直接共役整合を取ることは難しい．アンテナ長を若干短くすることで抵抗成分 R が下がり実部の整合が取れやすくなる．さらにリアクタンス成分の不足は IC との接続配線の線路長でインダクタンスを生成し補うことで共役整合を実現できる．図 9.8 には，IC との整合させる他の方法を示す．**T マッチ給電**（T-match feed）や誘導性結合ループ（inductively coupled loop）と呼ばれ，IC をギャップの位置に接続して使用する．T マッチ給電は，引出し配線の長さを変えて虚部との整合を取ることになる．誘導性結

合ループは，ループとダイポールを電磁的に結合させることで整合させる．ループの大きさを変えることで，虚部を調整しICと整合させることができる．

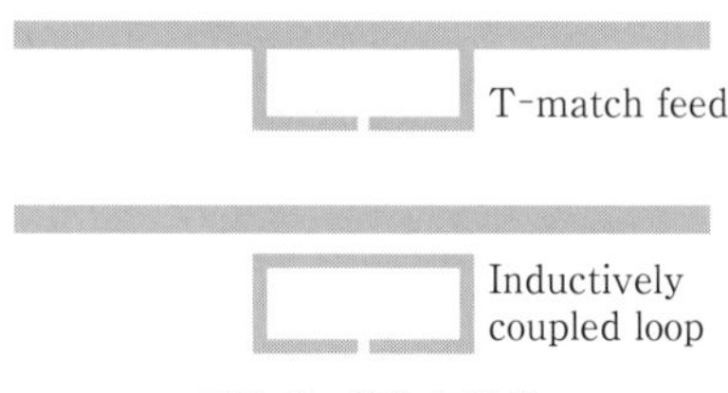

図 9.8　整合の形状

また，現実のRFIDタグ用アンテナは単純なダイポールではない（図9.5）．これはダイポールアンテナではすべての周波数成分に対しIC端子が開放端になるため，アンテナの片側に静電気等の高電圧ノイズが印加されるとIC端子に高電圧がかかり破損するからであり，DC的に短絡した形状とすることでこれを防いでいる．

次に，通信距離については式（9.4）の**フリスの伝送公式**（Friis transmission equation）[18]から容易に類推可能である．これはRFIDタグからの返信が**back scatter 方式**であり，RFIDタグが動作可能な電力が送信できさえすれば，その動作による返信信号はR/Wから見た電力伝送効率の変化という形で検知されるためである．この結果，RFIDタグのアンテナの利得Gがダイポール相当の場合，IC消費電力が1 mWであれば最大通信距離は，搬送波が2.45 GHzの場合で約80 cm，920 MHzの場合で約2 mとなる．これらは次式の関係で結ばれる．

$$P_d=\frac{P_t A_t}{\lambda^2 r^2},\quad A=G\frac{\lambda^2}{4\pi},\quad P_r=P_d A_r \quad \therefore \quad r=\sqrt{\frac{P_t A_t}{\lambda^2 P_d}}=\frac{\lambda}{4\pi}\sqrt{\frac{P_t G_t G_r}{P_r}} \tag{9.4}$$

ここに，P_t：R/W側RF回路出力，G_t：R/Wアンテナ利得，A_t：R/Wアンテナ実効面積，P_r：タグIC消費電力，G_r：タグアンテナ利得，A_r：タグアンテナ実効面積，P_d：タグ受信電力密度，r：通信距離．

9.1.3　高誘電体・金属対応タグアンテナ

一般のRFIDタグは自由空間内で用いることを前提に作成されているため，金属や高誘電体に貼付して使用する場合にはアンテナの特性変化により通信距離が短くなるか，または動作しなくなる．このため，このような場合にはそれに特化したアンテナが必要となる．

高誘電体で用いる場合では，比誘電率ε_rによる波長短縮効果から，アンテ

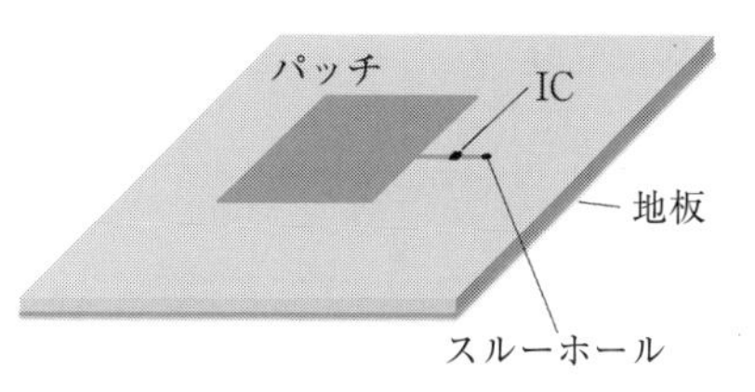

図 9.9 パッチアンテナ

ナ長 L を短くすればよい．また，これらの媒質に装着させて用いる場合は，最も簡単な RFID タグ用アンテナとして，たとえば図 9.9 に示す**パッチアンテナ**のような単向性の素子を用いることである．この場合，R/W との通信は金属/誘電体と反対側からに限定されるが，金属/誘電体側は地板（GND）によりシールドされた形となるため，その影響を無視することが可能となる．

さらに装着対象が金属の場合は，通常の RFID タグを装着させるとその**鏡像効果**により電界が打ち消され通信不可能となるが，**ループアンテナ**では磁界が強め合うことからアンテナとして機能する[16]．そこで，図 9.10 のように通常の RFID タグの両端を折り返し，ループ形状を作り出すことで金属に装着させても通信を可能にできる．このアンテナは折り返しによりできるループ面積を大きくすることでアンテナ効率を上げることが可能であるが，実際には低姿勢化の必要から厚さを最小限に抑える必要があり，通信距離と厚さのトレードオフの問題となる．

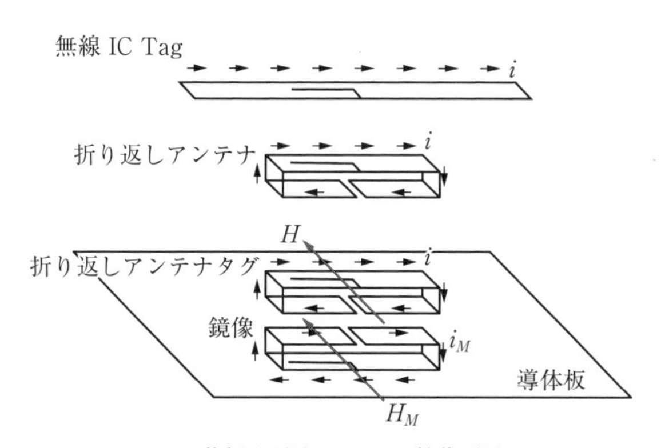

i：アンテナ基板上電流　　i_M：鏡像電流

H：磁界　　H_M：鏡像磁界

図 9.10 金属貼り付けタグ用折り返しループアンテナ

〈参考文献〉

1）高橋応明：RFIDタグ用アンテナの設計，コロナ社，2012.
2）荊部浩：トコトンやさしい非接触ICカードの本，日刊工業新聞社，2003.
3）Klaus Finkenzeller：RFIDハンドブック，日刊工業新聞社，2001.
4）日本電気株式会社：RFIDタグの基本と仕組み，秀和システム，2005.
5）阪田史郎：パーソナルエリアネットワークとその動向，信学通誌，No.2, pp.44-54, Sept. 2007.
6）伊賀武，森勢裕：よくわかるICタグの使い方，日刊工業新聞社，2005.
7）石井宏一：図解流通情報革命の切り札「ICタグ」がよくわかる，オーエス出版，2004.
8）高部佳之，清水隆文，大和忠臣，後藤浩一，山口弘太郎，伊藤公一：ワイヤレスカードの現状と展望，信学誌，Vol.81, No.1, pp.41-50, 1998.
9）凸版印刷：小型コイン形状のFelica対応ICカード
http://www.toppan.co.jp/news/newsrelease705.html
10）"寿司店から小学校まで広がる用途　街中の利用では悪用される心配も"，日経NETWORK，2005年6月号，日経BP社
11）"理想の全体最適を求めて"，日経コンピュータ2007年3月19日号，日経BP社
12）日経RFIDテクノロジ，日経システム構築（共編）：RFIDタグ活用のすべて実証実験から本格導入へ！，日経BP社，2005.
13）日経RFIDテクノロジ編集部（編），RFIDタグ導入ガイド 先進ユーザーと実証実験に学ぶ！，日経BP社，2004.
14）総務省HP
http://www.soumu.go.jp/menu_news/s-news/01kiban14_01000036.html
15）総務省電波利用，http://www.tele.soumu.go.jp/j/material/dwn/guide38.pdf
16）上坂晃一，高橋応明：RFIDタグにおけるアンテナ技術，信学論（B），Vol.J89-B, No.9, pp.1548-1557, Sept. 2006.
17）山田直平，桂井誠：電気磁気学，電気学会，2002.
18）高橋応明：電磁波工学入門，数理工学社，2011

9.2 携帯，小型移動機器用

9.2.1 概　　要

携帯電話，スマートフォンに代表される無線通信機能を有する携帯端末機器では，通信データの高速化や利便性向上のために使用周波数のマルチバンド化，搭載システムのマルチモード化が進展している．この節では，実際に使われているスマートフォンのアンテナ設計指針，構造，アンテナ技術について述べる．

9.2.2 携帯機器用アンテナの設計指針

スマートフォンをはじめとする無線携帯端末機器のアンテナに課せられる要求水準は常に高く，高性能，多機能，小形化，低コスト等が求められている．アンテナの性能は送受信電力の最大化を図る以外にも人体や端末内部の部品（カメラ，スピーカー，バッテリー等）および筐体（筐体の材質，塗装）の影響，アンテナ同士の干渉，SAR（specific absorption rate）も考慮する必要がある．

無線携帯端末機器のアンテナは多重波が存在する環境で使用され，受信電波の到来方向も一定ではない．このため一般的なアンテナなどで性能指標とされている指向性では評価できない．現在では**アンテナの効率**（efficiency）が主な性能指標となっている．

9.2.3 無線携帯端末機器における基本特性

A．アンテナの大きさと特性

アンテナを小形化すると，帯域，効率が減少する．アンテナの大きさと特性は**トレードオフ**の関係にある．携帯機器においてはアンテナの長さ，高さを大きくし，容積を大きくすることが最も有効な特性向上の方法である．しかし，大きさ，薄さなどの無線携帯端末機器のデザインの制約からアンテナの大きさも制限されるため，限られた小形な容積内で所望の特性を実現するためアンテナ構成や部品配置に工夫が必要となる．その例としてマルチバンド化や小形化の手法が考案されておりこの点については，9.2.4および9.2.5項で説明する．

B.　筐体の影響

無線携帯端末機器用アンテナは**小型筐体**に設置されているため筐体にも電流が流れてアンテナとして動作する．特に低い周波数帯（例：700-900 MHz帯）ではある程度の筐体長（1/4波長以上）がなければ必要な特性を確保するのが難しい．また筐体内部には多数の部品が配置されており，その影響も考慮しなければならない．近年スマートフォンの筐体下部に配置されている**セルラー**用メインアンテナは，スピーカーやバイブレータといったアコースティック部品と一緒にアコースティックチェンバと一体化され**アンテナ・スピーカーモジュール**と呼ばれている．アンテナ特性はそれらの部品の影響を受けやすい．特性劣化の改善策はもちろんそれらの部品との距離を保つことだが，先に述べたように筐体の大きさが限られているため，十分な距離を保つのは難しい．そこでそれらの部品からアンテナへの影響を低減するために，部品寄りの信号線上にインダクタまたはフェライトビーズを実装している．図9.11はスマートフォン下部位に配置されたメインアンテナと周辺部品の配置の例である．

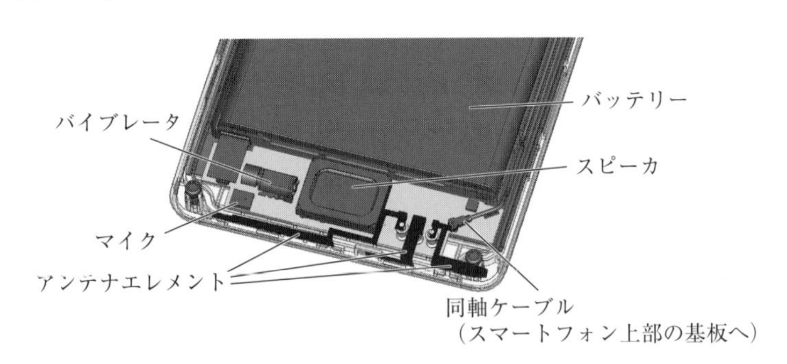

図9.11　スマートフォン下部位に配置されたメインアンテナの例

C.　人体への影響

無線携帯端末機器用アンテナにとって，人体は大きな電波の障害物であると同時に電波を吸収する物体である（通話時，ブラウジング時，ポケットに入っているときなどの待受け時等）．**人体の影響**では，周波数シフトによる損失（miss match loss）と人体に吸収される損失（absorption loss）の主に2つの

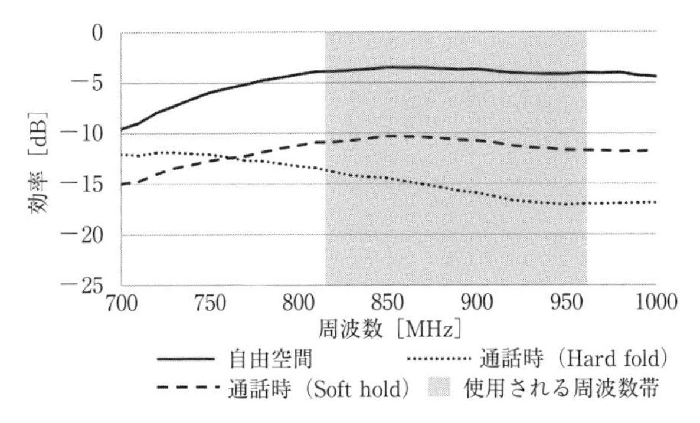

図 9.12　自由空間および実人体通話時でのアンテナ効率の比較（700-1000 MHz）

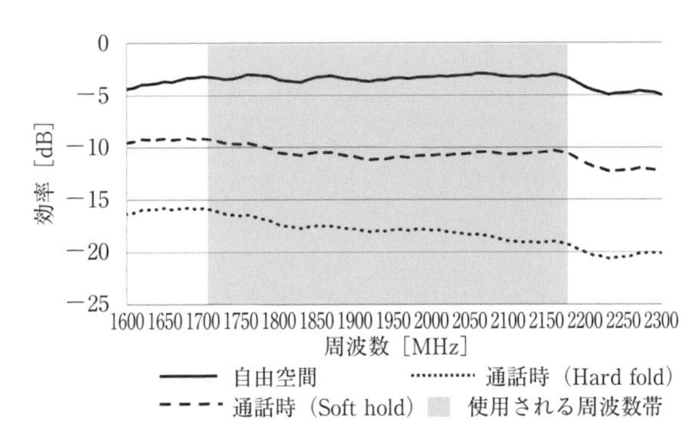

図 9.13　自由空間および実人体通話時でのアンテナ効率の比較（1600-2300 MHz）

損失が存在する．図 9.12，図 9.13 は自由空間時，実人体を使用した通話時のアンテナ効率をグラフ化したものである．端末の持ち方は端末下部を手のひらで接触させて持ったとき（**hard hold**）と端末と手のひらの間を空けて持ったとき（**soft hold**）の 2 種類である．800-900 MHz 帯は人体の影響により周波数が低い周波数側へシフトしており周波数シフトによる損失が大きい．また 1700-2100 MHz 帯は人体に吸収される損失が大きい．**周波数シフト**による損失および人体に吸収される損失を低減させるためには，アンテナと人体との距離を離す手法がとられている．人体に吸収される損失は，アンテナのデザインや配置，端末の長さ，端末の厚さなどによって異なる．図 9.14 は端末の長さとアンテナのデザインおよび配置場所における人体各部の影響による損失のグラフである[1)]．

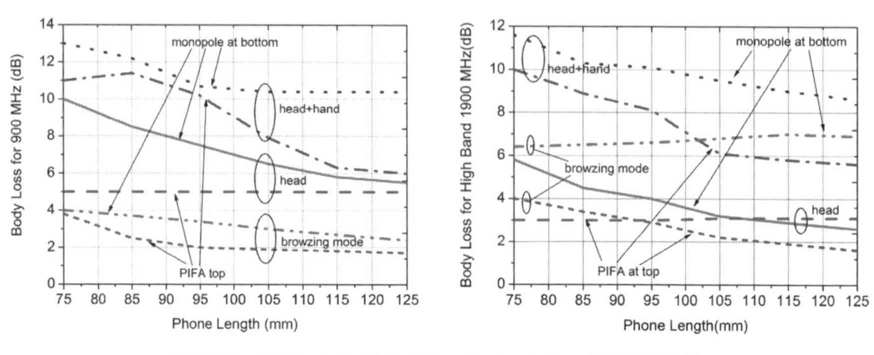

図 9.14　PIFA およびモノポールアンテナの人体損失比較

9.2.4　スマートフォンに搭載されているアンテナの実例

図 9.15 にスマートフォンの内部とアンテナ構成を記す．端末下部にセルラー用メインアンテナ，上部右にセルラー用ダイバーシティアンテナと **WiFi** 用

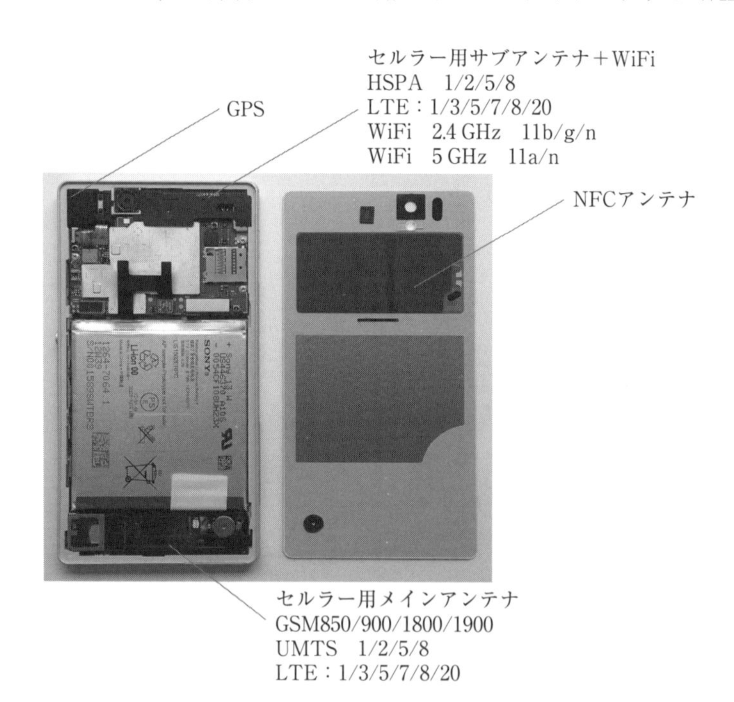

図 9.15　スマートフォンの本体とアンテナの例

の一体型アンテナ，左に GPS アンテナ，中央に NFC 用アンテナが配置されている．

9.2.5　携帯端末機器に搭載されているアンテナ

現在，携帯電話に主に採用されているアンテナは下記の 3 種類である．

A.　**板状逆 F アンテナ**（PIFA：planar inversed F antenna）

B.　折り返しモノポールアンテナまたは線状逆 F アンテナ

C.　ループアンテナ

以下，それぞれについて述べる．

A.　板状逆 F アンテナ

逆 F アンテナは主に地板（GND）上に配置され，放射板と 1 つの給電ピンと 1 つ以上の GND ピンから構成される．放射板上でスリットを設け，その長さを調整することにより共振を得ることができる．以前はセルラー用のアンテナとして，端末上部に配置されていたが，近年は低い周波数帯で帯域幅の増加（700-900 MHz）に対して，対応した広帯域化が難しく，実現するには放射板と GND との距離（アンテナの高さ）や金属部品との距離を大きくしなければならない．したがってアンテナ自身の高さが増し，端末の薄型化の要求が高まっている近年ではセルラーメインアンテナ用よりも，広帯域を必要とせず高い周波数帯の**ノンセルラーアンテナ**（GPS, WiFi）用に採用される傾向が強い．

図 9.16 は PIFA を基板上部に配置したもので，図 9.17 はアンテナそれぞれの対応する周波数帯を記している．

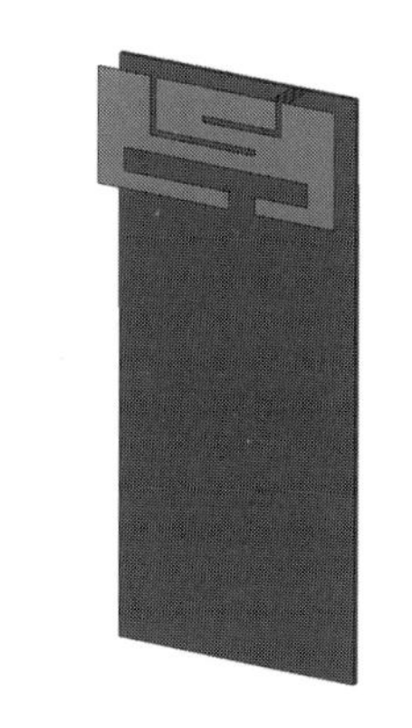

図 9.16　筐体上部に配置される PIFA

B.　折り返しモノポールアンテナまたは線状逆 F アンテナ

折り返しモノポールアンテナは GND よりも外側に配置され，放射板と 1 つの給電ピンのみ，または 1 つの給電ピンおよび GND ピンそれぞれ 1 つずつで構成される．イメージ的には放射板の下に GND がないアンテナである．放射

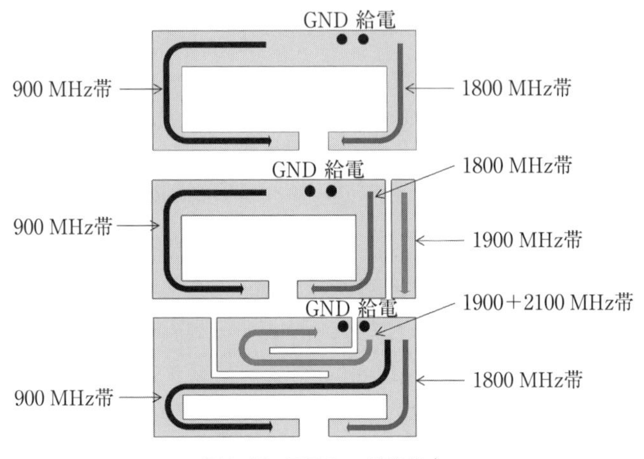

図 9.17　PIFA の電流分布

板が GND の外に配置されているためアンテナの高さを低く抑えることができる．セルラーメインアンテナとして端末の下側に，セルラーサブアンテナ，ノンセルラーアンテナとしては端末上部に配置される．得られる帯域は逆 F アンテナよりも広く，筐体長が 1/4 波長よりも長ければ，筐体モードにより追加共振を得ることができる．現在のスマートフォンのセルラーアンテナでは最も多く採用されている．

図 9.18　基板下部に配置されるモノポールアンテナ

図 9.18 は**モノポールアンテナ**を基板下部に配置したもので，図 9.19 はアンテナそれぞれの対応する周波数帯を記している．

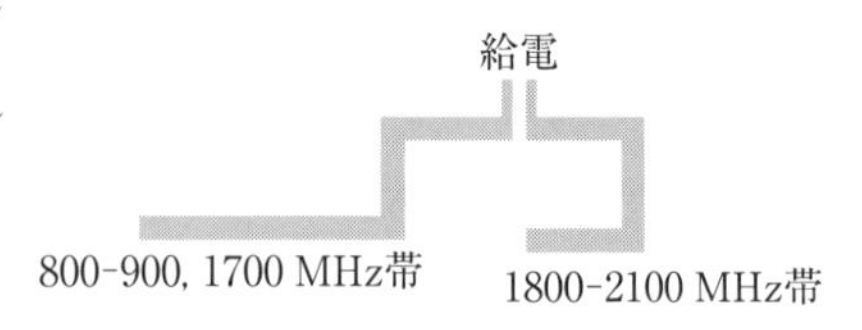

図 9.19　モノポールアンテナの電流分布

C. ループアンテナ

ループアンテナは放射板と１つの給電ピン，GND ピンそれぞれ１つずつで構成され，放射板は GND 上，または GND よりも外に配置される．ループアンテナは１つのループで異なる周波数のモードを共存させることができる．高い周波数帯（1700-2700 MHz）において，放射板を折り返すことにより，各モードを容量結合させることにより，新たな共振を生み出すことができる．エレメント長が１波長で動作している周波数に関しては，**差動給電**となり基板（GND）には電流が流れにくい．それゆえ人体，手の影響が少なく，**吸収損失**（absorption loss）が他の周波数に比べて少ない．ただし，半波長で動作している周波数などは，基板が放射板の一部として動作するため他のアンテナと吸収損失の量としては同じである．しかし放射板において**開放端**（逆 F アンテナ，折り返しモノポールでは高インピーダンス部）が存在しないため，人体，特に手の影響，すなわち **miss match loss** を上記の２つのアンテナに比べ低減させることができる．

図 9.20 はループアンテナを基板下部に配置したもので，図 9.21 はアンテナそれぞれの対応する周波数帯を記している．

図 9.20 基板下部に配置されるループアンテナ

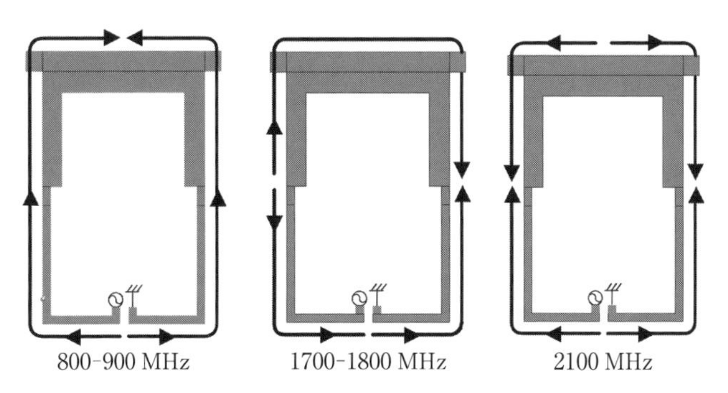

図 9.21 ループアンテナの電流分布

9.2.6 チューナブルアンテナ

前項では携帯端末機器で主に使用されている3種類のアンテナを説明したが，それらのアンテナにスイッチ素子または可変容量素子を使用し，周波数帯域を拡大させ，アンテナ効率の増加を可能にする技術を説明する．複数の周波数や広い帯域で特性を良くするには，波長に合わせ大きなアンテナを適用しなければならない．アンテナサイズが十分ではないと特に低い周波数（700-900 MHz）において対応する周波数すべてを確保するのが困難になる．

下記で紹介する手法は，帯域を切り替えて，総合的に広帯域に対応する技術である．実際に使用されているスイッチ素子，可変容量素子のデバイスは主に**混合物系**（GaAs：gallium arsenide），**シリコン系**（SOI：silicon on insulator, SOS：silicon on sapphire）がある．

接点数は，用途によるが主に **SPDT**（single pole double throw），**SP4T**（single pole quadruple throw），**Dual SPDT** が使われている．近年のこれらの素子の設計技術，材料技術，製造技術の進歩により，以前懸念されていたひずみ特性，またポート間のアイソレーションも確保できている．コストも低くなってきているため，近年では多くの端末に使用されている．図9.22，図9.23はアンテナサイズ（大，小）でのVSWRとアンテナ（小）にスイッチ素子を付加したときのVSWRである．このようにスイッチ素子使用はアンテナサイズを小さくできて，かつ広帯域な周波数に対応できる技術として採用されている．

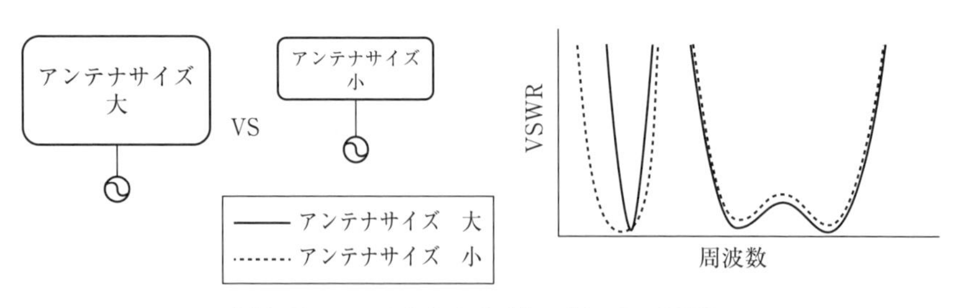

図9.22　アンテナサイズ（大，小）でのVSWR

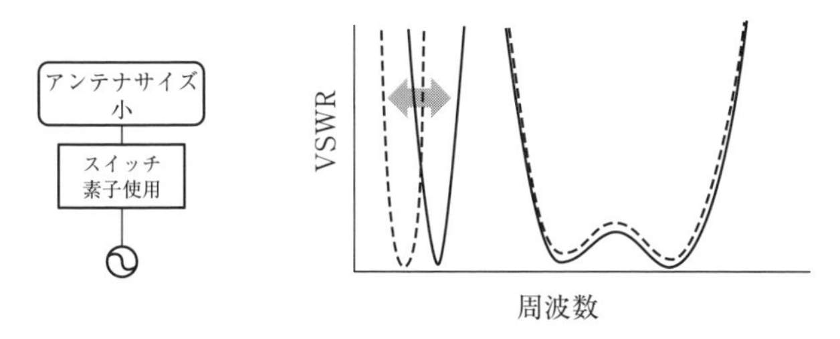

図 9.23 アンテナサイズ（小）にスイッチ素子を付加したときの VSWR

A. 整合回路の定数の切り替え

整合回路（対 GND）に 2 つ以上の素子（インダクタまたはキャパシタ）と**スイッチ**（SPDT, SP4T など）を用いて，素子を使用する周波数に合わせて切り替える．（図 9.24）

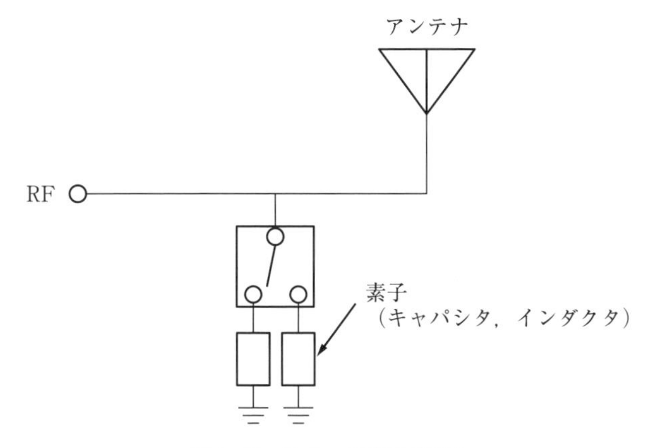

図 9.24 スイッチ素子使用 1

B. 2 つの整合回路を用意し，切り替える

整合回路を 2 種類用意して（それぞれの整合回路に対して，対応する周波数が異なる），必要に応じてスイッチを切り替える．（図 9.25）

C. 寄生素子（GND に接続）の電気長を切り替える

寄生素子とスイッチ，インダクタを組み合わせて，インダクタの定数をスイッチで切り替えることにより寄生素子の電気長を変化させ，アンテナ + 寄生素子によって発生する共振周波数を切り替える．（図 9.26）

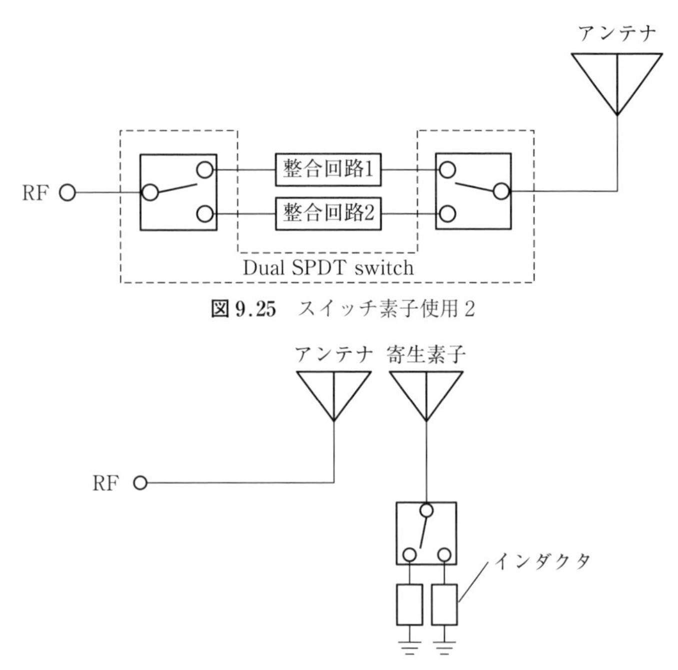

図 9.25　スイッチ素子使用 2

図 9.26　スイッチ素子使用 3

〈参考文献〉

1）　Z. Ying：Antennas in Cellular Phones for Mobile Communications, Proceedings of the IEEE, pp.2286–2296, 2012.

2）　K. Ishimiya, Z. Ying, J. Takada：Progress of multi-band antenna technology for mobile phone, Antennas and Propagation Society Int. Symp., IEEE, pp.1245–1248, 2007.

3）　K. Ishimiya, Z. Ying, J. Takada：GSM＋UMTS penta-band folded dipole antenna for mobile phone, In Proc. IEICE Gen. Con., Mar. 2006, B-1-132.

4）　K. Ishimiya, J. Takada：Multi-band Folded dipole antenna for mobile phone, Antenna Technology：Small Antennas and Novel Metamaterials, 2008. iWAT 2008. Int. Workshop on, pp.286–289, 2008.

5）　V. Plicanic, B. K. Lau, A. Derneryd, and Z. Ying：Actual diversity performance of a multiband antenna with hand and head effects, IEEE Trans. Antennas Propag., Vol.57, No.5 pp.1547 1556, May 2009.

9.3　広帯域無線システム用

広帯域無線システムとして，宅内やオフィス内，ホットスポットなどの小規模エリアで利用される**無線 LAN**（local area network），および主に都市部などの屋外内の特定広域エリアをカバーする**無線 MAN**（metropolitan area network）を取り上げる．

9.3.1　システム概要

無線 LAN は，**有線イーサネット**を用いた LAN を無線化してネットワーク構築の柔軟性や利便性を高めた無線ネットワークである．代表的な規格は，1998 年に **IEEE**（The Institute of Electrical and Electronics Engineers, Inc. **米国電気電子学会**）によって制定された **802.11 標準規格**があり，世界的に免許が不要な 2.4 GHz 帯および 5 GHz 帯の利用に伴い 2000 年代に急速に普及が進んだ．

本規格は，周波数や帯域幅，通信方式やアンテナの数等が拡張され通信速度を高めた方式が順次制定され，現在では **IEEE 802.11b/a/g/n/ac**，にさらに今後普及が期待される 60 GHz を使用した **IEEE 802.11ad** が主に利用されている．

基本となるシステム構成は，**無線端末**（station：**STA**）と，複数の無線端末を収容してネットワークに接続する**アクセスポイント**（access point：**AP**）から成る．無線端末は，パソコンに加え，スマートフォンやタブレット端末，プリンタやデジタルカメラ，音楽プレーヤー，ゲーム機，さらにはテレビやエアコン等の家電にまで及び，多種多様な機器でのネットワークサービスに利用されている．

無線 LAN 機能は，導入初期段階では USB などのインタフェースを介して無線 LAN モデムを外部接続して付加するのが主流であったが，近年では無線 LAN モジュールやアンテナを予め内蔵する機器が増えてきている．使用される場所は，宅内やオフィス内のプライベートネットワークに留まらず，**ホットスポット**と呼ばれるファーストフードやレストラン，駅や空港，さらには高速鉄道や航空機内などで公衆無線LANが利用できる．また，携帯電話網で処理しきれなくなったデータ通信量を収容するトラフィックオフロード利用の目的で，携帯電話事業者によっても通信エリアが展開されている．1つのアクセスポイントがカバーするエリアの広さ（カバレッジ）はおよそ100 m程度である．

無線LANは，**Wi-Fi**（Wireless Fidelity）とも呼ばれるが，これは業界団体**Wi-Fi Alliance**による相互接続性の認定を受けた無線機器のことを指す．さらに，業界基準として**WiGi**（Wireless Gigabit）のほか，主にHDデータ伝送に対しては**Wireless HD**, USB接続としての**Wireless USB**という規格がある．現状製品ではすべてにおいて互換性を保つようにはなっていない．

将来的には，**第5世代移動通信方式**（5G）とWi-Fiは1つの端末に収容され補完的な役割を果たすと予想される．特に現**LTE**（Long Term Evolution）移動通信システムの1000倍以上のシステム容量と100倍以上の高速化を狙う5Gシステム[1)]では通常の通信エリア内にスポット的に超高速伝送エリアを設ける二重の**セル構成**（**ファントムセル**）を配置することにより5～10 Gbpsの伝送速度を目指している．

その超高速伝送エリア用としてIEEE 802.11adに準拠したミリ波（60 GHz）の活用も検討されており，このため，端末のアンテナにはLTEなどとは異なった設計概念と機能が要求される．すなわち，数百MHz～数GHzをカバーする広帯域なアンテナに加え，ミリ波（60 GHz）帯にも対応したアンテナが1つの機器内に必要となる．ミリ波通信では，機能的小形アンテナが求められ，到達距離を確保するためにアレーアンテナによる**ビームフォーミング**の技術も必要になる．

一方，無線MANは，代表的な規格として**WiMAX**（Worldwide Interoperability for Microwave Access）および**XGP**（eXtended Global Platform）がある．WiMAXは，高速通信回線の敷設が困難な地域に通信サービスを提供することを目的としたデータ通信用固定無線通信システムとして始まり，2001年にIEEEにより**802.16規格**として制定された．その後，移動環境でAP間のハンドオーバに対応した**IEEE 802.16e/m**規格が**Mobile WiMAX**として策定されている．

XGPは，日本独自の簡易型携帯電話PHSをベースとして**OFDMA**技術などの採用により高速化を実現したデータ伝送システムであり，現在では高速化された後継の**AXGP**（Advanced XGP）が主流になっている．WiMAXおよびXGPは，いずれも日本国内では2009年ごろから2.5 GHz帯のライセンスバンドを用いた商用サービスが開始されている．

システム構成は無線LANと同様であり，無線端末にはパソコンに接続するモデム端末や内蔵モジュール，スマートフォン，モバイルルータと呼ばれる可搬型の無線LANアクセスポイントおよび公衆無線LANアクセスポイントのバックホール（アクセスポイントとネットワークを結ぶ回線）などがある．また WiMAXは電力検診システムのスマートメータの回線などで利用されている．アクセスポイント当たりの**カバレッジ**は1〜2 km程度であり，携帯電話と無線LANの中間で特定の広域エリアをカバーする．

日本で使用されている無線LANおよび無線MANの代表的な仕様を表9.3および表9.4にまとめてある[2-10]．ストリーム数は，**MIMO**（Multi-Input Multi-Output）伝送技術によって同時に多重して送受信できる情報の数である．MIMO伝送技術は，送受信に複数のアンテナを用い，各送信アンテナから異なる情報を同時にパラレル伝送して分離・復調可能な技術であり，アンテナ数に対応したストリームの伝送によって高速化を実現できる．

表9.3　日本で実用化されている無線LANの規格の概要

規格名	802.11 b/g	802.11 a	802.11 n	802.11 ac	802.11 ad
周波数	2.4〜2.5 GHz	5.15〜5.35 GHz 5.47〜5.725 GHz	2.4〜2.5 GHz 5.15〜5.35 GHz 5.47〜5.725 GHz	2.4〜2.5 GHz 5.15〜5.35 GHz 5.47〜5.725 GHz	57〜66 GHz
占有帯域幅	20 MHz	20 MHz	20/40 MHz	80/160 MHz	2.5 GHz
変調方式	DSSS/OFDM	OFDM	OFDM	OFDM	SC-OFDM*
ストリーム数/アンテナ数	1	1	1〜4（3）	1〜8（3）	1〜8
最大伝送速度	11 Mbps	54 Mbps	72.7〜600 Mbps (450 Mbps)	433.3 Mbps〜 6.9 Gbps (1.3 Gbps)	4.6〜6.8 Gbps

*SC：シングルキャリア，括弧（）の数値は2015年時点で実用化されている値

表9.4　日本で実用化されている無線MANの規格の概要

	WiMAX		XGP/AXGP	
規格名	802.16e-2005 Mobile WiMAX	802.16 m WiMAX2	XGP	AXGP
周波数	2.595～2.655 GHz		2,545～2,595 MHz	
占有帯域幅	10 MHz	20/40 MHz	10 MHz	20 MHz
変調方式	OFDM	OFDM	OFDM/SDMA	OFDM/SDMA /SC-FDMA
ストリーム数/ アンテナ数	2	8（2）	1 （基地局アンテナ数：4）	2 （基地局アンテナ数：4/8）
最大伝送速度	下り：40 Mbps 上り：15.4 Mbps	下り：110/220 Mbps 上り：10 Mbps	下り：20 Mbps 上り：15 Mbps	下り：110 Mbps 上り：15 Mbps

括弧（）の数値は2015年時点で実用化されている値

また，**XGP**では，AP側の複数アンテナを**アダプティブアレイ技術**により複数端末の接続に使用する**空間分割多元接続**（space division multiple access：**SDMA**）の併用も行っている．ミリ波（11ad）は現時点では1対1の**SISO通信**を前提としているが，MIMO通信による更なる高速化の検討も進んでおり，5Gでは100個以上のアンテナ素子を用いて指向性を高めたアクティブアンテナ技術である**Massive MIMO**の導入も検討されている．

9.3.2　アンテナ設計概念

A.　アンテナに関わる標準規格

アンテナ設計に当たり，まず遵守すべき関係法令および各システムの標準規格を整理する．**一般社団法人電波産業会**（Association of Radio Industries and Businesses：**ARIB**）が定める無線LANおよび無線MANの標準規格および**電波法施行規則**より，アンテナ設計で考慮すべき項目を表9.5にまとめる[2-10]．ここで，無線MANについては，小形アンテナを実装する移動局のみについて記す．なお，標準規格および電波法施行規則は適宜改定されるため，設計時には最新の規格を参照する必要がある．

無線LANおよび無線MANでは，前述のように多種多様な機器に搭載される．搭載機器に応じて，無線機能の利用用途や利用環境，搭載方法，搭載する

表 9.5　アンテナに関わる標準規格および電波法施行規則

規格名	無線 LAN			無線 MAN	
				WiMAX	XGP
周波数	2.4～2.5 GHz	5.15～5.35 GHz 5.47～5.725 GHz	57～ 66 GHz	2.595～ 2.655 GHz	2,545～ 2,595 MHz
絶対利得	12.14 dBi 以下	規定なし	47 dBi 以下	4 dBi 以下	4 dBi 以下
送信電力	10 mW 以下*			200 mW 以下	200 mW 以下
ビーム幅	360 度×2.14/G_a G_a：絶対利得 [dBi]	―	―	―	―

＊　一般的な無線 LAN は特定小電力無線局であり，送信出力が制限（電波法施行規則第六条第四項第二号）

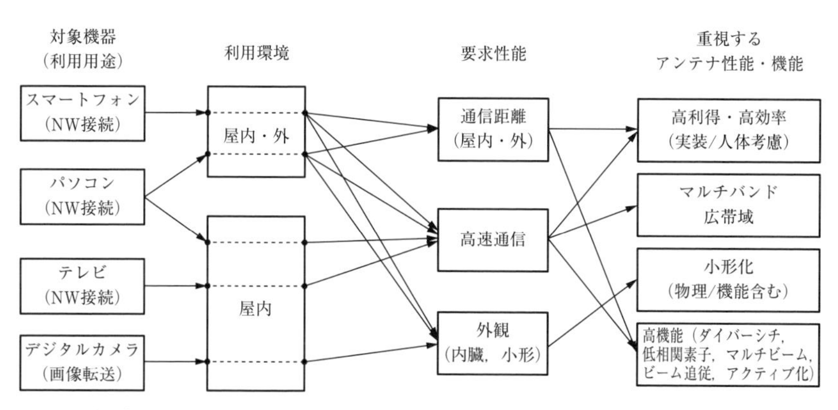

図 9.27　無線 LAN 端末用アンテナの要求性能および重視するアンテナ性能・機能の導出例

無線方式の規格や周波数，などさまざまである．これらは，無線機全体の設計で行い，それに準じてアンテナ設計で重視する性能やその優先度を定め，設計を行う．アンテナの設計結果を踏まえて，必要に応じて筐体のサイズなど無線機の設計にフィードバックする必要が生じる場合もある．図 9.27 に無線 LAN 端末用アンテナの要求性能および重視するアンテナ性能・機能の導出例を示す．

B.　無線 LAN・MAN 移動機

次に無線 LAN および無線 MAN の移動機用アンテナ設計で考慮すべき事項について述べる．

まず，機器の筐体内部に実装する内蔵アンテナでは，近傍に無線モジュールや筐体などが存在しアンテナ特性に影響するため，実装状態を考慮したアンテナ設計が必要となる．パソコンやモバイルルータのように複数の無線方式のアンテナを実装する場合も近傍の影響を考慮し，利得および放射効率の劣化を抑制する必要がある．

USB ドングルのように，パソコンやプリンタなどの機器に外部ポートを通して接続する無線モデムでは，接続によって無線モデム内の基板の電流分布が変化するなどが生じるため，外部接続状態を考慮したアンテナ設計が必要となる．たとえば，接続によるアンテナ共振周波数のずれを予想して，単体動作時にオフセットを設けるなどである．また，接続する機器は不特定多数であり，アンテナへの影響も一定ではない．そのため，アンテナの帯域幅にマージンをもたせるなど，耐性を含めた設計が必要になる．人が保持した状態で使用される端末については，携帯電話と同様に人が保持した状態を考慮した設計が必要である．

一方，**電波防護指針**の観点からは，携帯電話同様に6.2.8項の**電波比吸収率**（specific absorption rate：**SAR**）を配慮したアンテナ設計が求められる．2014年4月より新たなSARとして，**Body-SAR**の施行が開始された[11]．Body-SARは，人体側頭部以外の部位（手首より指先を除く）に近づけて使用する無線設備の安全性の担保のための規定で，通常の使用状態で送信アンテナと人体との距離が20 cm以内になる無線機器が対象となる．すなわち，タブレット端末やパソコンも対象となる．また，送信出力が20 mW以上の無線機が対象であり，広帯域無線システムでは無線MANが対象となる．ただし，同一筐体内に複数無線設備が搭載された場合で，同時に電波を発射する機能がある場合は，すべての無線設備から送信された電力によるSARの評価が必要になるため，無線LANであってもBody-SARに対する評価が必要となる．

C.　MIMO伝送

MIMO伝送用に複数のアンテナを実装する場合では，アンテナ単体の特性に加えて，MIMO伝送性能に関わる評価指標に基づいた設計が必要になる．アレーアンテナと同様に，放射効率の劣化を抑制するために素子間の**アイソレーション**の確保が重要である．加えて，MIMO伝送は送受信アンテナ間の応答行列（チャネル行列と呼ばれる）の相関が低い場合に伝送容量を高められる．チャネル行列には送受信アンテナ間の伝搬路が含められるが，アンテナ設計にまで考慮することは難しいため，送受信片側の MIMO アンテナの特性だけで求められる**アンテナ相関**（envelope correlation coefficient：ECC）が一般に用いられる．ECC には，アンテナの S パラメータを用いる簡易指標と，3 次元放射パターンを用いる指標と 2 通りがある．アンテナ素子 i 番目と j 番目の間の ECC $\rho_{e(i,j)}$ はそれぞれ次式で定義される．

① S パラメータを用いた ECC：

$$\rho_{e(i,j)} \approx \frac{|S_{ii}{}^*S_{ij}+S_{ji}{}^*S_{jj}|^2}{(1-(|S_{ii}|^2+|S_{ji}|^2))(1-(|S_{jj}|^2+|S_{ij}|^2))} \tag{9.5}$$

ここで S_{ij} はアンテナの S パラメータを表す．

② 3 次元放射パターンを用いた ECC：

$$\rho_{e(i,j)} \approx \frac{|\oiint(E_{\theta i}\cdot E_{\theta j}{}^*+E_{\phi i}\cdot E_{\phi j}{}^*)\,d\Omega^2}{|\oiint(E_{\theta i}\cdot E_{\theta i}{}^*+E_{\phi i}\cdot E_{\phi i}{}^*)\,d\Omega|\cdot|\oiint(E_{\theta j}\cdot E_{\theta j}{}^*+E_{\phi j}\cdot E_{\phi j}{}^*)\,d\Omega|} \tag{9.6}$$

ここで E_θ および E_ϕ は，それぞれ直交した偏波成分の 3 次元複素放射パターンである．

定義よりわかるように，① S パラメータを用いた ECC は反射特性とアイソレーションのみで簡易に算出でき，一方，② 3 次元放射パターンを用いた ECC は，アンテナの放射特性を含めた正確な評価ができる．それぞれ，精度と時間のトレードオフがあるため，設計の過程では①と②の ECC を段階的に利用するとよい．

D. ミリ波システム

60 GHz では 1 波長が 5 mm なので，機器への実装のための小形化の課題は大きくない．しかしながら，伝搬損失や大気減衰がマイクロ波帯に比べて大きいため，主に基地局アンテナの狭ビーム化と端末移動に伴うビーム操作機能に対応した端末アンテナが必要になる．しかし，通信距離を伸ばすために端末アンテナにおいても狭ビーム化により利得を上げると通信方向が限定される．そこで，複数ビームの切替機能をもつ**マルチビームアンテナ**や給電線損失を減らすためにアンテナ素子と電子部品を一体化した**アクティブアンテナ**が研究されている.

また，**ミリ波システム**では，局所的または補完的な役割を果たすことで超高速通信を実現する．したがってスポット的なエリア構成となり，図 9.28 に示すように半径数十 m 程度のエリア内で歩行程度の移動に追従するシステムでよい．電子部品（CMOS（complementary MOS）LSI 等）の高周波化が進み，ミリ波帯域で使用が可能になったことにより，帯域は十分確保できており，現状の通信方式でも数～10 Gbps の伝送が可能である．しかし，図 9.28 に示すようマイクロ波に比較して，伝搬損失，シャドウイング，給電損失の増大，それを補うためのビーム狭小化と，端末移動に対する工夫が必要になる．

このため，必要アンテナシステムに関する開発項目は，図 9.29 に示すように基地局側のビーム走査と，端末側のビーム形成か切り替えが必要になる．さらには給電損失を減らすために基地/端末ともにアンテナを電子回路と直結す

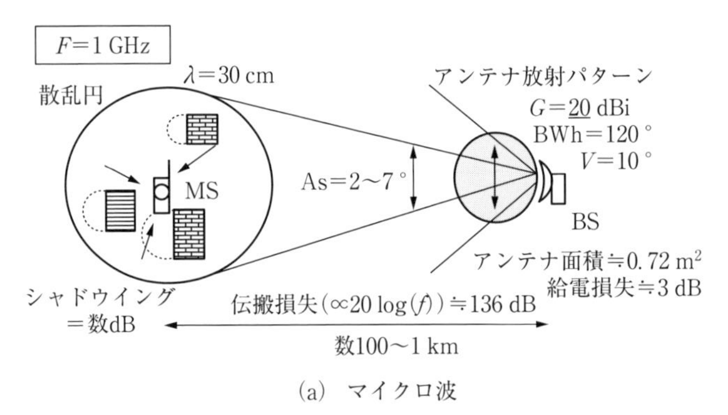

(a)　マイクロ波

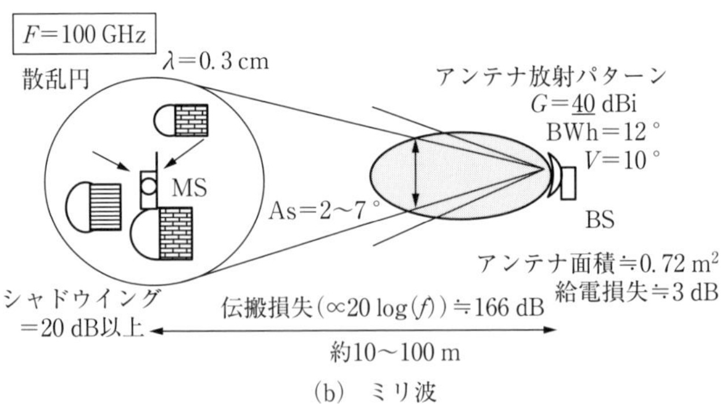

(b)　ミリ波

図 9.28　周波数によるエリア構成の違い

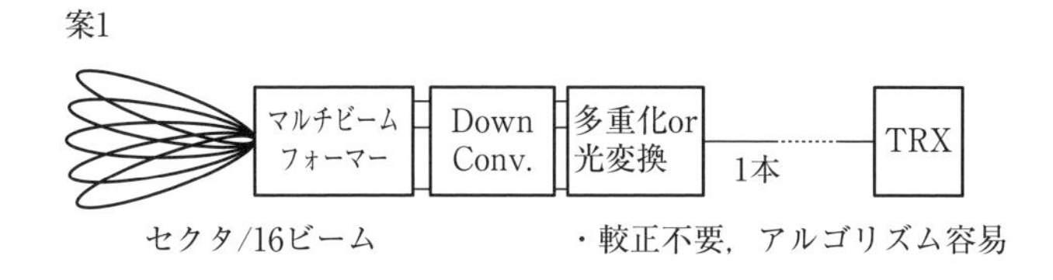

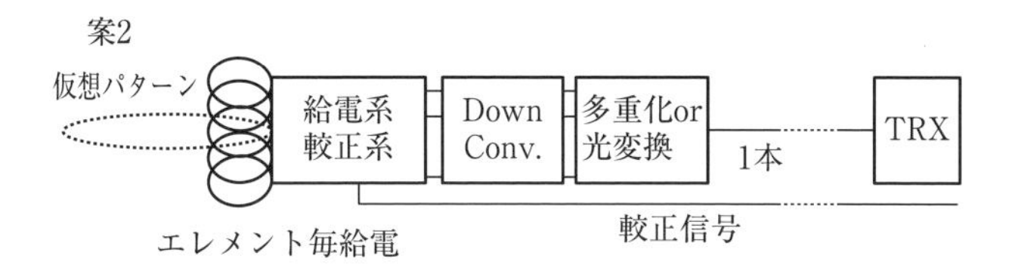

(a)　基地局

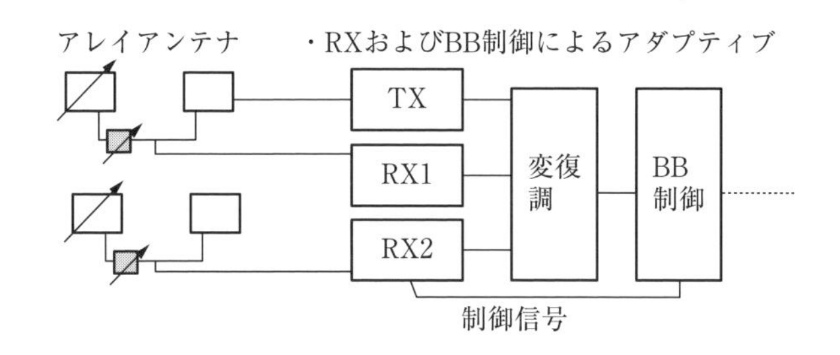

(b)　端末（移動）局

図 9.29　ミリ波アンテナシステムの例

る**オンチップアンテナ**や，一体設計を行う**アクティブアンテナ**が必須になる．すなわちアンテナはエレメントまわりに機能を集約する機能的小形化が要求される．

さらに，ミリ波ではアンテナ素子の選択も重要になる．従来の固定通信では図 9.30 に示すように，損失と精度，利得の観点から導波管による給電系とホーンアンテナ，または反射鏡アンテナが主流であった．しかし，無線 LAN や携帯電話等の移動通信端末に適用する場合には，機能，重さ，価格の点からプリント形式のアンテナを用いて，その直下に回路を置くようなオンチップアンテナ（モジュール化）が適切である．従来のアクティブアンテナは適用周波数に限界があり，ミリ波において十分な利得を得るのは難しかった．端末でもビ

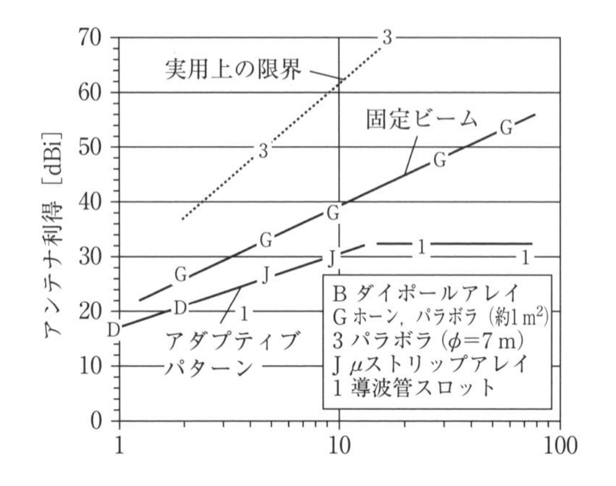

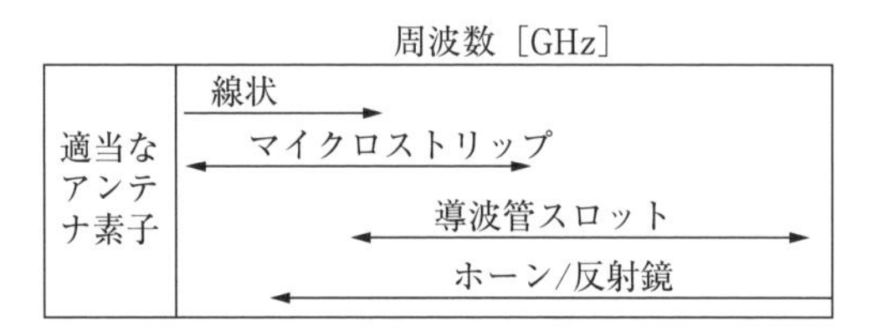

図 9.30　従来における一般的なアンテナ素子と周波数帯域の関係

ーム形成やビームスイッチを追加した状態での総合利得を十分高いものとする工夫が必要である．

基地局アンテナでは利得が重要であるので，ホーンアンテナ等によるマルチビーム化も考えられる．したがって，現在の研究開発は，高周波化が進んだ電子部品をプリントアンテナ給電点に直結したオンチップアンテナの開発と，同じ構成に**制御機能**（**ビーム走査**や**切替機能**）を付加したアクティブアンテナの研究開発が進められている．

9.3.3　設計例と実際

無線LANと無線MANでは，周波数や帯域幅，所要利得が異なるものの，個々のアンテナ設計については大きな差はない．むしろ，実装する機器に依存する要素が強い．そこで本項ではアンテナを実装する機器で分類し，それぞれの設計例を紹介する．

A. 無線 LAN・MAN 移動機用

(a) 外部接続モデム端末用（超小型 USB ドングル，SD カード）

外部接続モデム端末には，以前までは PC カードインタフェースに対応した **PC カード端末**が主流であったが，近年は USB インタフェースが主流となり，**USB モデム端末**（USB **ドングル**とも呼ばれる）が広く普及している．また，**SD カード**内に無線 LAN の機能を内蔵することで，デジタルカメラなどの機器に無線機能を付加できるものもある．用途に応じて，小形重視の端末から性能重視の端末がある．

小形を重視する端末は，無線 LAN で最も普及している **IEEE 802.11b/g/n** の 2.4 GHz 帯のみに対応するものが多く，屋内や同一室内で使用する用途を想定している．モバイル用ノートパソコンや宅内の同じ室内で使用するプリンタなどに向けた超小型の USB ドングル，デジタルカメラの画像・動画データをパソコンやネットワークサーバに転送する無線 LAN モデム付 SD メモリカード端末や，無線 LAN 機能が搭載されていない携帯電話向けにさらに小形化した無線 LAN 機能のみの microSD カード端末がある．小形重視端末の寸法例を図 9.31 に示す．いずれもモデム端末の大半がソケット内に挿入され，外部に露出する部分がわずかである．

使用されるアンテナの区分は，電気的あるいは寸法制限付小形アンテナ（ESA, PCSA）である．超小型 USB ドングル端末では外部露出部に**チップアンテナ**を内蔵させる構成がよく用いられている．SD カード，microSD カード端末の場合では，厚さが非常に薄いため，**薄型チップ**や**プリントアンテナ**が使用される．

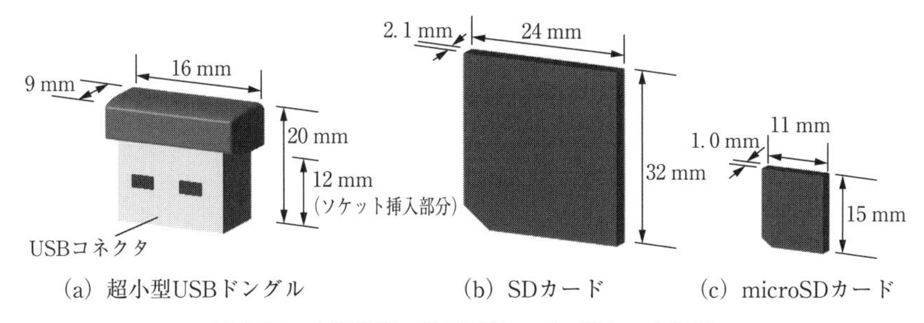

図 9.31 小形重視の外部接続モデム端末の寸法例

SD カードタイプのアンテナの設計事例を示す．デジタルカメラではSDカードを収納して使用するため，メモリ，無線モジュールおよびアンテナをすべてSDカードの中に搭載することが必須条件となる．アンテナ素子の先端を地板に接地した折り返しダイポールの設計例を図9.32に示す[12)]．アンテナの設置位置は，デジタルカメラのSDカードソケットに挿入したときに，周辺機器からの影響が比較的小さい取り出し部分の領域を割り当てている．

アンテナの実装領域は，メモリおよび無線モジュールの搭載スペースから21 mm×5 mmに限定される．SDカードの場合，実際に使用する状況では，デジタルカメラのソケット内にアンテナがすべて収納されてしまうため，デジタルカメラも含めたシミュレーションが必要になる．設計結果では，アンテナ素子の全長が50 mm，スロット幅が1 mm，給電点と地板接地点の間隔が1.5 mm，素子幅が0.5 mmであり，波長に対して小形化されている．なお，アン

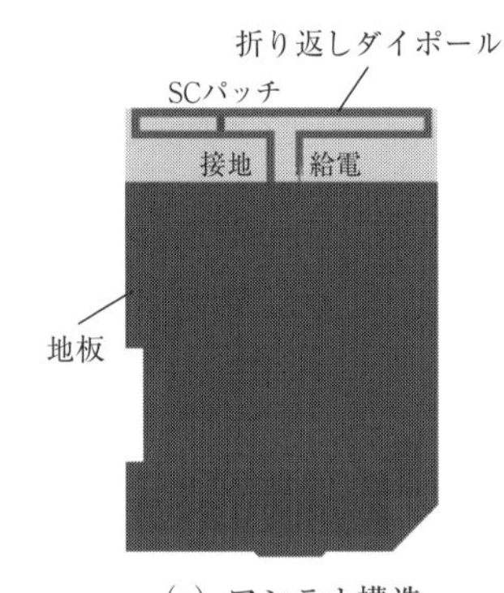

(a) アンテナ構造

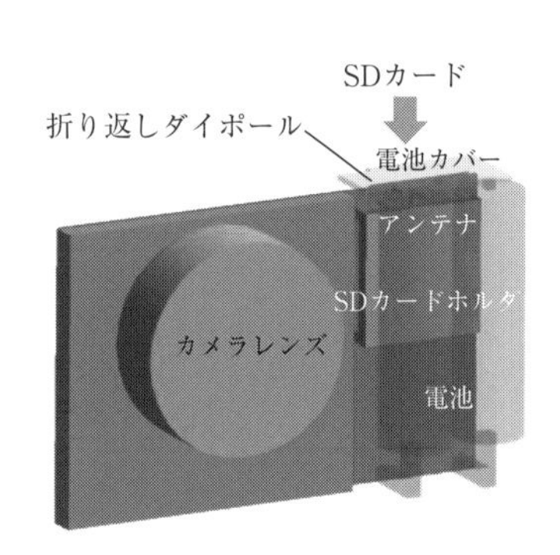

(b) デジタルカメラを含めた解析モデル

(c) デジタルカメラ実装環境での測定

図9.32　無線LAN移動機用の外部接続モデム端末（小形重視）のアンテナ設計例：SDカードタイプ[12)]（ⓒ IEEE 2011）

テナ素子の中間に短絡素子を入れてある．これは，近接する，SDカードスロット，デジタルカメラの基板，バッテリーなどの影響を考慮したインピーダンス整合調整用である．また，電源供給のためにデジタルカメラ基板と電気的に接続されることで実効的な地板サイズが大きくなり，放射効率の低減が抑制できている．

(b)　外部接続モデム端末用（USBドングル）

パソコンでの高速データ通信の用途には，有線LAN並の性能を求める無線LAN，および屋外でも使用する無線MANの両方があり，いずれも高い性能が重視されるためアンテナの実装体積も大きくなる．ほとんどが**USBドングル**タイプであり，筐体サイズは7 cm前後である．**無線LAN**では，高速データ通信に対応した**IEEE 802.11n/ac**が主流で，2.4 GHz帯に加え広帯域が利用可能な5 GHz帯のデュアルバンドが必要となる．**無線MAN**では広いエリアで使用するため利得・効率を高く得る必要があり，プリントアンテナや**板金アンテナ**が使用されるケースが多い．また，**MIMO伝送**の利用が必須となり，複数アンテナの実装が必要となる．なお，現在では2×2 MIMOへの対応のため2本の実装が主流である．

2.4 GHzと5 GHz帯のマルチバンドアンテナをプリント基板上に構成した設計例を図9.33に示す[13)]．アンテナは**T字形状のモノポールアンテナ**素子を

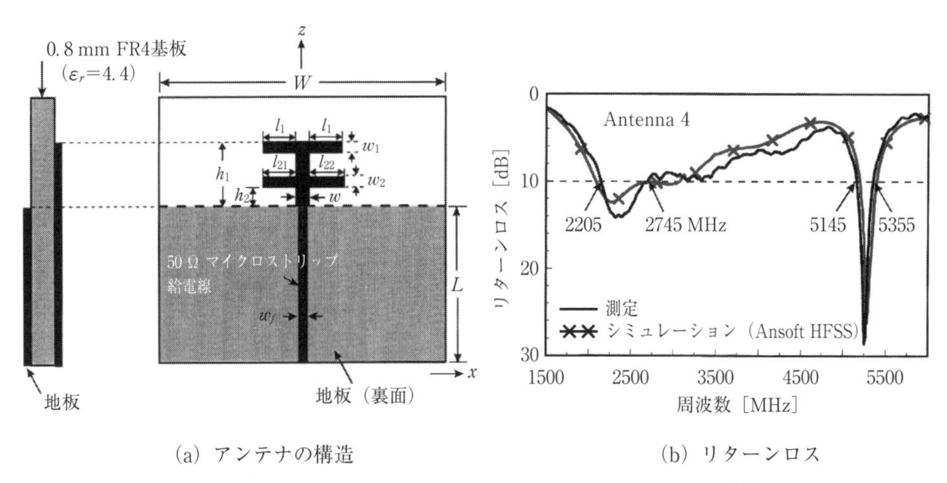

(a) アンテナの構造　　(b) リターンロス

図9.33　2段T字素子を用いた無線LAN用マルチバンドアンテナの設計例[13)]（©IEEE 2003）

2段に並べることで2共振化を図っている．アンテナは厚み0.8 mmの**FR4**のプリント基板上に構成され，地板より上の素子サイズは幅14.1×高さ14.5 mmと小形である．シンプルな構成で2.4GHz帯と5.2GHz帯をカバーしており，設計も容易であることから，その後の多くのマルチバンドアンテナの設計で引用されている．

2.4 GHzと5 GHz帯のマルチバンドアンテナの他の設計例を図9.34に示す[14)]．このアンテナは**逆Lアンテナ**素子に近接させて接地したL字素子を並べることで広帯域化を図っている．アンテナは厚み1.6 mmのFR4のプリント基板上に構成され，地板より上の素子サイズは幅12.5×高さ8 mmと小形であるが，2.4 GHz帯と5.2 GHz帯および5.8 GHz帯の3バンドをカバーしている．

USBドングルのサイズ内に，2.4/5 GHz帯デュアルバンドMIMOアンテナを実装した設計例を図9.35に示す[15)]．基板サイズは60 mm×15 mmであり，その先端の両角に板金アンテナが直立して設置されている．アンテナは，折り返しモノポールであり，デュアルバンドに対応するためラインの幅が調整され

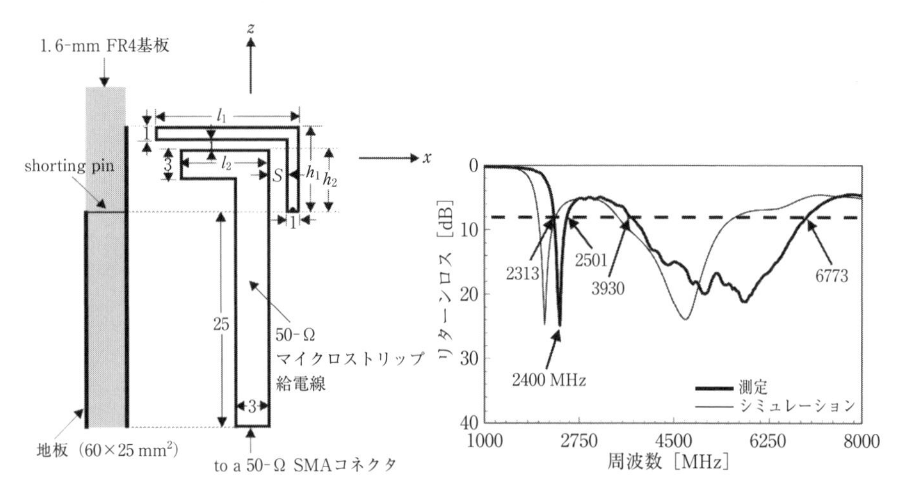

l_1=12.5 mm, S=2 mm, h_1=8 mm,
l_2=7 mm, h_2=6 mm

(a) アンテナの構造　　(b) リターンロス

図9.34　L字形状無給電素子を用いた無線LAN用広帯域アンテナの設計例[14)]（©IEEE 2004）

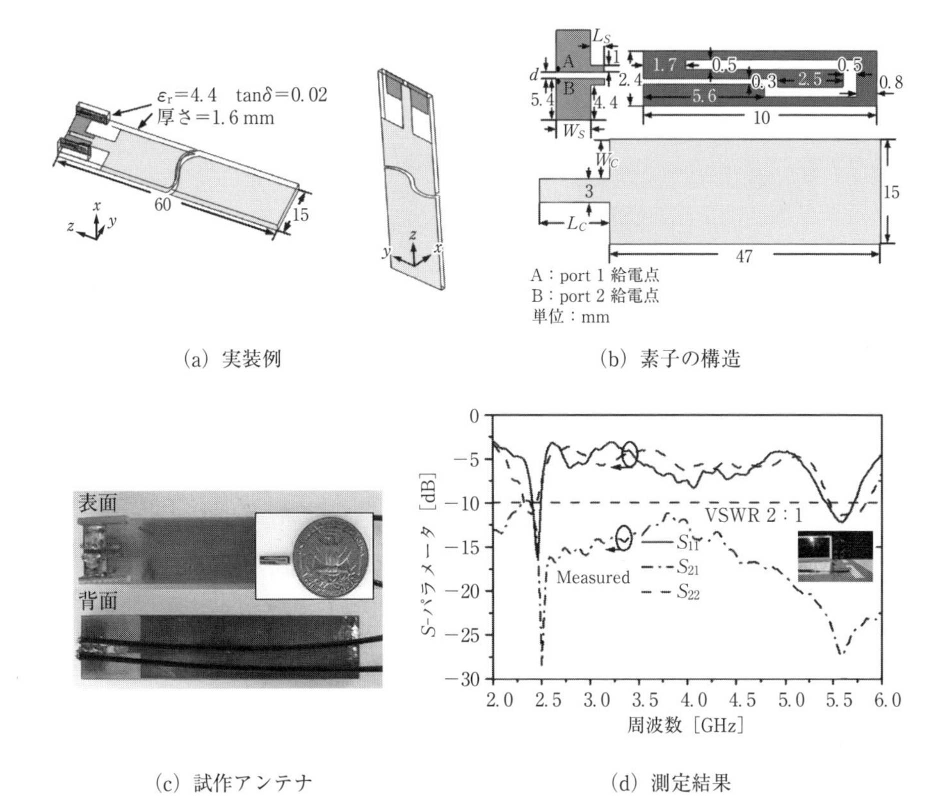

(a) 実装例

(b) 素子の構造

(c) 試作アンテナ

(d) 測定結果

図 9.35 無線 LAN 用 USB ドングル端末のアンテナ設計例[15]（©IEEE 2013）

ている．また，給電線は，整合調整のため**スタブ**付の広い線を使用してあり，それが一部放射にも寄与する．給電線間が近接しているが，スタブを取り付け 1/4 波長程度に調整することでフィルタ効果により**アイソレーション**を 15 dB 以上確保できている．MIMO 伝送で重要となる **ECC** は，3D 放射パターンの実測データから算出した結果では，5 GHz 帯が 0.044 と低減できているが，2.4 GHz 帯で 0.462 とやや高く改善の余地があるといえる．

USB ドングルの筐体サイズに 2.4/5 GHz 帯の MIMO アンテナを内蔵する場合は，前例のように ECC の低減が課題となる．そのため，地板にスリットを設ける，非励振素子を追加する，デカップリング整合回路を挿入するなど検討されている．図 9.36 に各種の ECC 低減手法を示す．(a) アンテナ間に接続

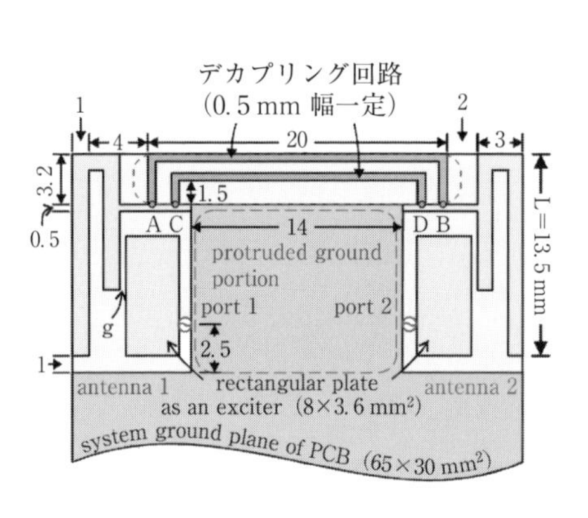

(a) アンテナ間に接続導体を設置する手法[16]

(©IEEE 2013)

(b) T字型の非励振素子を追加する手法[17]

(©IEEE 2013)

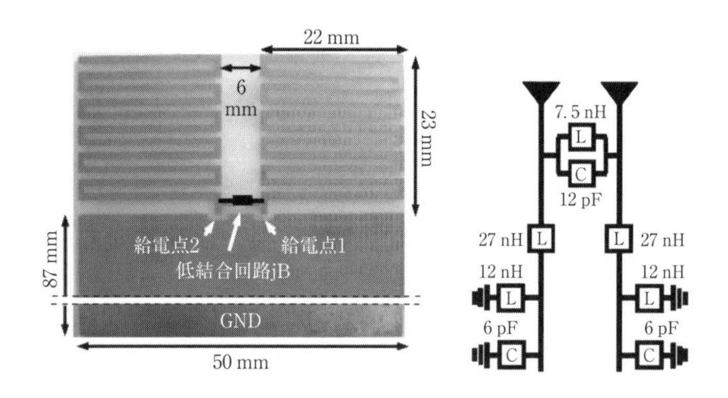

(c) 2共振回路のデカップリング整合回路を追加する手法[18]

(©IEICE 2011)

図 9.36　ECC 低減手法の例

導体を設置する手法[16]，(b) T 字型の非励振素子を追加する手法[17]，(c) 2 共振回路のデカップリング整合回路を追加する手法[18]，などであり，何れも複数の周波数にて ECC を低減可能である．

(c)　ノートパソコン内蔵用

近年のモバイル用ノートパソコンでは，ほぼすべての機種に無線 LAN が標準で搭載されている．また，無線MANも予め搭載されていたり，追加できる機種も販売されている．ノートパソコンは，USBドングルに比べて筐体サイズは大きいが，特にモバイル用は近年薄型化が進んでいるためアンテナ搭載スペースの制約も高まってきている．ノートパソコンに搭載する内蔵アンテナは，利用時の状態や電波送受信の観点から**液晶ディスプレイ**（liquid cristal display：LCD）の上部や側部が適している．このスペースは，厚みが薄くなっており，デザインの観点からディスプレイ枠の領域は狭いことが望まれるため，小形・薄型化が求められる．

一方で，無線機の面からは，無線方式に無線LANおよび無線MAN，さらに**セルラー**および**Bluetooth**などのマルチシステムかつマルチバンド，無線データ通信性能面からもMIMO伝送用に複数アンテナの実装が求められる．したがって，アンテナ設計では，複数のシステム・バンドおよびMIMOアンテナの実装を，いかに小形・薄型化で実現するか課題となる．アンテナ区分としては，電気的・機能的・寸法制限付小形アンテナなどに分類される．

ノートパソコン用マルチシステム・バンドアンテナの設計例を図9.37に示す[19]．このアンテナは，ノートパソコンのディスプレイと金属フレームの間に搭載するために，1層の金属板から成る平面アンテナとしている．このアンテナは，無線LANの2.4 GHz帯および5 GHz帯を1つのアンテナでカバーするために，5 GHz帯用の逆Fアンテナの上部に2.4 GHz帯に対応した無給電導体2を近接配置させ，無給電導体2を金属フレームに接続された地板に短絡させることで2共振化と小形化の両立を図っている．素子の形状を最適化することで，アンテナ素子サイズ9×30 mmで2.4 GHz帯で12.2%，5 GHz帯では27.2%の帯域幅を得ており，小形広帯域化を実現している．

ノートパソコン用マルチバンドアンテナとして，さらなる広帯域化を図った設計例を図9.38に示す[20]．このアンテナは，無線LANの2.4 GHz帯および5 GHz帯，無線MANの2.5 GHz帯を1つのアンテナでカバーできるプリントマルチバンド逆Fアンテナである．アンテナ素子のサイズは5.7 mm×30.2 mm，地板サイズが3.6 mm×48 mmである．地板は，200 mm×260 mmのLCDの金属フレームもしくはパソコンの地板と電気的に接続されている．アンテナ素子は，3つのカップリングスロットと**L字シャント給電**を用いること

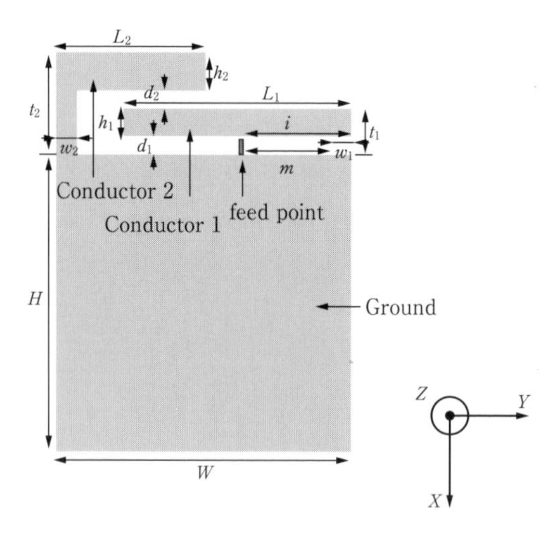

(a) デュアルバンド平面アンテナの構造

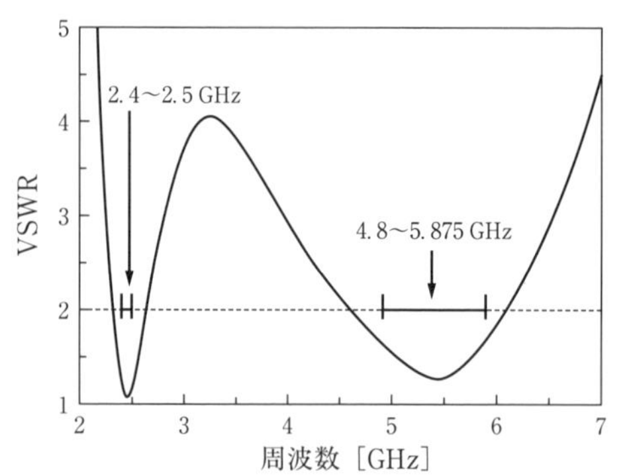

$H=20$, $W=30$, $L_1=23.2$, $h_1=3$, $t_1=4$, $d_1=1$, $w_1=1$,
$i=10$, $m=9$, $L_2=13.7$, $h_2=4$, $t_2=9$, $d_2=1$, $w_2=2$ ［mm］

(b) VSWR特性

図9.37　無線LAN移動機用のノートパソコン内蔵用マルチバンドアンテナの設計例[19]（©IEICE 2003）

でマルチバンド化を実現している．

その他にマルチバンド，また広帯域アンテナの実現方法に，キャパシタを用いたアンテナがある．誘導性インピーダンスのアンテナにチップキャパシタを

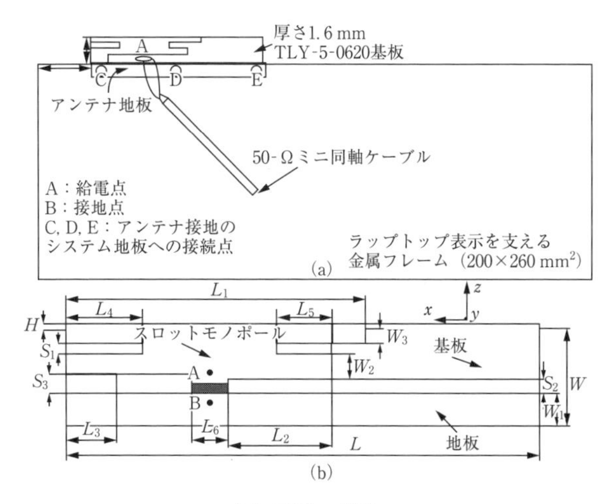

(a) 素子の構造

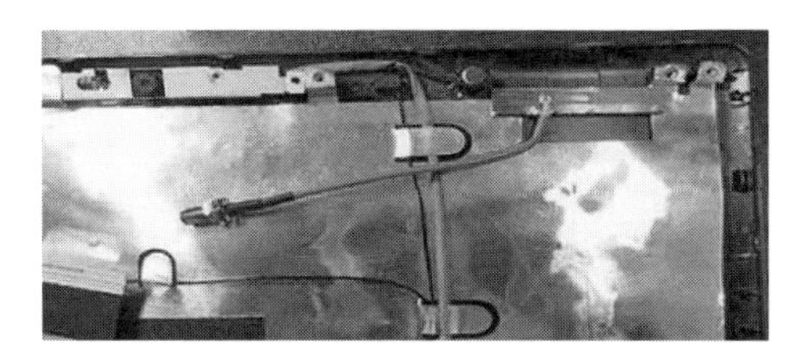

(b) 試作アンテナ

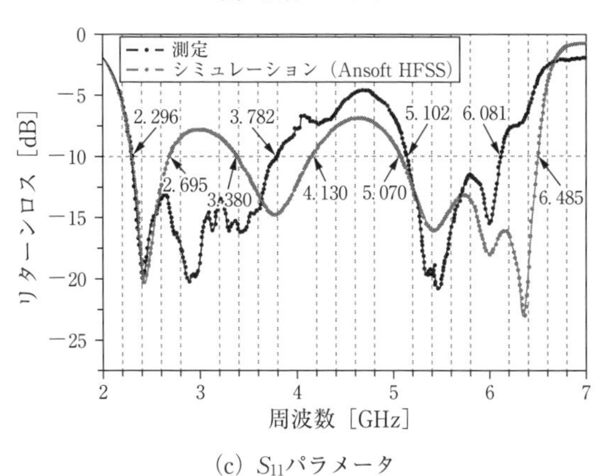

(c) S_{11}パラメータ

図 9.38　無線 LAN 移動機用のノートパソコン内蔵用マルチシステム・バンドアンテナの設計例[20]（©IEEE 2013）

組み込むことで広帯域化を実現しており，一方でキャパシタを変えることで特性調整をしやすくしている．製造の観点から，マルチバンドアンテナでは各共振周波数が動作するアンテナ部位が異なるように設計することで，実装時や筐体内に取り付けたときの各周波数の調整が容易になり，またキャパシタチップも変更調整がしやすくなるため，重要な要素になる．

次に無線LAN用のデュアルバンドのMIMOアンテナの設計例を図9.39に

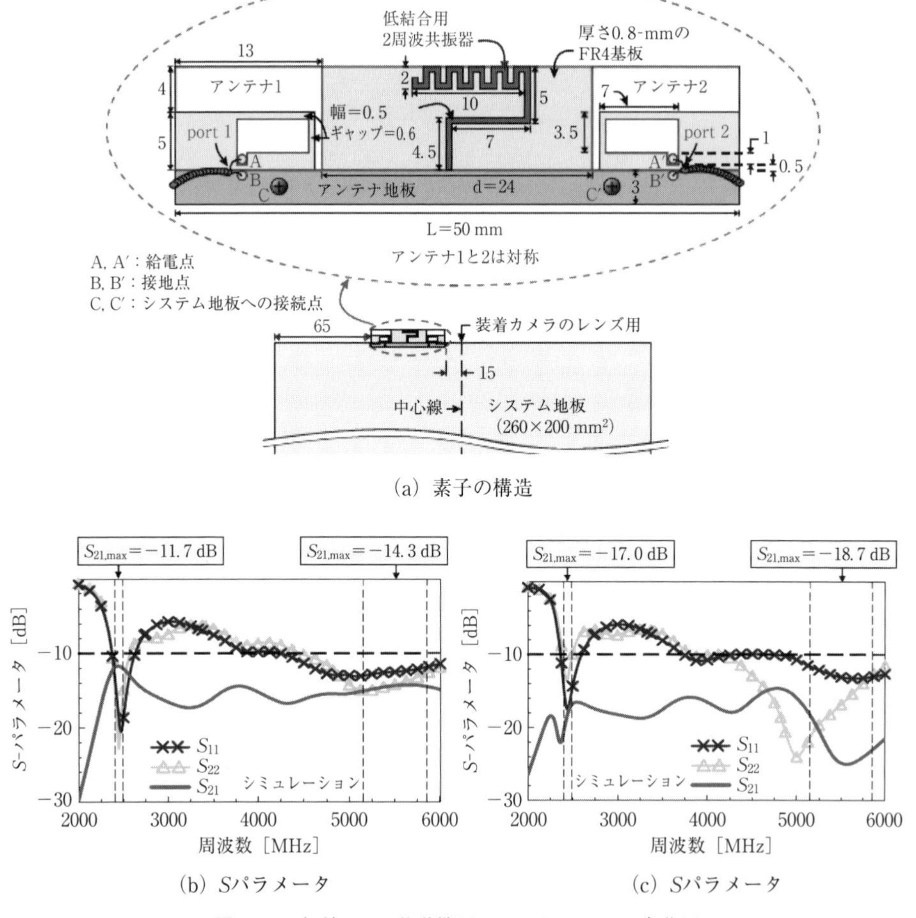

(a) 素子の構造

(b) Sパラメータ　　(c) Sパラメータ

図9.39　無線LAN移動機用のノートパソコン内蔵用MIMOアンテナの設計例（©IEEE 2009）

示す[21]．2本のMIMOアンテナを小スペースに実装する場合，アンテナ間のアイソレーションが課題となる．本設計では，アンテナ素子間にメアンダ状の2.4 GHzおよび5 GHzの共振回路を配置することで低結合化対策を行い，放射効率の低減を抑制するとともにアンテナ間相関の低減を実現している．

(d) スマートフォン・モバイルルータ内蔵用

スマートフォンや**モバイルルータ**では，基本的にはモバイル用パソコンと同じアンテナの設計指針であるが，薄型化よりも小形化の制限の方が大きい．また，LTEなどの無線LAN以外の無線システムも搭載されるのが通常であるため，より広い周波数帯での対応が必要となる．ここではモバイル端末内蔵用のマルチバンドアンテナのうち，無線LANの設計に特徴のあるものを述べる．

無線LANのアンテナを他の無線システムと共用して動作させる事例として，**GPSアンテナ**と共用させた設計手法を示す[22]．図9.40は，**アンテナ共用器**を用いてGPSとWLANおよびBluetoothの3つの無線システムを共用化している．GPS用のアンテナ素子とWLAN/Bluetooth用のアンテナ素子をそれぞれ別々に配置した場合には，GPS用で0.35 cc，WLAN/Bluetooth用で0.25 ccと合計0.6 ccのアンテナ占有体積が必要であるが，共用化により計0.4 ccに省スペース化している．

この構成のようにアンテナ素子を複数の無線システムで共用する場合，アン

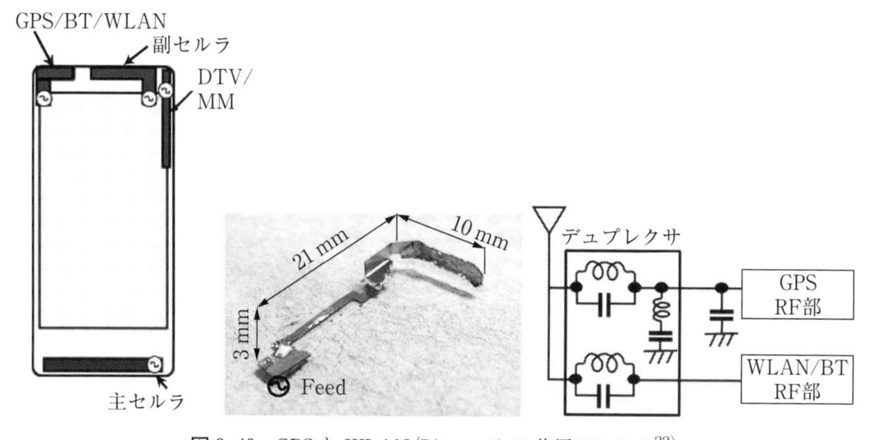

図9.40 GPSとWLAN/Bluetoothの共用アンテナ[22]

テナ共用器が追加されるため，通過損失が0.5 dBほど増加してしまう欠点があるが，2つのアンテナをマルチバンド化する際に素子体積を若干大きめに確保し，GPS帯域の放射効率を0.8 dB改善することで共用しない場合と同等以上の性能を確保するように工夫している．また，この方式に用いるアンテナ共用器の設計では，アンテナ側の負荷インピーダンスが必ずしも50 Ωにはならないため，共用器に整合回路の機能をもたせることで，アンテナ素子と各無線回路とのインピーダンス整合を確保している．

モバイルルータ用の設計事例として，マルチシステム・マルチバンドのMIMOアンテナの設計例を図9.41に示す[23]．このアンテナでは，ループアン

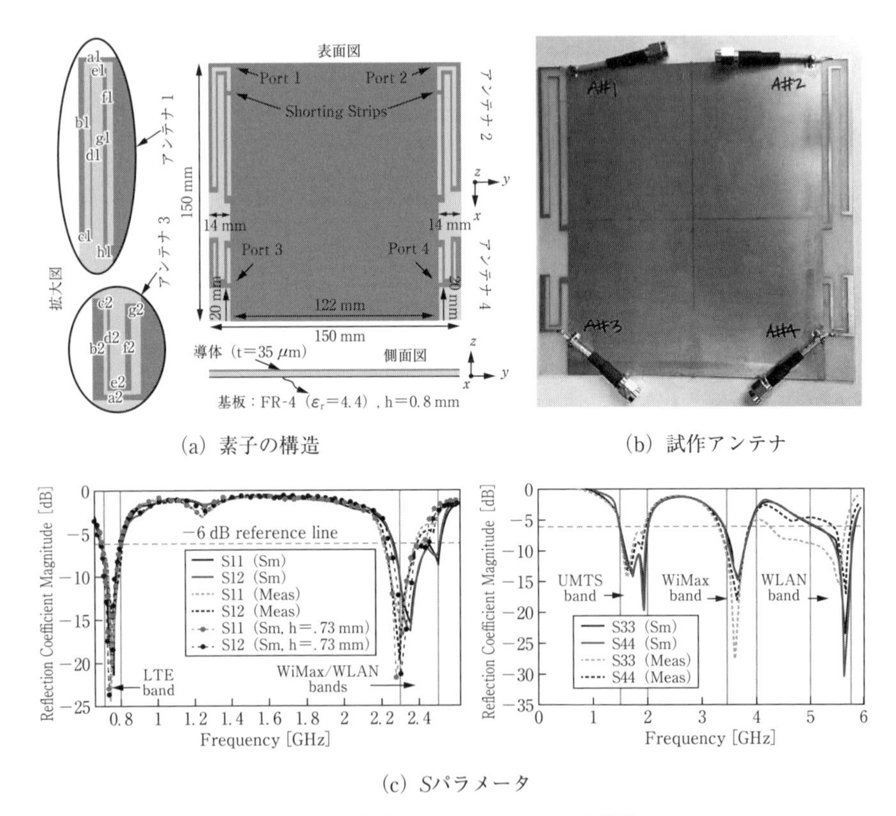

(a) 素子の構造　(b) 試作アンテナ

(c) *S*パラメータ

図9.41 無線LAN移動機用のモバイルルータ内蔵用マルチシステム・バンドアンテナの設計例
(Sm：シミュレーション，Meas：測定)(©IEEE 2013)[23]

テナを**メアンダ状**にすることで，セルラーのLTE用700 MHz，1.7，2 GHz，WiMAX用の2.3，3.5 GHz（3.5 GHz帯は海外で使用されている），および WLANの2.4/5 GHz帯をカバーしている．また，MIMOアンテナとしても，全帯域にわたりアンテナ間相関ECCをほぼ0.2以下に低減している．

B. 無線LAN基地局用

無線LANのアクセスポイント（AP）についても，小形・外観重視で内蔵アンテナを使用するタイプと，カバレッジや伝送速度など性能を重視して外部アンテナを使用するタイプとがある．性能重視タイプでは，カバレッジを広く取り，設置場所に応じてMIMO伝送性能をユーザが調整できるようモノポール等の外部アンテナが主流であるが，近年では外観重視の設計のため高利得でMIMO効果が高い内蔵アンテナを取り入れた機器が増えてきている．ここで

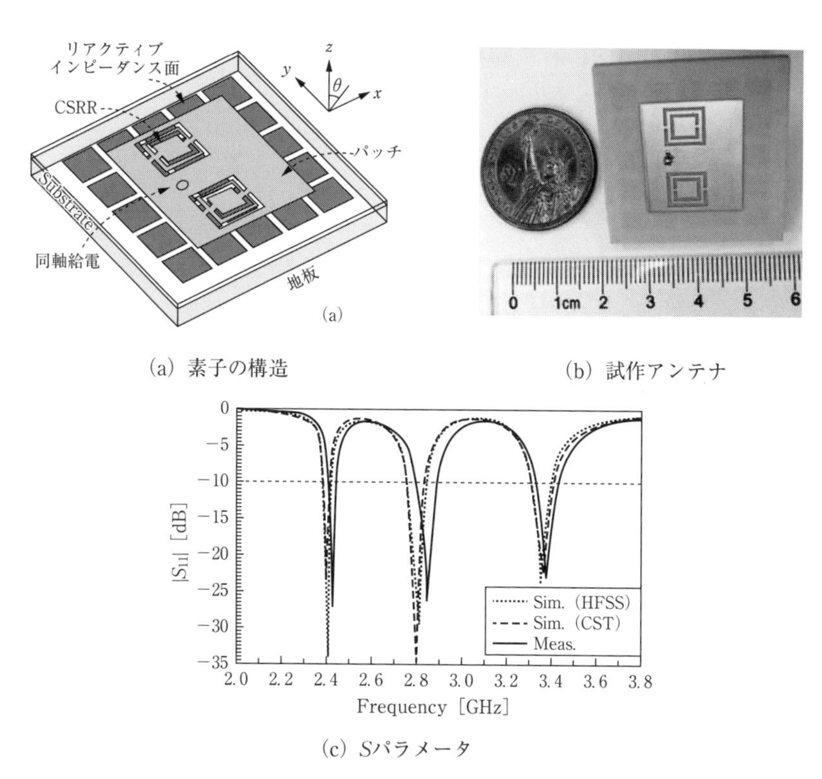

(a) 素子の構造　(b) 試作アンテナ

(c) Sパラメータ

図9.42 無線LAN基地局用のメタマテリアル小形アンテナの設計例[24)]

は，先進技術である**メタマテリアル技術**（7.1.5項）を応用した小形アンテナを取り上げる．

メタマテリアルを応用した小形アンテナとして，**スプリットリング共振器**（sprit ring resonator：SRR）を用いたアンテナの設計事例を図9.42に示す[24]．スプリットリング共振器は，円の一部を切り取ったリング素子の向きを変えてリングを二重にした形状で，負の透磁率を生成するためのメタマテリアルのユニット素子である．

このユニット素子を対で使用し，ユニット寸法および給電点位置などを調整することで，2.4 GHz，2.8 GHzおよび3.4 GHzの3バンドアンテナを約19 mm×約22 mmのサイズで実現している．基板への電流の漏れ出しが小さいため，指向性の偏りが小さく，また放射効率を高く得られることも特徴である．これらの特徴から，システム基板上へのアンテナ設置位置の自由度が広がり，MIMO伝送性能を高める実装が可能となっている．このアンテナをベースにしたものがすでに実用化されている．

また，メタマテリアル技術を**電磁ノイズ抑制技術**に応用して実用化した例についても紹介する．システムと同じプリント基板上にアンテナを実装する場合，LSIや無線回路用の基板内の電源や地板に電圧変動が生じ，地板の端部から空間に電磁ノイズが発生する．この電磁ノイズがアンテナから飛び込むことで受信感度の劣化，ならびに通信速度の低下を引き起こす．そこで，基板上にメタマテリアル技術のユニットセルを用いた**電磁バンドギャップ**（electro-magnetic band gap：**EBG**）の回路を設けることで，電磁ノイズ抑制を実現する．

メタマテリアル技術を用いたEBGによる電磁ノイズ抑制回路を図9.43に示す．メタマテリアルのユニットセルには，スパイラル状のオープンスタブを用いている[25]．終端が開放された伝送線路（TL）であり，長さで共振周波数を制御することが可能である．そのため2.4 GHzでサイズを3 mm×2.7 mmで実現できている．素子間のアイソレーションを測定した結果では，2.4 GHz帯において30 dB以上改善し，電磁ノイズ抑制に効果があることがわかる．また，この回路は，MIMOなどのアンテナ素子間に配置することでアイソレーション増大にも応用できる．

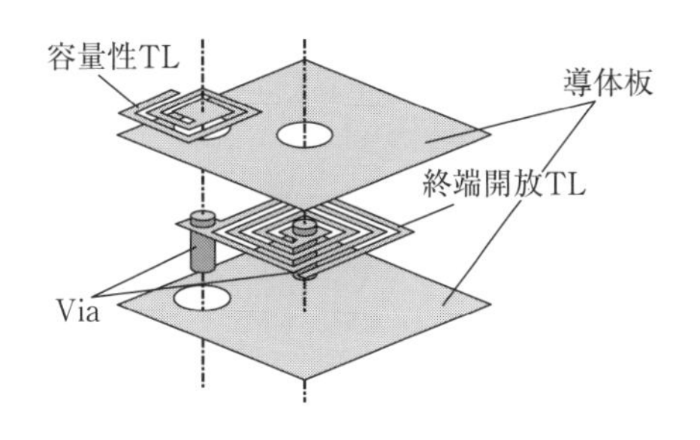

(a) 素子の構造

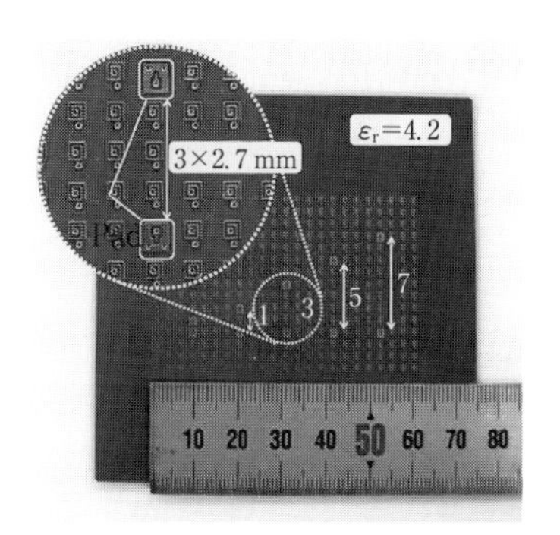

(b) 試作アンテナ

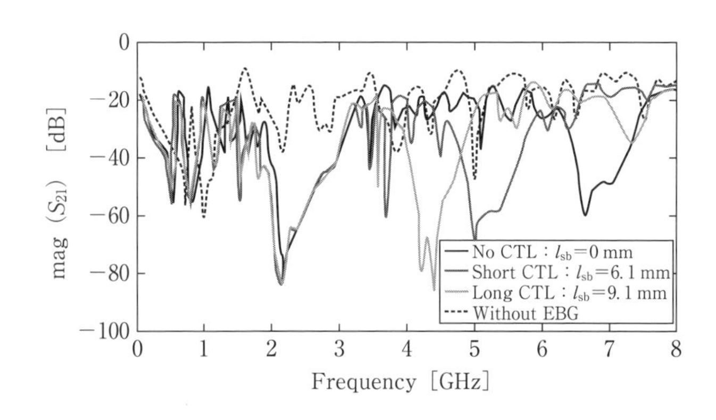

(c) Sパラメータ

図 9.43　無線 LAN 基地局用のメタマテリアル小形アンテナの設計例

C.　60 GHz 端末用

国内では従来から**特定小電力無線局**（STC-T74，T69）の規格があるが，その製品は放送データ通信用などの特殊なものである．一般向けの**通信トランシーバ**としては，**WiGig/802.11ad** チップセットがある[26]．

図 9.44 に示すように，小パッケージサイズ 7.0 mm×7.0 mm×0.6 mm でアンテナ内蔵されたものである．アンテナは**プリント（チップ）アンテナ**である．他は 3D 対応ヘッドマウントディスプレイや **WiGig** 搭載**モバイル PC** および **WiGig ドッキングステーション**，ホームビデオプロジェクタ接続用機器

図9.44　WiGig/802.11ad チップセット

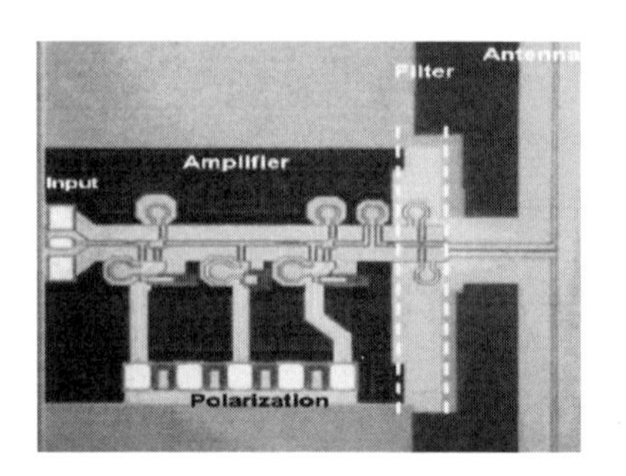

図9.45　LNA，フィルタを一体成型したオンチップアンテナ[27)]

などがあるが，いずれも特定の相手との通信を行うものであり，一般公衆通信向け製品は少ない．

給電損失の低減と実用機器での生産性の観点からも，同じ基板に部品とアンテナを実装するオンチップアンテナが実用化されている．**オンチップアンテナ**の研究開発例としては図 9.45 に示す Si（シリコン）基板上に **LNA**（low noise amplifier）やフィルタを一体化したダイポールタイプのものが試作されている[27)]．高誘電率基板上で −2 dBi の実効アンテナ利得を得ている．他に **VCO**（voltage controlled osilation）を一体成型したもの等が研究開発されている[28)]．少なくとも RF 回路をアンテナと一体成型することはミリ波通信端末では必須になる．ただし，これらのアンテナは周辺部品の影響を受け，性能が実装状態で変化するとともに帯域が狭くなり，損失が発生して高い利得が得られない．

そこで一体成型を可能としながら，アンテナを独立動作させる工夫が必要になる．ミリ波は物理的には小形であるが電気的な小形化は必要ないため近傍に空間を確保できる．ダイポールアンテナを用いたオンチップアンテナでも，アンテナ部のみ別に基板材料を用いることで高利得化が可能である[29)]．また広帯域，高利得を狙ったアンテナとして，図 9.46 に示す電気的に高さのある空気層の $\lambda/2$ マイクロストリップアンテナを形成したものが提案されており[30)]，60 GHz 帯で 8.7 GHz の帯域幅を得ている．さらには，スロットアンテナを用いてアンテナを完全に周辺部品から遮断することで，2 素子アレイアンテナで

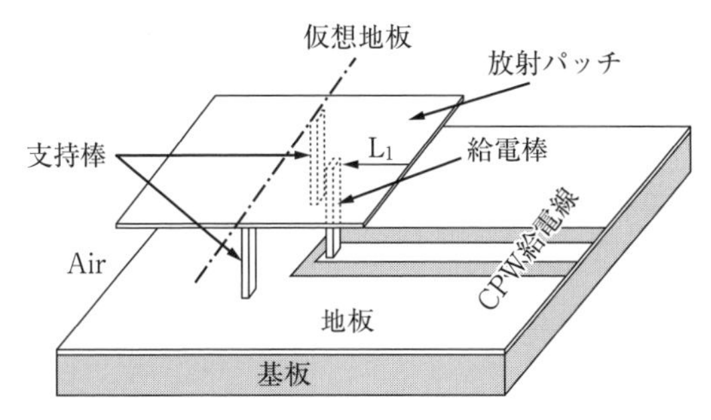

図 9.46 広帯域マイクロストリップアンテナを設置したオフチップアンテナ[30]

8 dBi という高利得を得ている報告もある[31].

固定通信ではあまり考慮されなかった影響として，人体の影響がある．ミリ波は直進性が強いので，端末ではアンテナを手で塞ぐとほぼ通信ができない，またシステムでは伝搬経路を遮断すると通信品質が大きく劣化する．人が扱う端末での人体影響回避には手を置かない場所にアンテナを設置するか，複数ビームの切り替えが必要になる．**5 G 移動通信用端末**を想定して 15 GHz で人体影響とビーム切り替えを検討した例[32]としては，2 組の 4 素子アレイアンテナがある．手の置き方では，アンテナを塞がない場合でも効率が 50% 以下になる場合があり，その場合でもビーム切り替えの効果を確認している．一方，人による経路遮断の影響に関しては基地局におけるアンテナ配置の検討がなされており[33]，少なくとも人体の幅（約 550 mm）以上離した 2 組のアンテナでの切り替えが有効であることがわかっている．

ミリ波基地局の開発例としては，図 9.47 に示すような 64 個のプリントアンテナを配置した**マルチビームアンテナ**が報告されている[34]．中央から端に向かってアンテナ素子の給電電力を徐々に小さくする**テーパ状給電**とすることで不要電波となるサイドローブを 20 dB 程度に抑圧した 4 本のマルチビームを形成している．このシステムでは，2 Gbps の通信速度を実現した．他にシステムとしても基地局にマルチビームを用いた切り替え方式が提案されており[35]，基地局にはマルチビームアンテナ技術が重要である．

図 9.48 は **WiGig** で検討されている**ビームフォーミング**の制御手順である[36]．**ビーム制御機能**のあるアクセスポイント（AP）は各ビーム角度での**ビ**

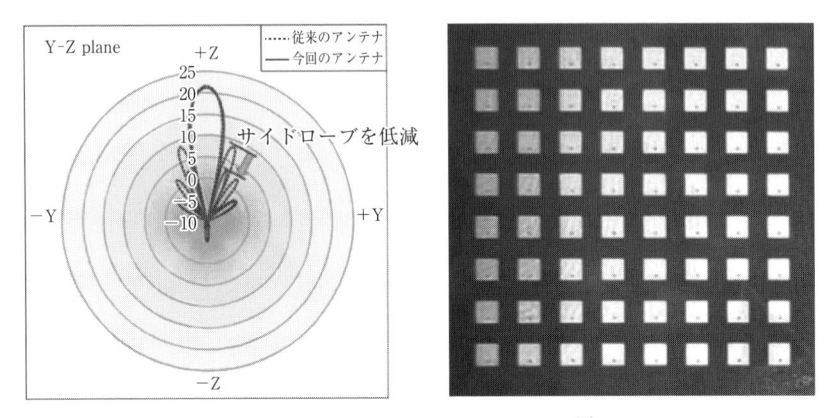

図 9.47　64 素子，4 ビームアンテナ[34)]

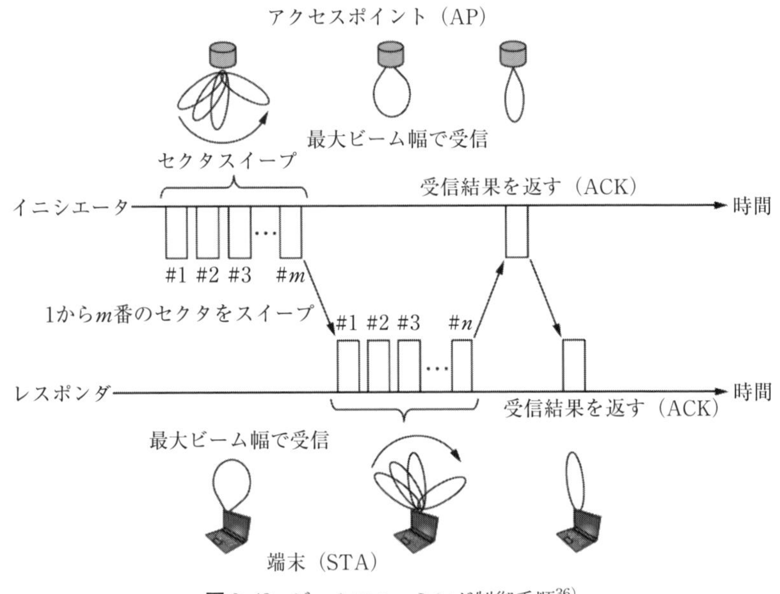

図 9.48　ビームフォーミング制御手順[36)]

ーコン信号をおのおの送信し，図の例では1から m 番目のセクタをスイープしている．その際，端末（STA）は設定可能な最大ビーム角で受信する．この手順を双方で行った後に，おのおのの**受信信号対雑音比**（SNR：signal to noise ratio）をフィードバックし，最適な送信ビーム角を決定する．このようにアンテナ指向性を制御しながら通信を行うことで，通信距離の拡大と信頼度の高い通信を実現することができる．

9.3.4 ま と め

この節では主に無線LANのアンテナ開発概念や設計事例を概説した．近年における機器の小形化に伴いアンテナも小形内蔵化されている．さらに製造プロセスを他の部品との共通化を図ることでコストを抑えるため，**プリントアンテナ**または**チップアンテナ**が主流である．このことは周辺部品の影響を受けやすくなるとともにアンテナ単独では性能が評価できにくくなっている．また，データ通信においては**ベストエフォート**の概念が利用者に受け入られているため，環境に応じた伝送速度が実現すればよい．これは携帯電話のように“繋がらない”ことが大きな課題として通信システム設計基準の“下限”にならないことも意味している．したがって，その性能を左右するアンテナも小形化による性能低下が埋もれてしまい見えないことも多い．しかし，小形化に応じたアンテナの性能向上は絶対必要な技術であり，ここで概説したようなアンテナの工夫は今後どのようなシステムになっても怠ってはならない．

将来展望としては，今後の通信用端末は多用途，多形状になるとともに多システム共用になる．いわば多種類の物理的小形アンテナと機能的小形アンテナ，広帯域アンテナを同じ端末に実装しなければならない状況になる．一方で端末の多様化とコストの観点から上記のようにアンテナは電子部品の一部として単純に実装できることが望ましい．これらは相反する要求になるが，端末の利用形態が多様化すると端末のアンテナ特性を画一的に規定することが難しい．したがって，通信システムの要求条件を満足するアンテナを，多様な各種端末内の限られた空間において，限られた時間で設計できる技術が必要になる．この難しい技術を進めるには，高精度なアンテナシミュレーション技術が非常に重要になる．実験を最小限に留め，シミュレーションでほぼ設計を完成させることが，今後のアンテナ開発の決め手になる．そしてアンテナ技術者は適切なシミュレーションを行うためのノウハウと課題解決のアイデアを常に磨いておく必要がある．アンテナを他部品と同じ単なるモジュールとして扱ってしまうと端末の性能劣化を招くため，アンテナとその周囲環境条件を含めた十分な配慮が必要である.

〈参考文献〉

1) NTTドコモ：ドコモ5Gホワイトペーパー https://www.nttdocomo.co.jp/binary/pdf/corporate/technology/whitepaper_5g/DOCOMO_5G_White_PaperJP_20141006.pdf), NNドコモ, 2014.
2) 社団法人電波産業界（ARIB）：小電力データ通信システム/ワイヤレスLNAシステム, 標準規格, ARIB STD-33 5.4版, 2010.
3) 社団法人電波産業界（ARIB）：第二世代小電力データ通信システム/ワイヤレスLNAシステム, 標準規格, ARIB STD-66 3.7版, 2014.
4) 社団法人電波産業界（ARIB）：小電力データ通信システム/ワイヤレスLNAシステム, 標準規格, ARIB STD-33 5.4版, 2010.
5) 社団法人電波産業界（ARIB）：広帯域移動アクセスシステム（CSMA), 標準規格, ARIB STD-71 6.1版, 2014.
6) 社団法人電波産業界（ARIB）：特定小電力無線局 ミリ波データ伝送用無線設備（超高速無線LANシステム), 標準規格, ARIB STD-74 1.1版, 2005.
7) 社団法人電波産業界（ARIB）：小電力データ通信システム/ワイヤレスLNAシステム, 標準規格, ARIB STD-33 5.4版, 2010.
8) 社団法人電波産業界（ARIB）：OFDMA Broadband Mobile Wireless Access System(WiMAX^{TM} applied in Japan, 標準規格, ARIB STD-T94 3.2版, 2014.
9) 社団法人電波産業界（ARIB）：WirelessMAN-Advanced System, 標準規格, ARIB STD-T105 1.30版, 2012.
10) 社団法人電波産業界（ARIB）：OFDMA/TDMA TDD Broadband Wireless Access System(XGP), 標準規格, ARIB STD-T95 3.2版, 2014.
11) 社団法人電波産業界（ARIB）：携帯型無線端末の比吸収率測定法, 標準規格, ARIB STD-T56 3.2版, 2014.
12) Xi Lin Chen, Yu Chee Tan, and Nicolas Chavannes：The Design of a Miniature Antenna for Wi-Fi Enabled Memory Card, 2011 IEEE Int. Symp. on Antenna and Propag., pp.1215-1218, 2011.
13) Kuo, Yen-Liang, and Kin-Lu Wong：Printed double-T monopole antenna for 2.4/5.2 GHz dual-band WLAN operations, IEEE Trans. Antennas Propag., Vol.51, No.9, pp.2187-2192, Sep. 2003.

14) Jan, Jen-Yea, and Liang-Chih Tseng：Small planar monopole antenna with a shorted parasitic inverted-L wire for wireless communications in the 2.4-, 5.2-, and 5.8-GHz bands, IEEE Trans. Antennas Propag., Vol.52, No.7, pp.1903-1905, July 2004.

15) Wen-Jiao Liao, Shih-Hsun Chang, Jiun-Ting Yeh, and Bo-Ren Hsiao：Compact Dual-Band WLAN Diversity Antennas on USB Dongle Platform, IEEE Trans. Antennas Propag., Vol.62, No.1, Jan. 2014.

16) Cheng-Tse Lee, and Fa-Shian Chng：Printed MIMO-Antenna System Using Neutralization-Line Technique for Wireless USB-Dongle Applications, IEEE Trans. Antennas Propag., Vol.60, No.2, Feb. 2012.

17) Wen-Shan Chen, Ke-Ming Lin, and Fa-Shian Chang：MIMO Antenna With Enhanced Isolation Elements for USB Dongle Applications, 2012 Cross Strait Quad-Regional Radio Science and Wireless Technology Conference, pp.48-51, 2012.

18) 佐藤，小柳，小川，高橋：近近接配置2素子小形アンテナの2周波数低結合化手法，電子情報通信学会論文誌 B, Vol.J94-B, No.9, pp.1104-1113, Sep. 2011.

19) 玉熊，岩崎：高速無線 LAN 用2周波共用広帯域平面アンテナの設計，信学論(B)，Vol.J87-B, No.9, pp.1309-1316, Sep. 2004.

20) Jianhao Li, Duolong u, and Yanjie Wu：A Compact Multi-band Inverted-F Antenna for Laptop Operations, 2013 IEEE 5th Int. Symp. on Microwave, Antenna, Propagation and EMC Technologies for Wireless Communications (MAPE), pp.432-437, 2013.

21) Ting-Wei Kang, Kin-Lu Wong：Isolation Improvement of WLAN Internal Laptop Computer Antennas Using Dual-Band Strip Resonator, 2009 Asia Pacific Microwave Conf., pp.2478-2481, 2009.

22) 小柳：モバイル通信端末用小形アンテナの設計課題とその解決技術，信学論(B)，Vol.J98-B, No.9, pp.842-852, Sep. 2015.

23) Sean C. Fernandez and Satish K. Sharma：Multiband Printed Meandered Loop Antennas with MIMO Implementations for Wireless Routers, IEEE Antennas and Wireless Propagation Letters, Vol.12, No.12, Feb. 2013.

24) Yuandan Dong, Hiroshi Toyao, and Tatsuo Itoh：Design and Characterization of Miniaturized Patch Antenna Loaded With Complementary Split-Ring Resona-

tors, IEEE Trans. Antennas Propag., Vol.60, No.2, Feb. 2012.

25) Yoshiaki Kasahara and Hiroshi Toyao：Open-Stub Electromagnetic Bandgap, Structures Loaded with Capacitive Transmission Line Segments for Bandgap Frequency Control, 2014 IEEE Int. Symp. on Electromagnetic Compatibility, pp.351-356, 2014.

26) ペラソ社：PRS4000 60 GHz 802.11ad Baseband Chip (http://www.perasotech.com/2014/09/peraso-releases-prs4000-60-ghz-802-11ad-baseband-chip/) コーンズ テクノロジー株式会社（国内），2012.

27) Montusclat, S. et al.：Silicon full integrated LNA, filter and antenna system beyond 40 GHz for MMW wireless communication links in advanced CMOS technologies, Radio Frequency Integrated Circuits (RFIC) Symp., 2006 IEEE, pp.76-80, 2006.

28) Pons, Michel：Study of on-chip integrated antennas using standard silicon technology for short distance communications, The European Conf. on Wireless Technology 2005, pp.253-256, 2005.

29) J. G. Kim et al.：60-GHz CPW-fed post-supported patch antenna using micromachining technology, Microwave and Wireless Components Letters, IEEE, Vol.15, Issue：10, pp.635-637, 2005.

30) Rui WU et al.：A 60-GHz CMOS Transmitter with Gain-Enhanced On-Chip Antenna for Short-Range Wireless Interconnections, IEICE Trans. on Electronics, Vol.E98-C, No.4, pp.304-314, 2015.

31) 伊藤，広川，櫻井，安藤：60 GHz 帯携帯端末用基板端装荷2素子スロットアンテナ，信学技報，Vol.114, No.294, AP2014-139, pp.61-65, 2014.

32) ZHAO, Kun et al.：mmWave Phased Array in Mobile Terminal for 5G Mobile System with Consideration of Hand Effect, Vehicular Technology Conference (VTC Spring), 2015 IEEE 81st. IEEE, 2015. pp.1-4, 2015.

33) 永山他：2本の送受信アンテナを用いた60 GHz 帯人体遮蔽特性改善方法に関する検討，電子情報通信学会総合大会講演論文集 2015，B-1-180, p.180, 2010.

34) 富士通研究所：5G 向けにミリ波ビーム多重化による4ユーザーのマルチアクセスと12 Gbps の通信速度を達成 (http://pr.fujitsu.com/jp/news/2015/06/9-2.html) プレスリリース　2015年6月9日.

35) 榊原，中澤，菊間：ミリ波マイクロストリップコムラインアンテナの給電線路垂直面ビームチルト設計によるマルチビーム切替え電子走査アンテナ，信学技報，Vol.115, No.40, AP2015-30, pp.63-67, 2015.
36) 高橋，滝波：IEEE802.11ad/WiGig を応用したミリ波帯無線の動向と今後の展望，信学誌，Vol.98, No.10, pp.899-904, Oct. 2015.

9.4 人体通信用

9.4.1 はじめに

近年，**ウェアラブル機器**の発展とともに**人体通信技術**に関する研究が注目を浴びている[1)2)]．この技術を用いた例として，ヘルスケアシステムがある．人体に装着したウェアラブル端末から血圧や，脈拍などの人体情報を常にモニタリングし，必要に応じて医療機関に向けて伝送することができる．他にもICT 分野や日常生活においても数々の応用例があり，将来の大きな可能性を秘めている技術のひとつである．

人体通信とは，人体に装着もしくは埋め込まれた端末間の通信，あるいは外部機器との通信のことを指す．英語では“**Human-Body Communications**”あるいは“**Body-Centric Communications**”等と呼ばれることが多いが，その定義は地域により，あるいは研究者により異なっている．

人体通信に用いられる形態としては，On-body，In-body，Off-body の 3 つがあり[1)]，一般的に使用されている周波数は，数 MHz～GHz 帯が代表的であるが，最近では UWB，さらにはミリ波帯も検討されている．

ここで紹介する人体通信は，数 MHz から数十 MHz 程度の周波数帯を用い，人体表面に微弱な電界を誘起することで人体近傍における通信を行うものであり，**電界通信**とも呼ばれる．医療分野をはじめ，オフィス，工場の入退管理や駅のゲート装置における個人認証の煩雑さなどの解消を目的とするセキュリティ用途からアミューズメントまで，新たなヒューマンインタフェースとしてさまざまな需要の開拓が期待されている．

わが国においては，2010 年頃より商用化が始まっており，医療施設や食品工場のように既存の**生体認証**や，**IC カード**での個人認証が導入しづらい運用環境のセキュリティ用途に多くの導入実績がある．日本発の人体通信方式としてグローバル展開を視野に国際標準化活動も始まっている．ここでは，この人体通信の方式，概要，アンテナ設計，適用，今後の取組みについて述べる．

9.4.2 人体通信概論

A. 人体通信とは

人体通信とは，人体を通信路に見立てた通信方式である[3]．数 MHz から数十 MHz 程度の周波数帯を用い，人体表面に微弱な電界を誘起させ，その電界を変復調することで人体近傍における通信を行う．たとえば，人が **ID カード**を携行しリーダ/ライタ（以下，R/W）部分に手で触れることにより，人体を介した通信を行い，R/W 部がカードの ID を読み取ることが可能となる（図 9.49）．

ここでは手で触れる動作を例としてあげたが，手以外でも体の部位であれば原則どこでもよい．また，人体周辺の電界を利用するため，肌が直接 R/W 部に触れる必要もない．

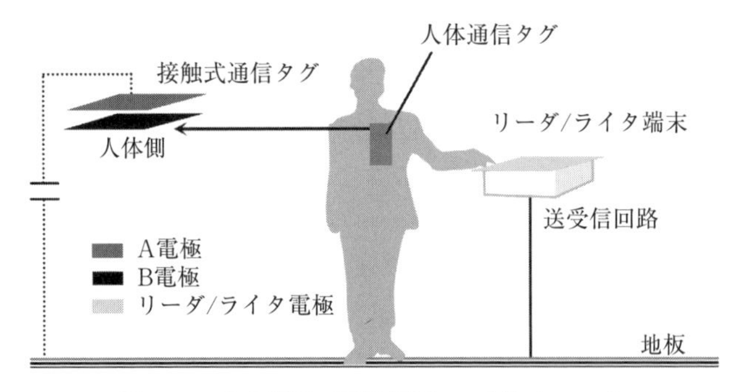

図 9.49 人体通信（電界通信）の動作イメージ

B. 原理・方式

人体通信は「**2 次元通信**」とも呼ばれる．これは既存無線が 3 次元的に空間を伝搬してゆくのに対し，人体通信は人体という誘電体表面を 2 次元的に伝搬する性質を表している．以下に高周波を用いた通信原理，および既存無線と比較した人体通信の原理とその特徴を簡潔に記す．

(a)　微小アンテナの作る電磁界

一般的に，**微小アンテナ**（波源）から R の距離の電磁界は以下の式（9.7）で表される．

人体通信で利用

$$
\begin{aligned}
E_R &= \frac{pe^{-jkR}}{2\pi\varepsilon}\left(\boxed{\frac{1}{R^3}} + \frac{jk}{R^2}\right)\cos\theta \\
E_\theta &= \frac{pe^{-jkR}}{4\pi\varepsilon}\left(\boxed{\frac{1}{R^3}} + \frac{jk}{R^2} + \frac{k}{R}\right)\sin\theta \\
H_\phi &= \frac{pe^{-jkR}}{4\pi\varepsilon}\left(\frac{jk}{R^2} + \frac{k}{R}\right)\sin\theta
\end{aligned}
\tag{9.7}
$$

既存無線で利用

ここで，k は波数，p は自由空間インピーダンス，ε は空間の誘電率である．電界に着目した場合，R^3 に反比例した「**準静電界**」，R^2 に反比例した「**誘導電界**」および R に反比例した「**放射界**」がある．各式の第1項目は準静電界，第2項目は誘導電界，第3項目は放射界を表す．既存無線の多くは波源からの距離と比較して減衰が少ない放射界を利用している．

(b)　移動体既存無線と人体通信の比較

既存無線は式（9.7）の第3項目の放射界を利用するのに対し，人体通信は第2項目（誘導電界）と第1項目（準静電界）を利用する．これらの項目はそれぞれ，距離 R の2乗および3乗に反比例し，放射界と比較して波源から距離が離れると減衰が大きく，遠方まで届きにくい．なおかつ，これらの電界は人体表面にほぼ均一に分布するという特性を利用し，人体近傍における通信を実現している．

図9.50は，**タグ**（**小型送信機**）を装着した人体周辺における等電位面と電気力線のイメージであり，両方とも同じことを別の形で示している．

人体に装着されたタグから発出された信号が，人体周辺においてどのように伝搬するかを考える場合に，回路モデルに置き換えて考えると理解が容易となるケースが多い．図9.51において（a）はR/W電極に人が触れているイメージ，（b）はその等価回路である．

人体周辺における電界分布は，**静電結合**により構成される回路を形成すると見なすことができる．人体通信に用いられる電界は人体表面にほぼ一様に分布

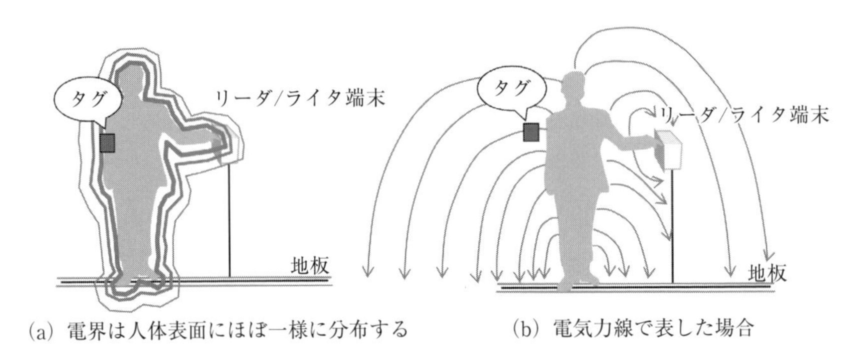

(a) 電界は人体表面にほぼ一様に分布する　(b) 電気力線で表した場合

図 9.50　等電位面 (a) と電気力線 (b)

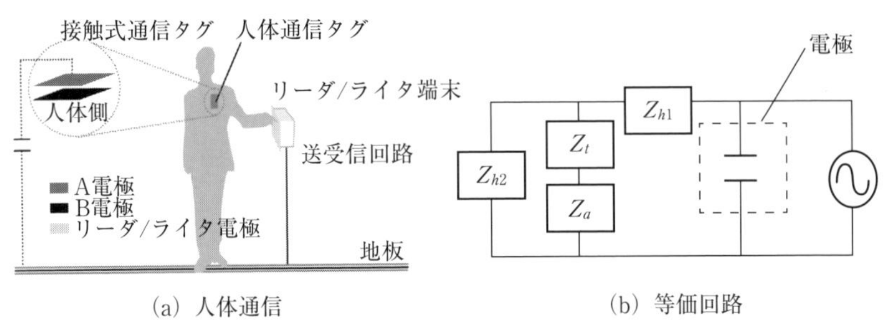

(a) 人体通信　(b) 等価回路

図 9.51　人体通信路の等価回路

すると上述したが，厳密には信号源に近い方がより強く，離れるほど弱くなってゆく．図 9.51 において，Z_{hx} は人体のインピーダンスであり，Z_{h1} は信号源からタグまでの人体のインピーダンス，Z_{h2} はタグを所持している部位から地板までの人体のインピーダンスである．Z_t はタグ自体のインピーダンス，Z_a はタグが空間を通して地板と静電結合する際のインピーダンスである．通常それぞれのインピーダンスの大きさには $Z_t \gg Z_a \gg Z_{hx}$ という関係がある．Z_t および Z_{hx} はほぼ一定[*1]であるが，Z_a はタグの所持位置および周囲の環境により異なる．Z_a が小さい，すなわちタグから地板までの距離が短いほど高周波回路が形成されやすく，反対に地板までの距離が長いほど高周波回路が形成されにくい．

＊1　Z_t はタグの所持位置に依存して変化するが，Z_t に対して十分小さいので，ここでは一定と見なす．またここでは Z_{hx} は人の姿勢が変化しないことを前提に，一定と見なす．

(c)　人体通信は無線か有線か

人体通信は式（9.7）で表される電界のうち，**誘導電界**および**準静電界**を利用した通信であるのは先述のとおりである．

図 9.51 の等価回路に示すように，人体通信において形成される高周波回路には，タグ-地板間の空間中のインピーダンス Z_a が存在する．これは既存無線のように空間中を伝搬する経路をもつことを意味する．既存無線が放射界を利用しているのに対して，人体通信は誘導電界および準静電界を利用している無線である，ということができる．一方，空気も広義では誘電体の一種であり，タグ-地板間に存在する空間中の経路も空気という誘電体を満たしたコンデンサである，と見なすことができる．人体も生体物性工学上，誘電体と導電体と見なすことができる．人体の周囲に存在する衣服や靴も誘電体であり，人体通信時に形成されるのはさまざまな種類の誘電体が充填されたコンデンサを包含する，有線の高周波回路である，ということもできる．これらを考慮し，図 9.51 の等価回路を構成する要素をより具体的にしたイメージを図 9.52 に示す．

静電結合による容量性を示す箇所は破線部品として記述した．タグのインピーダンスを示す Z_t 部分はコンデンサとインダクタの並列共振を形成しているので，実線で記述している．図中の Z_g は電極が電位の基準面である地板と静電結合する場合の容量性インピーダンスである．Z_{h1} および Z_{h2} は人体の等価回路を簡潔に表したものであり，複雑な立体形状をもつ人体近辺に形成される

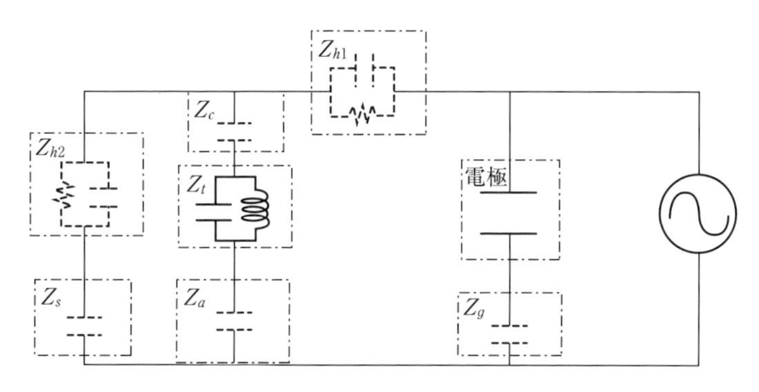

図 9.52　回路を構成する要素イメージ

高周波網は実際にはこれほど単純ではない．また Z_c は衣服，Z_s は靴など人の足元にある物体の容量性インピーダンスを表している．

誘導電界および準静電界を使った人体通信はこのように無線，有線どちらの特徴も併せ持つため，一概に「無線である」とか「有線である」ということはできない．換言すれば，人体通信は「**極近距離通信**」である．

C．既存無線方式に対する優位性

冒頭にも記述したように既存無線はその到達距離が通信のネックとなる場合がある．微弱無線やUHF帯RFIDなどを用いたシステムの場合，部屋の中にいる無線タグを携行する人の識別程度なら可能であるが，それ以上（部屋のどこにいるのか）の精度は望めない．また電波の反射の影響も意図しない結果を生み出す要因となる（図9.53）．

これらの既存無線と比較して，人体通信はHBC（human body communica-

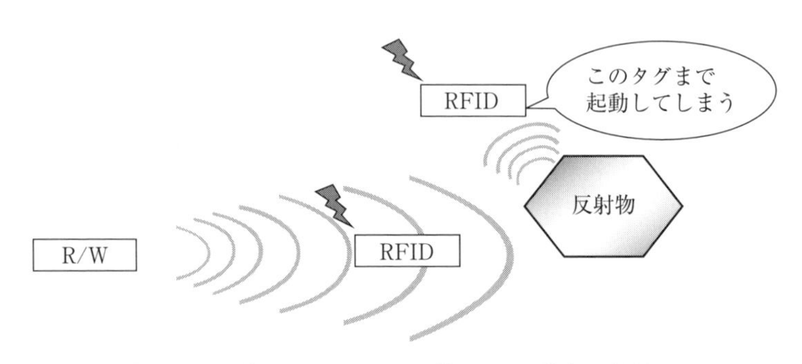

図9.53　ID認証におけるUHF帯RFIDの抱える課題

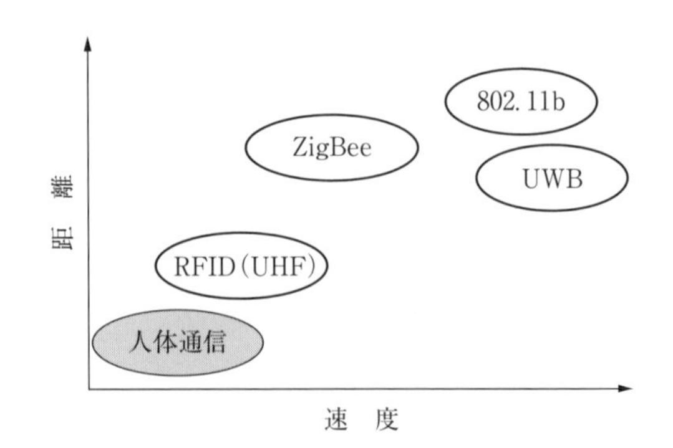

図9.54　人体通信と他無線の特徴比較

tion）あるいは**BAN**（body area network）などと呼ばれるように，人体および人体近傍のきわめて狭い範囲の通信方式であり，オフィスや商店など，比較的込み合った環境でも人を識別できる利点のある技術である．人体通信は他の**微弱無線**と競合するものではなく，その通信範囲の違いから用途に合わせて使い分けられてゆくもので，共存関係にあるといえる（図9.54）．

9.4.3 人体通信の基本特性

近傍界は文字どおり信号源の近傍を示しており，準静電界および誘導電界が支配的な空間である．なお，放射界のことを**遠方界**ともいう．近傍界，遠方界はある距離を境にして急激に切り替わるものではないが，目安となる距離がある．fを周波数，cを光速とした場合，近傍界と遠方界の境界となる信号源からの距離Rは式（9.8）で表される．信号源からの距離がRより短ければ近傍界，大きければ遠方界といえる．

$$R=c/2\pi f \tag{9.8}$$

この式が示すとおり，近傍界，遠方界の境界は周波数に反比例する．搬送波周波数が3 MHzの場合，距離Rは約16 mとなる．また，無線LANなどで利用されている2.4 GHzでは約25 mm程度にまで縮まる．搬送波周波数が高すぎる（波長が短い）と，近傍界を利用する電界通信には適さず，一般的には数MHz～数十MHz帯の周波数を利用する．

A. 人体周辺電界分布の周波数依存性

わが国では数MHz～数十MHzの低い周波数帯が主に使われているが，欧米では数GHz帯が主流である．それぞれ一長一短があり，用途に応じて使い分けることが望ましいが，おのおのの周波数帯における基本的な相違を認識することが重要である．

図9.55に**人体数値モデル**と送信機の構造を示す．この送信機は，間隔4 mmの**平行平板構造**という単純な構造を有する[4]．ケース等を考慮して下部電極（導体地板）から人体表面まで4 mm離してある．この送信機を人体中央部分の表面に装着した際の周波数ごとの人体周辺における電界分布を図9.56に示す．ここで，入力電力を1 mW，電界分布は500 V/mを0 dBとして示してある．3 MHzと30 MHzでは人体周辺に電界が滑らかに分布しているのに対

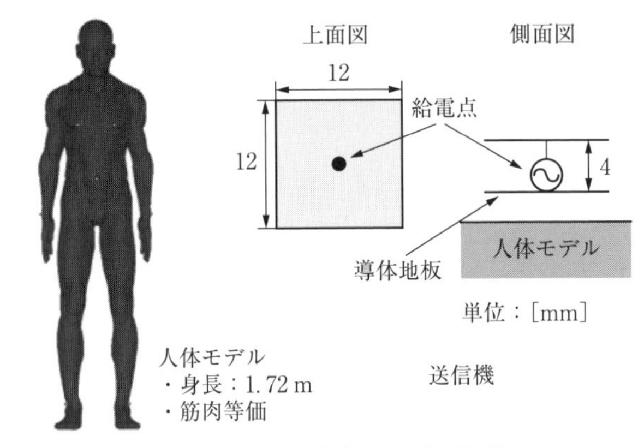

図 9.55　人体数値モデルと送信機

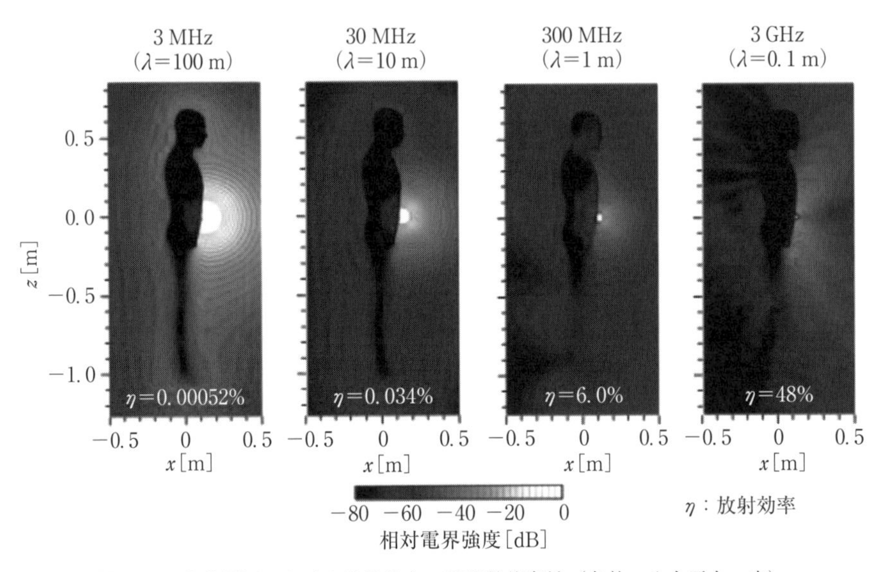

図 9.56　人体周辺における電界分布の周波数依存性（条件：入力電力一定）

し，3 GHz では人体の斜め上方および下方に強い放射が見られる[4)]．

このように，周波数が数十 MHz 以下と低い場合には，送信機は電極として動作し，数百 MHz 以上と高い場合には，送信機はアンテナとして動作するといえる．

図 9.57 に，送信機に 1 V 給電した際の入力電力の周波数特性を示す．入力

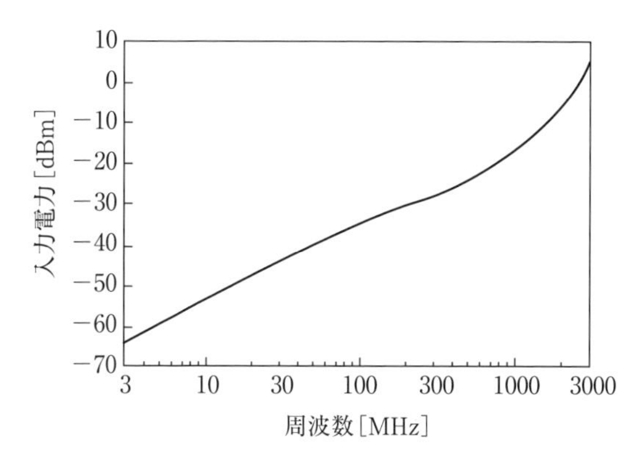

図 9.57　入力電力の周波数依存性（1V 給電時）

電力は周波数とともに上昇している．いい換えれば，周波数が低いほど消費電力が少なくて済むということになる[4]．図 9.56 および図 9.57 から，数 MHz～数十 MHz の低い周波数帯は **On-Body 通信**に適しているといえる．一方，人体近傍から離れた外部機器との通信（**Off-Body 通信**）には，当然であるが数百 MHz 以上の高い周波数帯が適している．

B.　受信電圧の距離依存性

人体通信の代表的な用途の 1 つである**入退室管理システム**を例にとって説明する．図 9.58 は，胸に送信機（**ID タグ**）を装着した人体と壁に設置された受信機のモデルを示す．オフィス等で，ドアの近くにある受信機（**センサ**）に指先でタッチすることにより，個人認証を行う場面を想定している．

送信機および受信機の構造を，それぞれ図 9.59 および図 9.60 に示す．基本的には図 9.55 に示した送信機と同様な構造であるが，電極のサイズが異なっている．また，受信機の裏面電極はコンクリート壁の表面に接している．

図 9.61 は，3 MHz における人体周辺の電界分布のシミュレーション結果を表している．左図は，送信機を含む人体中心でカットした観測面，右図は，人体左腕の指先端を含む面でカットした観測面である．当然ながら，送信機の近傍では強い電界が生じているが，指先端付近でも −70 dB を超える電界が誘起されていることがわかる．

図 9.62 は，3 MHz における受信機と指先端との距離に対する受信電圧の変

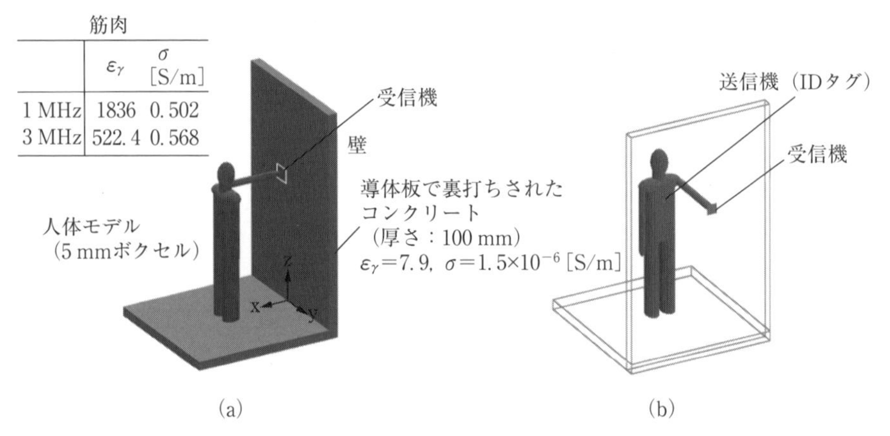

	ε_γ	σ [S/m]
1 MHz	1836	0.502
3 MHz	522.4	0.568

図 9.58　送信機（ID タグ）を装着した人体と壁に設置された受信機

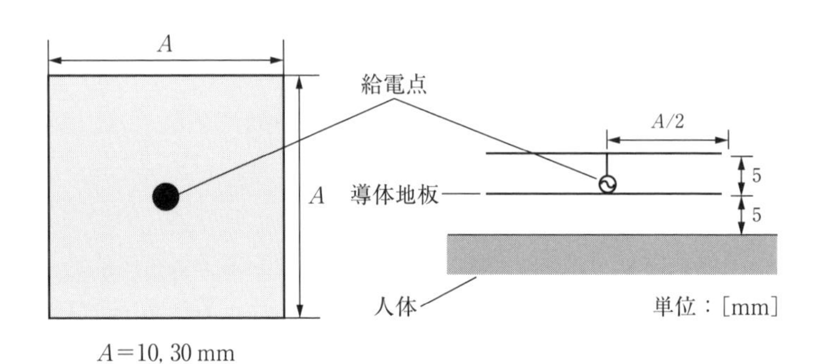

図 9.59　送信機

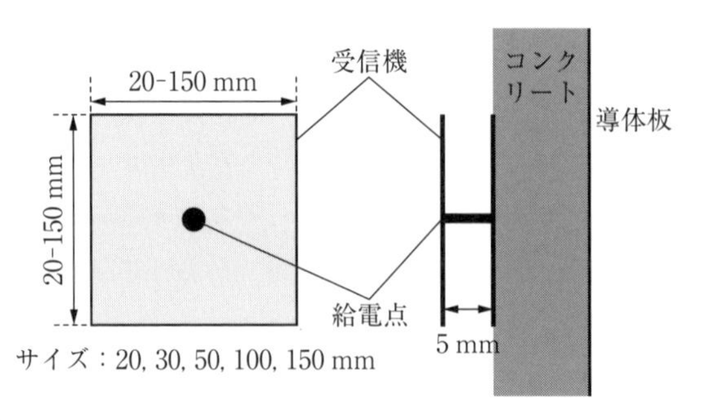

図 9.60　受信機

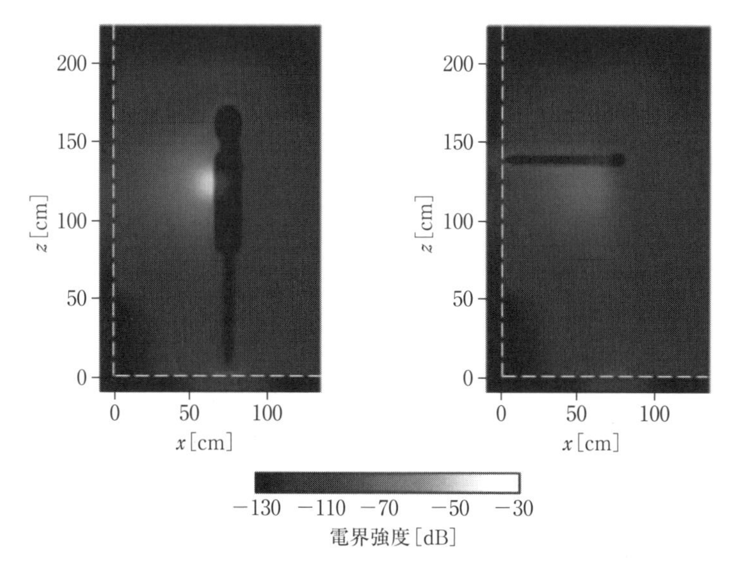

図 9.61 3 MHz における人体周辺の電界分布

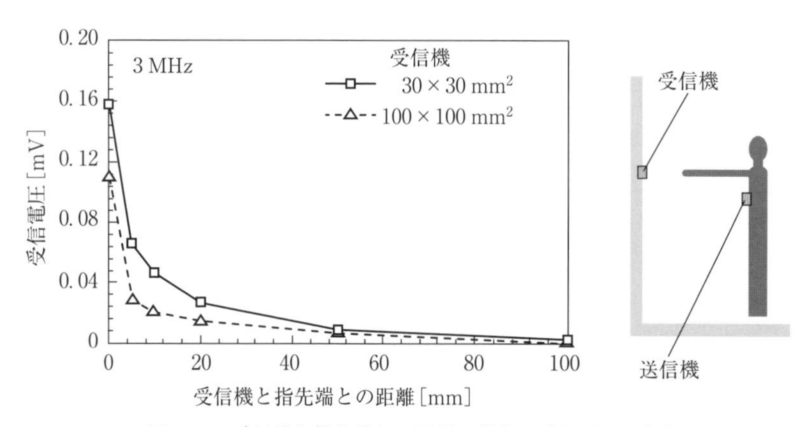

図 9.62 受信機と指先端との距離に対する受信電圧の変化

化を示している．ここで，送信機のサイズは 30 mm，人体足裏と床との距離は 20 mm となっている．受信電圧は，受信機のサイズによっても異なるが，距離が 5 mm 程度離れると半分以下に急激に減少することが確認できる．いい換えれば，指先が受信機に直接触れなくても，数 mm の範囲であれば一定の受信電圧が得られることになり，たとえば通常の手袋をしていても問題なく動作することがわかる.

このシミュレーション結果は一例であるが，この種の入退室管理システムを設計する場合，重要な知見を与えることになる.

C.　**法令関連**

人体通信は，**微弱無線局**として商用化している場合が多い．微弱無線局とは，「発射する電波が著しく微弱な無線局で，総務省令で定めるもの」である．具体的には無線機器から3 mの距離での電界強度が，指定されたレベルより低ければ，無線局の免許は必要ないことになる．たとえば，3 MHzでは54 dBμV/m（=500 μV/m）を下回ればよい.

また，表9.6に微弱無線局に相当する海外の規格を記述する.

表9.6　微弱無線局の規格（アドソル日進（株）調べ）

国名	規格・マーク名	許容値	
日本	微弱無線	54 dBμV/m@3 m	同左
米国	FCCマーク　Part 15.223	100 μV/m@30 m	60.00 dBμV/m@3 m
EU	CEマーク　ETSIEEN300 330	14 μA/m@10 m	84.77 dBμV/m@3 m
中国	SRMC規格	9 dBμA/m@10 m	70.87 dBμV/m@3 m

注意：

・EUおよび中国は電界強度ではなく，磁界強度で規定しているため，空間インピーダンスを377Ωとして電界強度に変換した.
（14 μA/m@10 m空間インピーダンスが377 Ωの場合，磁界強度が14 μA/mの電磁波の電界強度は：22.9 dBμA/m+51.5 dB Ω=74.4 dBμV/mとなる.）

・各国で測定距離が異なるため，推定値を@3 mで変換した.
（@10 m→@3 mは，20 log(10/3)=+10.37 dB，@30 m→@3 mは，20 log(30/3)=+20 dB）
表の推定値には，微弱無線局の規制値と比較するため，電界強度への変換と3 m法へ換算した値を記入した．若干の測定方法は異なるが，いずれも数MHzにおける日本の電波法が最も厳しい値であることがわかる．実際に輸出する場合には，各国の測定方法において計測する必要があるが，日本発の人体通信は海外でも利用できる可能性は高い.

9.4.4　人体通信用電極の具体例

A.　**タ　グ**

人が携帯する**タグ**は図9.63の実線部，破線部のように上下2枚の電極で構成されている．この2枚の電極間に生じる電位差で信号を送受信する.

タグは，人が携帯（空気中に浮いた状態）する際に一層便利で，取り扱いも一層容易なデータ送受信機を提供するために上下一対の電極間にコイルを接続

図 9.63 タグの構造（四角の枠が電極）

（並列共振）し，人体を介して一方側の電極に高周波電圧を伝達した際，電極間の容量性リアクタンスをコイルの誘導性リアクタンスで打ち消して，他方側の電極との間に電位差を生じさせることができるようにしている（図 9.52）．

この際，適切なコイルを選定してアドミタンスをほとんどゼロに近づければ，理論上，インピーダンスを無限大にできるため，電位差を大きくして効率を高めることができる．

B. 電極（R/W）

人体通信において，タグ⇔人体⇔R/W 間の信号は電極を介して伝わる．この電極は，人が触る，踏む（歩く），座るといったあらゆる運用シーンに適した形状に対応可能で信号を極力損失なく増幅部（タグおよび R/W のアンプ等）に伝えるという役割をもっており，ここでの信号の損失が大きいと正しく通信を行うことができない．

このように人体通信に非常に重要なモジュールである電極の構成要素として，共振回路があげられる．高性能の電極を作成するためには共振特性の良い回路をもつ電極を作る必要があり，そのため，電極作成には共振回路の調整が必要不可欠といえる．人体通信に用いる電極の例を図 9.64 に示す．図中の点線で囲まれている箇所が共振回路である．

電極は誘電体を導体で挟んだ構成をしており，一種のコンデンサと見なすことができる．また，R/W との接続用に特性インピーダンスが 50 Ω の同軸ケーブルが取り付けられている．図 9.65 に共振回路の回路図を示す．C_0 は電極の容量，L_1, C_1, C_2 は共振回路調整用の素子である．

電極（共振回路）のインピーダンスが同軸ケーブルと同じ 50 Ω のときに電

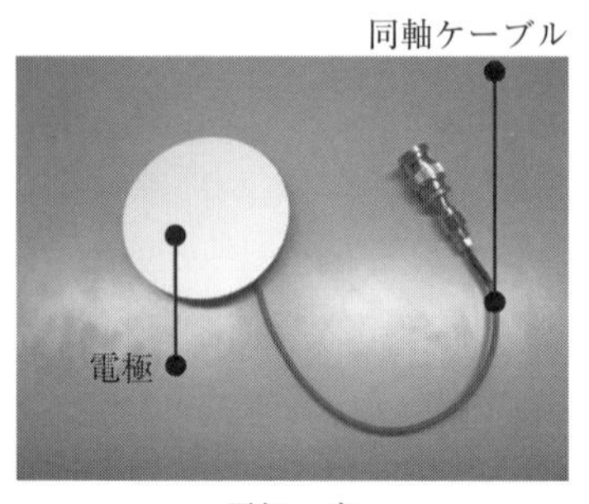

電極・表

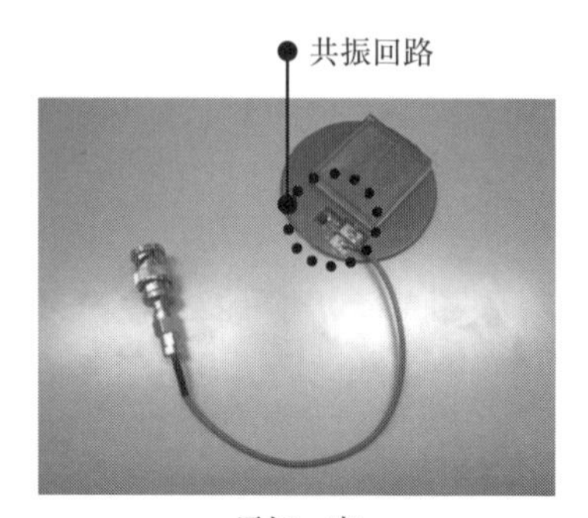

電極・裏

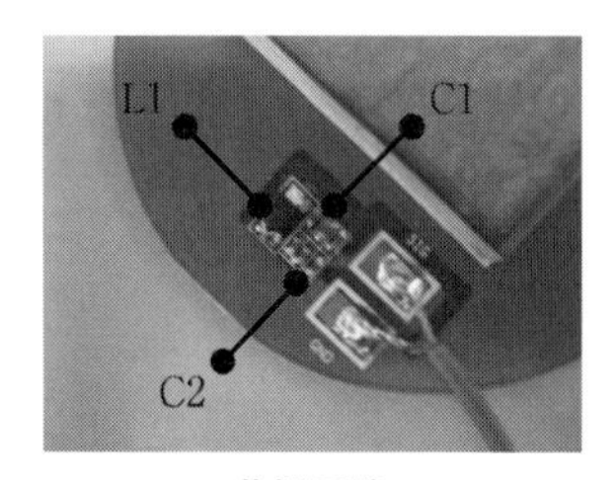

共振回路

図 9.64　タッチタグ電極（タッチ式）

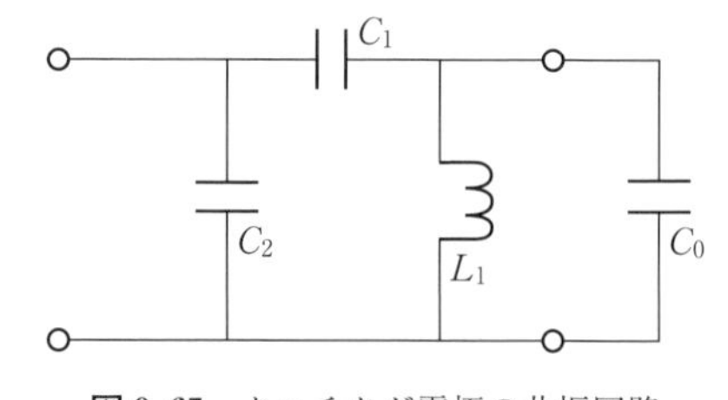

図 9.65　タッチタグ電極の共振回路

気信号の反射が起こらなくなるので，伝送効率が最大（信号の損失が最小）となる．したがって，共振回路の調整とは，これら3つの素子の定数を変更して共振回路のインピーダンスを50 Ωにすることとなる．

図 9.66 に人が電極に触れた場合の**タッチタグ電極**の共振回路を示す．図中の R_h は人体の抵抗成分，C_h は人体の容量成分である．実際の人体のインピーダンスは図 9.66 に示したものよりも複雑であるが，ここでは簡略化している．

図 9.66 に示した回路の入力インピーダンス Z は，式 (9.9) で表される．

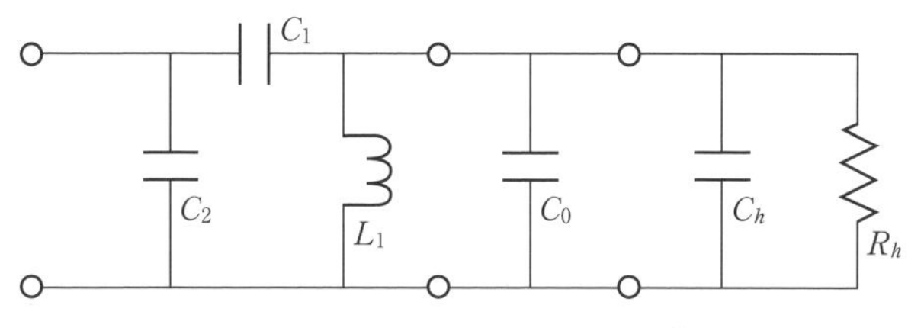

図 9.66　人体を含むタッチタグ電極の等価回路

$$\frac{1}{Z} = j\omega C_2 + \cfrac{1}{\cfrac{1}{j\omega C_1} + \cfrac{1}{\cfrac{1}{R_h} + \cfrac{1}{j\omega L} + j\omega(C_0 + C_h)}} \tag{9.9}$$

電極の共振回路の調整の最終目的は，人が電極に触れたときに Z が 50 Ω となるよう，L_1，C_1 および C_2 の値を決定することである．

〈参考文献〉

1) P. S. Hall and Y. Hao：Antennas and Propagation for Body-Centric Wireless Communications, 2nd ed.,Artech House, Norwood, MA, 2012.

2) Special issue on antennas and propagation for body-centric wireless communications, IEEE Trans. Antennas Propag., Vol.57, No.4, pp.833-1016, April 2009.

3) K. Fujii, M. Takahashi, and K. Ito：Electric field distributions of wearable devices using the human body as a transmission channel,IEEE Trans. Antennas Propag., Vol.55, No.7, pp.2080-2087, July 2007.

4) K. Ito, N. Haga, M. Takahashi, and K. Saito：Evaluations of body-centric wireless communication channels in a range from 3 MHz to 3 GHz, Proc. IEEE, Vol.100, No.7, pp.2356-2363, July 2012.

9.5　医療機器用

近年，電磁界が生体組織に与える何らかの作用を病気の診断や治療に応用しようとする試みが盛んに行われている．これらは，さまざまな観点から分類・整理して考えることが可能であるので，ここでは，“診断” および “治療” という2つの用途に分類して，それらに用いられているアンテナについて概説する．

まず，電磁波技術を用いた“診断”には，以下のようなものが挙げられる．

(1)　**マイクロ波ラジオメトリ**[1)]

(2)　**マイクロ波CT**（computed tomography）[2)]

(3)　**カプセル内視鏡**[3)]

(4)　**MRI**（magnetic resonance imaging）磁気共鳴画像法[4)]

この中で，(1)，(2) は研究段階であり，実用化（製品化）には至っていない．一方，(3) カプセル内視鏡，(4) MRI については，すでに臨床現場で使われているので，以下ではこれらについて概説する．

カプセル内視鏡：

カプセル内視鏡は，口から飲み込む内視鏡であり，直径十数mm，長さ数十mmのカプセルの中に，**イメージセンサ**やレンズから構成される撮影部分と，体外とのデータ授受のための通信部分が装備されている[5)]．図9.67にカプセル内視鏡の一例を示す．現在市販されている小腸用カプセル内視鏡では，収集した画像データを体外へ送信するための信号変調方式として**FSK**（frequency shift keying）方式が採用され，その搬送波周波数は315 MHzである[6)]．また，現在では，さらに，体外から駆動用エネルギーを供給するための**無線給電**の研究も進んでいる[7)]．この通信および無線給電を実現するためには，小形で高効

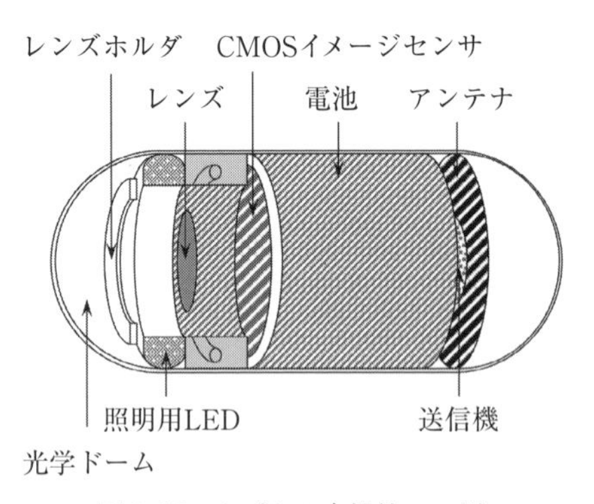

図9.67　カプセル内視鏡の一例

率のアンテナが必要である．

MRI 装置：

MRI は，電磁波を利用した診断装置として，現時点で最も成功した装置と思われる．MRI は，強い静磁界（数 T（テスラ））中に置かれた被検体（生体）に，**パルス状電磁波**（RF pulse：radio frequency pulse）RF パルスと呼ばれる）を照射することによって，その生体組織中で励起された水素原子核スピンが緩和することに伴って誘導される **NMR**（nuclear magnetic resonance）信号を受信し，画像再構成技術によって，生体内部を画像化する方法である．NMR 信号の基本周波数 f[Hz] は，以下の式によって表される[4]．

$$F=\gamma B\,[\mathrm{Hz}] \tag{9.10}$$

ここで，γ は**磁気回転比** [Hz/T]，B は印加する**静磁界**（慣例により磁束密度［T］で表す）である．したがって，NMR 信号の周波数は，印加する静磁界（磁束密度）の大きさに比例する．たとえば，生体内に多く存在する水分子を構成する水素原子の磁気回転比は，42.5759 MHz/T であるので，現在，臨床用として広く用いられている静磁界強度が 1.5 T の MRI 装置では，放射される NMR 信号は，約 64 MHz である．

図 9.68 は，MRI 装置の基本構成であり，静磁界を発生させる部分と，RF パルス・NMR 信号の送受信を行う部分に大別できる．後者では，高周波信号の授受を行うアンテナが重要であり，図 9.69 に示すようなさまざまな **RF コイル**（アンテナとして動作するものの，慣例的に“コイル”と呼ばれている）

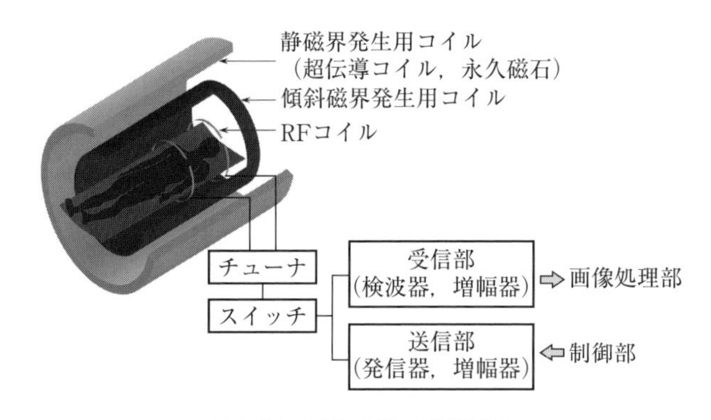

図 9.68　MRI 装置の基本構成

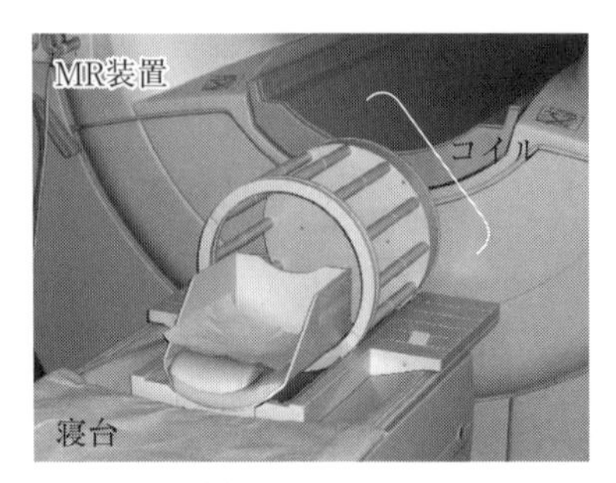

(a) 頭部用コイル

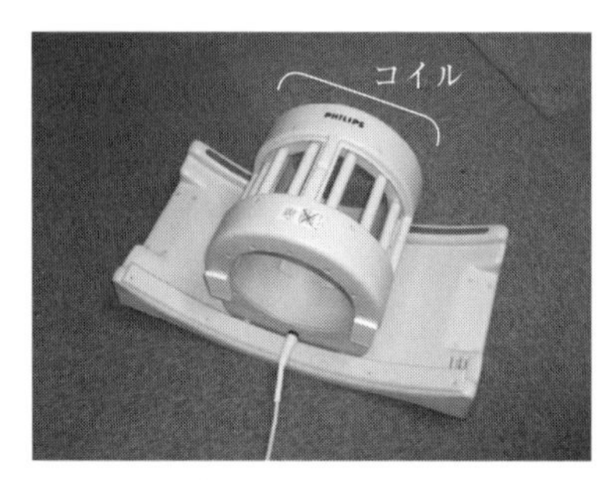

(b) ひざ用コイル

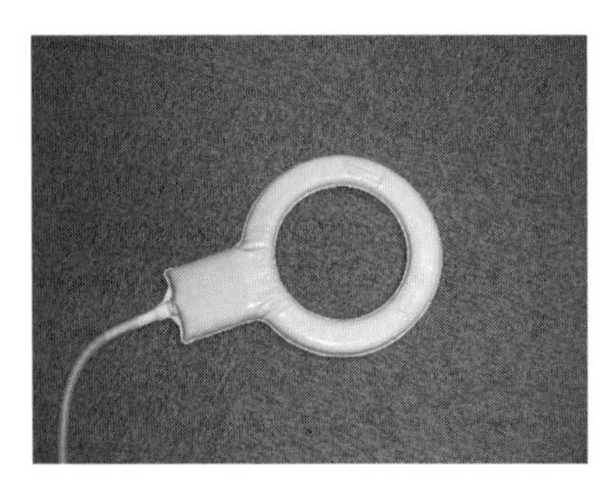

(c) 表面コイル

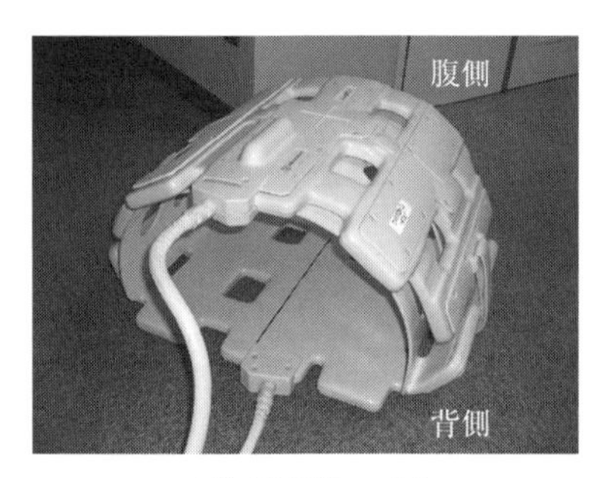

(d) 腹部用コイル

図 9.69　RF コイルの例（写真提供：独立行政法人放射線医学総合研究所）

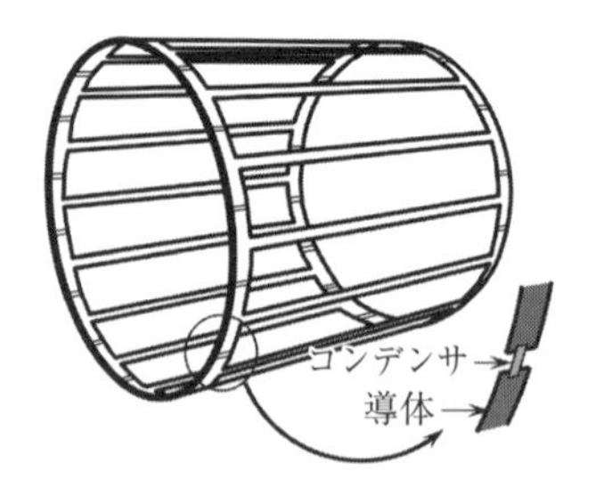

図 9.70　バードケージコイル

が開発されている．ここで，RF コイルとして特に多く用いられているものは，図 9.70 に示すような**バードケージコイル**と呼ばれるものである．このコイルは，図 9.70 に示すように，2 つのリング状導体を複数の導体棒で接続した構造であり，リング状導体上のコンデンサ容量を変化させることで，共振周波数を調整することができる（導体棒上にコンデンサを設けた構造のコイルも

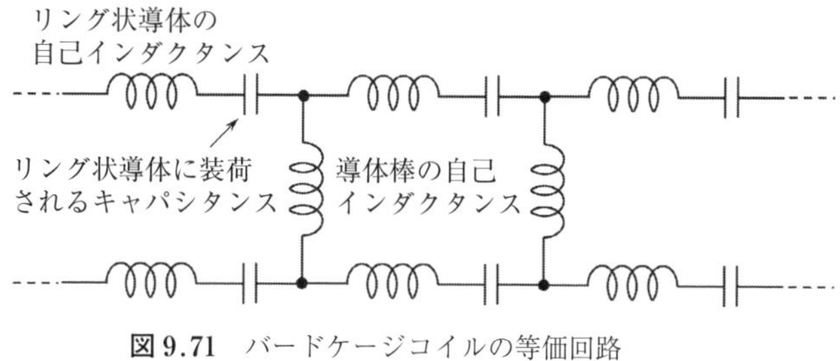

図 9.71 バードケージコイルの等価回路

ある). 前述のように, NMR 信号の基本周波数は, 多くの装置において数十 MHz であることから, バードケージコイルは電気的には小形であり, コイル上のコンデンサによってその電気長を調整しているともいえる.

一方, バードケージコイルを図 9.71 に示すような集中定数による等価回路で表現し[8], これに装荷されるコンデンサ容量と回路の共振周波数の関係を簡便に求めるソフトウェアが広く用いられている[9]. しかしながら, 現在では, 撮像の高速化や高解像度化を目指して, 静磁界強度を高めた装置の開発が進められている. 式 (9.10) から明らかなように, 静磁界強度を高めると, 必然的に NMR 信号の周波数が上昇するため, 上記のような集中定数回路の解析に基づいた方法では, 高周波化に対応できない. さらに, 被検体に照射される RF パルスによる生体組織での**電磁波エネルギー吸収量** (SAR : specific absorption rate) を低下させるといったことにも研究の余地がある. このように, MRI システム用 RF コイルの設計において, 小形アンテナの設計技術はきわめて重要である.

マイクロ波エネルギーの利用 :

電磁波を用いた "治療" は, 主に電磁波が生体組織に与える熱的作用を治療に応用するものである. その中でも, 発熱の効率が高い, マイクロ波エネルギーが広く使われている. マイクロ波エネルギーを用いた治療法は, がんの**温熱治療** (**ハイパサーミア**), がんの凝固治療, 不整脈治療, 前立腺肥大症の治療などである. ここでは, マイクロ波エネルギーによるハイパサーミアについて概説する. さらに, 近年, 研究・開発が進められているマイクロ波の熱的作用を利用した外科処置具についても簡単に説明する.

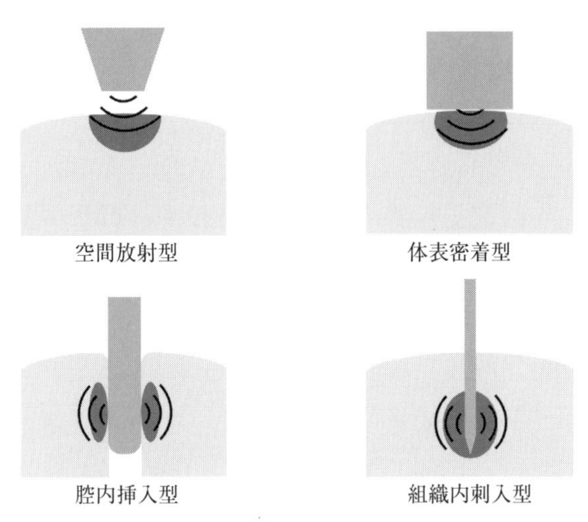

図 9.72　マイクロ波加温アンテナの分類

ハイパサーミアは，がん細胞と正常細胞の温熱感受性の差を利用した治療法で，これまでの研究から，細胞を約 42～45℃程度に加温すると，正常細胞にはあまりダメージを与えず，がん細胞の生存率を急激に低下させることが可能であることがわかっている[10]．したがって，がん細胞を含む領域を的確に加温することができれば，がん細胞のみを選択的に殺傷することが可能である．また，この治療法は，放射線治療や化学療法との併用による**増感効果**（これらの治療効果を高める作用）も期待できる．

治療対象腫瘍の形・大きさ・位置はさまざまであるため，患部にマイクロ波エネルギーを作用させるアンテナの役割は非常に重要である．図 9.72 は，いくつかの**マイクロ波加温アンテナ**を加温形態によって分類したものである．ここで，“空間放射型”および“体表密着型”は，**外部加温アンテナ**，“腔内加温型”および“組織内刺入型”は，**内部加温アンテナ**に分類することができる．

外部加温用アンテナとしては，過去には，導波管型のアンテナが用いられていたものの，現在ではマイクロストリップ型平面アンテナが研究されている．このような平面アンテナは，**アレーアプリケータ***1を構成することも比較的容易であるために，浅在でかつ広範囲を治療対象とする皮膚がんの治療に有効である[11][12]．なお，浅在性の腫瘍を治療対象とする場合には，体表面での過剰な温度上昇を防ぐため，アンテナと体表面の間に**ボーラス**（水袋）を挿入し，冷水を還流させることによる表面冷却が行われる．なお，このボーラスには，インピーダンスマッチングの機能を持たせることも期待できる．

腔内挿入型は，食道や直腸といった体腔にアンテナを挿入して加温する方式であり，ダイポールアンテナやヘリカルアンテナなどがよく用いられる．腔内挿入型は，**非侵襲的**に体腔にアンテナを挿入する方式であるため，後述の組織内刺入型に比べて直径を比較的大きくすることができる．そのため，アンテナ表面にボーラスを設けて，冷水の循環による組織表面での冷却や，ボーラス表面に温度センサを付加することによる温度測定も行われる．図 9.73 は，前立腺肥大症の温熱治療のため，尿道に挿入するためのマイクロ波アンテナである[13]．

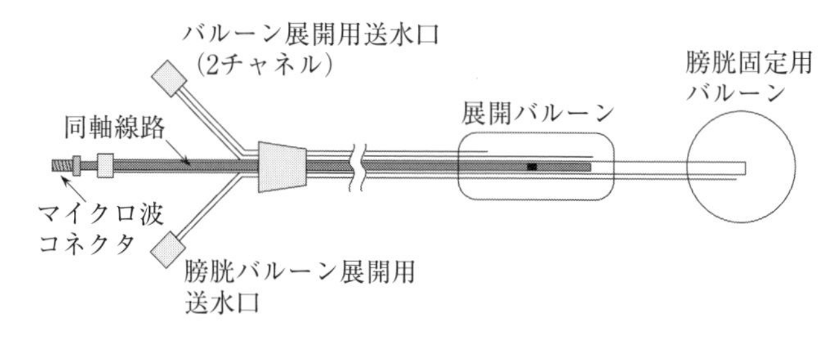

図 9.73　前立腺肥大症治療用マイクロ波アンテナ

さらに最近では，**内視鏡**を併用することで，アンテナ単体では到達できない場所での治療も検討されている．図 9.74 (a) は，内視鏡に装備されている鉗子孔にマイクロ波アンテナを挿入し，胆管部腫瘍の温熱治療を行うための概念図である．この手法の工学的な有効性については，すでに動物実験により確認されている（図 9.74 (b)）．

組織内刺入型は，微細径のアンテナを経皮的に直接腫瘍部に刺入して加温を

＊1　ハイパサーミア用加温装置では，加温のためのエネルギーを患部に作用させる部分の総称として，しばしば“アプリケータ”という語を用いる．そこで，一般にハイパサーミア用アレーアンテナをアレーアプリケータと呼ぶ．なお，同様の考え方をすれば，ハイパサーミア用のアンテナは，すべてがアプリケータであるものの，単体のアンテナではそのような呼称はあまり用いないようである．

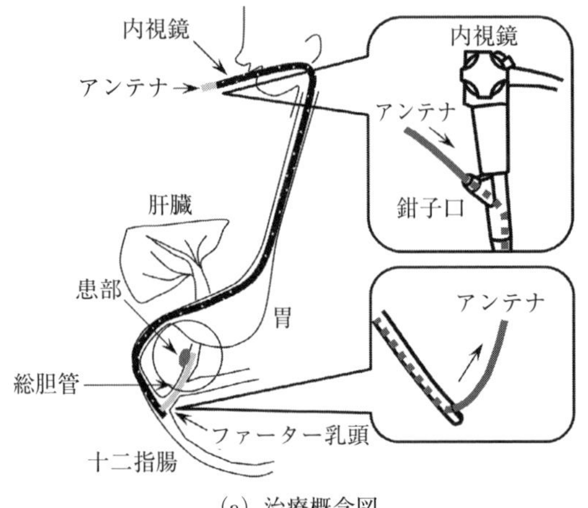

(a) 治療概念図

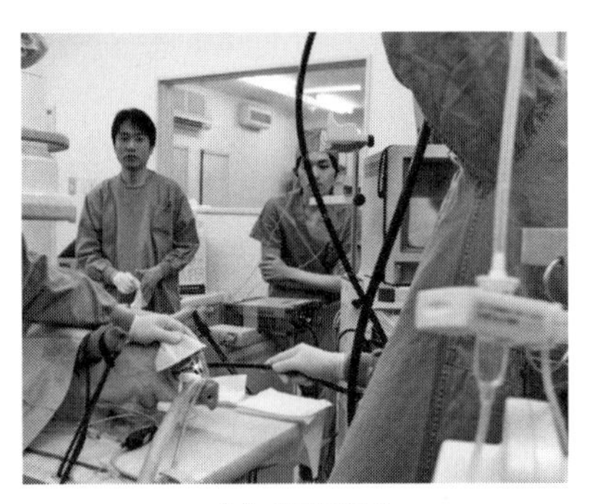

(b) 動物実験

図 9.74　内視鏡と併用するマイクロ波腔内加温用アンテナ

行う方法である．侵襲的ではあるものの，エネルギーの利用効率がよく，小電力での加温が可能である．これまでに，図 9.75 に示すようなさまざまなアンテナが検討されてきた[14]．いずれも直径を大きくすることなく，アンテナ先端部付近のみで加温ができる（アンテナ刺入点付近で，不要な発熱が生じない）ように考えられている．すなわち，アンテナ上の電流が，その先端部分に集中して分布するよう設計されている．図 9.76 は，図 9.75（c）に示す同軸スロットアンテナにおけるアンテナ上電流分布と **SAR 分布**（**発熱分布**）の関係を示したものである．図 9.76（a）と（b）を比較すると，アンテナ上電流がその先端付近に集中して分布している場合には，アンテナ周辺の SAR につ

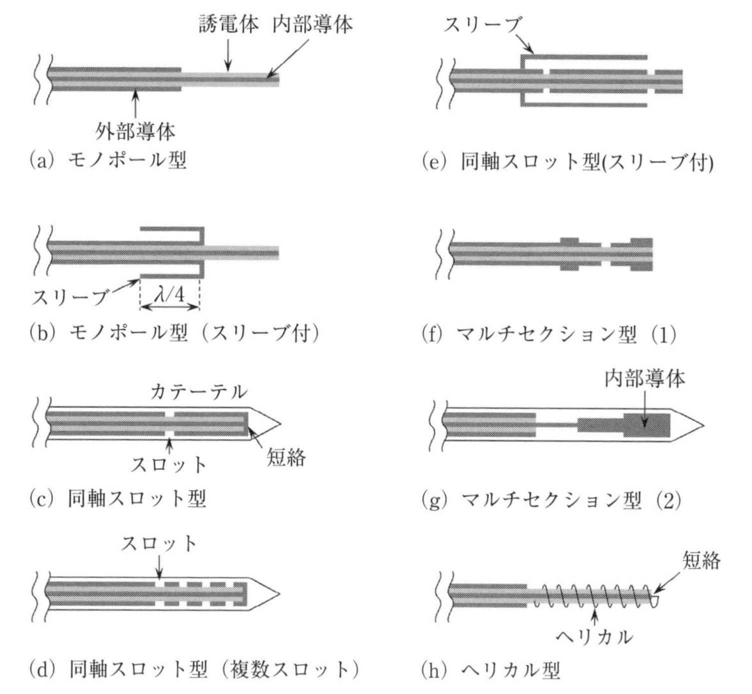

図 9.75 さまざまなマイクロ波組織内加温用アンテナ（先端部分）（文献 14）より引用）

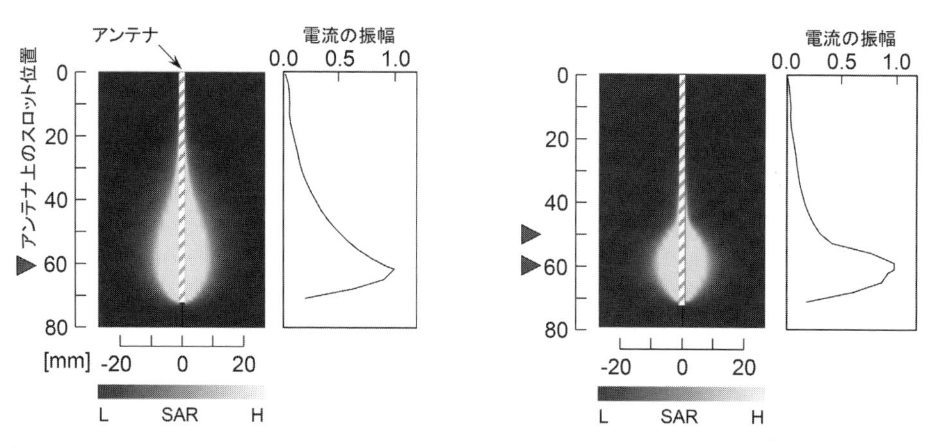

図 9.76 同軸スロットアンテナ先端部付近の電流分布と SAR 分布

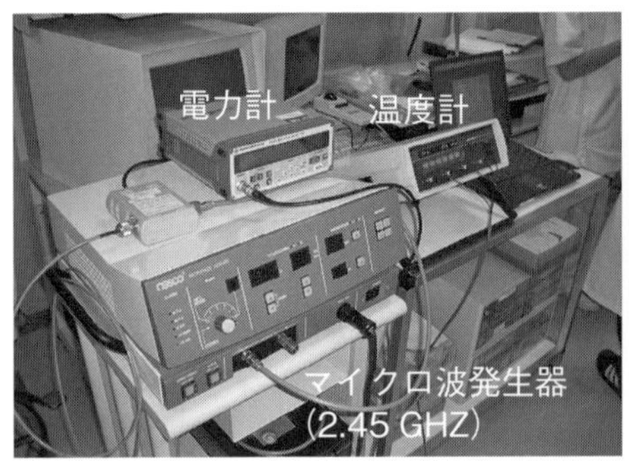

(a) 治療装置

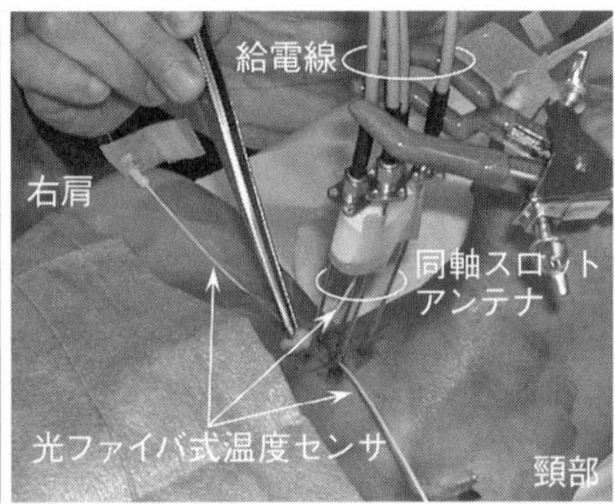

(b) 治療部位

図 9.77　治療風景の一例

いても先端部分に局在した分布になることがわかる．

一方，比較的大きな腫瘍には，複数本のアンテナにより**アレーアプリケータ**を構成することで対応可能である．図 9.77 は，4 本の同軸スロットアンテナで構成したアレーアプリケータでの臨床治療の様子である[15)]．アンテナのほかに，電磁界の影響を受けない光ファイバ式温度センサが患部周辺に刺入されている．

ところで，当然のことながら，治療対象腫瘍の形状はさまざまであるので，その形状に応じた加温領域を発生させることができれば都合がよい．組織内刺入型では，アンテナ軸と垂直方向面内での加温領域は，アンテナ刺入位置を変えることでいくらでも変形することができる．しかしながら，アンテナ軸方向面内での加温分布は，アンテナ構造を変化させなければ制御することができない．そこで**同軸ダイポールアンテナ**[16)]を導入することで，これが実現されている．

図 9.78 は，同軸ダイポールアンテナの基本構造であり，これまでの検討によって，**スリーブ長**（L_{ud}, L_{ld}）を変化させることによって，これに応じた加温領域が生成できることがわかっている．図 9.79 は，4 本の同軸ダイポールアンテナによって構成したアレーアプリケータ周辺の加温分布計算結果（体内での 42℃以上の領域）を 3 次元表示したものである[17)]．異なるスリーブ長のアンテナを組み合わせることにより，腫瘍形状に合致した任意形状の加温領域

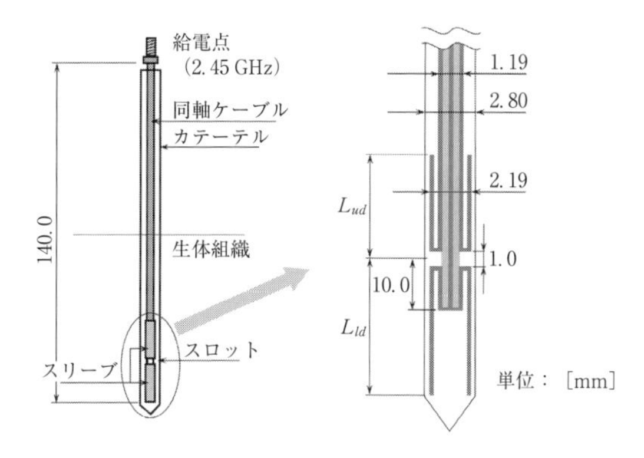

(a) 全体図　　(b) アンテナ先端部（縦方向断面）

図 9.78　同軸ダイポールアンテナ

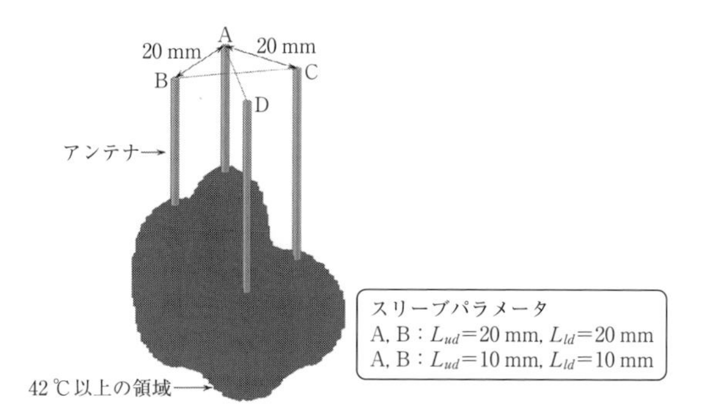

図 9.79　4本の同軸ダイポールアンテナが発生させる加温領域
（計算結果の一例，文献 17）より引用）

を発生させることが可能である．

近年の外科手術では，メスやはさみ，ピンセットといったような以前より用いられてきた器具だけでなく，電気メスや超音波組織凝固切開装置などのいわゆるエネルギーデバイスが多用される．これらの機器は，エネルギー源は異なるものの，いずれも短時間で生体組織を高温に加熱し，切開，止血，吻合などを行うものである．さらに，これらの行為を単体で行うだけでなく，切開と止血を同時に行うといったようなことも可能であるため，現在では，外科手術になくてはならないデバイスである．

しかしながら，これらの機器にも，解決すべき問題点がいくつか存在する．

まず**電気メス**は，高周波電流（周波数：数 kHz）を術者が持つハンドピース近傍に集中させ，この付近の生体組織をジュール熱により高温にし，さらに放電を生じさせることにより組織を切開・凝固する．この電気メスでは，組織の切開は，非常に効率よく行えるものの，組織の凝固はそれほど得意ではない．

たとえば止血のため，生体組織の広い範囲を凝固させようとすると，術者の操作によっては生体組織が炭化してしまい，煙が発生する．これが開腹手術時であれば，それほど大きな問題は生じないものの，近年適用症例が増えてきた腹腔鏡下手術（患者の体に少数の小さな穴をあけ，そこから細径の手術器具を腹腔内に挿入して処置を行う**低侵襲手術**）においては，腹腔内に煙が充満することになり，**腹腔鏡（カメラ）**による視野が低下し，最悪の場合には，手術が継続できなくなってしまう．

一方，**超音波組織凝固切開装置**では，術具先端部が超音波振動し，これを生体組織に作用させることでその組織内に摩擦熱を生じさせ，組織凝固・切開をする．超音波組織凝固切開装置は，このように機械振動に基づく器具であるため，周辺の血液や体液がしぶきとして周囲に飛び散ることがある．この場合も，開腹手術時であればそれほど大きな問題はないものの，腹腔鏡下手術時には，挿入したカメラのレンズにしぶきが付着して視野を低下させる．さらに，凝固した生体組織が器具にこびりつくことがあり，これを無理に引きはがそうとすると，再出血を引き起こす可能性もあり，注意が必要である．

こういった問題を解決する1つの方法として，マイクロ波による**エネルギーデバイス**が研究されている[18]．ここでは一例として，図9.80に示す棒状デバイスを紹介する．

このデバイスは，給電同軸ケーブルの先端部分を**ヘリカル構造**としたもので，図9.80中に示すように，先端部分および側面部分で高温領域，すなわち**強電界**を発生させることが可能である．また，このデバイスは，凝固した生体組

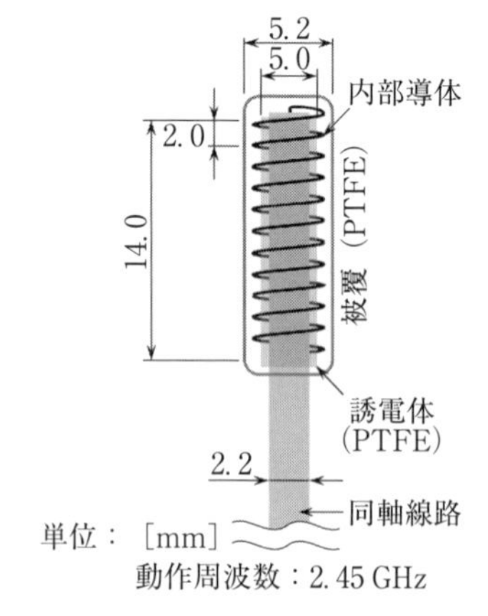

図 9.80　マイクロ波エネルギーによる止血デバイス（図中の寸法は一例）

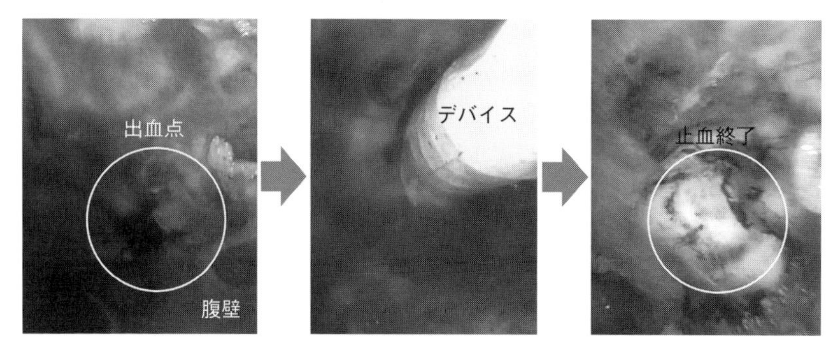

図 9.81 マイクロ波エネルギーによるブタ腹壁の止血

織が付着しないように，ヘリカル部分は **PTFE**（polytetrafluoroethylene）で被覆されている．図 9.81 は，このデバイスを用いてブタ腹壁での止血を行った際の写真である．この手術では，体腔内に液体を満たした特殊な環境で行われたため，通常の電気メスの使用はできない．しかしながら，マイクロ波デバイスは問題なく使用可能であり，また，電気メスでは難しい比較的大きな出血部分（傷）も一回で凝固可能であった．

このように，マイクロ波のエネルギーデバイスは従来のエネルギーデバイスと比較して優れている点も多い．しかしながら，電気メスや超音波組織凝固切開装置のように，組織の切開は得意ではない．これについては文献[18]に述べられているように，別途方策が必要である．

〈参考文献〉

1) S. Mizushina, H. Ohba, K. Abe, S. Mizoshiri, and T. Sugiura：IEICE Transactions on Communications, Vol.E78-B(6), pp.789-798, 1995.

2) E. C. Fear, S. C. Hagness, P. M. Meaney, M. Okoniewski, and M. A. Stuchly：IEEE Microwave Magazine, Vol.3(1), pp.48-56, 2002.

3) S. K. Moore：IEEE Spectrum, Vol.37(7), p.75, 2000.

4) 日本放射線技術学会監修：MR 撮像技術学，オーム社，2001.

5) 伊藤公一：電子情報通信学会論文誌 B，Vol.J89-B(9), pp.1558-1568, 2006.

6) オリンパスカプセル内視鏡システム添付文書

7) 篠原真毅，松本紘：電子情報通信学会論文誌 C，Vol.J87-C(5), pp.433-443,

2004.
8）J. Jin：Electromagnetic analysis and design in magnetic resonance imaging, CRC Press, 1999.
9）C. L. Chin, C. M. Collins, S. Li, B. J. Dardzinski, and M. B. Smith：Birdcage Builder, Version 1.0, Copyright Center for NMR Research, Department of Radiology, Pennsylvania State University College of Medicine, 1998.
10）柄川順：癌・温熱療法，篠原出版，1987.
11）P. R. Stauffer, M. Leoncini, V. Manfrini, G. B. Gentill, C. J. Diederich, and D. Bozzo：Dual concentric, IEICE Trans. on Comm., Vol.E78-B(6), pp.826-835, 1995.
12）S. Jacobsen, P. R. Stauffer, and D. G. Neuman：IEEE Trans. on Biomedical Eng., Vol.47(11), pp.1500-1509, 2000.
13）F. Sterzer, J. Mendecki, D. D. Mawhinney, E. Friednthal, and A. Melman：IEEE Trans. on Microwave Theory and Tech., Vol.48(11), pp.1885-1891, 2000.
14）伊藤公一，古屋克己：日本ハイパーサーミア学会誌，Vol. 12(1), pp. 8-21, 1996.
15）K. Saito, H. Yoshimura, K. Ito, Y. Aoyagi, and H. Horita：IEEE Transactions of Microwave Theory and Techniques, Vol.52(8), pp.1987-1991, 2004.
16）菊池悟，齊藤一幸，高橋応明，伊藤公一：電子情報通信学会論文誌 B, Vol. J89-B(8), pp. 1486-1492, 2006.
17）K. Saito, M. Takahashi, and K. Ito：IEICE Trans. on Electronics, Vol.E96-C(9), pp.1178-1183, 2013.
18）Y. Endo, K. Saito, and K. Ito：IEEE Trans. on Microwave Theory and Techniques, Vol.63(6), pp.2041-2049, 2016.

9.6　無線電力伝送用

無線電力伝送の技術は，マイクロ波を用いたシステムが早くから研究され，最近になってMHz帯，kHz帯の周波数を用いるシステムの研究開発が活発となった[1,2]．これらのシステム開発を能率的に行うためには，これらの動作原理を正しく理解することが肝要である．図9.82に無線電力伝送の種々の形態

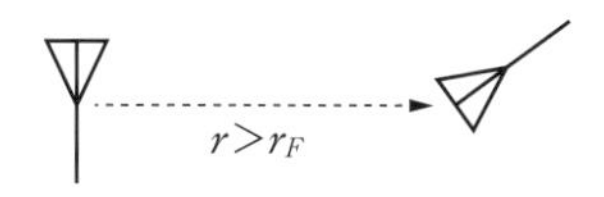

(a)　球面波（放射界，フラウンホーファ領域）

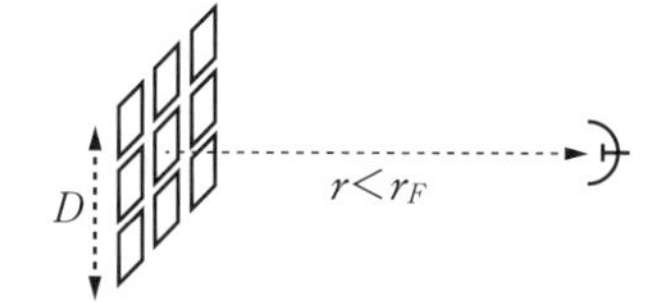

(b)　ビーム波（フレネル領域）

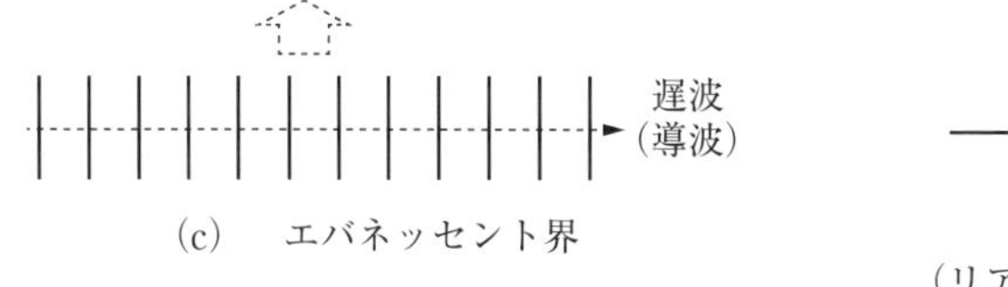

(c)　エバネッセント界

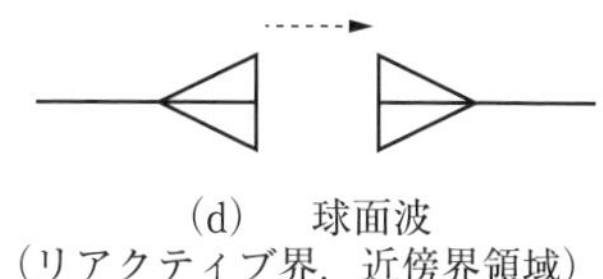

(d)　球面波
（リアクティブ界，近傍界領域）

図 9.82　無線電力伝送の種々相

を比較して示した．

(a) は信号伝送と変わらない電波応用の例で，送信アンテナから十分遠い**フラウンホーファ領域**で受信するものである．**飛行物体給電システム**などに応用されている[3)]．ここに，r_F はフランホーファ領域であるための最小送受間隔で，波長を λ，送信アンテナの開口径を D とすると $r_F=2D^2/\lambda$ で定義される．

(b) は大型の送信アンテナのフレネル領域に受信アンテナを置くシステムで，ビーム伝送の原理で電力伝送が行われる．研究途上の**太陽発電衛星**（SPS：solar power satellite）のシステムは，宇宙空間に多数の太陽電池を置き，直流からマイクロ波に周波数変換をして，多数の素子から成る**フェーズドアレーアンテナ**から地上局にビームの焦点を絞って電力を送る．**宇宙航空研究開発機構**（Japan Aerospace Exploration Agency：**JAXA**）が 25 年後には実用化を目指す計画では，$r=35,790$ km の静止軌道に開口径 $D=3$ km の大規模フェーズドアレーアンテナを浮かべ，周波数 5.8 GHz で，地球上に**ビーム伝送**する[4)]．この場合，$r_F=348,000$ km であり，地上のアンテナは**フレネル領域**にある．もし，(a) の形態で地上局に電力伝送すると，受信地上局のまわりの広い地域にマイクロ波の大電力がばらまかれ，EMC，EMI のさまざまな問題を引き起こすと考えられる．

(c) は周期構造に沿う**伝送波**（遅波）による伝送を示す．開放型の構造であっても伝送方向に垂直な方向には振幅が指数関数的に減衰し，位相は一定の**エ**

バネッセント界[*1]となる．(b) と (c) も信号伝送のためのアンテナ利用と変わらない．(a)，(b)，(c) で用いられるアンテナは小形ではない．

(d) は電気的小形，あるいは電気的超小形の送電器からの**近傍界**の中に**受電器**を置く方式で，MHz 帯と kHz 帯で応用される．この場合の**送受電器**は，電力の出口と入口の役割を担う点では通常のアンテナと同じであるが，電力の送受は，アンテナからの**放射** (radiation) を利用していない．この意味で，厳密にはアンテナとはいえない[*2]．このような**電気的超小形構造**をここでは**擬アンテナ**と呼ぶことにする．**受電擬アンテナ**が受ける電磁界はエバネッセント界ではなく，**送電擬アンテナ**からの球面波に含まれる**リアクティブ界**[*3]である．これを正しく理解し，リアクティブ回路に成り立つ**リアクタンス定理**[6)]を応用すると，後述するように設計を能率的に行うことが可能である．**電気的超小形擬アンテナ**を用いる電力伝送は誘導結合方式と共振結合方式に分類される．

放射を利用する小形アンテナの設計目標は，放射インピーダンスを送受信機の**ポートインピーダンス**に整合させ，動作帯域を広げるためにアンテナの Q を最小化[7)]することにある（本書の本節以外ではすべてこれが当てはまるであろう）．これに対し電気的超小形擬アンテナを用いる電力伝送においては，**影像インピーダンス**と送受電器のポートインピーダンスを整合させ，擬アンテナの Q を最大化することにより，**電力伝送効率**を最大化する．

小形アンテナと擬アンテナの設計指針を対比させて，表 9.7 に示す[8)]．

表 9.7　小形アンテナと擬アンテナの設計指針

	送受（擬）アンテナ設計	結合電磁界	整合させるインピーダンス	Q
FFR	個別設計（独立）	放射界	放射インピーダンス	最小化
NFR	同時設計（結合）	リアクティブ界	影像インピーダンス	最大化

＊1　IEEE Standard Dictionary[5)], evanesecnt field : A time varying electromagnetic field whose amplitude decreases monotonically, but without an accompanying phase shift.

＊2　antenna : That part of a transmitting or receiving system which is designed to radiate or to receive electromagnetic waves[5)].

＊3　reactive field : Electric and magnetic fields surrounding an antenna and resulting in the storage of electromagnetic energy rather than in the radiation of electromagnetic energy[5)].

インピーダンス整合は，インピーダンスの実部をポートインピーダンスに等しくし，インピーダンスの虚部をゼロとする．後者は「共振をとる」とも表現される．したがって，アンテナ工学が常に設計指針とするインピーダンス整合は共振を含み，共振より広い意味をもつ．最近，いわゆる「**磁界共鳴方式**」の用語が流布され，送受電器間隔が誘導方式より広くできるシステムの方式[9]であるとする場合が多い．ここでは誘導方式も共振を利用するとし，可能な送受電器間隔の大小は共振の有無ではなく，送受電器間隔が大きいときの影像インピーダンス整合の難易が決めるとの立場をとる．後記の**2 周波数方式**は難，**4 周波数方式**は易である．

9.6.1 無線電力伝送擬アンテナの例

A. 誘導結合方式（結合インダクタと結合キャパシタによる 2 周波数方式）

結合インダクタは図 9.83 に示すように，一対の対面コイル間で電磁誘導結合を利用する．電気歯ブラシの充電，携帯電話機の充電などに実用される．充電器と機器が非接触で，接点の耐久性が良く，接点不良，短絡や水分などによる漏電の心配が少ない[10]．

電力伝送効率を上げるためにコンデンサを外部回路に用い，使用周波数で共振させる[11]．後述するように，自己リアクタンスと相互リアクタンスの適切な組み合わせにより**影像インピーダンス整合**が可能となる．この条件は 2 つのコイルの位置関係に依存するため，最適位置からずれると伝送効率が下がる．

また，kHz 帯での **EV 充電**応用を目指す研究が活発に行われ，大電力（数 kW），高伝送効率（95%以上），ミスアラインメントによる効率低下の軽減，小形化（径 40 cm 以下），電磁遮蔽，車体ボディの影響のフェライトなどの磁性材料による軽減，などが研究課題とされる．

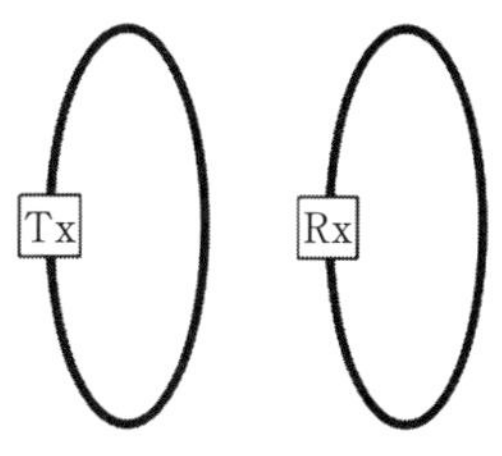

図 9.83 結合インダクタ

結合キャパシタは図 9.84 に示すように，一対のキャパシタを対面させ，**静電容量結合**を利用する．キャパシタはさまざまな形状を工夫できる．図 9.84 は**容量性結合係数**を大きくするために，正負の電極板を 180 度開いた構造である．携帯電話機の充電などでは正電極と負電極（グランド）は平行な構造とし，送受間の間隙を数 mm と小さくして用いるのが普通である．

これらの誘導結合方式は偶モードと奇モードの共振周波数により特性づけられる，2周波数方式に分類され，4周波数方式である共振結合方式と区別される．

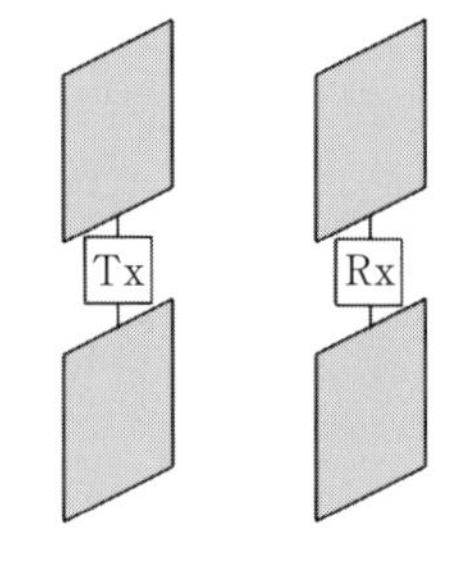

図 9.84　結合キャパシタ

B.　共振結合方式（自己共振閉路構造と自己共振開路構造による4周波数方式）

結合コイルの構造を工夫すると，電気的超小形であっても共振のための外部回路キャパシタを要せず，**自己共振型**とすることができる．図 9.85 は Tx と Rx に直結する駆動ループと，ループに誘導結合させた大型のヘリカル構造の寄生素子から成る例である[9)]．全体の系は自己共振型となる．共振に寄与する**寄生素子**がヘリカル状の開路であっても，Tx 電源に直結した構造は小形のループであり，低周波において電流路が存在する閉路構造である．後述する**自己共振閉路構造**の例である．Tx と Rx に直結する閉路の小形ループは，折り返しダイポールアンテナにおけるように，不平衡電流をカットし，**平衡不平衡変換器**（balun）を要しない利点がある．

低周波において電流路が存在しない開路構造も自己共振型とすることができる．この例

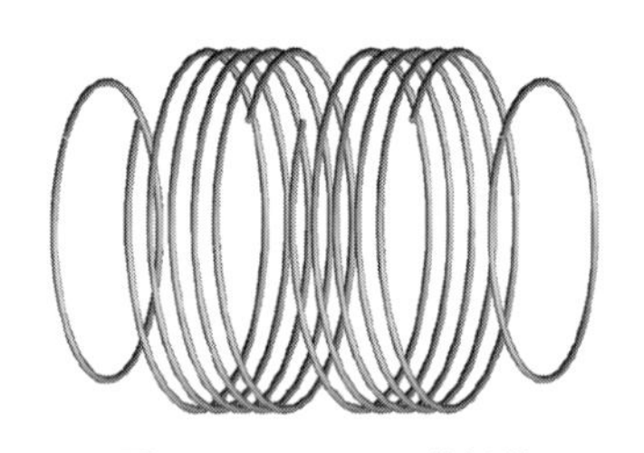

図 9.85　ヘリカル共振器

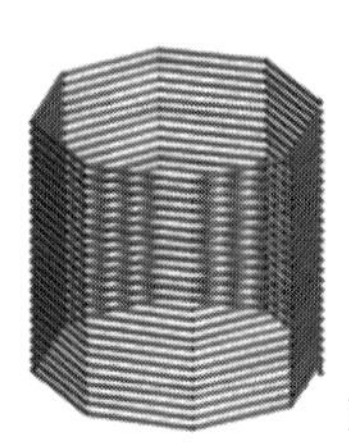

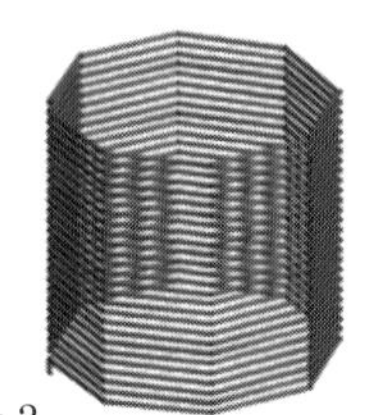

図 9.86　ヘリカル・モノポール

としてモノポールとダイポールを変形した例を示そう．図 9.86 は自己共振するモノポールアンテナをヘリカル状に巻いて小形化した構造を用いる無線システムを示す．自己共振開路構造の一種である接地形であり平衡不平衡変換器を要せず，電磁界をグランドで遮蔽できる利点がある．実験においては，測定機器群をグランドの下に隠せるので，精密な測定が可能であり，理論と実験のよい一致が得られる．図 9.87 は自己共振するダイポールアンテナを**ヘリカル状**に巻いて小形化した構造を用いる無線システムを示す．Tx と Rx を接続するポート位置を中心から終端側にオフセットすることによって，影像インピーダンスを調整することができる[12]．

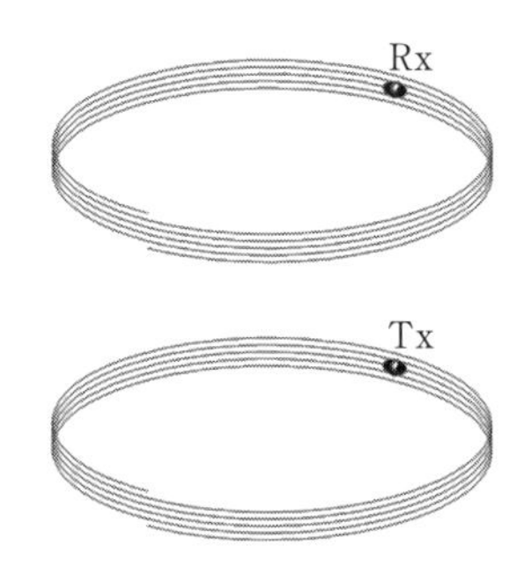

図 9.87　ヘリカル・ダイポール

9.6.2　無線リアクティブ回路としての無線電力伝送用擬アンテナの設計

図 9.83 の結合コイルに図 9.88 のようにキャパシタから成る外部回路を接続して影像インピーダンス整合を行う．結合が密で，結合係数が 1 に近い場合は変圧器として動作するが，結合が疎であっても共振させることで電力伝送効率を高くできる．これを磁界共鳴などと呼ぶことがあるが，コイル間の電磁界が動作する現象は通常の電磁誘導と変わらない．以下のように外部回路を工夫して電力伝送効率を上げる方式を**スマート電磁誘導**[13]と呼ぶこととする．

A.　インダクタと sC 回路

図 9.88 (a) のように外部回路が直列キャパシタ C_1 の場合である．これは図 9.89 のように等置できる．全体の系が左右対称であるので，影像インピーダンスはその半分の回路の影像インピーダンス Z_I に等しく，半分の回路の終端を図 9.90 のように開放，短絡した場合の入力インピーダンスを Z_{oc}，Z_{sc} と

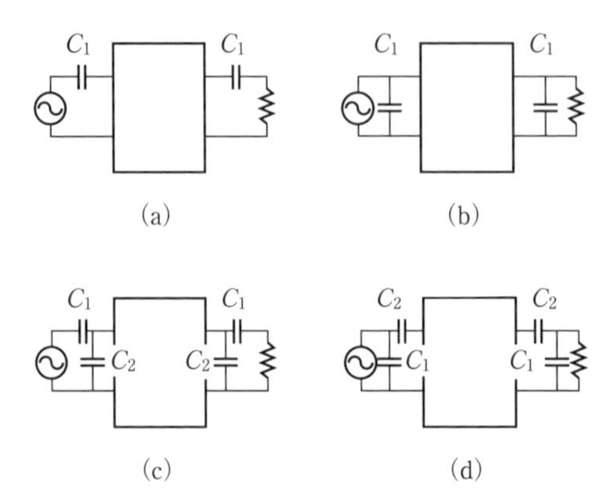

図 9.88　外部キャパシティ回路，(a) sC，(b) pC，(c) sCpC，(d) pCsC

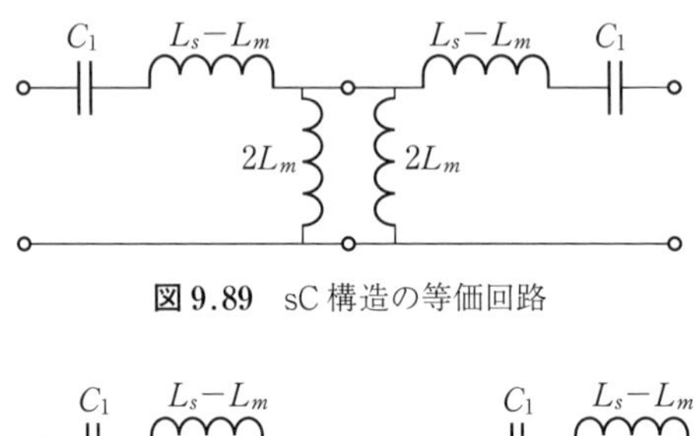

図 9.89　sC 構造の等価回路

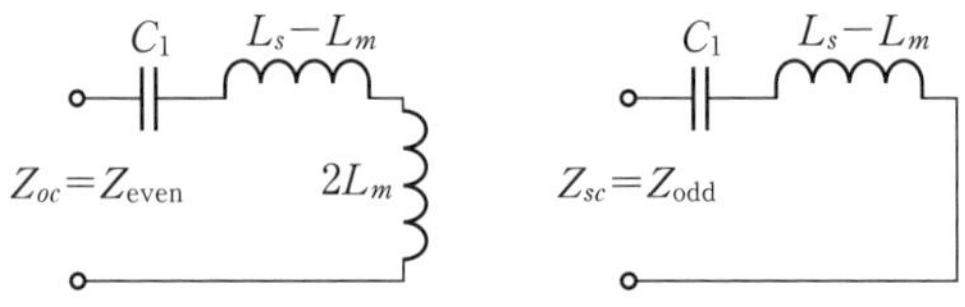

図 9.90　半分回路の終端開放，短絡

すると，$Z_I = \sqrt{Z_{oc} Z_{sc}}$ が成り立つ．また，開放状態は全体の系を左右から同大同相の電源で給電する**偶モード**により実現でき，偶モード共振周波数 f_{se} をもつ．Z_{oc} は偶モード入力インピーダンス Z_{even} に等しい．また，短絡状態は全体の系を左右から同大逆相の電源で給電する**奇モード**により実現でき，奇モード共振周波数 f_{so} をもつ．Z_{sc} は奇モード入力インピーダンス Z_{odd} に等しい．シミュレータによる数値解析や，実験による測定は偶・奇モードを対象に行うのが便利である．この場合の $Z_I(\omega)$ は誘導性結合係数 $k = L_m / L_S$ を用いて次にように表される．Z_I は $\omega_{se} < \omega < \omega_{so}$ に対して実，それ以外では純虚となる．

$$Z_I(\omega)=\frac{1}{\omega C_1}\sqrt{\left(\frac{\omega^2}{\omega_{se}{}^2}-1\right)\left(1-\frac{\omega^2}{\omega_{so}{}^2}\right)},$$
$$\omega_{se}=1/\sqrt{C_1L_s(1+k)},\quad \omega_{so}=1/\sqrt{C_1L_s(1-k)} \tag{9.11}$$

Z_I 対周波数の変化パターンは図 9.91 のように $f=\sqrt{f_{se}f_{so}}$ に頂上がある丘型となる．影像インピーダンス整合のために周波数条件：$f_0=\sqrt{f_{se}f_{so}}$ と整合条件：$Z_I(f_0)=R_0$ を課す．ここに，f_0 は動作周波数，R_0 は Tx と Rx のポートインピーダンスである．この 2 条件から外部回路キャパシタンス C_1 と自己インダクタンス L_s を**誘導性結合係数** k に対して決定することができる．結果は表 9.8 に他の外部回路構造と一緒にまとめて示す．

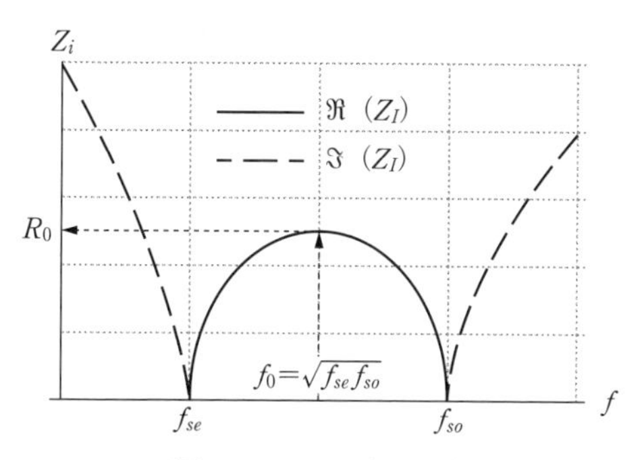

図 9.91 sC 回路の設計

表 9.8 外部キャパタ回路の設計定数表（影像インピーダンス整合法による）

回路構成	$\dfrac{\omega_0 L_s}{R_0}$	$\omega_0{}^2C_1L_s$	$\omega_0{}^2C_2L_s$	$\dfrac{R_{\rm loss}}{R_0}$fom
sC	$\frac{1}{k}\sqrt{\frac{1+\sqrt{1-k^2}}{2\sqrt{1-k^2}}}$	$\frac{1}{\sqrt{1-k^2}}$	n/a	$\frac{1+\sqrt{1-k^2}}{2\sqrt{1-k^2}}$
pC	$k\sqrt{\frac{2}{(1-k^2)^{3/2}(1+\sqrt{1-k^2})}}$	$\frac{1}{\sqrt{1-k^2}}$	n/a	$k^2\sqrt{\frac{2}{(1-k^2)^{3/2}(1+\sqrt{1-k^2})}}$
pCsC	$\frac{1}{2k}\sqrt{\frac{1+k}{1-k}}$	$\frac{1}{2k}$	$\frac{1}{1-k}$	$\frac{1}{2}\sqrt{\frac{1+k}{1-k}}$
sCpC	$\frac{2k}{\sqrt{1-k^2(1+k)}}$	$\frac{2k}{1-k^2}$	$\frac{1}{1+k}$	$\frac{2k^2}{\sqrt{1-k^2(1+k)}}$

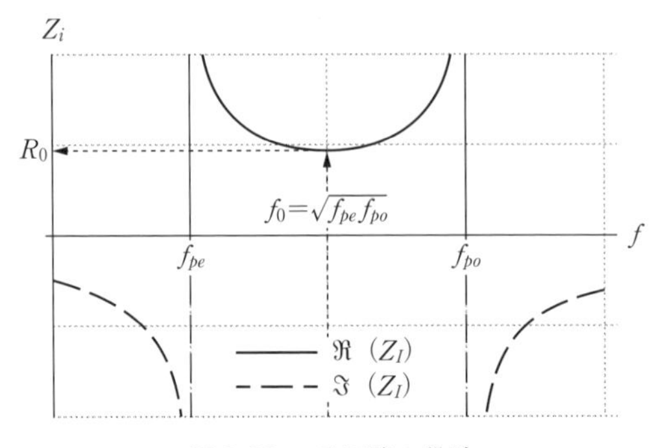

図 9.92　pC 回路の設計

B.　インダクタと pC 回路

図 9.88（b）のように外部回路が並列キャパシタ C_1 である場合，偶モードと奇モードは反共振周波数 f_{pe}, f_{po} をもつ．Z_I 対周波数の変化パターンは図 9.92 のように $f=\sqrt{f_{pe}f_{po}}$ に底がある谷型となる．このパターンから，sC の場合と同様に設計を行うことができる．

C.　インダクタと sCpC 回路，インダクタと pCsC 回路

図 9.88（c），（d）のように直列と並列のキャパシタをもつ場合，偶モードと奇モードはともに共振周波数 f_{se}, f_{so} と反共振周波数 f_{pe}, f_{po} をもつ．このとき，$f_{se}f_{po}=f_{so}f_{pe}$ の関係が成り立ち，f_{se} が最小，f_{po} が最大となる．周波数条件：$f_0=f_{so}=f_{pe}$ と，整合条件：$Z_I(f_0)=R_0$ を課して回路定数を決定する．このときの Z_I 対周波数の変化パターンは図 9.93 のように f_{po} から f_{se} に向かっ

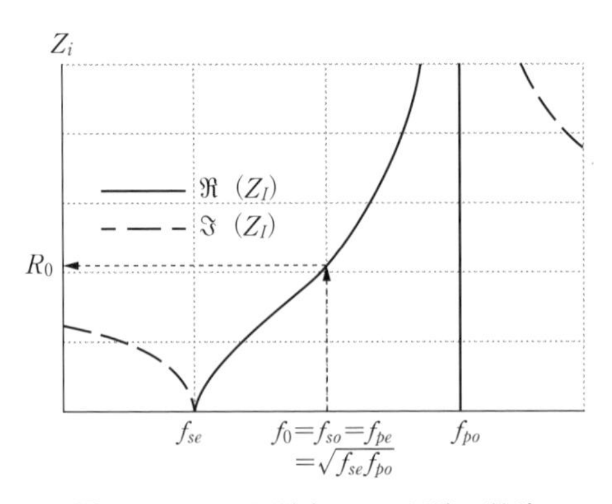

図 9.93　sCpC 回路と pCsC 回路の設計

て落下する滝型となる.

9.6.3 スマート電磁誘導方式の性能指数

インダクタと外部回路から成るすべての構成において, 回路定数の設計値 C_1, C_2 と自己インダクタンス L_s は誘導結合係数 $k=L_m/L_s$ の関数である. L_s は sC と pCsC では k にほぼ反比例し, pC と sCpC では k にほぼ比例する. L_s が小さいとコイルの大きさあるいは巻き数は小さくてよいので都合がよい. しかし, コイル素材には損失があるので, L_s が小さいことが必ずしも好ましくない. 電力伝送効率 η を**散乱行列要素**の $|S_{21}|^2$ から求めると, sC と pCsC に対して $\sqrt{1-k^2}\to 1$ の近似を行うと, 次式 (9.12) が得られる. 式 (9.12) において $R_{\rm loss}$ はコイルの損失抵抗であり, コイルの Q と関係づけている. 外部回路キャパシタの Q はコイルの Q より十分に大きくできるので, その損失はゼロとしている.

$$\eta=|S_{21}|^2=\frac{1}{\left|1+\frac{1}{kQ}+\frac{1}{2(kQ)^2}\right|^2},\quad Q=\frac{\omega_0 L_s}{R_{\rm loss}} \tag{9.12}$$

このように, **伝送効率**は fom$=kQ$ の関数となる*1. fom は**性能指数** (figure of merit) を意味する. pC と sCpC に対しても近似的に式 (9.12) が成り立つ. 表 9.8 には fom の k, $R_{\rm loss}$ に対する依存関係式を載せてある.

fom$=18.73$ のとき $\eta=90\%$ (-0.46 dB), fom$=38.74$ のとき $\eta=95\%$ (-0.22 dB) となる. 必要な自己インダクタンス L_s の誘導性結合係数 k に対する変化は sC では反比例, pC に対してはほぼ正比例となる. これは, 結合係数 k を大きくできない場合, sC では L_s は大きい必要があるのに対し, pC では小さくてよいことを表す. ω_0, R_0 に対して L_s と k の適切な組み合わせが要求される .

9.6.4 スマート電磁誘導方式の kHz 帯 AGV 充電への適用例

生産工場等で使用されている AGV (**無人搬送車**: automated guided ve-

---

*1 影像インピーダンス整合法による直観に基づく準最適化の結果である. よく知られた結果[10]と異なるが数値的には非常によく一致する.

hicle）のモータ駆動用バッテリー充電に，スマート電磁誘導方式非接触充電システムの適用が検討されている．システム諸元の一例として，以下が考えられている．

周波数：f_0=136 kHz，電力：100 W，コイル径：20 cm，送受コイル間隔：3 cm，インピーダンス：R_0=50 Ω，コイル導線：表皮効果による損失抵抗が低いリッツ線を用いる，コイル搭載空間の条件：上方 11 cm に制御機器を置くための金属板がある送受コイル間隔がコイル径より十分に狭く，車体金属とコイルの間隔が比較的大きく取れるので，誘導性結合係数 k は大きくできる．また，電力も EV に要求される値の 1/10 以下であり，漏洩電磁界を心配しなくてもよいので，設計は比較的容易である．次の順序で行うことができる．

(1)　システム諸元を満たす結合コイルのモデルを作成する

金属板へは送電コイルよりも受電コイルが近いので，コイル巻き数は受電側で大きくし，自己インダクタンスが両コイルで等しくなることを目標にモデルを作成する．以下の順序に従って，目標が達成できるようにコイルの巻き数を調整する．

(2)　L_{s1}, L_{s2}, L_m を求める

シミュレーション：　単体のコイルのリアクタンスを金属板がある条件で求め，自己インダクタンスの近似値とする，送受両コイルの自己インダクタンスが等しくなるように巻き数（送電側 n_T，受電側 n_R）を調整して，数値的対称性を満足させる．このあとで，偶モード励振と奇モード励振インダクタンスから，L_{s1}, L_{s2}, L_m を求め直し，$L_s=L_{s1}+L_{s2}$ を確かめ，L_m を計算する．

実験：　自己インダクタンスは単体コイル測定から求め，相互インダクタンスは図 9.94，および図 9.95 の 2 種の結節のインダクタンス L_1, L_2 を測定し，$L_m=(L_2-L_1)/4$ を計算する．

(3)　適した外部回路構成を決定する

得られた $L_s=L_{s1}+L_{s2}$ と $k=L_m/L_s$ から，表 9.8 のどの回路構成がシステム諸元の R_0 と f_0 を満たしやすいかを検討する．ここでは sC が選ばれたとしよう．

(4)　選択した外部回路構成に対する $L_s=L_{s1}+L_{s2}$ と $k=L_m/L_s$ が表 9.8 を満たすようにコイルの巻き数を調整する．

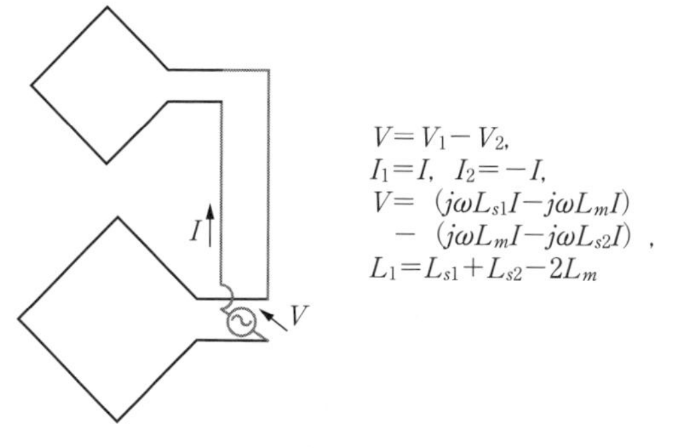

図 9.94 直列偶接続

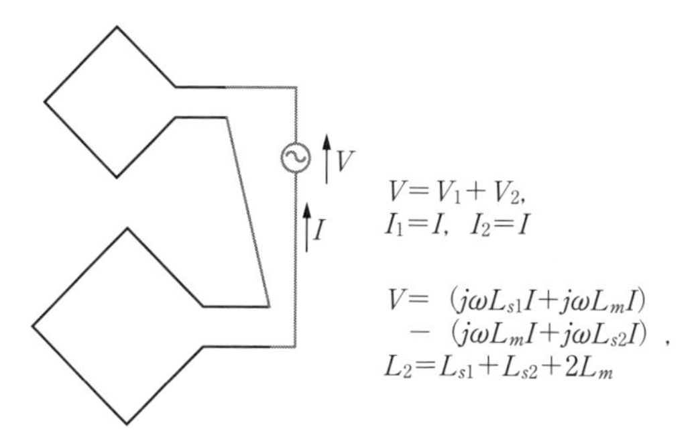

図 9.95 直列奇接続

ここでは，$n_T=30$，$n_R=31$ とする．このとき，$L_s=131.8\,\mu\mathrm{H}$，$k=0.4686$ が得られた．

(5) 周波数条件を満たす C_1 を求める

ここでは，$C_1=11.76\,\mathrm{nF}$ となる．

以上の手続きで設計されたモデルの例を図 9.96 に示す．コイル導線は径 2 mm の銅線，銅線の中心間隔は 2.33 mm，車体構造はアルミニウム製であるとして，電力伝送効率のシミュレーションを行った．周波数に対する特性を図 9.97 に，キャパシタ C_1 に対する特性を図 9.98 に，**アラインメント誤差**に対する特性を図 9.99 に示す．システム諸元が**スマート電磁誘導**にとって楽な条件であるために，良好な特性が得られている．

9.6.5 4 周波数方式自己共振型構造の特性解析と設計

結合インダクタは磁界の**誘導性**（inductive）**結合**，結合キャパシタは電界

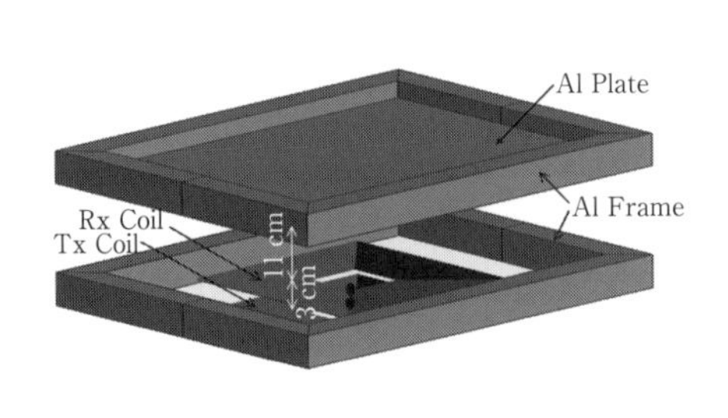

(a)　斜め上方から見た送受電コイル

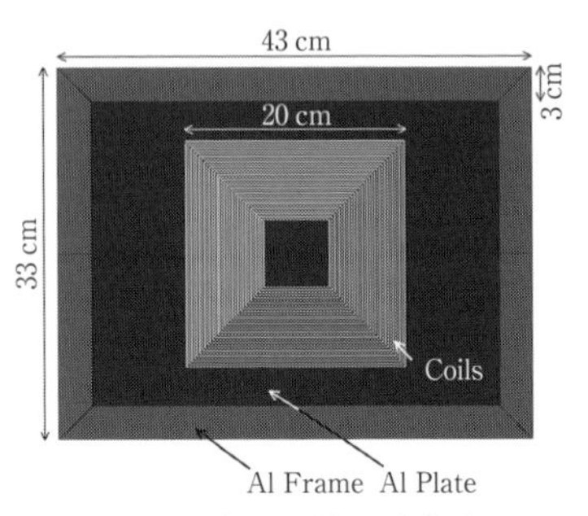

(b)　送電側の下方から見た送受電コイル

図 9.96　AGV 構造

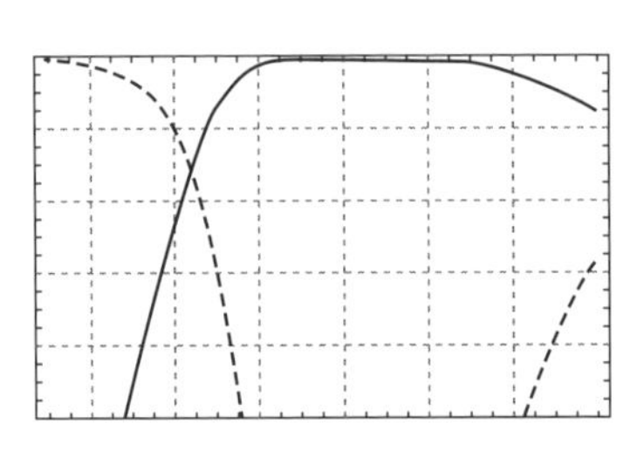

図 9.97　S_{21} の周波数特性

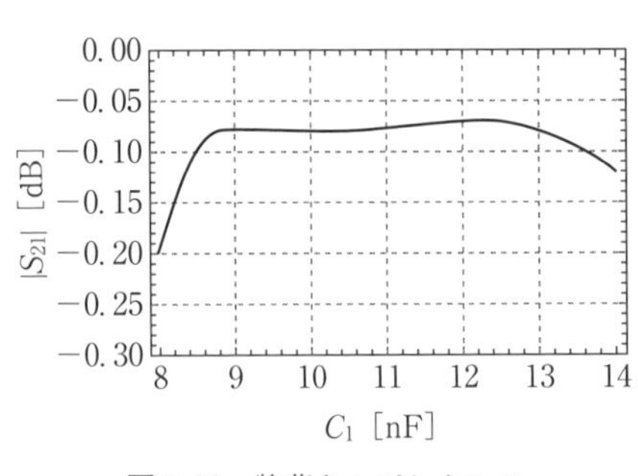

図 9.98　装荷キャパシタンス

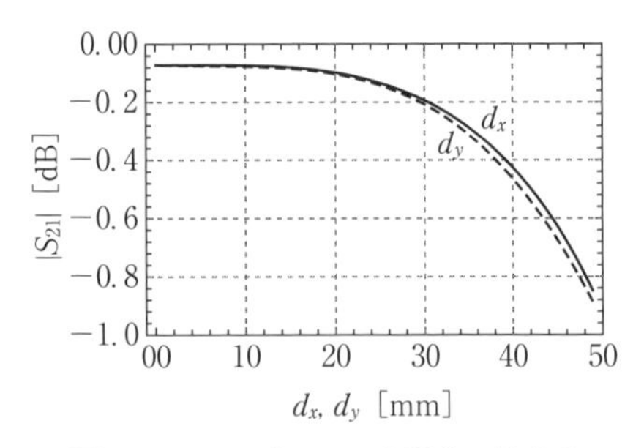

図 9.99　アラインメント誤差に対する S_{21} の変化

の**容量性**（capacitive）**結合**により電力伝送を行うが，伝送効率を高くするには影像インピーダンス整合のための外部回路を必要とし，送受電器間の間隔は数 cm 以下と小さい．これに対し，**擬アンテナ**の構造を工夫して外部回路なしに共振する自己共振型とすると，送受電器間の間隔を送受電器の大きさ程度に離しても高い伝送効率を得ることができる．これは自己共振型の構造は，偶モードも奇モードも，共振周波数のすぐ近くに反共振周波数が存在し，影像インピーダンス整合が容易となるからである.

A. 直列共振と並列共振（反共振）の共存

電気的小形擬アンテナの周波数特性を種々の構造に対して求めると，**共振**と**反共振**が周波数軸上の近くに共存することが一般的に観測される[15)]．そして，近傍界の中に置かれた2つの擬アンテナはFosterの**リアクタンス定理**[6)]を満たすリアクティブ回路，無線リアクティブ回路[8,16)]を形成する.

B. リアクタンス定理

リアクティブ回路に成り立つリアクタンス定理[6)]は無損失のL, Cから成る回路の普遍的特性を与え，フィルタの設計などには欠かせない重要な定理である．**Fosterの論文**の冒頭部分は無線リアクティブ回路にとっても特に有用であるので，現代的な表現に書き換えて以下に示す.

> 無損失回路（有限大の抵抗を含まない回路）の入力インピーダンスあるいは入力アドミタンスは
> i. f（周波数）の奇有理関数であり，
> ii. 定数因子Hを除いて，共振周波数と反共振周波数，f_sとf_pを指定すると一意に定まる.
> iii. f_sとf_pはゼロと無限大を含んで，交互に現れる.

C. 自己共振閉路型構造

(1) 偶奇モードインピーダンス関数

偶モード励振と**奇モード励振**の入力インピーダンス，Z_{even}とZ_{odd}はともにリアクタンス定理により近接する共振周波数f_{sm}と反共振周波数f_{pm}により，次のように表すことができる.

$$Z_m(f)=j2\pi fL_0\frac{f^2-f_{sm}{}^2}{f^2-f_{pm}{}^2} \tag{9.13}$$

ここに，mはモード，even（e）あるいはodd（o）を表す．リアクタンス定理により$0<f_{pm}<f_{sm}<\infty$が成り立つ．L_0は低周波インダクタンスである.

(2) 等価回路

式（9.13）を連分数に展開することによって，図9.100のように等価回路を

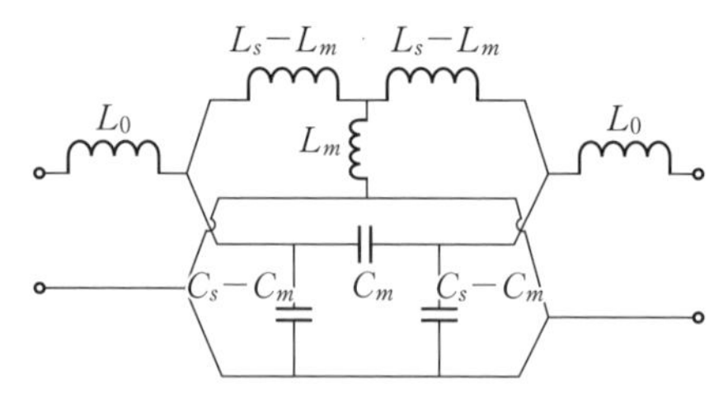

図 9.100　自己共振閉路型システムの等価回路

同定することができる．自己共振型構造には磁界結合と電界結合の両方が存在する．**容量性結合係数** k_c と**誘導性結合係数** k_i は4周波数を用いて次のように表される．

$$C^m=\frac{1}{(2\pi)^2(f_{sm}{}^2-f_{pm}{}^2)L_0},\quad L^m=\frac{(f_{sm}{}^2-f_{pm}{}^2)L_0}{f_{pm}{}^2}$$
$$L_s=\frac{L^e+L^o}{2},\quad L_m=\frac{L^e-L^o}{2} \tag{9.14}$$
$$C_s=\frac{C^e+C^o}{2},\quad C_m=\frac{C^e-C^o}{2}$$

$$k_i=\frac{f_{so}{}^2f_{pe}{}^2-f_{po}{}^2f_{se}{}^2}{f_{po}{}^2f_{se}{}^2-2f_{po}{}^2f_{pe}{}^2+f_{pe}{}^2f_{so}{}^2},\quad k_c=\frac{f_{po}{}^2-f_{pe}{}^2-f_{so}{}^2+f_{se}{}^2}{f_{so}{}^2+f_{se}{}^2-2f_{po}{}^2-f_{pe}{}^2} \tag{9.15}$$

(3)　影像インピーダンス

$$Z_I(f)=2\pi fL_0\sqrt{-\frac{(f^2-f_{so}{}^2)(f^2-f_{se}{}^2)}{(f^2-f_{po}{}^2)(f^2-f_{pe}{}^2)}} \tag{9.16}$$

共振，反共振の4周波数を低い方から順に f_1，f_2，f_3，f_4 とすると，$f_1<f<f_2$，$f_3<f<f_4$ の周波数範囲で式（9.16）の平方根の中が正となり，Z_I は実数 R_I となる．4周波数の中で f_{pe} が最小，f_{so} が最大の場合と，f_{po} が最小，f_{se} が最大の場合があり，変化パターンは図9.101の4種に分類される．滝型に対して，(a) では $f_{se}=f_{po}$，(c) では $f_{so}=f_{pe}$ が成り立つと滝は1つになり，任意の R_0 に対して映像インピーダンス整合する周波数が存在する．谷丘型では，谷の部分で高い R_0 に対して，丘の部分では低い R_0 に対して映像インピーダンス整合する周波数が存在する．高インピーダンス帯の存在は反共振の存在に基づく．

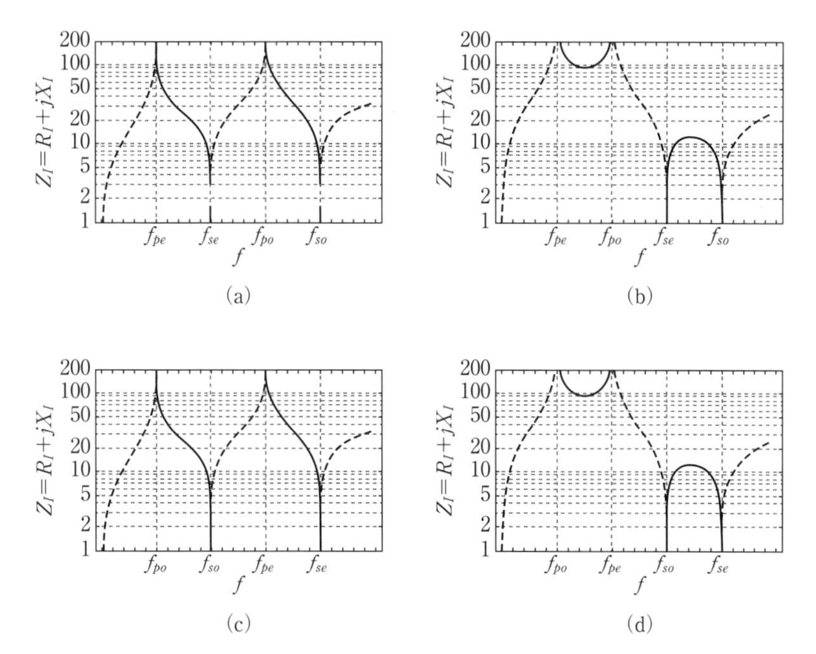

図 9.101　開路型構造影像インピーダンス，横軸，縦軸の単位は任意（実線：R_I，破線：X_I），(a) $f_{se}<f_{po}$，(b) $f_{po}<f_{se}$，(c) $f_{so}<f_{pe}$，(d) $f_{pe}<f_{so}$

D.　自己共振開路型構造

(1)　偶奇モードインピーダンス関数

モード m の入力インピーダンスは，この場合もリアクタンス定理を用いると，近接した共振周波数 f_{sm} と反共振周波数 f_{pm} により，次のように表すことができる．

$$Z_m(f)=\frac{1}{j2\pi fC_0}\frac{f^2-{f_{sm}}^2}{f^2-{f_{pm}}^2} \tag{9.17}$$

リアクタンス定理により $0<f_{sm}<f_{pm}<\infty$ が成り立つ．C_0 は低周波キャパシタンスである．

(2)　等価回路

式 (9.17) を連分数に展開することによって，図 9.102 のように等価回路を同定することができる．容量性結合係数 k_c と誘導性結合係数 k_i は 4 周波数を用いて次のように表される．

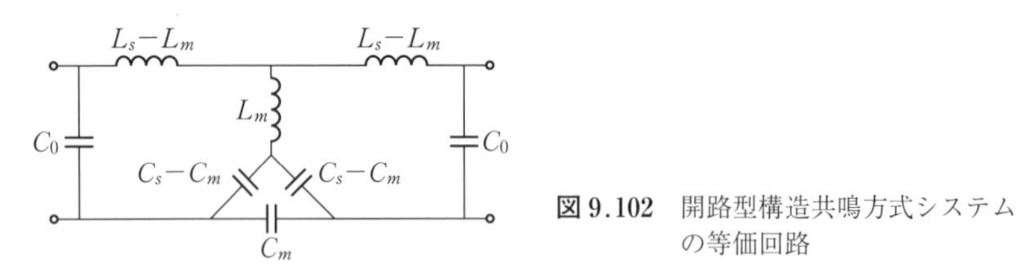

図 9.102　開路型構造共鳴方式システムの等価回路

$$k_c=\frac{f_{po}{}^2 f_{se}{}^2-f_{so}{}^2 f_{pe}{}^2}{f_{po}{}^2 f_{se}{}^2-2f_{so}{}^2 f_{se}{}^2+f_{pe}{}^2 f_{so}{}^2},\quad k_i=\frac{f_{po}{}^2-f_{pe}{}^2-f_{so}{}^2+f_{se}{}^2}{f_{po}{}^2-f_{pe}{}^2-f_{so}{}^2+f_{se}{}^2} \tag{9.18}$$

$$L^m=\frac{1}{(2\pi)^2(f_{pm}{}^2-f_{sm}{}^2)C_0},\quad C^m=\frac{(f_{pm}{}^2-f_{sm}{}^2)C_0}{f_{sm}{}^2}$$

$$L_s=\frac{L^e+L^o}{2},\quad L_m=\frac{L^e-L^o}{2} \tag{9.19}$$

$$C_s=\frac{C^e+C^e}{2},\quad C_m=\frac{C^o-C^e}{2}$$

(3)　**影像インピーダンス**

$$Z_I(f)=\frac{1}{2\pi fC_0}\sqrt{-\frac{(f^2-f_{so}{}^2)(f^2-f_{se}{}^2)}{(f^2-f_{po}{}^2)(f^2-f_{pe}{}^2)}} \tag{9.20}$$

共振，**反共振**の 4 周波数を低い方から順に f_1，f_2，f_3，f_4 とすると，$f_1<f<f_2$，$f_3<f<f_4$ の周波数範囲で Z_I は実数 R_I となる．4 周波数の中で f_{se} が最小，f_{po} が最大の場合と，f_{so} が最小，f_{pe} が最大の場合があり，変化パターンは図 9.103 の 4 種に分類される．**開路型構造**は**閉路型構造**に双対であり，インピーダンスとアドミタンスを入れ替え，共振と反共振を入れ替えると，閉路型構造の特性がそのまま開路型構造の特性となる．

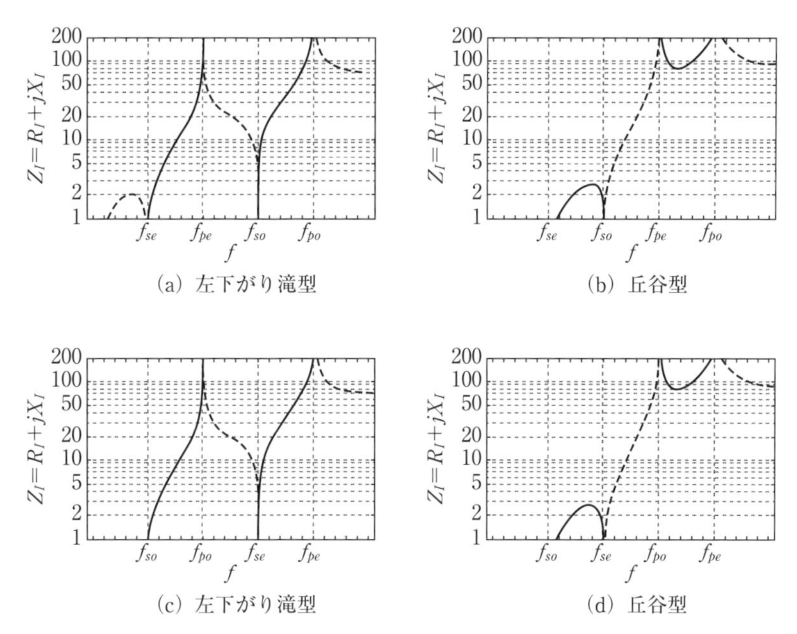

図 9.103 開路型構造影像インピーダンス，横軸，縦軸の単位は任意（実線：R_I，破線：X_I），(a) $f_{pe}<f_{so}$，(b) $f_{so}<f_{pe}$，(c) $f_{po}<f_{se}$，(d) $f_{se}<f_{po}$

9.6.6 偏心給電開路型構造

閉路型にはなく開路型構造にはある設計上の自由度として，送受電器のポート位置がある．**閉路構造**では電流は構造に沿って一定であり，ポート位置を変えても特性は変わらない．**開路構造**は端点でゼロ，中央で最大の変化をするので，ポート位置を変えると特性が変わる．送受電器をなるべく小形にし，自己共振型とするために，図 9.104 に示す**スパイラルダイポール**を採用する．これはらせん（スパイラル）状の導線を開路型構造として用いるもので，スパイラルのどこかに給電点を設置する．電流はらせんの両端でゼロ，中央部分で大きくなり，ダイポールアンテナのように振る舞うのでこのように呼ぶことにした．平面型であり，厚さは導線の直径と等しく薄くできる．スパイラル半径：$r_1<r<r_2$，巻き数：t，導線径：d のスパイラルダイポール 2 素子を間隔：s で平行に置いて送受電器として用いる．ここで，ocr は給電点位置のスパイラル導線の中心にから端に向かって移動する割合：**偏心率**（off center ratio）であ

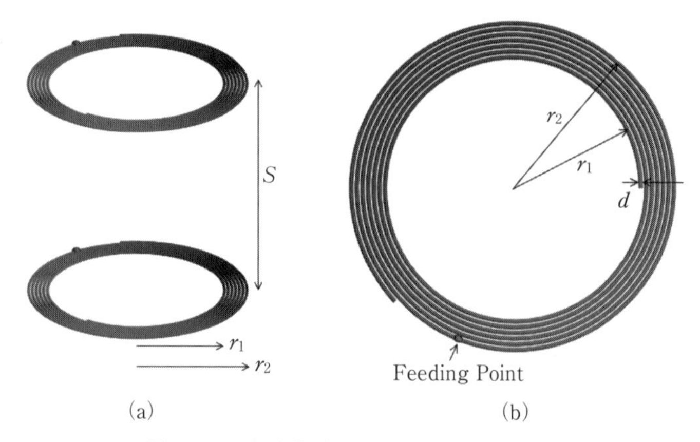

図 9.104　偏心給電スパイラルダイポール系
スパイラル半径：r_1=116.28, r_2=15 cm,
巻き数：6.62, 導線径：d=4 mm, 間隔：s=30 cm

る．*ocr* は閉路構造にはなく，開路構造だけがもつ自由度であり，設計上有力なパラメータになり得る．

ocr を大きくして給電点を端に近づけると，影像インピーダンスが大きくなることを期待できる．影像インピーダンスは4周波数と直接的関係があり，したがって *ocr* と4周波数とは密接な関係にあると思われる．*ocr* が影像インピーダンスを制御することは *ocr* が4周波数を制御することに同義であり，興味深い．

r_2=15 cm のスパイラルダイポール1素子が自由空間にあるとき，共振周波数が f_s=13.56 MHz となるように電磁界シミュレータを用いて設計しよう．スパイラルの導線径を d=4 mm，ピッチを p=6 mm とし，入力リアクタンスがゼロとなる巻き数 t を FEKO[17] により求めると，t=6.62，$r_1=r_2-p(t-1)$ =116.28 mm が得られる．次に，このスパイラルダイポール2素子を間隔 s=30 cm で平行に並べて送受電系とし，4周波数（f_{se}, f_{pe}, f_{so}, f_{po}）と低周波サセプタンス B_{lfo} を求める．B_{lfo} は，たとえば f=1 MHz で求めればよい．離心率を種々に変えてシミュレートし，影像インピーダンスが 50 Ω となる *ocr* は，FEKO[17] により *ocr*=0.689 と求められた．基本となる *ocr*=0 の場合と *ocr*=0.689 の場合を比較して，4周波数と低周波サセプタンスを表9.9に

表 9.9 スパイラルダイポールの2種の離心率に対する4周波数（MHz）と低周波サセプタンス（1 MHz, μS）

ocr	f_{se}	f_{pe}	f_{so}	f_{po}	B_{lfo}
0	13.3711	17.556	13.7585	18.0863	167.005
0.69	13.3709	15.5161	13.7582	15.9335	155.61

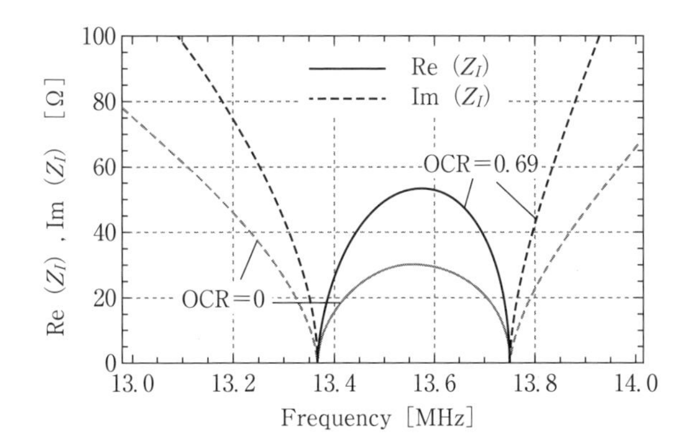

図 9.105 設計した偏心給電スパイラルダイポール系の S パラメータ，等価回路解析と全波動解析シミュレーションの比較

示す．

影像インピーダンスを周波数の関数として図 9.105 に示す．

影像インピーダンスが 50 Ω となる $ocr=0.69$ のスパイラルダイポール送受電系の等価回路定数を式（9.19）から求めると以下のとおりとなる．

$$C_0=18.4654\ \mathrm{pF},\quad C_1=6.30071\ \mathrm{pF},\quad C_2=-404.505\ \mathrm{pF} \tag{9.21a}$$

$$L_1=21.2387\ \mu\mathrm{H},\quad L_2=0.897951\ \mu\mathrm{H} \tag{9.21b}$$

$$L_s=21.6877\ \mu\mathrm{H},\quad L_m=0.448975\ \mu\mathrm{H},\quad k_m=0.0207019 \tag{9.22a}$$

$$C_s=6.35056\ \mathrm{pF},\quad C_m=-0.0498475,\quad k_c=-0.00784931 \tag{9.22b}$$

以上で設計された**偏心給電スパイラルダイポール**系の S パラメータを上記の等価回路解析と，シミュレータ FEKO[17] による全波動解析シミュレーションにより求め，両者の結果を比較して図 9.106 に示す．両結果は非常によく一致している．全波動解析はコンピュータの負担が大きいが，等価回路解析は 5 個のみの定数を含む公式の計算で事足りる．また，特性インピーダンスの値を

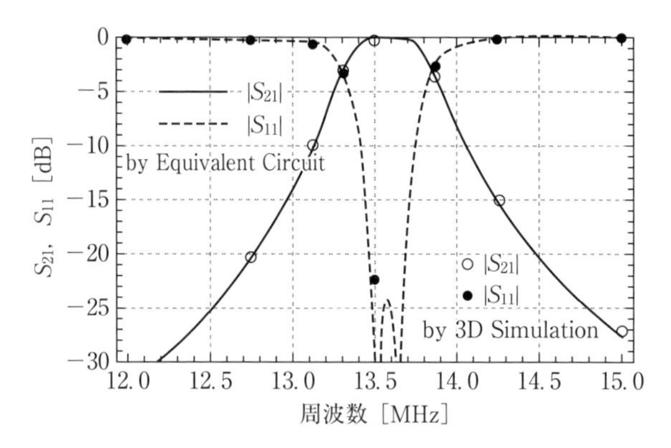

図 9.106　設計した偏心給電スパイラルダイポール系の S パラメータ，等価回路解析と全波動解析シミュレーションの比較

変えて計算することも等価回路を変える必要がなく便利である．

〈参考文献〉

1)　田野倉保雄（編）：ワイヤレス給電 2010，日経 BP 社，2010.

2)　林哲史（編）：ワイヤレス給電のすべて，日経 BP 社，2011.

3)　Mitani, T.,Yamakawaq, H., Shinohara, N. et al.：Demonstration experiment of microwave power and information transmission from an airship, in Proc. 2nd Int. Symp. Radio Systems and Space Plasma, pp.157–164(2010).

4)　S. Sasaki：It's Always Sunny in Space, IEEE Spectrum, Vol.51, No.5, pp. 38–43 (2014).

5)　Jay, F. ed.：IEEE Standard Dictionary of Electrical and Electronics Terms, IEEE(1984).

6)　Foster, R. M.：A Reactance Theorem, Bell Systems Technical Journal., Vol.3, pp.259–267(1924).

7)　Chu, L. J.：Physical limitations on omni-directional antennas, Journal of Applied Physics, Vol.19, pp.1163–1175(1948).

8)　Inagaki, N., Tabata, T. and Hori, S.：Wireless Reactive Networks–A Paradigm for Near Field Coupled Antenna Systems, in Proc. Int. Symp. Antennas and Propagation, 2012.

9)　A.Kurs, A.Karalis, Moffatt, R., Joannopoulos, J., Fisher, P. and Soljacic, M.：

Wireless Power Transfer via Strongly Coupled Magnetic Resonances, Science, Vol.317, pp.83-86, 2007.
10) Consortium, W. P.：http://www.wirelesspowerconsortium.com/jp(2013).
11) N. Inagaki：Theory of image impedance matching for inductively coupled power transfer systems,IEEE Trans. MTT, Vol.62, No.4, pp.901-908, April 2014.
12) 稲垣直樹，丸地智博，奥村康行，藤井勝之：開路型共鳴方式無線電力伝送系の提案と改良等価回路による特性評価，電子情報通信学会論文誌，Vol.95-B, 4, pp.576-583(2012).
13) Inagaki, N., Tabata, T. and Hori, S.：Design of External Circuits for Smart Inductive Coupling between Non-Self-Resonant Small Antennas in Wireless Power Transfer Systems, in Proc. Int. Symp. Electromagnetic Theory, 2013.
14) 田端隆伸，山本貴久，堀智，稲垣直樹：AVG 用非接触充電システムの試作と効率評価，電子情報通信学会，WPT 研究会技報，2012.
15) Inagaki, N. and S.Hori：Classification and Characterization of Wireless Power Transfer Systems of Resonance Method Based on Equivalent Circuit Derived from Even- and Odd Mode Reactance Functions, in Proc. IEEE MTT-S IMWS-IWPT2011, pp.115-118, Kyoto, Japan, 2011.
16) 稲垣直樹，堀智：共鳴方式無線接続システムの偶奇モードリアクタンス関数と影像インピーダンスに基づく特性評価，電子情報通信学会論文誌，Vol.94-B, 9, pp.1076-1035, 2011.
17) EM Software & Systems_S. A.(Pty)Ltd[Online]. Available：http://www.feko.info/.

9.7　電波時計用

9.7.1　概　　略

電波時計は長波標準電波を受信して常に正確な時刻に自動修正する，利便性に優れた時計である．近年では金属ケースを使用した高価な電波腕時計が商品化されるようになり，特にデザイン性と感度を両立する小形アンテナが要求されている．本項では電波時計用アンテナの特性，測定方法，金属ケースを含めたシミュレーション解析手法について解説する．

9.7.2 標準電波

電波時計は定期的に「**標準電波**」を受信し，時刻の自動修正を行っている．現在，日本の標準電波は福島県の送信所からは 40 kHz，佐賀県の送信所からは 60 kHz で 24 時間継続的に電波が送信されている．表 9.10 に標準電波送信所の諸元を示す．**長波帯**の電波は地表に沿って伝搬するため，電離層の影響を比較的受けにくく，建物の内部にも侵入しやすいという利点がある．理論的には標準電波送信所の位置と送信電力から，図 9.107 に示すように沖縄を含めた日本国全土で，50 dBμV/m 以上の電界強度が得られる電波環境となっている．ただし雑音の多い周波数帯でもあり，エアコンや電磁調理器具等からの標準電波受信への影響が報告されている[2]．

標準電波送信所では，各正分のタイムコードを「分」,「時」,「1 月 1 日からの通算日」,「曜日」,「うるう秒」の順序で，60 秒間を 1 フレームとして送信している（毎時 15 分と 45 分はモールス信号と停波予告時間が送信される）．電波時計においては通常，受信誤りによる誤表示を防ぐためタイムコードを複数回受信してデータ照合したり，または予測時間との微小な補正分のみを時刻修正したりしている．

世界の主な長波標準電波送信所とその送信周波数，出力電力を表 9.11 に示す．国ごとにタイムフォーマットが異なるため，送信周波数が同じであっても受信機側でそれぞれに対応する必要がある．ただし送信周波数と変調方式にお

表 9.10　標準電波送信所諸元[1]

送信所	おおたかどや山標準電波送信所 （福島県田村市都路町）	はがね山標準電波送信所 （佐賀県佐賀市富士町）
緯度 経度	北緯 37 度 22 分 東経 140 度 51 分	北緯 33 度 28 分 東経 130 度 11 分
アンテナ型式	傘型 250 m	傘型 200 m
空中線電力	50 kW（実効輻射電力 10 kW）	
電波型式	A1B	
搬送波周波数	40 kHz	60 kHz
周波数精度	$\pm 1\times 10^{-12}$	

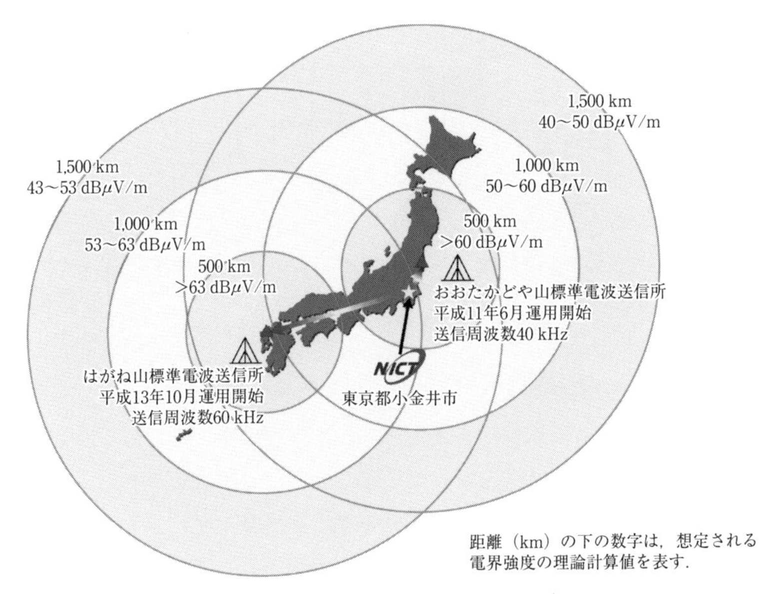

図 9.107 長波標準電波電界強度理論値[1)]

表 9.11 世界の主な長波標準電波送信所

送信国	識別信号	周波数	出力
日本	JJY	40 kHz	50 kW
日本	JJY	60 kHz	50 kW
アメリカ	WWVB	60 kHz	50 kW
イギリス	MSF	60 kHz	25 kW
ドイツ	DCF77	77.5 kHz	50 kW
中国	BPC	68.5 kHz	50 kW

いての大きな違いはないため，複数国で使用可能な電波時計も多く発売されている．今日のマルチバンド6電波時計[3)]では，世界6局の標準電波を受信可能である．

9.7.3 システム構成

図9.108に，電波時計システムの主要ブロック図を示す．アンテナに接続された同調容量（C）は，受信する標準電波送信局の周波数とその共振周波数が

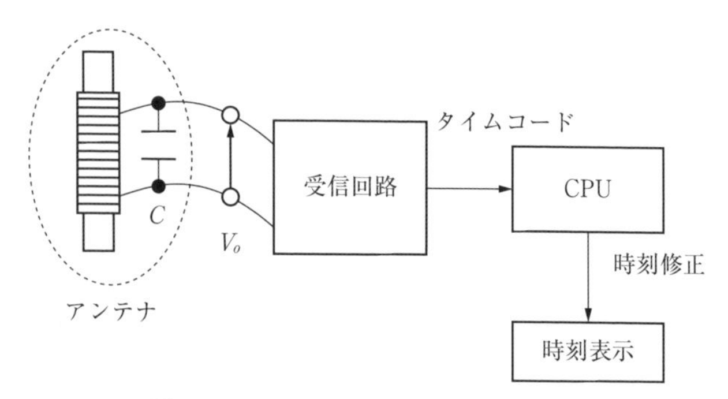

図 9.108　電波時計システムブロック図

一致するように設定される．アンテナからの出力電圧（V_0）は，受信回路で増幅，検波されてタイムコードがCPUに入力される．そして正常に時刻情報が読み取れた場合，その読み取った正確な時刻に自動修正される．実際の電波置時計の製品例と，時計内部回路基板の写真を図9.109に示す．以前からの電波時計の受信方式は，周波数変換を伴わないストレート方式が主流であり，二局対応の国内用電波時計（置き時計）においては40 kHzと60 kHzの水晶フィルタが使用されている．

しかし各国の標準電波に対応するためには，多くの水晶フィルタを外付けする必要があり，電波腕時計では実装スペースが問題になる．そこで新しい受信

(a)　電波時計（置き時計）

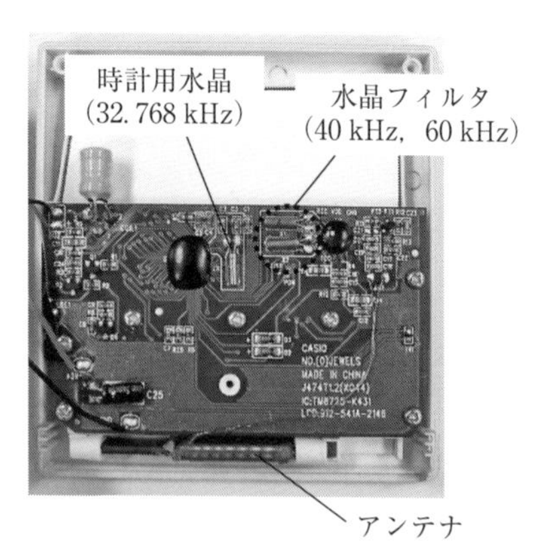

(b)　電波時計内部の回路基板

図 9.109　電波置時計と内部回路基板

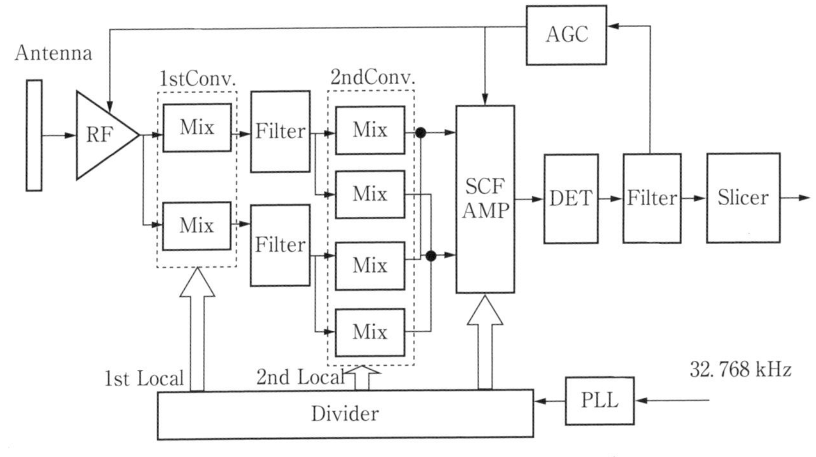

図 9.110　マルチコンバージョン型受信回路[4)]

回路構成として，**マルチコンバージョン型** CMOS 受信機が提案されている[4)]．図 9.110 に新方式の受信回路を示す．周波数変換部分においては 32.768 kHz の倍数の **VCO** と分周器より構成され，2 段の周波数変換を行っている．また SCF（switched capacitor filter）の採用により，部品点数の削減と実装面積の小形化が実現されている．AGC の応答時間は 1〜2 秒であり，従来の受信方式と比較して TCO（time code output）信号の出力時間が大幅に短縮されている．

9.7.4　電波時計用アンテナ

電波時計用アンテナは通常，フェライトや**アモルファス金属**等の**強磁性体**にコイルを数百回程度巻いたバーアンテナ構造をとる．たとえば図 9.109（b）の電波置き時計では，長さ 50 mm のフェライトにコイルを 417 turn 巻いた**フェライトバーアンテナ**が使用されている．

電波時計用アンテナの受信周波数は，周波数同調用コンデンサの容量値で設定される．アンテナのインダクタンス（L）と同調コンデンサ（C）に対する共振周波数（f_0）は，以下の式より求められる．

$$f_0=\frac{1}{2\pi\sqrt{LC}} \tag{9.23}$$

同調用コンデンサの容量値設定においては，コイルに発生する**浮遊容量**も考慮する必要がある．

電波腕時計用アンテナでは特に実装スペースが限られるため，デザイン性を考慮した小形化が要求される．図9.111はフルメタルケースの電波腕時計で使用されているアンテナの一例である．磁性体コアはCo系アモルファス金属を使用しており，アンテナの長さは17.3 mm，コイルの巻数は1336 turnである．アンテナ（単体）でのインダクタンス値と Q 値を表9.12に示す．

アンテナの指向性特性は**微小磁気ダイポール**と等価で，磁性体の長手方向がヌルとなる**8の字型放射指向特性**をもつ．鉄筋コンクリートの建物内で電波時計を使用する場合，標準電波の電界強度が低下するため，受信しにくい際には

(a)　金属ケースの電波腕時計

(b)　裏蓋側からみたアンテナ配置

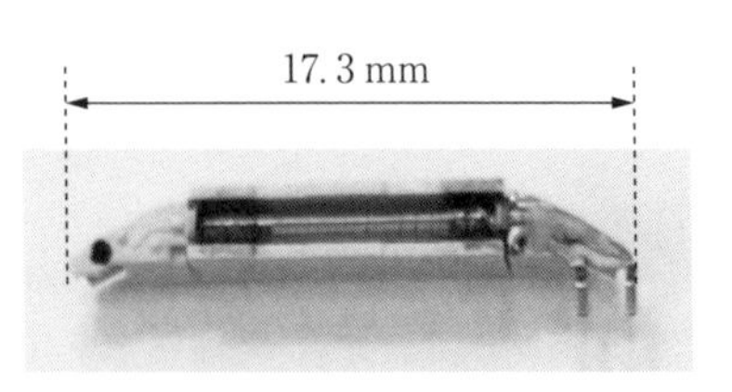

(c)　アンテナ形状

図9.111　金属ケースの電波腕時計で使用されているアンテナ

表9.12　アンテナのインダクタンスと Q 値

周波数	インダクタンス	Q 値
40 kHz	19.0 mH	52
60 kHz	19.5 mH	65
77.5 kHz	20.0 mH	68

（アンテナ指向性も考慮した上で）窓際に置くなどの対処が必要となる．

9.7.5 アンテナ特性評価

電波腕時計用アンテナの特性評価においては，インダクタンスと **Q 値**がまずは重要なパラメータとなる．インダクタンスは回路パラメータとして使用され，式（9.23）における共振周波数を決めるパラメータの1つとなる．Q 値は共振状態の鋭さを表し，受信電圧の増幅を意味するため大きな値をとることが望ましい．アンテナのインピーダンスと Q 値は，インピーダンスアナライザを用いて測定する．アンテナ磁性コアの特性が温度に依存するため，正確に測定するためには恒温室で温度一定条件（25℃）にする必要がある．

インダクタンスと Q 値は，電波腕時計用アンテナの重要な評価パラメータではあるが，受信感度特性を表すパラメータではない．電波時計用アンテナの受信感度特性を評価するパラメータとしては，**アンテナ係数**（**AF**）を用いる．アンテナ係数は，アンテナ受信位置での電界強度（E）に対するアンテナ端での電圧振幅値（V_0）の比で定義される．

$$AF=\frac{E}{V_0} \tag{9.24}$$

長波帯では波長が数 km にも及ぶため，**遠方界特性**であるアンテナ利得を測定することはあまり実用的ではない．また電波時計用受信回路のような低周波回路システムでは，高周波回路のようにインピーダンス整合は必ずしもとられない．

アンテナ係数は **EMC**（electro magnetic compatibility）におけるアンテナ特性として，一般的に使用されている．測定においては，アンテナ係数既知の EMC 測定用ループアンテナによる置換法が用いられる．測定手順の一例を以下に説明する．

（1） シールドルーム内で EMC 測定用**標準ループアンテナ**を使用して，受信位置での電界強度を測定する（図 9.112 参照）．送信，受信アンテナ間距離は 3 m とし，アンテナループ面はそれぞれ平行となる向きに調整する．アンテナ係数既知の受信アンテナ（Rode & Shwaltz 製 HFH2-Z2）を使用した受信測定器（test receiver）から，受信位置での等価電界強度が測定される．

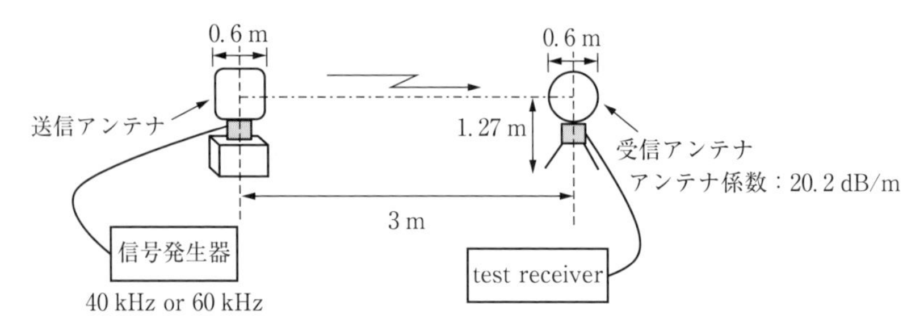

図 9.112　標準ループアンテナを使用した等価電界強度測定

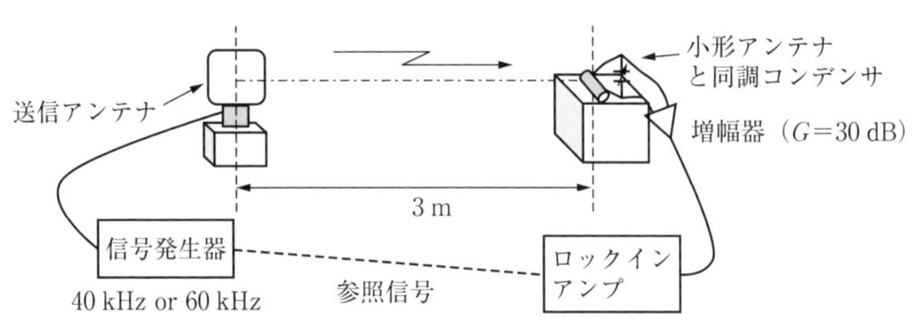

図 9.113　電波時計用アンテナの受信電圧測定

（2）　測定する電波時計用アンテナを，標準ループアンテナが置かれたアンテナ中心位置になるように置き換え，**ロックインアンプ**（nF 製 NI5640）で電波時計用アンテナの受信電圧を測定する（図 9.113 参照）．ロックインアンプは，同期検波によって入力した交流信号を直流域に周波数変換し，超狭帯域のローパスフィルタで帯域制限して雑音を抑圧することで正確な信号電圧を測定する交流電圧計である．送信周波数と受信アンテナの共振周波数を一致させるため，受信信号電圧レベルをみてアンテナに並列接続された可変コンデンサを調整する．測定器と接続する同軸ケーブルの影響を考慮し，アンテナ出力後には増幅器を入れる方が望ましい．ただしアンテナ近くに増幅器の金属部品が近づかないように，注意する必要がある．

（3）　測定した電界強度と受信アンテナの出力電圧（増幅値考慮）を式(9.24）に代入して，アンテナ係数を求める．

受信電界強度が 50 dBμV/m を下回ると蛍光灯等の外来ノイズの影響を受けやすくなるため，送信アンテナの出力が小さい場合にはノイズ環境に対する注

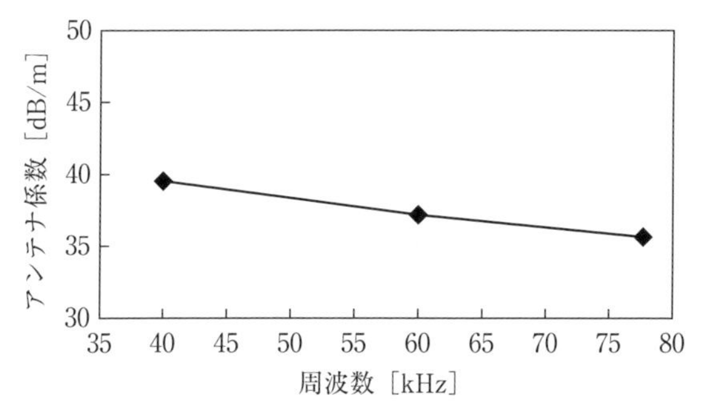

図 9.114 アンテナ係数の測定値

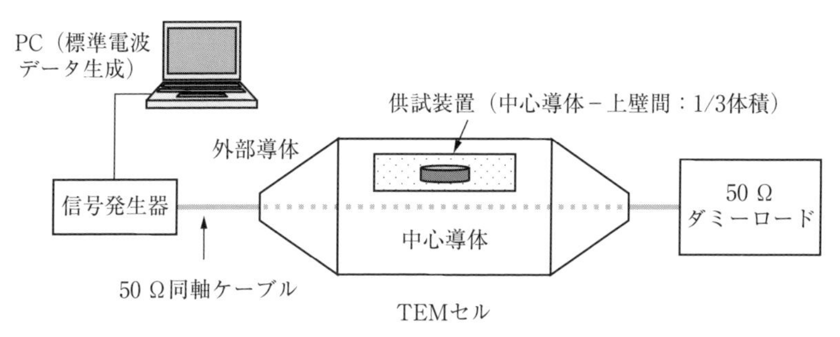

図 9.115 電波時計の受信感度測定系

意が必要となる．図 9.114 に電波腕時計用アンテナのアンテナ係数測定結果の一例を示す．もしアンテナ形状が同じ場合，アンテナの受信感度はほぼ Q 値に依存するといえる．

製品レベルでの受信感度測定は，図 9.115 に示す測定系で行われる．PC で標準電波のデータを生成し，信号発生器から発生した長波電波を **TEM セル**内に配置した電波時計で強制受信する．そして受信可能な最低の電界強度をもって，製品の受信感度とする（複数回確認）．女性用電波腕時計に使用される小形アンテナの実現においては，受信アルゴリズムによる感度改善の部分が大きい．

フルメタルケースの電波腕時計：

上述したように電波腕時計用アンテナの基本構造は，AM ラジオと同様のバーアンテナであるが，製品実装上の条件は非常に厳しい．図 9.116 に電波腕

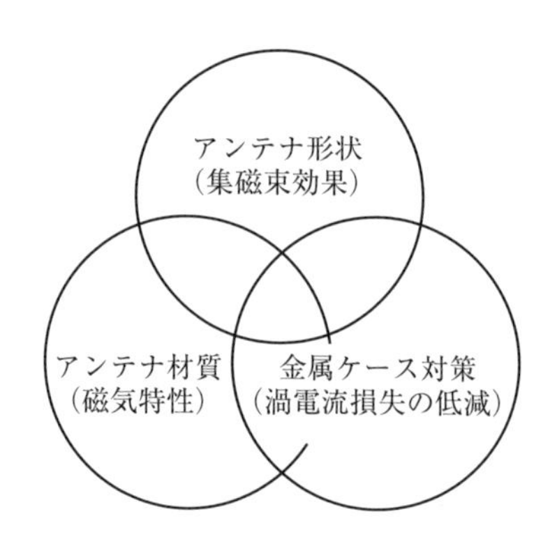

図 9.116　電波腕時計用アンテナ設計において重要な3要素

時計用アンテナの設計において，重要な3つの要素を示す．小形電波腕時計用アンテナを実現するためには，これらアンテナ形状，磁性体の材質，金属ケースによる影響の低減などについて総合的に検討する必要がある．また効率的にアンテナを設計するためには，従来の**カットアンドトライ**の手法よりもシミュレーション技術を利用した設計が有効である．

特に近年では電波腕時計の高級化が進んでおり，そのほとんどは金属ケース内にアンテナを実装している．そのままアンテナを金属ケース内部に配置することは，電波をシールドすることになるため著しい感度劣化を招くことになる．したがってデザイン性を犠牲にすることなく，受信性能の良い小形アンテナを実現するためには，さまざまな対策が必要となる．

シミュレーション解析：

長波帯においては波長が数 km に及び，それに対してアンテナ長は 20 mm 以下と桁違いに小さく，高周波用電磁界シミュレータを電波時計用アンテナの解析に使用することはできない．しかし電波時計用アンテナにおいては磁場を検出する**センサ**と見なせるため，磁場解析用シミュレータが有効である．そこで ANSYS 社の **Maxwell 3D**[6] を使用し，金属ケースに発生する渦電流解析とその影響による感度劣化対策について検討した．

電波腕時計に金属ケースを使用した場合の主な劣化要因は，金属ケースに発生する渦電流である．これはアンテナから金属ケースへの漏れ磁束を制御することで，ある程度の改善が可能である．具体的な手法としては，アンテナ-金属ケース間に損失の小さい**磁性シート**を配置する．磁性シートの比透磁率とし

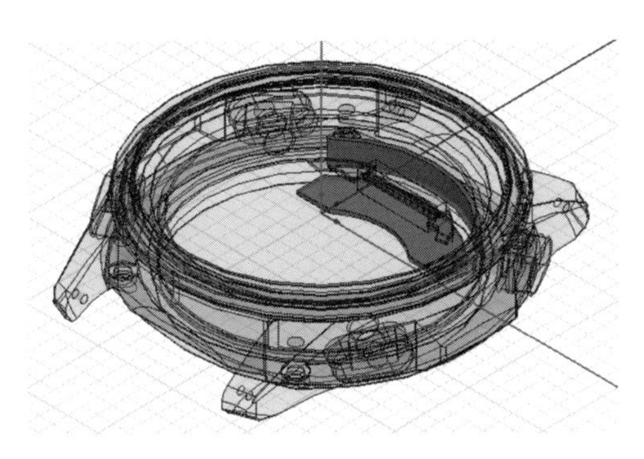

図 9.117 磁性シートを含めたシミュレーションモデル

ては，80〜100程度が適切である．磁性シートの具体例としては，ノイズ抑制シートとして使用される「**バスタレイド**」[7)]等が挙げられる．

図9.117に，磁性シートを含めたシミュレーションモデルを示す．アンテナ周辺のバックケースとセンターケースに，厚さ0.5 mmの磁性シートを配置している．アンテナのコイルに周波数60 kHz，1 μAの交流電流を流し，チタン製の金属ケースに発生する**渦電流**の強さをシミュレーション評価した．シミュレーション結果を図9.118に示す．図は文字盤側から見たときの，金属ケースに発生する渦電流の強度分布を表している（見やすくするため，アンテナは不可視化した）．磁性シートのないモデルでは，アンテナコイルの直下で大きな

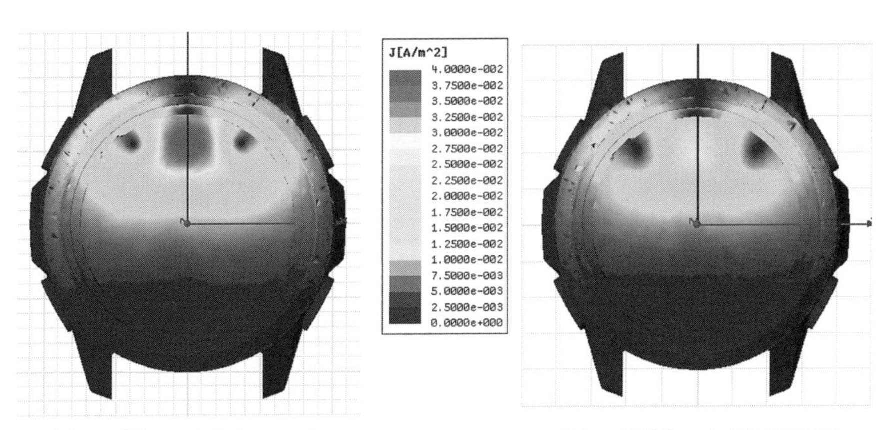

(a)　磁性シート無しのモデル　　(b)　磁性シート有りのモデル

図 9.118 金属ケースに発生する渦電流の強度分布

渦電流が発生しているのに対して，磁性シートのあるモデルでは**渦電流**が低減している様子がわかる．実際の測定でも，磁性シートの使用により5 dB程度の受信感度の向上が確認されている．

次に裏蓋の接続条件について，シミュレーション解析を行った．裏蓋の閉め方において，強く裏蓋を閉めた場合と，弱く閉めた場合で受信感度が異なる現象が知られていたが，その理由はわかっていなかった．そこで裏蓋のセンターケースとの間を密着したモデルと，0.1 mmの隙間を空けたモデルにおける磁界分布をシミュレーション解析した．

図9.119は金属ケースの側面から見た**磁界ベクトル**の様子である．アンテナに到達する磁界は，その大部分は文字盤側から入っているが，金属ケースを通り抜けて入ってくる磁界もある．周波数60 kHzでのチタンにおける表皮深さは1.5 mmあるので，金属ケースによって減衰するが側面から完全には遮へいされない．シミュレーション結果から，裏蓋を0.1 mm隙間空けた場合は側面を通り抜けた磁界が通り抜けているのに対して，裏蓋を密着させるとケース側面をよけてしまうことがわかる．これは狭い隙間を磁界が通り抜けるということではなく，裏蓋が密着している場合では磁界の浸入を妨げるような渦電流が発生していることを意味している．したがって裏蓋に電気的絶縁物を介し，センターケースと電気的に接合しないようにすることが感度劣化対策として有効である．

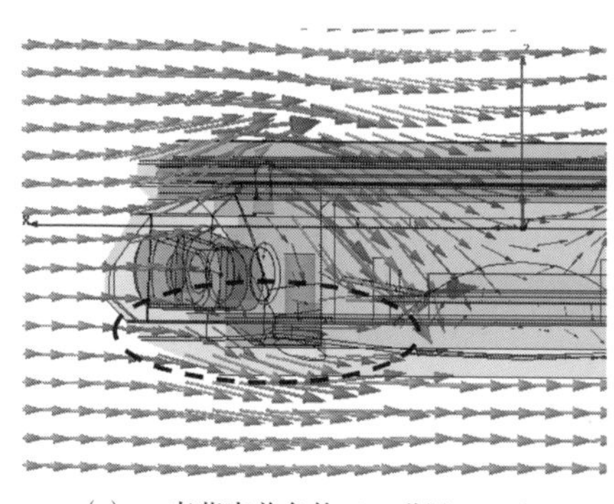

(a)　裏蓋密着条件での磁界ベクトル

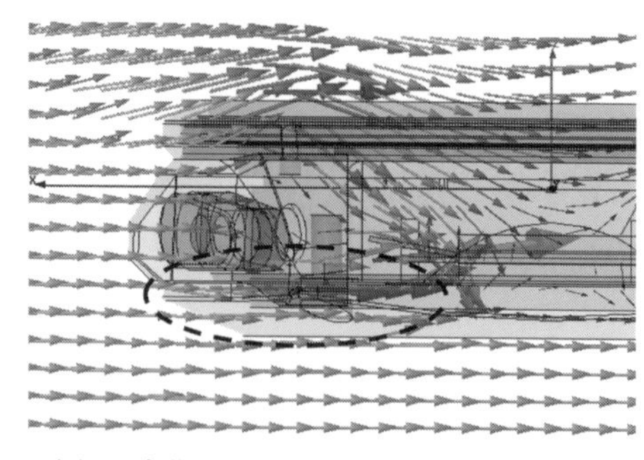

(b)　裏蓋0.1 mm隙間条件での磁界ベクトル

図9.119　金属ケースの側面からみた磁界ベクトル

〈参考文献〉

1) 独立行政法人 情報通信研究機構 日本標準時グループ
http://jjy.nict.go.jp/
2) 岩間美樹，篠塚隆，山中幸雄：長波帯における電波雑音の標準電波への影響，電気学会論文誌 A, Vol.126, No.9, pp.895-901, 2006
3) カシオ計算機株式会社，http://www.casio.co.jp/
4) 染谷薫，阿部英雄，野村敬一：水晶フィルタレス CMOS 電波時計受信回路，電気学会電子回路研究会資料，ECT-08, No.63, pp.23-27, 2008
5) 阿部和明：電波時計用アンテナの特性解析と小形化検討，月刊 EMC，ミマツコーポレーション，No.235, 2007 年 11 月号
6) アンシス・ジャパン株式会社，http://ansys.jp/
7) NEC トーキン株式会社，http://www.nec-tokin.com/

9.8 センサ用

9.8.1 センサネットワークとは

センサは，物理量や化学量を認識・計測・感知し，電気量に変換して出力する．圧力，加速度，方向，位置，振動，熱，温度，煙，水，湿度，音，光，磁気，風，赤外線，人間感知等の一般のセンサから，人の体温，血圧，脈拍，心拍数，血糖値，心電，筋電等を測るバイオセンサ，五感（視覚，聴覚，触覚，味覚，嗅覚）センサ，特定の物質（金属，地雷，兵器など）や薬品，放射性物質，化学物質を検知するセンサ等多種多様である．たとえば，監視カメラ，**GPS**（global positioning system）は，それぞれ視覚センサ，位置センサの役割を果たす．センサに加え，機器を制御する**アクチュエータ**もセンサネットワークへの接続対象となる．

センサやアクチュエータをネットワークで接続し，センサが感知しネットワークを通して収集した各種の状況情報に基づき，必要に応じて制御を行いながら状況に合わせてさまざまなサービスや情報を提供するネットワークがセンサネットワークである．センサおよびセンサネットワークは，2000 年以降のユビキタスネットワークや 2013 年頃以降の **M2M**（Machine to Machine）/**IoT**

(Internet of Things) の進展により，その重要性が急速に高まっている．

電子タグやICタグなどとも呼ばれる**RFID**（Radio Frequency IDentification）は，その国際標準化が進められた**ISO**（International Organization for Standardization，**国際標準化機構**）では非接触センサと定義される．広義のセンサネットワークには，2012年に**IEEE 802.15.6**（IEEE：the Institute of Electrical and Electronics Engineers，米国電気電子学会）として国際標準化された主に医療向けの**BAN**（body area network）や，腕時計型，眼鏡型などで実用化が進められている**ウェアラブル機器**を接続する通信も含まれる．これらの通信については他の節で述べられているため，ここでは，センサネットワークの動向を述べた後，2000年以降汎用の省電力センサネットワークとして国際標準化，製品開発が最も進んでいる**ZigBee**，2012年の国際標準化に伴い製品開発が活発化している**スマートメータリング**向けの**Wi-SUN**（Wireless Smart Utility Networks）の概要と動向[1),2)]，およびそれらの通信モジュールとアンテナの事例について述べる．

ZigBee, Wi-SUNと，RFID, BAN，ウェアラブル機器における通信との相違は，前者が複数のセンサからの情報収集やセンサ間の通信も行える**マルチホップ**を前提としているのに対し，後者が1つのセンサとセンサからの情報を収集する1つのノード間の1対1通信の**シングルホップ**を想定している点である．マルチホップ，シングルホップのいずれの場合も，センサによる感知情報を収集する**ノード**に送信する**通信トラフィック**が主体である．収集された情報はそのノードあるいはその先のPCやサーバ等のノードにおいて，センサによる感知情報の解析を行い，必要に応じてセンサやアクチュエータに制御指示の情報を返す．

センサネットワークの各ノードに装備されるアンテナについては，センサネットワークを構成するセンサノードが小型で電池駆動であることが前提となるため，いずれも小型軽量，低消費電力，低価格などが求められる．RFID, BANやウェアラブル機器ではネットワーク機能がないだけさらなる簡易化が求められるため，これらへの要請がより厳しくなる．

9.8.2 センサネットワークの研究経緯，標準化動向

センサネットワークの研究は，1980年代初頭の米国国防総省の**DARPA**（Defense Advanced Research Projects Agency）における軍事研究に遡る．1980年代後半にはセンサデバイスが小型軽量化されて単体としての利用が産業界において普及し，複数のセンサを一群のまとまった形で制御するためのセンサネットワークの研究が開始された．特に，ネットワーク設置の容易さや低価格，大規模化への対応などの面で無線センサネットワーク実用化への期待が高まった．その後，軍事研究の成果を採り入れながら，1990年代半ば以降米国の大学や研究機関での研究が活発化し，カリフォルニア大学バークレー校において実施された，無線センサネットワークの初期の研究プロジェクト**Smart Dust**などの成果を経て実用化への機運が高まった．

ZigBeeは，センサネットワークの国際標準化を目指して2000年代初頭に検討が開始され，物理層と**MAC**（media access control）層の仕様がIEEE 802.15.4として標準化された．その後各国において標準に準拠した製品開発が活発化したが，価格，サイズ，消費電力，通信の信頼性等の点で技術開発が遅れ，2011年頃から一部で製品化が始まった．図9.120，図9.121にZigBeeの利用イメージ，ネットワーク構成を示す．ZigBeeの他にも**Z-Wave**や

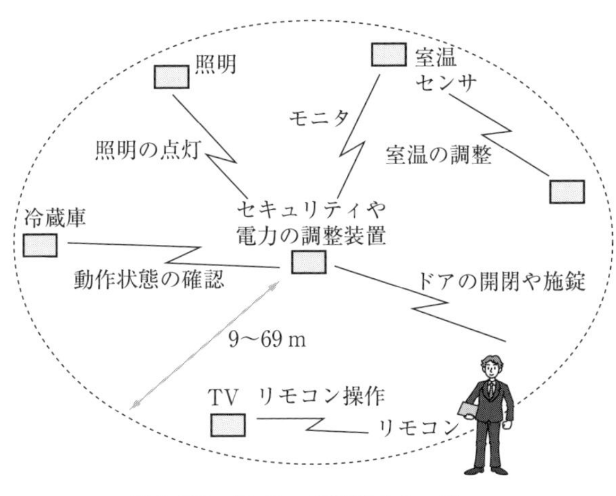

図9.120　ZigBeeの利用イメージ

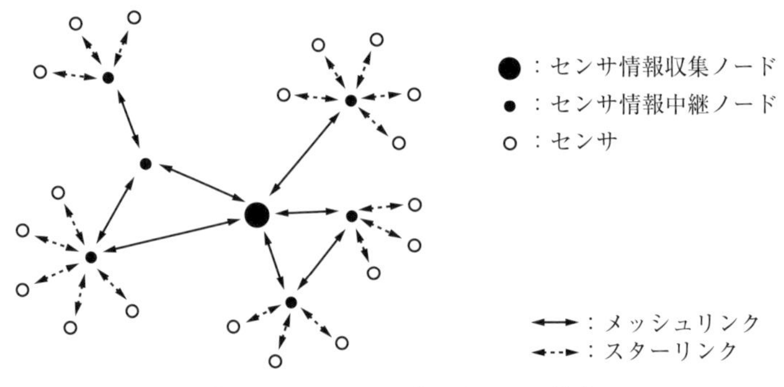

図 9.121　ZigBee のネットワーク構成

BEMS（Building and Energy Management System）向けの **EnOcean** 等のセンサネットワークも 2008 年頃より製品化されているが単独企業によるプロプライアタリ製品のため，利用は少ない．

ZigBee の本格的な実用化は 2015 年以降という見方がされ始めたところで，2009 年に米国よりグリーン・ニューディール政策の一環として**スマートグリッド**（ICT を活用して電力の需要と供給を最適に制御し送電の効率最大化，省電力化を追求した次世代送電網，電力ネットワークと情報ネットワークの融合，**ICT**：Information and Communication Technologies）が提唱され，センサネットワーク実用化への世界的な動きが急速に活発化した．図 9.122 に，スマートグリッドのイメージを示す．

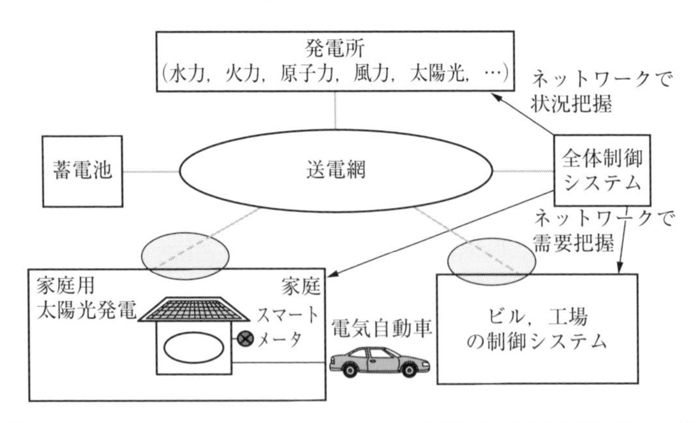

図 9.122　スマートグリッドのイメージ

ZigBeeには，ネットワーク層に**IPv6**（IP：Internet Protocol）と親和性をもち，インターネットとの相互接続により広域網との連携が可能な**ZigBee IP**と，インターネットとの相互接続をもたず最大半径100～200 m程度の比較的狭い範囲での利用を想定した**ZigBee Pro**の2種種類のプロトコルスタックがあるが，ともに物理層とMAC層はともに**IEEE 802.15.4**を用いているため，実装するアンテナの仕様はこれらの**プロトコルスタック**によって異なることはない.

2010年より，工場，オフィス，家庭などに近い，スマートグリッドの末端部分での利用に適したスマートメータリングや**デマンドレスポンス**，**HEMS**（Home Energy Management System）/**BEMS**（Building Energy Management System）用のプロトコルとして**Wi-SUN**が検討され，物理層とMAC層がそれぞれ**IEEE 802.15.4g**, **IEEE 802.15.4e**として2012年に標準化された. Wi-SUNは総務省が強力に推進していることもあり国内標準という性格が強い. Wi-SUN準拠のセンサノードは日本国内において2014年に製品化が開始されている. 表9.13に，アンテナ部分に関係するZigBeeとWi-SUNの物理層の仕様を示す.

さらに，2014年頃より，Wi-SUNと同じ狙いながら通信距離が5 km以上の**LPWA**（Low Power Wide Area）と呼ぶセンサネットワークが海外中心に

表9.13 ZigBeeとWi-SUNの物理層の仕様

	IEEE 802.15.4（ZigBee）	IEEE 802.15.4 g（Wi-SUN）
通信距離	最大約100 m	最大2～3 km
通信速度	250 kbps	数10 k～200 kbps. 日本が採用するGFSKの場合，50，100，200，400 kbps
物理層のペイロード長	127オクテット（内最大25オクテットのMACヘッダ）	1500/2047オクテット（Ethernetと同じ）
変調方式	O-QPSK（DSSS）	GFSK，O-QPSK（DSSS），OFDMの3方式
周波数	2.4 GHz	400 MHz，700 MHz～1 GHz，2.4 GHz 日本では920 MHzを使用
消費電力	IEEE 802.15.4. 無線部の消費電力は60 mW以下	ZigBeeよりも消費電力1/10以下を目標

検討され，携帯電話網においてもセンサを端末とする**NB-IoT**（Narrow Band IoT）と呼ぶサービスが検討されている[3)]

9.8.3　応用分野

センサの多種多様さが示すように，センサネットワークの応用分野も，産業分野から公共分野，コンシューマ分野まできわめて多岐にわたる．センサネットワークの多様な利用イメージについては，2002-2003年にかけて総務省において，2015年以降を想定して検討した結果としてまとめた図9.123が全体像をよく表している．

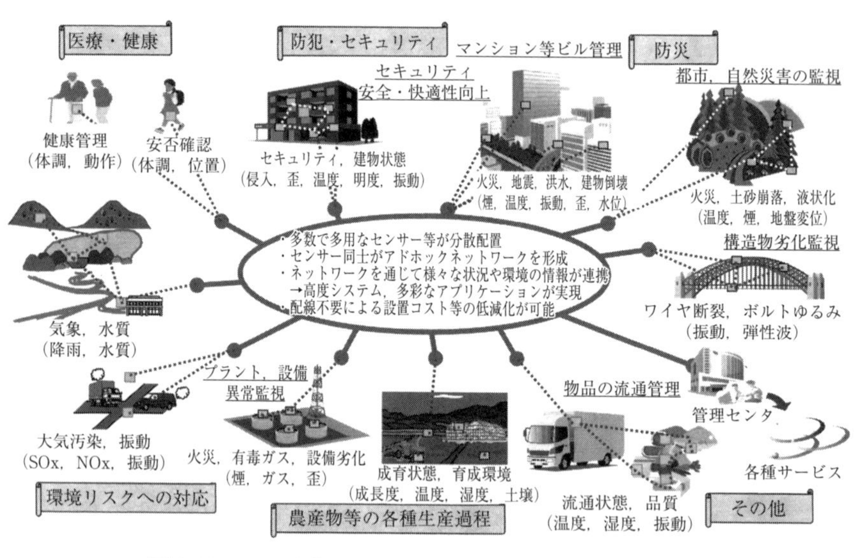

図9.123　センサネットワークの応用分野（2003年，総務省）

9.8.4　通信モジュールとアンテナの事例

ZigBee, Wi-SUNのいずれもダイポールアンテナか，全方向に同じ強度の電波が送信されるホイップアンテナが主流である．ZigBeeでは一般に2.4 GHzの1/2波長または1/4波長のアンテナを用いる．アンテナの利得はほとんどの場合2 dBi以上である．ZigBee準拠通信モジュールについては，2016年7月末現在国内ですでに50社以上が製品化しており，一般的に内蔵の基板パターンアンテナと外部アンテナの2種類が提供されている．基盤パターンアンテナは**PCB**（Printed Circuit Board）**アンテナ**とも呼ばれ，基盤の導線パターンをアンテナとして用いる．内蔵アンテナを用いた場合最大約200～400 m，外部アンテナを用いた場合最大約500 m～1 kmの通信が可能としている製品が多いが，実用では30～50 mの範囲で利用されるものが多い．また，電波の放射方向を制限したり長距離通信を可能にしたりするため，指向性アンテナを使用した製品が2015年以降利用できるようになっている．

Wi-SUNでは920 MHzのため，1/2波長ではなく1/4波長のアンテナが一部で使用されている．このため，アンテナの利得はほとんどの場合0 dBi以下となる．Wi-SUN準拠の通信モジュールについては，製品化しているのは国内の企業に限られ2016年7月末現在10数社に留まっている．

2014年以降は，ZigBee, Wi-SUNのいずれにおいても通信モジュールを小型化し，セラミック製チップを用いたチップアンテナによる製品の開発が活発化している．今後は，さらなる小型化を目指し，ウェアラブル機器のように筐体自体をアンテナにする方法や人工的な媒質（**メタマテリアル**）を利用したアンテナの研究[4)]も進められると思われる．

図9.124，図9.125に，それぞれZigBee，Wi-SUNの製品例を示す．

(a)　ZigBee準拠アンテナ付通信モジュール
(2.4 GHzの1/2波長アンテナ)

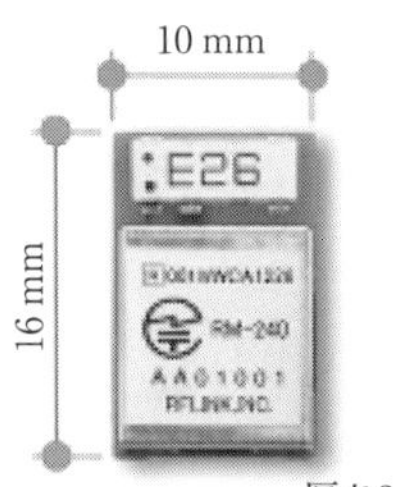

(b)　ZigBee準拠チップアンテナタイプの通信モジュール

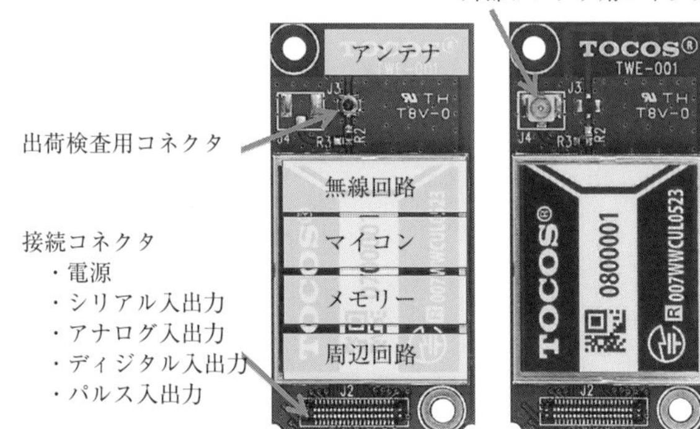

(c)　ZigBee準拠通信モジュール
・内蔵の基板パターンアンテナと外部アンテナ（利得2 dBi，無指向性）が選択可能（いずれもダイポールアンテナ）

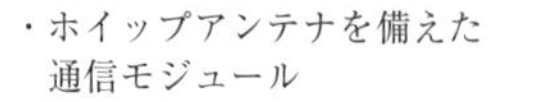

・ホイップアンテナを備えた通信モジュール

・チップアンテナを備えた通信モジュール

・基盤パターン（PCB）アンテナを備えた通信モジュール

(d)　ZigBee準拠のXBee通信モジュール

図9.124　ZigBee の製品例

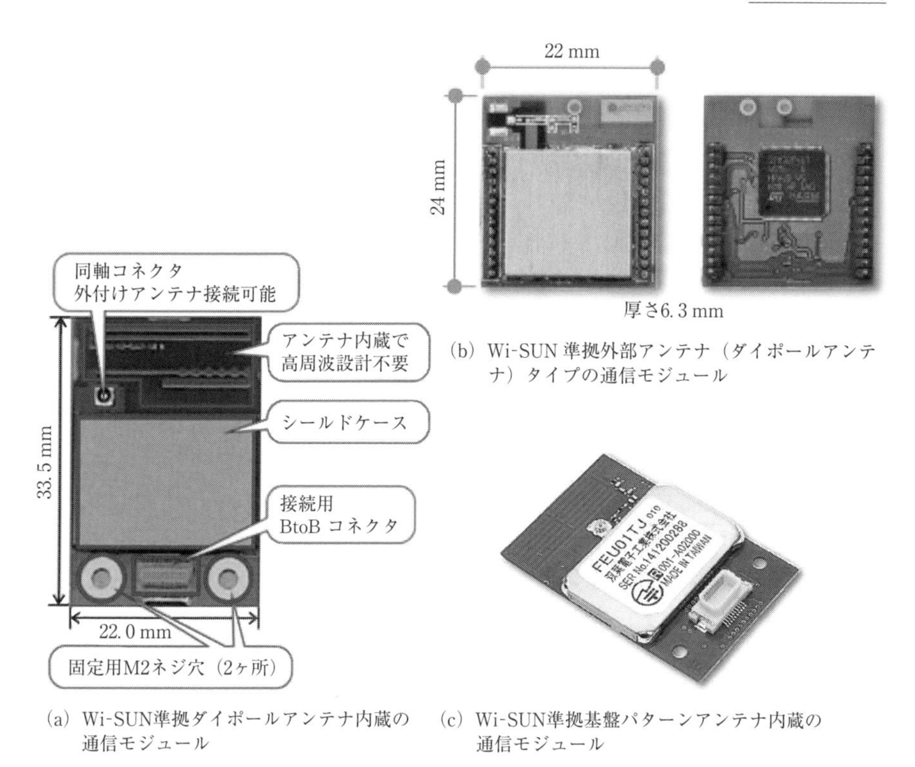

(a) Wi-SUN準拠ダイポールアンテナ内蔵の通信モジュール

(b) Wi-SUN 準拠外部アンテナ（ダイポールアンテナ）タイプの通信モジュール

(c) Wi-SUN準拠基盤パターンアンテナ内蔵の通信モジュール

図 9.125 Wi-SUN の製品例

〈参考文献〉

1) 阪田史郎：M2M 無線ネットワーク技術と設計法, p.225, 科学情報出版, 2013.

2) 阪田史郎：スマートハウス/HEMS を支えるセンサネットワークの最新技術, エネルギーデバイス, 2, 6, 2015.

3) 阪田史郎：IoT/M2M 無線センサネットワーク技術, 電気計算, 20, 12, 2016

4) C. Caloz and T. Itoh：Electromagnetic Metamaterials：Transmission Line Theory and Microwave Applications, Wiley, 376, 2005.

9.9　ウェアラブルシステム用

9.9.1　ウェアラブルアンテナの構成素材

ウェアラブルアンテナは人体装着を想定したシステム用のアンテナであるため，衣服との一体化を図るための研究が多く行われており，衣服表面や衣服内部にアンテナが形成されることからアンテナ素子を形成する素材の選択と**導電性繊維構造**（組織）パラメータの検討が重要な評価項目となる．100 MHz から 1 GHz の帯域での評価例として，可塑性のあるアンテナを構成するための素材と工程候補を複数取り上げ，導電リボン，被膜電線，導電性塗料，導電性ナイロン，Phosphor Bronze Mesh：EMC シールド材，導電性糸，スクリーン印刷，液晶ポリマー，銅コーティング繊維などの電気特性が評価されている[1]．

また，マイクロ波帯域での導電性繊維の製織技法と条件に注目しウェアラブルアンテナへの応用を目的として**ニット繊維**（knitted fabric）と **woven 繊維**（woven fabric）の基本特性が分析され，繊維材料の比誘電率・誘電正接を測定することで，導電性糸の種類，繊維の製織法や組織パターンおよび導電性糸の密度などが電気特性に与える影響が評価されている．そのほか導電性繊維をアンテナに使用する場合の基礎データ[2]が包括的にまとめられている．特に，1 本の導電性糸がループ状に編み込まれてゆくニット繊維に比べて，複数本の導電性糸をたて糸（warp），よこ糸（weft）として使用して織り込む woven 繊維が良い電気特性を示すとしている．図 9.126 は織物組織としてサテン織り（Satin 5）を取り上げ 7 種の導電性糸とその導電性糸の密度を変化させ導電性繊維の電気特性を評価した結果である．

ウェアラブルアンテナの放射素子構成素材の評価のために，2.4 GHz 帯域のダイポール（全長：57.4 mm 給電ギャップ間隔：1 mm）放射素子を構成する導電性素材の抵抗率と放射素子幅をパラメータとして放射効率が評価されている[3]．検討対象として比較している導電性素材とその構造は，1）**銀繊維**（silver fabric）である **RipStop ナイロン繊維**（specified sheet resistance：R_s <0.25 Ω），2）導電性糸の一層刺繍，および 3）導電性糸の二層刺繍の 3 種で

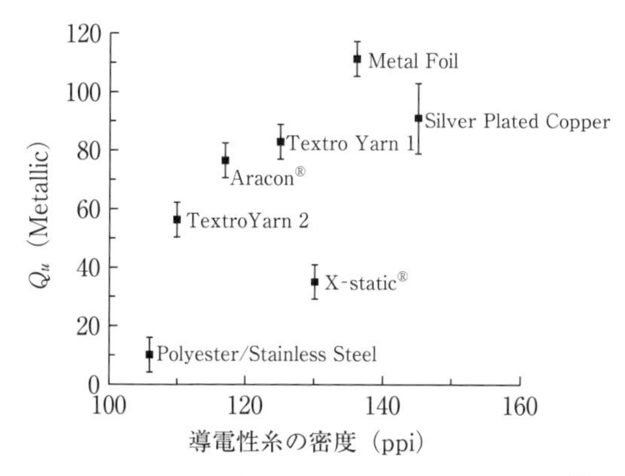

図 9.126 Stain5 導電性糸の構成素材による特性[2)]

あり，刺繍はコンピュータ制御の刺繍機で作製している．試作における刺繍行程の条件として密度 4.5 本 /mm，ピッチ 3.0 mm が選択されている．ここで，刺繍機は上下 2 本の糸を使用するが，上部の導電性糸（117/17/2 ply）は 10 Ω/cm と抵抗が大きく，これに対して下部ボビンには太く抵抗の小さい（0.4 Ω/cm）**導電性糸**（234/344 ply）が使用されている．この結果，下部ボビン糸が太いために厚さが増加し柔軟性に問題が発生するため，**刺繍型放射素子**の刺繍密度を上げることは導電率の低下に寄与するものの柔軟性に影響を与えることが指摘されている．実験の結果，**銀繊維放射素子**の利得実験値 1.7 dB に対して，刺繍型では一層刺繍型放射素子が−5.8 dB，二層刺繍型放射素子が−4.3 dB となる測定結果が得られた．図 9.127 はこれらの放射素子と折り曲げ方向による入力反射特性への影響を示している．

これ以外の他形式のアンテナによる繊維素材の評価例では，導電性系の棒状壁で形成した**繊維空洞**を背面にしてスロットアンテナの測定実験[4)]やより糸による構成として 1 本あるいは 2 本の銀メッキの銅フィラメント（直径は 40 μm あるいは 60 μm）を含む導電性糸を刺繍することで形成されたループアンテナの試作結果も報告されている[5)]．刺繍型放射素子の低価格化の可能性と導電性を考慮した素材として，銅フィラメント 7 本撚り線（7 stranded copper wire）[6)]が提案されている．試作された**刺繍ダイポールアンテナ**の電気特性を評価するために，比較対象として，1）**FR4 基板**上にエッチングで形成した銅

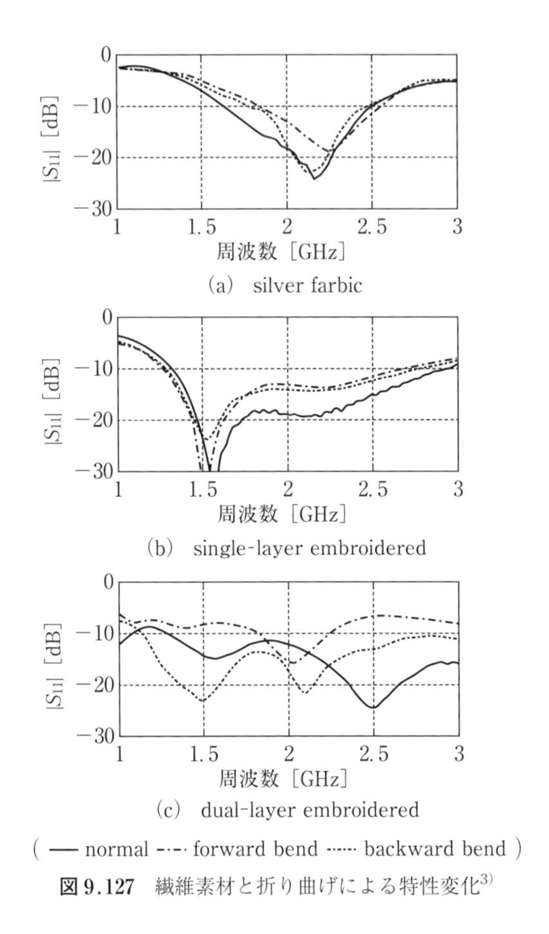

図 9.127　繊維素材と折り曲げによる特性変化[3)]

箔放射素子，および 2）市販の導電性繊維による放射素子を試作し，提案素材による放射素子と比較している．また，受信用能動回路部分を含めてアンテナとの一体化を図る構成が検討されている．また折り曲げ可能な **TFT**（thin-film transistor）技術で実現する **on-off keying**（OOK）受信機に組み合わせるループアンテナ（W=25.5 cm, L=35.5 cm）として，直径 50 μ の銅フィラメント 34 本で構成する撚り線（stranded copper wire）[7)]を採用し，巻き数とピッチを変えた 3 種のアンテナ電気特性が評価されている．

9.9.2 プリンタや刺繍によるウェアラブルアンテナ形成

衣服への放射素子の形成法として**導電性インク**をインクジェットプリンタに適用する方法が検討され，軍用の靴に地雷探査用のアンテナを実装することを想定し，インクジェットプリンタで革靴先端部分に導電性インクを印刷して形成するデュアルバンドボータイスロットアンテナが提案されている[8)]．このアンテナの構造を図 9.128 に示す．皮革の厚さは 0.9 mm で，CPW 給電される放射素子は 1.7 GHz および 2.9 GHz の 2 周波で共振する．なお，シミュレーションのための皮革の電気定数として比誘電率 1.9，誘電正接 0.07 が用いられている．

一方，インクジェットプリンタを用いた放射素子の形成プロセス改善策として，印刷対象表面の平滑性を上げ，導電性インクの定着性を上げるために，下地としてスクリーン印刷によるインタフェース層を導入する製法が提案されている[9)]．試作にはインクジェット印刷可能な**導電性銀インク**（U5714：Sun Chemical 製）と内容量 15 mL の使い捨て型**ピエゾカートリッジ**を **Dimatix DMP-2831 インクジェットプリンタ**と組み合わせて使用した．印刷後，10 分間 150℃ の環境で銀インクを養生する．噴射インクの直径 60 μm に適切な重な

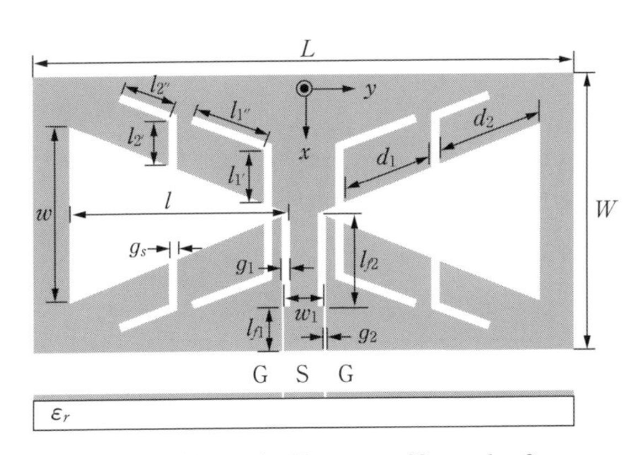

L=88 mm, W=44 mm, l=36 mm, w=28 mm, $l_{1'}$=9 mm,
$l_{1''}$=13 mm, $l_{2'}$=7 mm, $l_{2''}$=10 mm, d_1=15 mm, d_2=17 mm,
g_s=1.5 mm, g_1=1.8 mm, g_2=0.8 mm, l_{f1}=7 mm, l_{f2}=15 mm,
w_1=6 mm

図 9.128 皮革にインクジェットプリンタで形成するボータイスロットアンテナの構造[8)]

表 9.16　パッチアンテナの測定結果[9)]

基板の高さ[mm] BW＝帯域幅	FR45基板上のパッチ	(2)FR45基板上に接着したインクジェットパッチ(2層のインク)	フェルト上のインクジェットパッチ(インク1層)	フェルト上のインクジェットパッチ(インク2層)
パッチサイズ[mm]	37.4×28.1	37.4×28.1	47.7×36.9	47.7×36.9
基板高さ	1.6	1.6	1.9	1.9
周波数[GHz]	2.378	2.480	2.405	2.505
S_{11}[dB]	−13.39	−14.89	−10.05	−9.95
10dB帯域幅[MHz]	22.5	24.5	17.5	N/A
指向性利得[dBi]	7.39	7.55	8.38	8.72
電力利得[dBi]	6.37	5.09	4.02	5.98
効率[%]	79	57	37	53

りを形成するため，15 μm の印刷分解能で2回の印刷を行う[9)]．提案プロセスの効果を確認するために行った実験結果を表 9.16 に示す．二重の導電性インク印刷により形成されたマイクロストリップアンテナの放射効率は53%であり，折り曲げによる評価から導電性インクの二重印刷プロセスは放射素子の耐折曲性の向上に有効であることが確認されている．

3D プリンタは近年急速にその適用分野が拡大し，多様な分野に応用されており，導電性材料や**可塑性**のある材料を用いてウェアラブルな可塑性をもつアンテナ放射素子形成への応用が期待されている．可塑性のある材料によりウェアラブルへの適応が期待されるが，3D プリンタ用誘電体材料の電気特性の把握が重要である．**split post dielectric resonator** を用いた3D プリンタ用材料の電気定数（比誘電率/誘電正接）の測定例[10)]として，**Vero White**（2.98/0.029），**DM8425**（3.01/0.032），**DM9760**（2.99/0.051）の3種の材料に対する測定結果が報告されている．比誘電率に関して，3D プリンタは立体的な造形が可能であるため，誘電体内部に空隙を設けることで等価的な誘電率を制御する手法も考えられる．

インクジェットプリンタや3D プリンタに加えて，ウェアラブルアンテナの形成にコンピュータ制御ミシンによる刺繍が用いられる．刺繍によるアンテナ形成は繊維素材を対象とする加工であるため，一般的な寸法精度は0.5 mm 程度であるが，図 9.129 の試作例では寸法精度を0.1 mm まで改善した結果が報

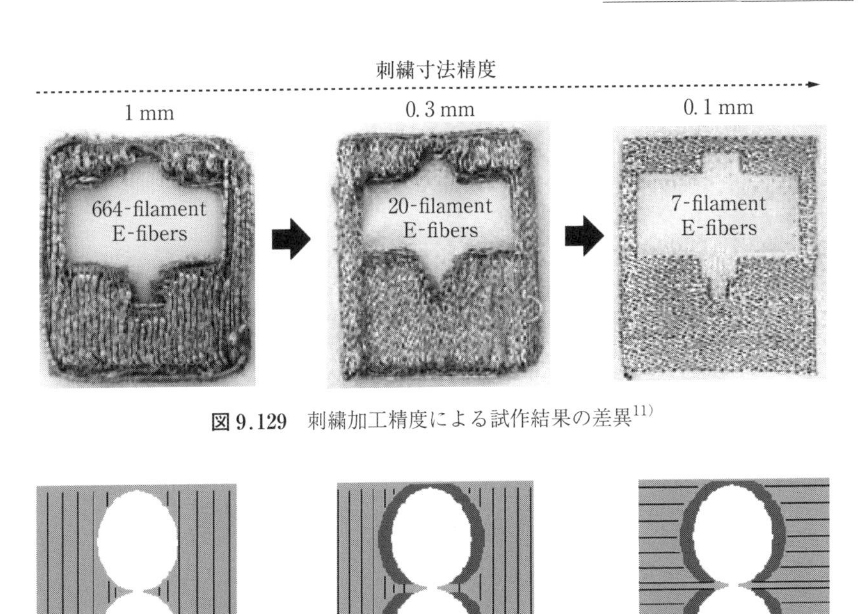

図 9.129 刺繍加工精度による試作結果の差異[11]

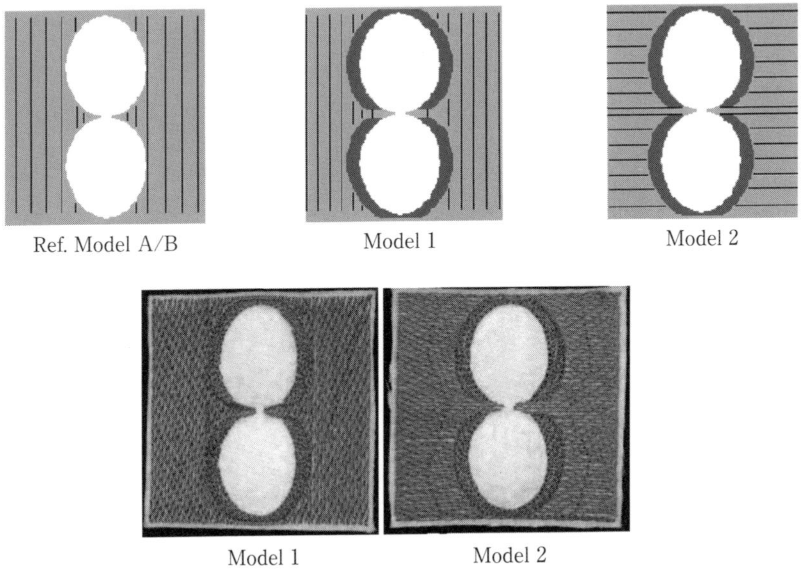

Ref. Model A/B　Model 1　Model 2

Model 1　Model 2

図 9.130 アンテナ構造と試作アンテナ[13]

告[11]されている．

導電性繊維の刺繍構造や密度はアンテナの電気特性に影響を与えるが，ウェアラブルアンテナは人体近傍に配置されるため，人体を含めた評価が重要である．特に，人体は損失性媒質としてアンテナ放射効率に影響を与えるため，放射素子単体での放射効率が高い場合でも，人体近傍に配置されることで，その放射効率は低下する.

一方,**導電性繊維**は銅に比べて導電率が低いものの,アンテナが人体に近接し,人体による付加的な放射効率低下が大きい場合には,導電性繊維の導電率低下に起因する放射効率低下をある程度許容できる可能性[12)]が考えられる.このような背景から,人体近傍に配置した広帯域スロットアンテナの放射効率に注目した実験が行われている.**人体ファントム**から10 mmの距離にアンテナを配置した実験結果では,刺繍密度を4[yarns/mm]とすることで,銅板放射素子を基準として,導電性繊維放射素子の放射効率の低下量[12)]は10〜15%程度である.

また,導電性繊維の縫い密度の増加は放射素子の低損失化に寄与するものの,ウェアラブルアンテナの可塑性に影響を及ぼし,装着感へ影響を与えるため,1)縫い密度低下と2)放射効率低下抑制を同時に実現する必要がある.これに対する試みとして,放射素子上の電流分布を考慮した複数の刺繍パター

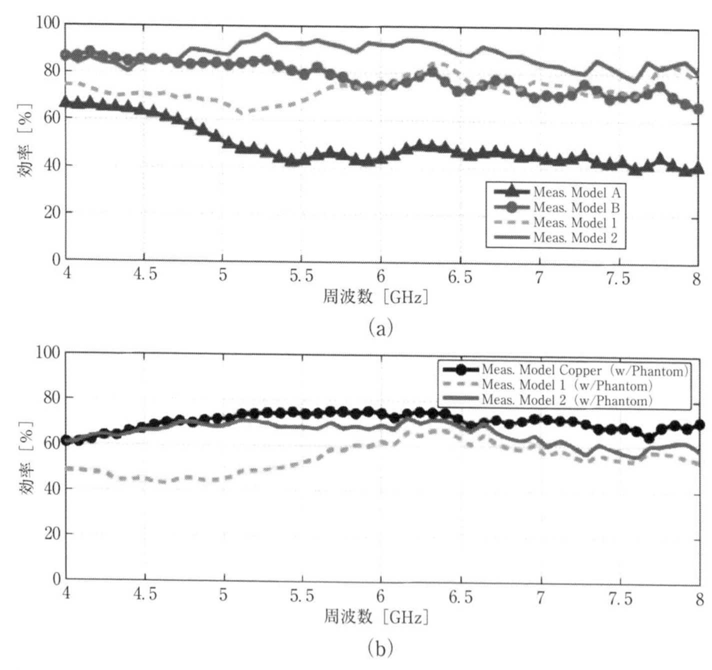

図9.131 放射効率の測定結果 (a):ファントムなし,(b):ファントムあり[13)]

ンが測定・評価されている．図 9.130 に示す刺繍パターンに対する放射効率の測定結果を図 9.131 に示す．導電性繊維の使用量を 50%削減し，同時に放射効率を 30%改善する刺繍パターンが提案[13]されている．

9.9.3 ウェアラブル型伝送線路の形成と特性

衣類などに織り込むウェアラブルアンテナシステムを構成するには，放射素子に加えて可塑性をもつ繊維素材で伝送線路を実現することが望まれ，このための研究も行われている．伝送線路を繊維素材で形成するための基礎資料として，**マイクロストリップ線路**のストリップ導体を繊維素材化した場合の基本特性が 750～1200 MHz の周波数帯域で実験的に評価されている[14]．厚さ 1.5 mm の RO4003 基板の下面銅箔を全面残し，上面の銅箔を全面剥離した誘電体上に，1）銅テープ，2）導電性繊維テープ，3）**Cu Polyester Taffeta**, 4）**NCS95R**（Nylon ripstop fabric coated with Ni over Cu over Silber, 5）**Ni-Cu ripstop fabric** などの 5 種の素材でストリップ導体を構成する．各素材をテープ状に加工し，前述の基板上面に張り付ける技法で，5 種のマイクロストリップ線路（長さ 100 mm）が試作されている．750～1200 MHz の周波数帯域での測定結果は，**導電性繊維テープ**（conductive fabric tape）の挿入損失が 0.4 dB (at 900 MHz）と他に比べて大きく，これ以外の線路は，同等の挿入損失を示し 900 MHz における挿入損失は約 0.1 dB 程度である．

2.4 GHz 帯での導電性素材を用いたマイクロストリップ伝送線路に関わる研究として，直交する導電性糸のメッシュで線路を構成し，導電性糸の密度と電気特性の関係を 2.4 GHz 帯の ISM 帯域で検討している[15]．なお，一般的な導電性糸（yarn）の導電率のオーダーは約 10^4 S/m[16,17]である．繊維は製織構造により導電性糸の経路長が繊維表面距離よりも長くなり，共振周波数のシフトが発生する[18]．**導電性より糸**（silver-plated polyamide）をたて糸およびよこ糸に用いた **PIFA** の評価結果から，導電性糸は銅よりも 3 桁低い導電率であるが，整合と利得に関して金属と同等の結果が得られるとしている．このための条件として，たて糸，よこ糸の適切な構造組織の選択による必要電流経路確保の重要性が指摘されている[15]．

一方，より高域の周波数帯域での**繊維型伝送線路**の実験として，導体部を**銀**

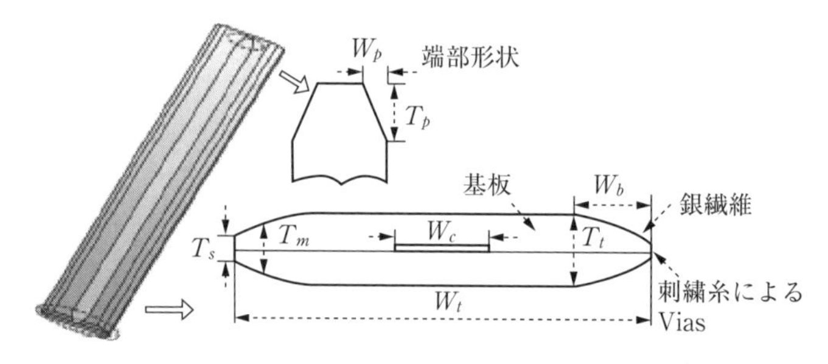

図 9.132　繊維素材で形成された遮蔽伝送線路[19)]

繊維（silver fabric：*ShieldIt* NCS95R-CR）とし，誘電体部の素材候補として，1）**レドーム用低損失発泡材**（Cumings Microwave：PF-4），および 2）市販低価格フェルトの 2 種を用いた評価が行われている[19)]．図 9.132 に示す遮蔽型線路とするため銀繊維地板で上下誘電体を介してストリップ導体を上下から挟み込み，**刺繍用自動機**（ブラザー：Innovis 780 D）を用いて**銀コーティングポリエステル紡績糸**（Yarn：*ShieldIt* 117/17 2PLY）によりサンドイッチ状に重ねられた上下の銀繊維地板を直線 2 列（W_t：20 mm の間隔）で長手方向に両側から縫込む．以上のプロセスにより線路両側面に銀コーティングポリエステル紡績糸による via が形成され，遮蔽型マイクロストリップ線路（長さ 100 mm）を試作している．10 MHz から 8 GHz の周波数帯域で折り曲げ状態を含めた電気特性の評価が行われ，折り曲げ角 90° と 180° の場合にそれぞれ 15 dB，10 dB のリターンロスが測定されている．また，誘電体素材の材質が電気特性に与える影響を評価し，低価格のフェルトを用いた場合でも特性劣化は少ないとの結果が得られている[19)]．

ウェアラブルアンテナは人体に装着するために可塑性が求められる．このため，導電性繊維による刺繍放射素子形成では母材となる誘電体として**フェルト**等の柔らかな素材が選択されることが多い．母材である誘電体部に導電性糸の縫込みが行われる場合に，母材には圧縮が発生し，図 9.133 に示すように誘電体部の**断面変形**[20)]が発生する．この種の断面変形が刺繍形成されたアンテナあるいは伝送線路の電気特性に与える影響の定量的評価が重要である．糸張力を変化させた複数の刺繍形成マイクロストリップ線路が試作・評価され，さらに洗濯による伝送特性への影響の評価[21)]も行われている．

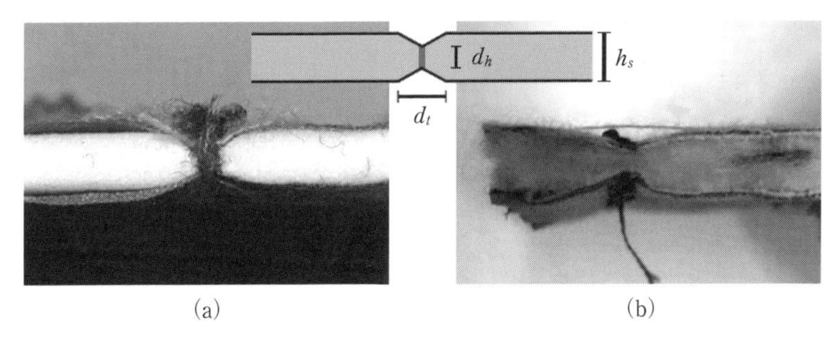

(a)　　(b)

図 9.133　縫い糸による誘電体断面圧縮[20]：(a) PF-4　(b) フェルト

一方，伝送線路を構成する誘電体材料の電気定数の測定精度改善に注目した研究として，長さの異なる2本の伝送線路から**比誘電率**と**誘電正接**を測定するtwo-line法を繊維で構成した伝送線路に適用した結果が報告[22]されている．さらに，これを発展させた測定法[23]も提案され，複数の繊維素材に対する比誘電率と誘電正接の測定実験が行われている．

9.9.4　アンテナと給電線路の接続

アンテナと無線装置との接続には高周波コネクタを必要とする場合が多く，導電性繊維と高周波コネクタとの接合のために「ボタン」あるいは「リベット」構造が提案され，4 mm厚のフリースを誘電体として92 mm×20 mmの領域にマイクロストリップ線路を構成し，通過特性を測定することにより提案構造を評価している[15]．

また，同軸給電の電気的接続の問題を解決するため，図9.134に示す電磁結合による**繊維型ACPA**（Aperture-Coupled Patch Antenna）が提案されている[24]．表9.17に示すようにアンテナ構成素材はパッチ部を***ShieldIt***，基板部を**フリース**，地板を***FlecTron***とし，給電線部構成素材として誘電体部をフェルト，またマイクロストリップ線路導体部を*FlecTron*で形成することで，2.45 GHz **ISM帯域**のアンテナを試作し実験が行われている．直径8 cmのプラスチック円筒に巻き付ける形状変化をアンテナに与えることで帯域幅は190 MHzから145 MHzに低下するが，ISM帯域で必要とされる83.5 MHzは満足されている．人体装着時の特性を模擬するためのシミュレーションでは，比誘電率53.3および導電率1.52 S/mを2.45 GHzでの人体の電気定数として採用

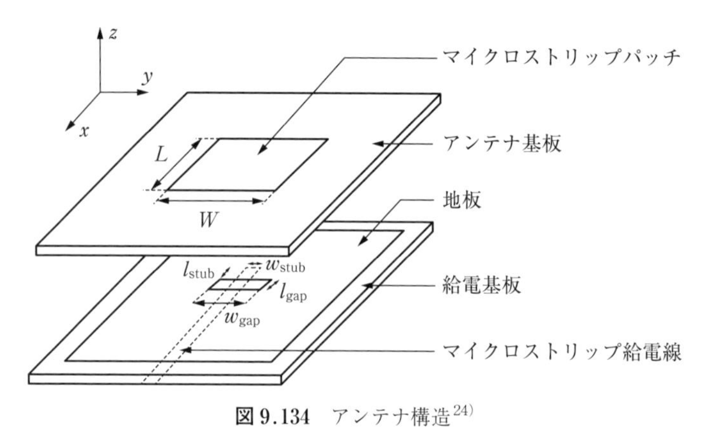

図 9.134　アンテナ構造[24)]

表 9.17　アンテナ構造パラメータと構成素材[24)]

Patch	*Shieldit*^{TM}	W[mm]	L[mm]	
		61.6	49.0	
アンテナ基板	*Fleece*	h[mm]	ε_r	$\tan\delta$
		2.56	1.25	0.019
地板	*Flectron* Ⓡ	w_{gap}[mm]	l_{gap}[mm]	
		14.5	5.2	
給電基板	*Felt*	h[mm]	ε_r	$\tan\delta$
		1.15	1.43	0.025
マイクロストリップ給電線	*Flectron* Ⓡ	w_{stub}[mm]	l_{stub}[mm]	
		4.7	14.0	

している．これに合わせて実施した人体腕部と足部への装着実験結果では，計算と実験のリターンロスがほぼ一致する結果が得られ，全立体角の測定から放射効率63%の測定値が得られている．

9.9.5　UHF 帯域ウェアラブルアンテナ

300 MHz 帯域のウェアラブルアンテナの例として，上部放射素子を**メアンダ構造**に折り曲げた**非対称ダイポール構造**とし，下部放射素子に同軸線路外導体の一部をはんだ付けすることで**バラン**を形成した人体装着用アンテナが提案[25)]されている．−10 dB を基準とする S_{11} の動作周波数目標は 270 MHz か

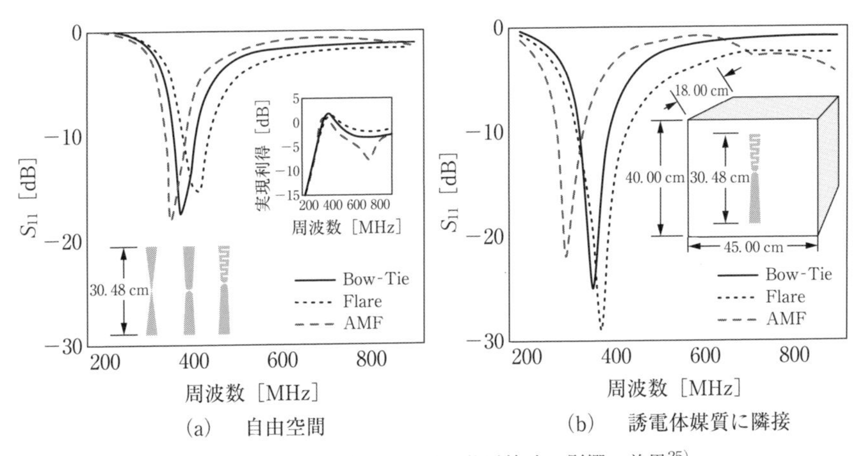

図 9.135　放射素子形状による人体近接時の影響の差異[25)]

ら 320 MHz である．提案アンテナを含む 3 種の放射素子を自由空間と誘電体媒質（$\varepsilon_r=62+j55$：$\tan\delta=0.89$）から 1 cm の距離に配置した場合の反射特性のシミュレーション結果を図 9.135 に示す．自由空間では放射素子による特性の差異は少ない．図 9.135 は人体近傍において提案アンテナが小形化に有効であることを示している．ウェアラブルアンテナでは，人体の影響を低減する技術が必要であり，人体の**ブロッキング**を軽減して全方向への放射特性を得るために，人体胸部前面と人体背面に 2 つの放射素子を設け，ハイブリッドにより和および差のパターンを形成した切り替え方式[17)]による実験も行われている．

UHF 帯域での人体の影響を低減し，ウェアラブル無線システムのカバレッジエリアの安定化を実現するために，図 9.136 に示す 2 つの**微小ループアンテナ**を位相差給電し，アンテナの**動作モード**の**電流アンテナ**（垂直偏波アンテナ）と**磁流アンテナ**（水平偏波アンテナ）とを電気的に選択するアンテナ放射素子が提案[26) 27)]されている．アンテナの動作モード（電流・磁流モード）を適応的に変化させることで，従来のループアンテナに比べて放射特性は 10 dB 改善し，人体とアンテナ距離の変動に対する利得変化は，約 2 dB まで低減されサービスエリアの安定化が図れている．

導電性の布で直角三角形の放射素子を構成し，この放射素子を 2 つ組み合わせた広帯域ウェアラブルアンテナが提案[28)]されている．地上デジタル放送の

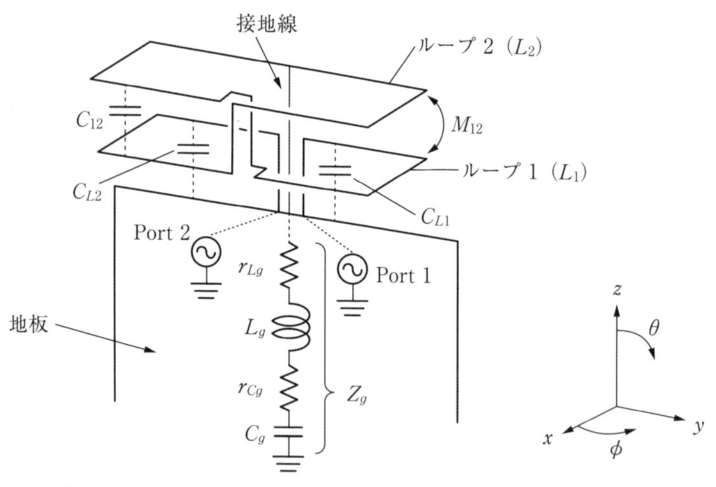

図 9.136　電流・磁流モード制御機能を有した小形ループアンテナ[26)]

受信を目的として 420 MHz〜770 MHz の帯域で試作アンテナの特性が評価され，無線装置や給電線との接続方式としてスナップボタンを用いる機構も提案され給電位置の最適化が行われている．

9.9.6　導電性繊維で形成したパッチアンテナと EBG 構造への適用

一方，ウェアラブルという観点からアンテナの低姿勢化が望まれるため，2 GHz 以上の帯域では，パッチアンテナ系の検討が多く，特に具体的な無線システムとして**無線 LAN** を想定した検討例が多い．2.45 GHz での人体近傍に配置された**繊維パッチアンテナ**の電気特性を 1）FR4 基板と 2）**RT/Duroid 5880 基板**に形成された 2 種のパッチアンテナの電気特性を比較することで評価している．この繊維パッチアンテナ[29)]は厚さ 1.21 mm の**フェルト材**（比誘電率 1.288）の誘電体上に ***Shieldex Nora* 導電性繊維**（conductive fabric）で形成している．繊維パッチアンテナを直接ファントム表面に装着した場合の放射効率は FR4 と同等の 29% を示すが，RT/Duroid 5880 基板上に形成したアンテナの放射効率はこれを上回る 60% である．これに対して，表 9.18 に示すように 1.21 mm のフェルト層を 7 層とし，パッチ部分と地板の間隔を 8.5 mm とすることで繊維パッチアンテナの放射効率は 51% と向上している[29)]．

表 9.18 フェルト層数と放射効率の関係[29)]

フェルト層数	測定効率(+/−5)[%]	測定最大電力[dB]
0	29	−2.3
1	33	−2.6
3	34	−1.5
5	46	−1.1
7	51	0

高次モードパッチアンテナを刺繍形成する場合に複数 **via** の形成が必要となるが，これらの via の直径や via の相互距離は高次モードの励振とインピーダンスマッチングに重要な要素となるため，縫い密度と刺繍パターンを変化させた 6 種の via 形成法を比較検討[30)]している．

EBG（electromagnetic bandgap）構造を適用した **textile アンテナ**の検討例として，誘電体基板をフェルト繊維素材に置き換え，導体部を銅テープで構成した図 9.137 のような**ウェアラブル EBG アンテナ**[31)]が試作されている．一般的な**方形パッチアンテナ**と，Dual-band **U-slot antenna** の 2 種を比較対象として，折り曲げ曲率と折り曲げ方向に対する提案アンテナの共振周波数と入力インピーダンス帯域幅の変化を検討している．提案アンテナの誘電体は 2 層構造（いずれも 4 mm 厚）で下部誘電体（フェルト繊維で比誘電率 1.1）の下面を地板とし，下部誘電体の上面に EBG パッチ（一辺 26 mm）を間隔 2 mm で 6×6 配列している．この上面に厚さ 4 mm の上部誘電体を介して放射パッチ

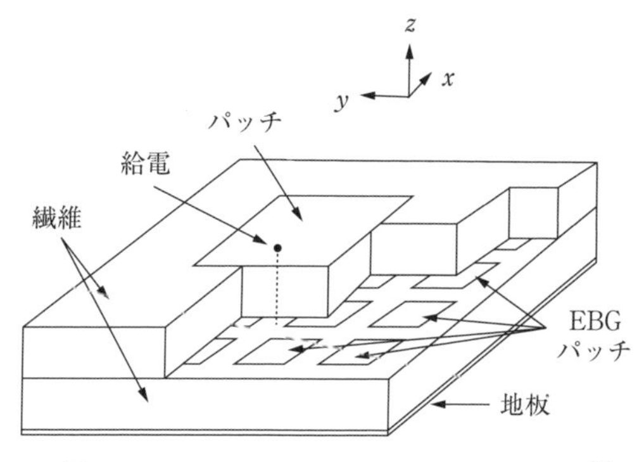

図 9.137 ウェアラブル EBG アンテナの構造[31)]

が形成される．インピーダンス整合を実現するため，給電点は上面パッチの端面から4 mm **オフセット**されている．折り曲げ方向の検討から，放射素子の共振周波数を決定する長手方向に沿って折り曲げが行われる場合に共振周波数への影響が大きく，E 面の折り曲げが大きな影響を与えるとしている[22]．

9.9.7　マルチバンドウェアラブルアンテナ

人体装着型**マルチバンドアンテナ**として，方形地板上に配置した方形平面放射素子に，1）U 字スロット，2）I 型および L 型の 2 つのスリット，および 3）2 つのショートポストを設ける構造を採用した，ISM バンドと**ハイパー LAN 用**のアンテナが提案[32]されている．図 9.138 に示す提案アンテナは，地板と放射素子に用いる導電材として可塑性をもつ厚さ 170 μm の ***ShieldIt*** を採用し，地板と放射器の間には誘電体（厚さ 5 mm）として比誘電率 1.07 の**ポリエチレンフォーム**を配置している．アンテナが折り曲げられた状態と人体胸部と人体背部の首下に装着した実験的評価も実施されている．誘電体下面の地板は単向性の実現と人体の影響低減に寄与し，動作帯域はそれぞれの帯域で 277 MHz，850 MHz，また放射効率はそれぞれ 67%，89% である．

GSM/PCS/WLAN のマルチバンドアンテナとして，抵抗が 0.75 Ω/m である**導電性ポリマー繊維**（E-fibers）を刺繍することで形成したアンテナが提案されている．図 9.139 に示す放射素子の基本構造はスリットを設けた上下非対

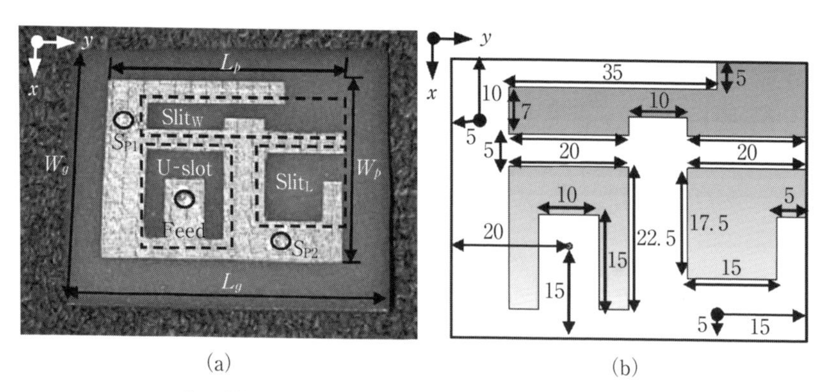

(a)　　(b)

L_p=60 mm, W_p=45 mm, L_g=100 mm, W_g=80 mm

図 9.138　デュアルバンドウェアラブル繊維アンテナ[32]

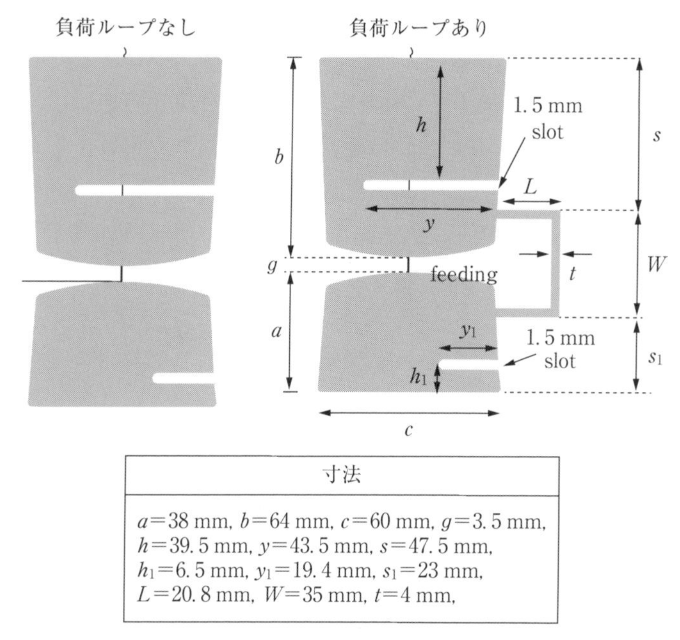

図 9.139 刺繍形成されたマルチバンドウェアラブルアンテナ[33)]

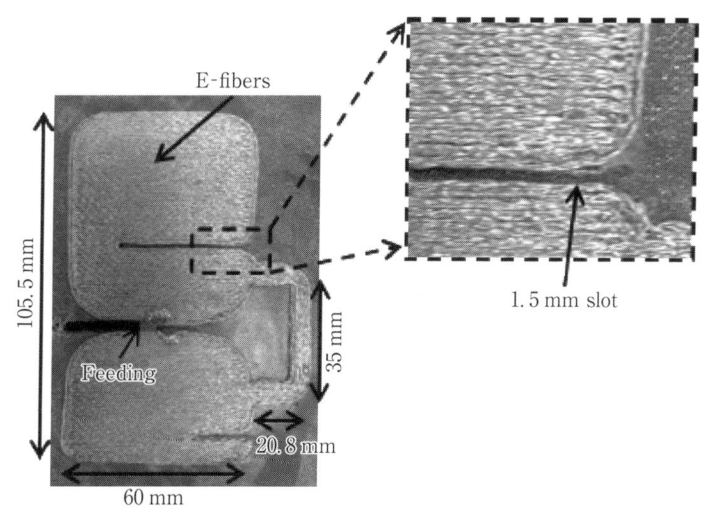

図 9.140 試作したマルチバンドウェアラブルアンテナ[34)]

称の方形型放射素子であり，上下放射素子間を接続するループ部が上下放射素子の側面に配置している．このループ部はPCSおよびWLANの帯域における整合と帯域特性を改善する目的で導入されている．放射素子は導電性ポリマー繊維の刺繍により形成され，製作精度0.5 mm以下を実現することで，図9.140の写真に示すように上下放射素子に設けられる1.5 mm幅スロットの形成に成功している．自由空間でのアンテナ単体特性は全帯域で利得2 dBiと放射素子を銅箔で構成した場合と同程度の特性が実現されるとしている[33]．ア

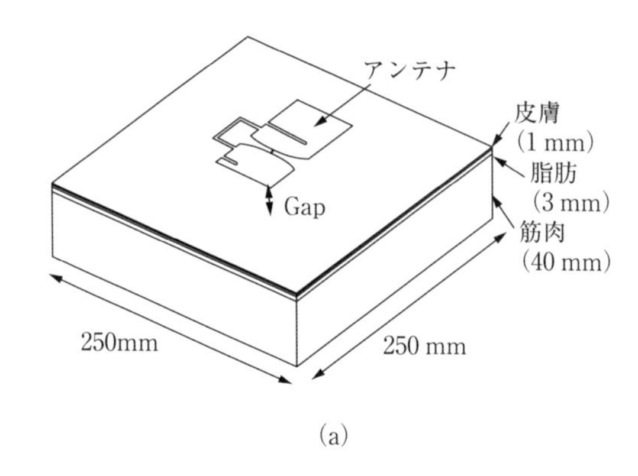

(a)

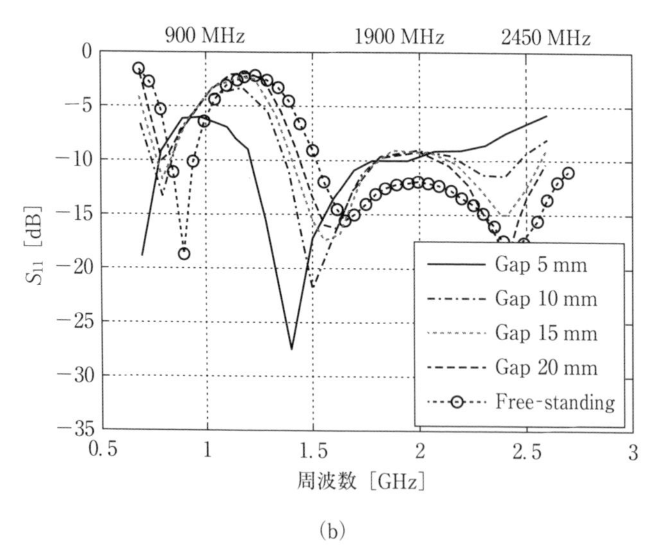

(b)

図9.141　人体近傍での反射特性計算結果[33]

ンテナ単体の評価に加えて，人体装着時のアンテナ特性を胴体前部，胴体後部，および右肩部に装着する条件で評価している．図 9.141 は提案アンテナを人体近傍に配置した場合のシミュレーション結果である．アンテナと**模擬人体**の間隔が 5 mm では特性が大きく劣化するため，最低 10 mm 以上の間隔を確保する必要があるとしている．

ウェアラブル型センサの**無電源化**への試みとして，通信・放送用などの周囲の電磁波をアンテナで回収し利用する**エナジーハーベスト**用アンテナが提案[34]されている．500 MHz から 5 GHz の電磁波回収のためのウェアラブルな**広帯域テキスタイルアンテナ**の具体例として，電流分布を考慮した刺繍パターンにより導電性繊維の使用量を削減した刺繍型**対数スパイラルアンテナ**が試作・評価されている．

9.9.8 ボタン・ベルト・指輪・リストバンド型ウェアラブルアンテナ

人体装着型アンテナは衣服に装着，あるいは埋設する設置状況が想定されるが，衣服の構成素材で金属素材の使用が許容される部位をアンテナ素子に利用することが考えられる．衣服自体の素材は**可塑性**が必要であり，一般に導電性ではないが，衣服に設けられるボタンは材質的に硬質の素材が用いられ，金属の選択も可能である．このため，ボタン型のアンテナがウェアラブルアンテナとして提案されている．これらの例として，2.4 GHz 帯域と 5 GHz 帯域のデュアルバンドアンテナが高さ 11 mm のボタン形放射素子[35]で実現され，さらにこの放射素子の小形化を図った**ボタンアンテナ**[36]では，2 層の上面ディスク間の FR-4 誘電体を貫通して短絡用の via を設けることで素子高 7.2 mm と 35％の低姿勢化を実現している．図 9.142 および表 9.19 に示すこのアンテナでは，側面引出によるウェアラブルデバイスとの接続を考慮してマイクロストリップ給電線路とする構造が提案されている．さらに，広帯域化を図った UWB 用のボタンアンテナ[37]の提案や衣類に用いられるボタン以外の金属部品の活用例として，ベルトの金属バックル部をアンテナとする実験も報告されている[38]．

人体に装着する宝飾品には金属が用いられることから指輪型のウェアラブルアンテナも研究されている．UWB 用**指輪型アンテナ**として人体指部に装着さ

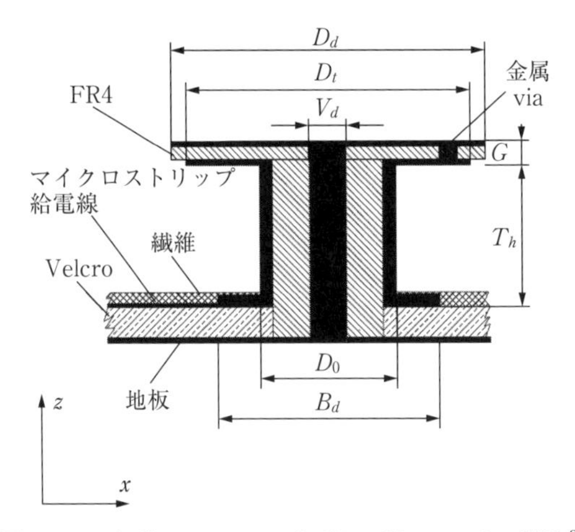

図 9.142　小形デュアルバンドボタン型アンテナの構造[36)]

表 9.19　小形デュアルバンドボタン型アンテナの構造パラメータ[36)]

アンテナのパラメータ	値
円板直径 D_d	17
上部円板直径 D_t	15.4
底板直径 B_d	11
円筒外経 D_0	7
中央 via 直径 V_d	1.6
留めボタンの高さ T_h	5.6
円板とボタンの間隔 G	1.5

れた状態を模擬する条件で，複数の放射素子構造がインピーダンス特性[39)]を指標に検討されている．図 9.143 からリング状の地板が放射特性の改善に役立っていることが確認される．図 9.144 に人体に装着された提案アンテナを示す．この基本構造に加えて，放射素子の**低姿勢化**を図った構造も複数検討されている[40) 41)]．

人体の腕部に装着されて使用される**リストバンド型** RFID 用のアンテナも検討されている．リストバンドに内蔵されるアンテナへの要求仕様として，リーダ側のアンテナの利得を 2.15 dBi，供給電力を 100 mW，読み取り距離を 300 mm とし，RFID の駆動電力として 30 μW を想定する条件の下で RFID 用アンテナへの要求利得は −7.6 dB 以上となる．人体腕部に装着時の利得低下

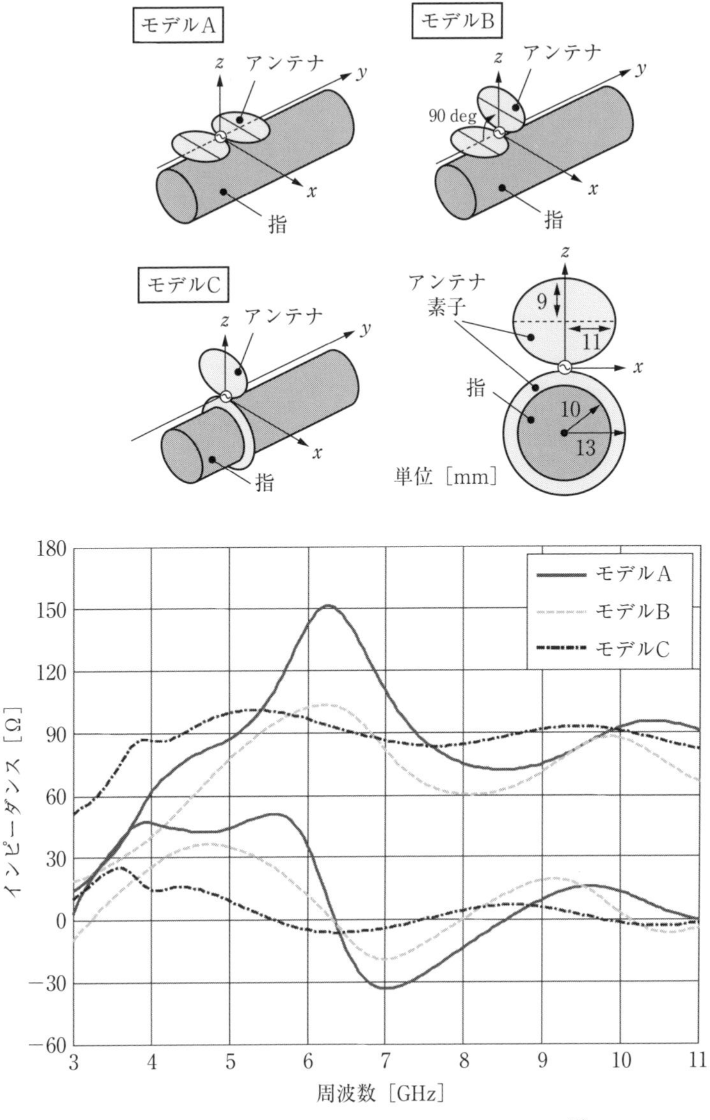

図 9.143 指輪型アンテナのインピーダンス特性[39]

を改善するために反射素子を装荷する構造が提案[42]され，2.45 GHz における利得測定値として−6.9 dBi を実現している．

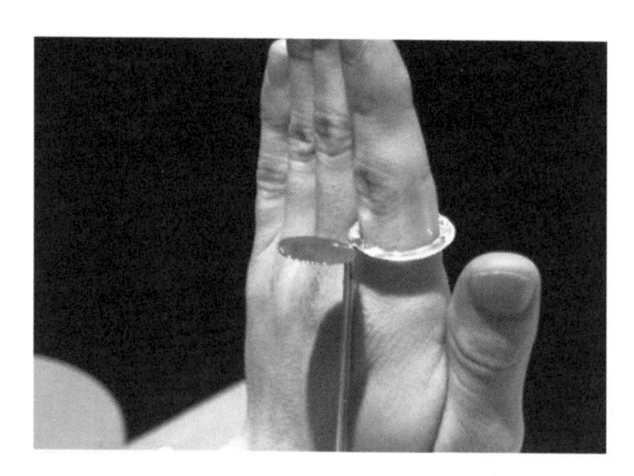

図 9.144　指輪型アンテナの測定[39)]

9.9.9　UWB 帯域のウェアラブルアンテナ

ウェアラブルアンテナの UWB 帯域への応用では，**WBAN**（wireless body area networks）用のアンテナとして誘電体部をフェルト（厚さ 3 mm，比誘電率 1.45，誘電正接 0.044），またフェルト両面の導電部を LessEMF 社製の ShieldIt Super（0.17 mm 厚）で構成した図 9.145 の **UWB アンテナ**が報告されてい

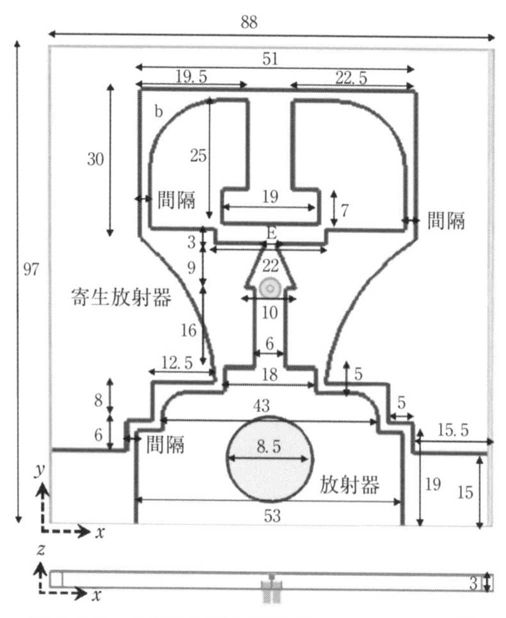

図 9.145　全面地板付全繊維型アンテナの構造[43)]

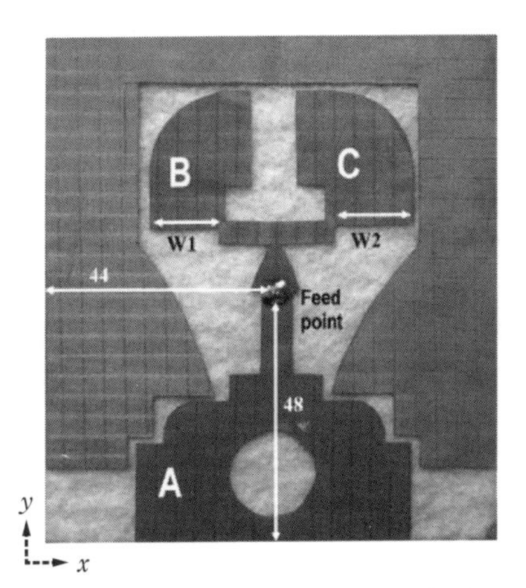

図 9.146　全面地板付全繊維型アンテナのプロトタイプ[43]

る[43)]．このアンテナのプロトタイプの写真を図 9.146 に示す．アンテナは，並列給電される 3 つの給電パッチと，それを取り囲む無給電パッチの合計 4 つのパッチで構成される複合放射素子である．この複合放射素子をフェルト誘電体部を介して背面から全面で覆う地板で構成した特徴的な形状をもつ**パッチ型放射素子**により人体装着時にも 3 GHz から 10 GHz の広帯域特性を実現している．素材（*ShieldIt* Super）シートから手作業で切り出したアンテナ地板部と放射素子部をフェルト誘電体の両面から押し付けアイロン加熱することにより ***ShieldIt* Super** の裏面を接着剤で固定する方法で試作が行われている．フレキシブル **CPW-fed UWB アンテナ**[44)]との比較から，人体装着時の性能を維持するために複合放射素子全面を背面から覆う全面地板構造が重要であるとしている．

一方，UWB システムの他無線システムとの共存のため，**抑圧帯域**をもつアンテナとして，WLAN の高域（5.15～5.35 GHz）での**ノッチ特性**をもつ**フレキシブルアンテナ**[45)]が提案されている．比誘電率 2.9，厚さ 0.05 mm の液晶ポリマー（LCP）基板に銅箔（厚さ：0.018 mm）で形成された試作アンテナを図 9.147 に示す．アンテナ外形寸法は 26 mm×16 mm で，CPW で給電された方形枠型中心導体と左右 2 つの CPW 外導体間で構成される 2 つのテーパースロット部が放射素子を形成している．動作帯域は UWB（3.1～10.6 GHz）をカバーし，消防士などの作業環境を想定し，高温高湿度環境下での耐性と折

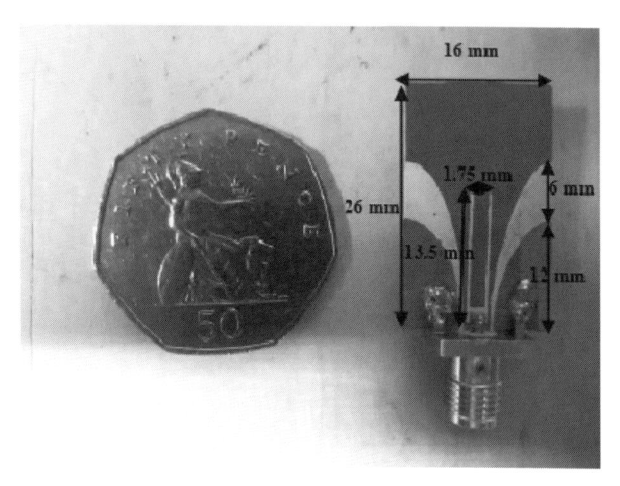

図 9.147　ノッチ特性をもつフレキシブル UWB アンテナ[45]

り曲げによる特性の変化が検討されている．

銅箔などの**箔状導体材料**を使用しないアンテナ例として，UWB 帯域の **Full Textile アンテナ**[36]が試作されている．地板（50 mm×29 mm）を含むアンテナ全体の大きさは 60 mm 角でマイクロストリップ（3.2 mm 幅）給電される**円形放射素子**のパッチ半径は 14 mm である．広帯域特性を実現するために，1）円形パッチ中央に 6 mm 角の方形スロット，2）パッチ上部に方形切り込みスリット，および 3）パッチ底部のマイクロストリップ給電点左右に 2×3.7 mm のスリットを設けている．**導電性繊維**の刺繍により前述の放射素子および地板を形成する．誘電体基板に相当する繊維布地は，1）**ジーンズ繊維**（jeans fabric）と 2）**フランネル繊維**（flannel fabric）の 2 種類が評価され，いずれの繊維も綿 100％素材で厚さは 1 mm 程度である．電気特性の測定結果は両繊維とも比誘電率は約 1.7，誘電正接は約 0.025 である．ジーンズ繊維に比べて，フランネル繊維は表面が滑らかで硬質であるため繊維の積み上げ行程が容易で，放射素子と地板に耐熱温度 150℃の銀コーティングナイロン糸を採用することで機械的折り曲げ強度と耐洗浄性が確保されると報告[46]されている．アンテナ試作プロセスは，一層目にジーンズ繊維に形成した放射素子，二層目はフランネル繊維による絶縁部分，第三層目にフランネル繊維に形成した地板を作成し，これらを多層化することでアンテナを形成し，SMA **コネクタ**との接続には，「はんだ付け」を用いている．

9.9.10 ミリ波帯域ウェアラブルアンテナ

ミリ波帯域ウェアラブルアンテナの例として，60 GHz 帯の **On-Body 通信**を目的として厚さ 0.2 mm のコットン系誘電体繊維（比誘電率：1.5，誘電正接：0.016）上に図 9.148 に示す**八木・宇田アンテナ**が試作[47]されている．ミリ波帯域で要求される機械精度は導電性繊維では実現が困難であるため，試作では上記の繊維誘電体材料に予め厚さ 70 μm の銅箔を張り付け，加工精度 10 μm のレーザー加工機で導体部分の切り出しを行っている．試作アンテナの導波器数は 10 で，アンテナ単体の利得測定値は 9.2 dBi，これはシミュレーション値 9.0 dBi に近い値を示した．また，このアンテナを人体皮膚を模擬した**ファントム**（比誘電率 7.3，導電率 32.8 S/m）に 5 mm の間隔で配置することで人体近傍での測定・評価[37]も実施されている．人体の影響により H 面で 15° のビームチルトが観測され，放射効率は 70％台から 50％程に低下する．また，測定利得の最大値は 11.9 dBi であった．

今後，高速・大容量通信が必要となるコンテンツは動画像情報であり，これに対応するためにミリ波帯の利用が期待されている．一方，ミリ波帯の伝送では伝播損失の増加に伴い単向性で利得の高いアンテナの使用が想定されるため，**アンテナビームトラッキング**が課題である．人間は取得したい情報に対して意識せずに眼球・頭部の回転・移動を行っている．したがって人体頭部と眼

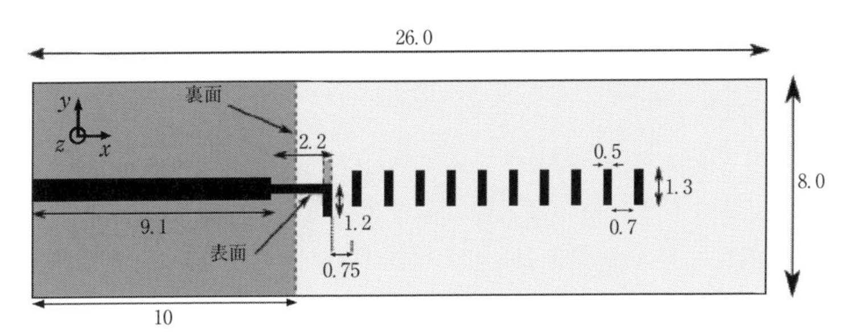

図 9.148 繊維素材上に形成された 60 GHz 帯八木・宇田アンテナ[47]

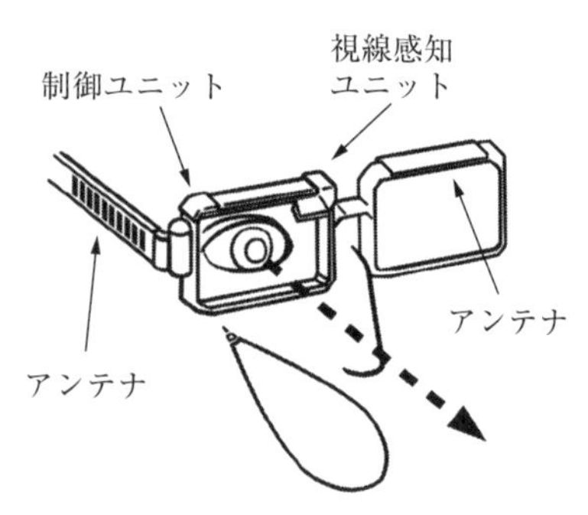

図 9.149　眼鏡型デバイスと使用イメージ[48]

球の方向を重要な情報取得対象の方位情報と認識し，人間の画像情報取得行動にアンテナビームトラッキングを連動させることが考えられる[48]．図 9.149 に示す眼鏡型デバイス用**エンドファイア型アンテナ**として誘電体基板にスルーホールとキャパシターハットで形成した八木・宇田アンテナを眼鏡テンプル部に配置する構造が検討され，高利得を実現する条件として誘電体幅と誘電体長の積を 1.45～3.1 λ^2 とすることが提案されている[48]．

9.9.11　ウェアラブルアレーアンテナとビーム制御

ウェアラブルアンテナとしては比較的低利得のアンテナが多いが，アレーアンテナのウェアラブル化への基礎検討としてアレーアンテナの湾曲・変形による電気特性への影響が検討[49]されている．2×2 の**パッチアレーアンテナ**を「波型」に変形する 3 種の湾曲形状を想定し，パッチ面の直交する 2 軸ごとに変形させる実験を行い放射効率，相互結合などを含む電気特性を評価している．変形による共振周波数シフトが最大 6% 発生する．アレーアンテナとしての指向性は変形により損なわれ，**ボアサイト方向**利得は最大 6 dB の減少を示している．

一方，ウェアラブルワイヤレスシステム用アンテナのビーム走査例として，**バラクタダイオード**を装荷した無給電素子を給電素子の左右に配置して，電気的に指向性を切り替える図 9.150 のような 900 MHz 帯用アンテナが報告されている[14]．**無給電素子**は放射素子より 10 mm 前面に配置される．バラクタダイオードは SMV 1265 を使用し，逆バイアス電圧 0～30 V で静電容量の可変範囲は0.7～22 pFである．人体胸部前面に装着されたアンテナの最大利得は5.9 dBiで正面方向と左右それぞれ45°方向に3方向のビーム切り替えが可能である．放射素子の構成素材による電気特性への影響を評価するために，1）NCS95R導電性繊維，2）Shieldex導電性糸（銀メッキのナイロン糸）および，

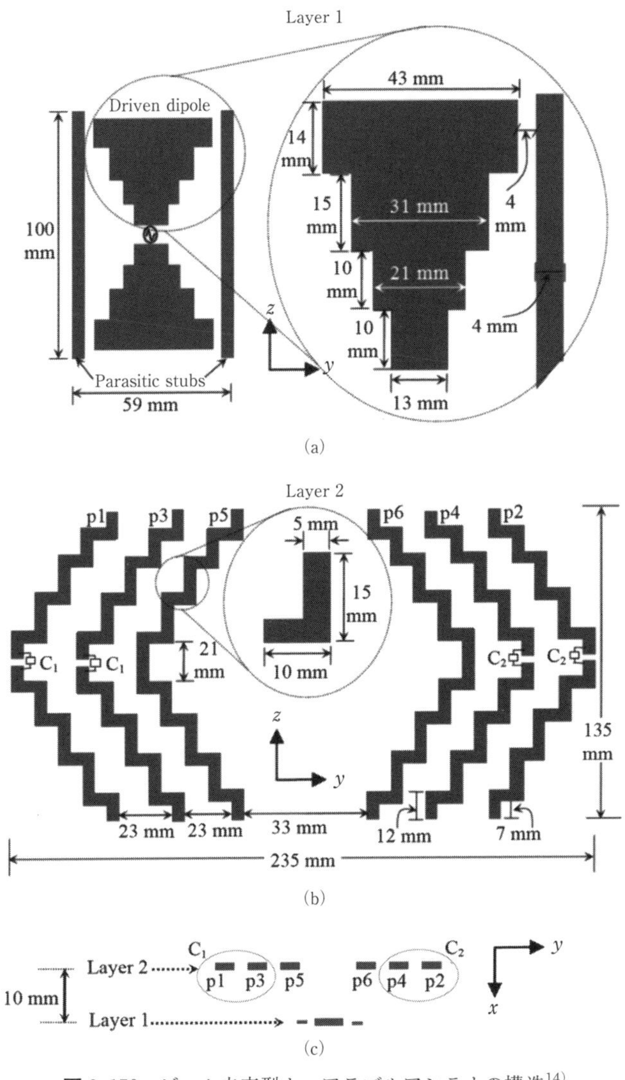

図9.150 ビーム走査型ウェアラブルアンテナの構造[14]

比較のための3）銅箔を用いた3種のプロトタイプを試作・評価している．なお，Shieldex 導電性糸に採用した製織パターンは糸が平行となるサテン織り（satin）とし，この作業には市販の自動機を使用することで，1インチ当たり平均90ステッチの密度で放射素子部を作成している．さらに，追加工として，Brother BE-1204C-BC によりフェルト上表面の導電性糸をポリエステル糸により保護する養生を施し試作を行っている．

9.9.12　ウェアラブルアンテナの電波伝搬特性

送受信アンテナがともに同一の人体上に配置されている**On-body 環境**でのウェアラブルアンテナを用いた電波伝搬実験として，大きさ 50 mm 角，厚さ 4 mm の繊維アンテナを人体に装着し，見通し・見通し外を含む4つの経路での On-body 伝搬特性評価が 867 MHz で行われている[50]．**繊維型アンテナ**の整合回路損失を含めた最大利得の測定結果は−10 dBi となるが，この理由として，1）アンテナが**低姿勢**であること，および2）導電性繊維の導電率（5×10^5 S/m）が低いことの2点が指摘されている．測定に使用された小型無線端末はアンテナと一体化された電池内蔵型送受信モジュールで，寸法 19 mm×32 mm の電子回路基板に構成され，マイクロコンピュータ制御により消費電流 5 mA 以下で動作する．モジュール送信出力は−5 dBm であるが，繊維アンテナとの整合回路損失を含めた送信出力は−7 dBm となる．一方，受信部は RSSI を測定間隔 8 ms で記録し，データ記録時間は 10 秒であった．

UWB 帯域での **Body-centric 屋内伝搬**測定例として，1）CPW 給電の**平面逆コーンアンテナ**（47.5 mm×50 mm）と2）**テーパースロットアンテナ**（27 mm×16 mm）の2種のアンテナを**人体装着アンテナ**として用いた測定（送受信間距離：1.0〜2.9 m）が行われている．ベクトルネットワークアナライザによる 3〜9 GHz の周波数軸上での伝送特性測定後にフーリエ逆変換により時間軸応答を取得することで，送受信アンテナの9種類の配置条件に対して屋内伝搬測定が実施された[51]．分析の結果，2つのアンテナは同等の特性を示すが，寸法の点でテーパースロットアンテナが有利であるとしている．

上記のほか，2.45 GHz での On-body 通信用の小形低姿勢のアンテナとして高次モードのマイクロストリップアンテナ **HMMPA**（higher mode microstrip patch antenna）が提案され，人体の周囲に配置されたアンテナ間の伝搬損失測定[52)]が行われている．厚さ5 mmと10 mmのHMMPAインピーダンス帯域幅はそれぞれ6.7%，8.6%である．これに対して厚さ5 mmの基本モード**MPA-F**（microstrip patch excited at its fundamental mode：TM10）では2.8%であり，高次モードを利用することで，約2倍の帯域が得られている．高次モードのマイクロストリップパッチアンテナは垂直モノポールアンテナに近い放射特性が得られるために人体装着時に基本モードのパッチアンテナに対して11 dBのパス利得の向上が得られ，地板（高次マイクロストリップアンテナ地板と同一寸法）上に垂直に設置されたモノポールアンテナ間のOn-body特性と同等の伝送特性が実現されるとしている．また，短絡壁を設けた**MPA-S**（fundamental microstrip patch antenna with the addition of a shortening wall）は人体装着時のアンテナ間パス利得がMPA-Fに比べて7 dB程改善される[52)]．

UWB帯域での**On-body伝搬特性**改善のためのアンテナ研究として，図9.151に示す**RWSA**（reduced-size wide slot antenna）が提案されている[53)]．

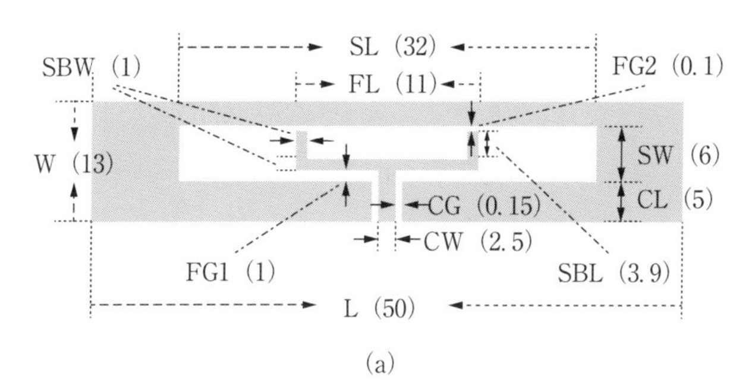

(a)

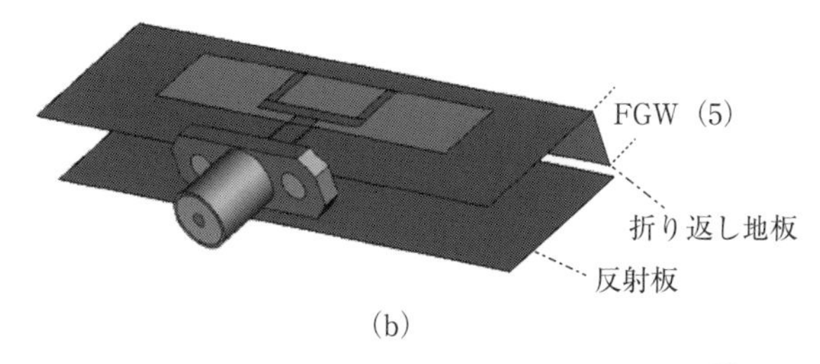

(b)

図9.151 小形化ワイドスロットアンテナ（RWSA）[53)]

給電は**CPW構造**を採用し，CPWグランド側地板の折り曲げによりアンテナの縮小化が図られている．このアンテナはボアサイト方向の寸法が短いためウェアラブル端末の側面に取り付けが可能となり，ウェアラブル端末が人体表面に設置される条件下でも，このアンテナを対向させて使用することにより人体の影響を受けにくい伝搬損失の少ない伝送路を形成できる．

9.9.13　ウェアラブルアンテナの医用・実用システムへの適用

医用テレメータへの応用のために図9.152に示すような2.45 GHz帯の**ISMバンド**用ウェアラブルアンテナが検討されている．放射素子は可塑性をもつ**ポリイミド・ケプトン誘電体基板**上にM字型の折り曲げストリップ素子で形成されCPW給電される[54)]．人体近接時での周波数シフトとインピーダンスミスマッチを避けるために**Jerusalem Cross**の十字導体部に十字型スロットを設けることで21%の小形化を図った**AMC**（Artificial Magnetic Conductor）を設計し，比誘電率2.5のビニール基板上（65.7 mm×65.7 mm）に3×3ユニット配置した．なお，このAMCと放射素子との間隔は1.7 mmである．また，

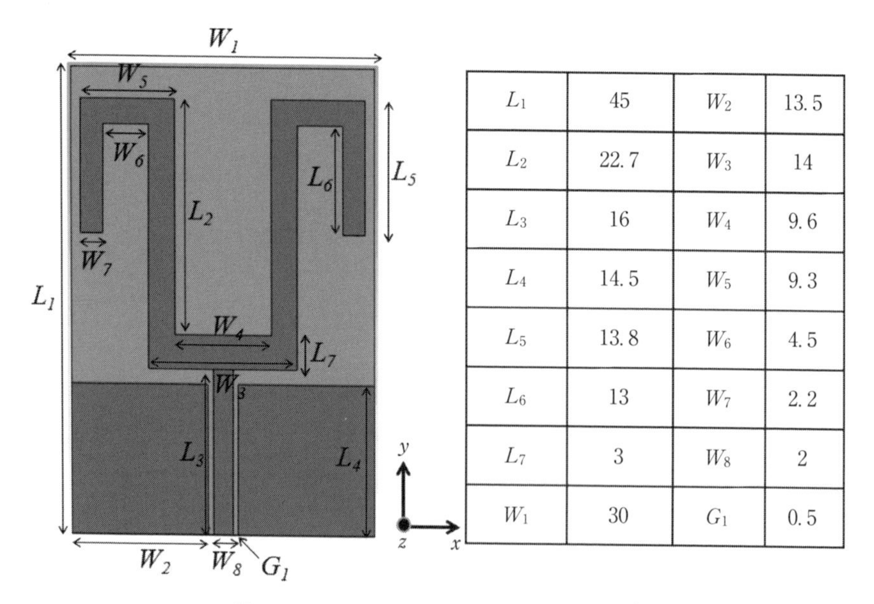

L_1	45	W_2	13.5
L_2	22.7	W_3	14
L_3	16	W_4	9.6
L_4	14.5	W_5	9.3
L_5	13.8	W_6	4.5
L_6	13	W_7	2.2
L_7	3	W_8	2
W_1	30	G_1	0.5

図9.152　M型アンテナの構造パラメータ[54)]

SARの評価には**数値ファントムHUGO**（40種類の組織で分解能1 mm×1 mm×1 mm）が用いられている．提案したAMC構造により64%のSARの低減と3.7 dBの利得向上（8 dBのFB比の向上に起因）が併せて実現されている．提案アンテナのインピーダンス帯域幅は18%である．

BMI（brain-machine interface）への応用を考え，頭蓋骨を介して**インプラント型デバイス**に電力供給するアンテナシステムが評価[55]されている．インプラント用ループアンテナの寸法は2 mm×2 mm×2 mmであり，これに電力供給するための外部アンテナとして銅繊維（copper fabric）と導電性繊維の刺繍による2種の**平面ループアンテナ**を評価している．液体頭部人体ファントムを用いた実験結果から，電力伝送効率はそれぞれ−14.6 dBおよび−17.1 dBが得られている．

衛星通信対応の軽量ウェアラブルアンテナとして，人体装着可能な**フレキシブルマイクロストリップアンテナ**[56]が検討されている．人体ファントムの頭部，肩部および背部の3ヶ所にアンテナを装着し放射パターンを評価した．頭部装着と背部装着では指向性は変化が少なく，肩部装着では頭部の影響により指向性は変化を受ける．実験の結果，従来のマイクロストリップアンテナと同等の利得6.5 dBiが測定され，アンテナが折り曲げられた条件下での利得最低値は4.1 dBiである．

海難救助への応用では，衛星を用いた海難救助のために開発された**Cospa-Sarsatシステム**用に救命胴衣の胴体部フローティング材に2つのアンテナユニット（時間的にアンテナを切り替えて406 MHz帯信号を送信する）を直交して配置するアンテナ構造が提案され，計算と実験により評価が行われている[57]．人体を含むシミュレーションには2/3筋肉モデルの電気定数をもつ大きさ500 mm×400 mm×180 mmの人体胴体部モデルを使用した．406 MHz帯**PLBs**（Personal Locator Beacons）用の放射素子は図9.153に示す構造で，**折り返しメアンダダイポールアンテナ**をフローティング材の上面に配置している．一方，フローティング材の下面には，金属箔で構成した面状反射器が配置され，人体の影響を軽減しアンテナの安定動作を実現している．提案アンテナに加えて**ボウタイアンテナ**と**メアンダダイポール**アンテナの合計3種類のアンテナを人体に装着し腕，胴，頭を3分間動かした場合の反射特性の変動

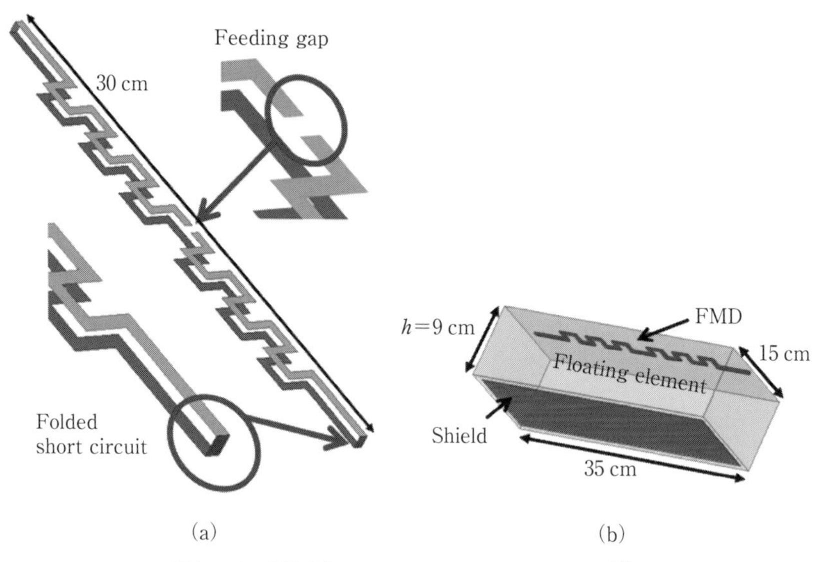

図 9.153　折り返しメアンダダイポールアンテナ[57)]

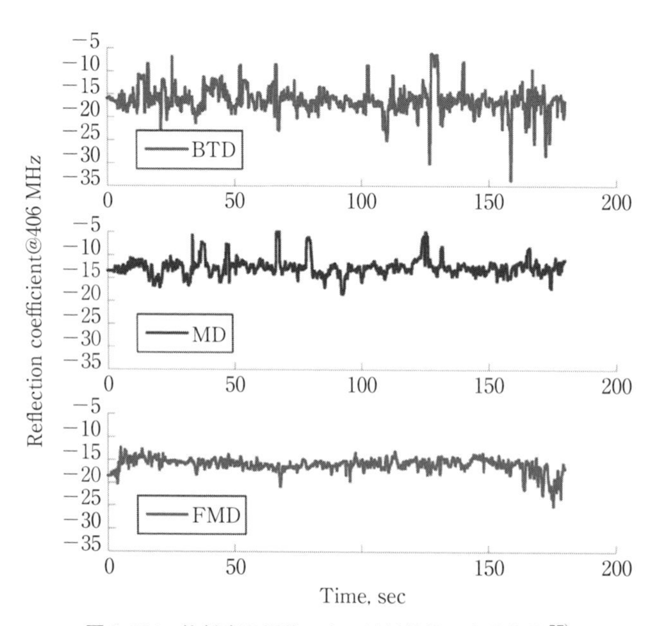

図 9.154　放射素子形状による反射特性の変動特性[57)]

特性の測定値を図 9.154 に示す．測定結果は，提案アンテナユニットが人体の動きに対して安定な反射特性をもつことを示している．これに加えてアンテナを構成する放射素子と面状反射器はフローティング材料の両面に固定され機械的な安定性も確保される．

消防や救急の**防護服**への**ウェアラブルアンテナ**の適用例として，消防士の通信を想定した応用として防護服に編み込むデュアル偏波の **textile パッチアンテナ**が提案されている[58]．図 9.155 に示すアンテナ構造はスロットを中央に設けた方形パッチアンテナで，直交する準直線偏波を放射する．*FlecTron* と *ShieldIt* により放射素子と地板を形成した．使用者が地面に対して直立した姿勢で +45° と −45° の偏波を送信するようアンテナを配置し，防護服の前面と背面に 2 基配置したアンテナを用いて屋内での **MIMO 伝搬チャネル**の測定を 2.45 GHz ISM 帯域で行った．信号は **QPSK** 変調し，MIMO は 2×2 および 4×4 の場合の特性が評価されている．

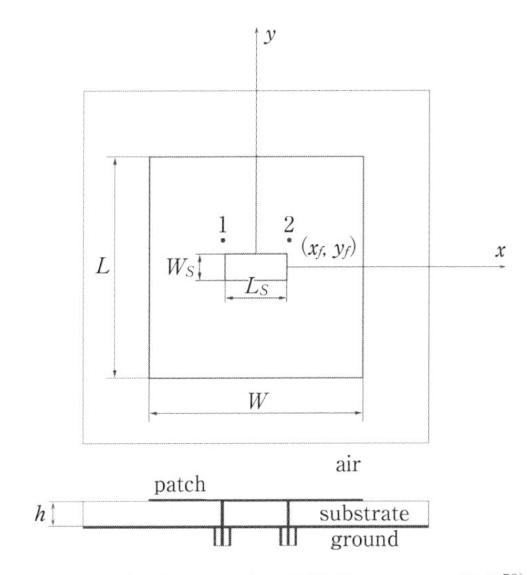

図 9.155 給電点を 2 つもつ繊維型アンテナの構造[58]

9.9.14　スマートウォッチ，スマートバンド

近年スマートウォッチ，スマートバンドなどの**ウェアラブルデバイス**は大きく注目されている．一般的にウェアラブルデバイスはこのデバイス単体で**セルラーネットワーク**につながるか，または**スマートフォン**などの外部ソースより情報を必要とする．図9.156はウェアラブルデバイスの一例を示す．

多くのスマートウォッチやスマートバンドはデバイスのサイズ，スペースの制約上，Bluetooth，Wi-Fi，GPSまた1 GHz以上の**セルラーバンド**のアンテナを備えている．アンテナはサイズが小さく，高さも抑えられるIFA（Inversed F Antenna）が多く採用されている[59-62]．図9.157にスマートウォッチに内蔵されているIFAの例を示す．

アンテナの特性はモノポールアンテナに比べ人体装着時でも良好となる[62]．アンテナ設計におけるチャレンジはアンテナと他の部品との共存，人体ロス低減などがある．

ウェアラブルデバイスにセルラーの**データネットワーク**機能を搭載する需要があり，中には，1 GHz以下のネットワークの需要も含まれている．しかし，高い周波数（1 GHz以上）と比較し低い周波数（1 GHz以下）はスペースの限られたサイズに実装するのは難易度が高いが，**リストバンド**部分に実装するのも1つの手段として考えられる．この方法で，モノポールアンテナ，ダイポー

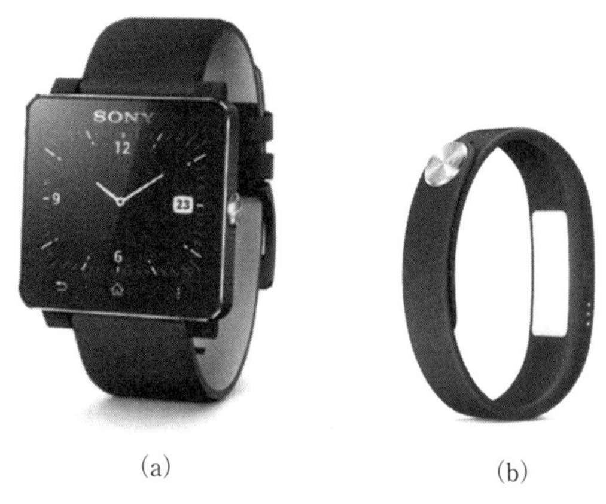

(a)　(b)

図9.156　ウェアラブルデバイス（(a) スマートウォッチ，(b) スマートバンド）

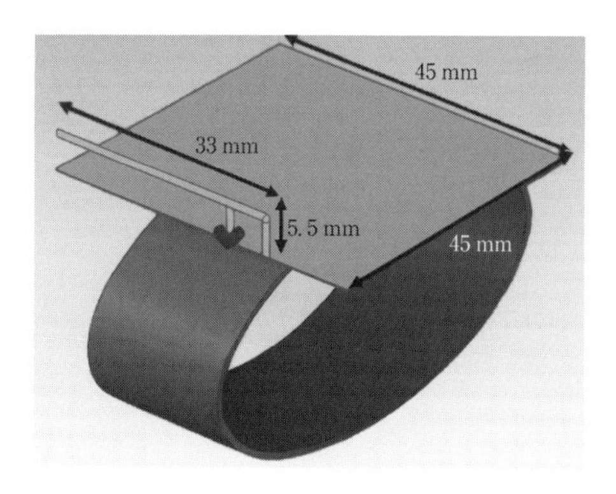

図 9.157　スマートウォッチにおける IFA の形状

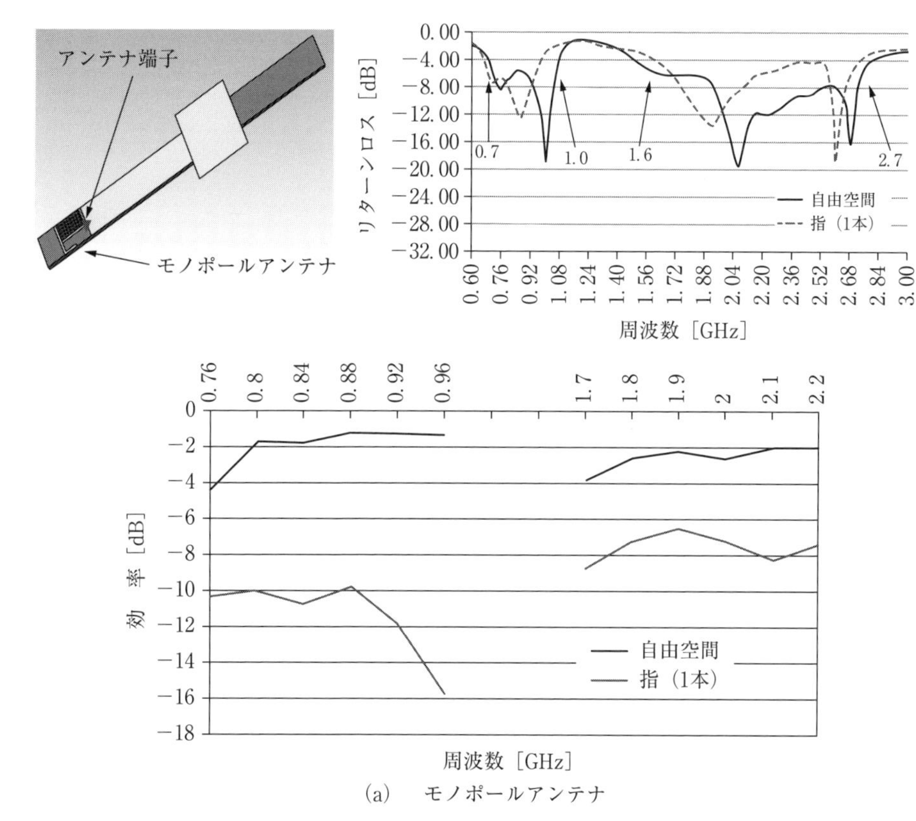

(a)　モノポールアンテナ

図 9.158　(a) 自由空間，人体装着時でのリターンロスとアンテナ効率

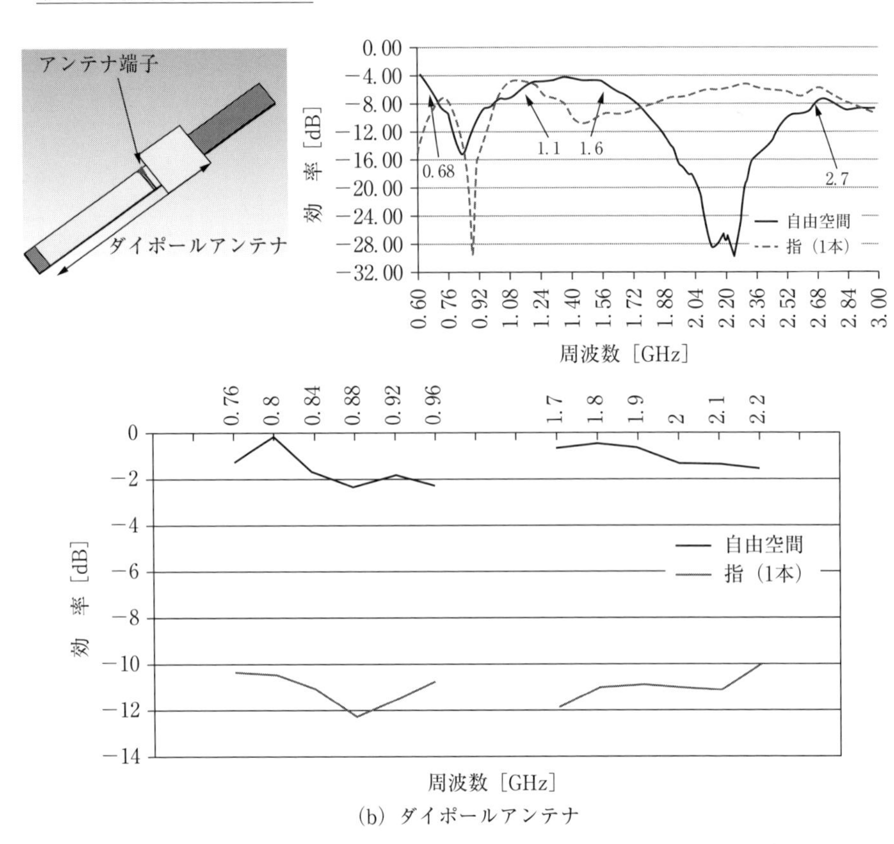

(b) ダイポールアンテナ

図 9.158　(b) 自由空間，人体装着時でのリターンロスとアンテナ効率

ルアンテナなどのさまざまなアンテナの種類の実装が可能となる．例を図 9.158 に示す．**スマートウォッチ**に，モノポールアンテナ（図 (a)），あるいはダイポールアンテナ（図 (b)）を実装した例である．アンテナはスマートウォッチのリストバンドに内蔵され，ユーザの腕とアンテナの距離が短いため人体ロスが大きくなるので，アンテナ特性は重要となる．自由空間時と人体装着時でのアンテナ効率の差分は人体ロスの影響で 8〜12 dB 位となる．アンテナのタイプ，実装する場所は人体装着時での特性を十分考慮して決定しなければならない[62]．腕のファントムに装着したスマートウォッチの例は図 9.159 のようである．

図 9.159 ハンドファントムに装着されたスマートウォッチ

〈参考文献〉

1) J. C. G. Matthews and G. Pettitt：Development of Flexible Wearable Antennas, in Proc. 3rd Eur. Conf. Antennas Propag. (EuCAP2009), Berlin, March 22–27, 2009, pp. 273–277.

2) Yuehui Ouyang and William J. Chappell：High Frequency Properties of Electro-Textiles for Wearable Antenna Applications, IEEE Trans. Antennas Propag., Vol. 56, No. 2, pp. 381–389, Feb. 2013.

3) Thomas Kaufmann, Ilse-Marie Fumeaux and Christophe Fumeaux：Comparison of Fabric and Embroidered Dipole Antennas, in Proc. 7th Eur. Conf. Antennas Propag. (EuCAP2013), Gothenburg, Sweden, Apr. 8–12, 2013, pp. 3252–3255.

4) Masashi Komeya, Kenta Sato, and Hitoshi Shimasaki：Measurement of a Slot Antenna Backed by a Textile Cavity with Post-Walls of Conductive Threads, in Proc. Int. Conf. on Microwave and Photonics (ICMAP), Jharkhand, India, Dec. 13–15, 2013.

5) Tomasz Maleszka and Pawel Kabacik：Bandwidth properties of embroidered loop antenna for wearable applications, in Proc. 3rd European Wireless Technology Conference (EuMA2010), Paris, France, Sep. 27–28, 2010, pp. 89–92.

6) Tess Acti, Alford Chauraya, Shiyu Zhang, William G. Whittow, Rob Seager, J. C. Vardaxoglou, and Tilak Dias：Embroidered Wire Dipole Antennas Using Novel

Copper Yarns, in Proc. IEEE Antennas Wireless Propag. Lett., Vol.14, pp.638-641, 2015.

7) T. Meister, K. Ishida, R. Shabanpour, B. Kheradmand-Boroujeni, C. Carta, and F. Ellinger : Textile Loop Antenna and TFT Channel-Select Circuit for Fully Bendable TFT Receivers, in Proc. Int. Microwave and Optoelectronics Conf. (IMOC 2015), Pernambuco, Brazil, Nov. 3-6, 2015, 【DOI : 10.1109/IMOC.2015.7369131】.

8) Muhammad Fahad Farooqui and Atif Shamim : Dual Band Inkjet Printed Bow-Tie Slot Antenna on Leather, in Proc. 7th Eur. Conf. Antennas Propag. (EuCAP2013), Gothenburg, Sweden, Apr. 8-12, 2013, pp.3287-3290.

9) William G. Whittow, Alford Chauraya, J. C. Vardaxoglou, Yi Li, Russel Torah, Kai Yang, Steve Beeby, and John Tudor : Inkjet-Printed Microstrip Patch Antennas Realized on Textile for Wearable Applications, IEEE Antennas Wireless Propag. Lett., Vol.13, pp.71-74, 2014.

10) William G Whittow : 3D Printing, Inkjet Printing and embroidery Techniques for Wearable Antennas, in Proc. 10th Eur. Conf. Antennas Propag.(EuCAP2016), Davos, Switzerland, April 10-15, 2016, 【DOI : 1109/EuCAP.2016.7481266】.

11) Asimina Kiourti and John L. Volakis : High-Accuracy Conductive Textiles for Embroidered Antennas and Circuits, in Proc. IEEE Int. Symp. on Antennas and Propagat. and USNC/URSI National Radio Science Meeting (AP-S 2015), Vancouver, Canada, July 19-24, pp.1194-1194, 【 DOI : 10.1109/APS.2015.7304985】.

12) Takayuki Yoshikawa and Tadahiko Maeda, "Embroidered Wideband Wearable Slot Antennas Using Conductive Yarn with Different Yarn-spacing Densities," in Proc. Int. Workshop on Electromagnetics(iWEM2015), Hsinchu, Taiwan, Nov. 16-18, 2015, 【DOI : 10.1109/iWEM.2015.7365067】.

13) Takayuki Yoshikawa and Tadahiko Maeda : Radiation Efficiency Enhancement Based on Novel Sewing Patterns for Embroidered Wideband Wearable Slot Antennas, in Proc. International Workshop on Electromagnetics(iWEM2016), Nanjing, China, May 16-18, 2016, 【DOI : 10.1109/iWEM.2016.7504916】.

14) Md. Rashidul Islam and Mohammod Ali : A 900 MHz Beam Steering Parasitic Antenna Array for Wearable Wireless Applications, IEEE Trans. Antennas

Propag., Vol.61, No.9, pp.4520–4527, September 2013.

15) Branimir Ivšić, Davor Bonefačić, and Juraj Bartolić : Considerations on Embroidered Textile Antennas for Wearable Applications, IEEE Antennas Wireless Propag. Lett., Vol.12, pp.1708–1711, 2013.

16) Shieldex Conductive Sewing Thread Size 33 Technical Data Sheet.
https://www.sparkfun.com/datasheets/E-Textiles/260151011717oz.pdf

17) Shieldex Conductive Twisted Yarn Silver Plated Nylon 66 Yarn 235/34 dtex 2-ply Technical Data Sheet.
http://www.shieldextrading.net/pdfs/23534x2hc.pdf

18) Branimir Ivšić and Davor Bonefačić : Implementation of Conductive Yarn into Wearable Textile Antennas, in Proc. 24th Int. Conf. Radioelektronika (RADIO-ELEKTRONIKA 2014), Bratislava, Slovak Republic, April 15–16, 2014, 【DOI : 10.1109/Radioelek.2014.6828450】.

19) Zhi Xu, Thomas Kaufmann, and Christophe Fumeaux : Wearable Textile Shielded Stripline for Broadband Operation, IEEE Microwave and Wireless Components Letters, Vol.24, No.8, pp.566–568, 2014.

20) Thomas Kaufmann and Christophe Fumeaux : Quantifying the Impact of Stem Compression on Embroidered Textile Substrate-Integrated Structures, in Proc. 9th Eur. Conf. Antennas Propag. (EuCAP2015), Lisbon, Portugal, April 12–17, 2015, Bi3-3.

21) Branimir Ivšić, Davor Bonefačić, and Juraj Bartolić : Performance of Embroidered Conductive Yarn in Textile Antennas and Microstrip Lines, in Proc. 9th Eur. Conf. Antennas Propag. (EuCAP2015), Lisbon, Portugal, April 12–17, 2015, A3.22.

22) Didier Cottet, Janusz Grzyb, Tünde Kirstein, and Gerhard Tröster : Electrical Characterization of Textile Transmission Lines, IEEE Trans, Adv. Packag., Vol. 26, pp.182–190, May 2003.

23) Frederick Declercq, Hendrik Rogier, and Carla Hertleer : Permittivity and Loss Tangent Characterization for Garment Antennas Based on a New Matric-Pencil Two-Line Method, IEEE Trans. Antennas Propag., Vol.56, No.8, pp.2548–2554, Aug. 2008.

24) Carla Hetleer, Anneleen Tronquo, Hendrik Rogier, Luigi Vallozzi, and Lieva Van

Langenhove：Aperture-Coupled Patch Antenna for Integration Into Wearable Textile Systems, IEEE Antennas Wireless Propag. Lett., Vol.6, pp.392-395, 2007.

25) Dimitris Psychoudakis and John L. Volakis：Conformal Asymmetric Meandered Flare (AMF) Antenna for Body-Worn Applications, IEEE Antennas Wireless Propag. Lett., Vol.8, pp.931-934, 2009.

26) 宮下功寛，小川晃一，前田忠彦：電流・磁流モード制御機能を有した小形ループアンテナ，信学論（B），vol.J93-B, no.9, pp.1159-1169, Sep. 2010.

27) 宮下功寛，小川晃一，前田忠彦：人体手部の影響を含めた等価回路表現による小形ループアンテナの広帯域減結合設計手法，信学論（B），Vol. J95-B, No.9, pp.1078-1089, Sep. 2012.

28) 倉本晶夫：三角形の素子を用いた広帯域ウェアラブルアンテナ，信学論（B），Vol.J93-B, No.9, pp.1184-1194, Sep. 2010.

29) H. Giddens, D.L. Paul, G.S. Hilton, and J.P. McGeehan：Influence of Body Proximity on the Efficiency of a Wearable Textile Patch Antenna, in Proc. 6th Eur. Conf. Antennas Propag. (EuCAP2011), Prague, Mar. 26-30, 2011, pp. 1353-1357.

30) Anastasios Paraskevopoulos, Duarte de Sousa Fonseca, Rob D. Seager, William G. Whittow, John Costas Vardaxoglou, and Antonis A. Alexandridis：Higher-mode textile patch antenna with embroidered vias for on-body communication, IET Micro. Antennas Propag., Vol.10, Iss. 7, pp.802-807, 2016.

31) Pekka Salonen and Yahya Rahmat-Samii：Textile Antennas — Effects of Antenna Bending on Input Matching and Impedance Bandwidth, IEEE Aerospace and Electronic Systems Magazine, Vol.22, No.3, pp.10-14, Mar. 2007.

32) Nurul Husna Mohd Rais, Ping Jack Soh, Mohd Fareq Abdul Malek, and Guy A. E. Vandenbosch：Dual-Band Suspended-Plate Wearable Textile Antenna, IEEE Antennas Wireless Propag. Lett., Vol.12, pp.583-586, 2013.

33) Zheyu Wang, Lanlin Z. Lee, Dimitris Psychoudakis, and John L. Volakis：Embroidered Multiband Body-Worn Antenna for GSM/PCS/WLAN Communications, IEEE Trans. Antennas Propag., Vol. 62, No.6, pp.3321-3329, June 2014.

34) Andrej Galoić, Branimir Ivšić ; Davor Bonefačić, and Juraj Bartolić：Wearable Energy Harvesting Using Wideband Textile Antennas, in Proc. 10th Eur. Conf.

Antennas Propag.(EuCAP2016), Davos, Switzerland, April 10-15, 2016, 【DOI：10.1109/EuCAP.2016.7481416】.

35）B. Sanz-Izquierdo, F. Huang and J.C. Batchelor：Dual Band Button Antennas for Wearable Applications, in Proc. International Workshop on Antenna and Tech.(iWAT2006), White Plains, Mar. 6-8, 2006, pp.132-135.

36）B. Sanz-Izquierdo, F. Huang and J.C. Batchelor：Small size wearable button antenna, in Proc. 1st Eur. Conf. Antennas Propag.(EuCAP2006), Nice, France, Nov. 6-10, 2006, 【DOI：10.1109/EUCAP.2006.4584568】.

37）B. Sanz-Izquierdo, J.C. Batchelor and M. Sobhy：UWB WEARABLE BUTTON ANTENNA, in Proc. 1st Eur. Conf. Antennas Propag.(EuCAP2006), Nice, France, Nov. 6-10, 2006, 【DOI：10.1109/EUCAP.2006.4584652】.

38）B. Sanz-Izquierdo and J.C. Batchelor：A Dual band Belt Antenna, in Proc. Int. Workshop on Antenna Technology(iWAT 2008), Chiba, Japan, March 4-6, pp.374-377, 2008.

39）Daisuke Ushirogochi, Kenichi Asanuma, and Tadahiko Maeda：Three types of Radiating Element for UWB Antennas Placed in the vicinity of a Human Finger, in Proc. Int. Symp. on Antennas and Propag.(ISAP 07), Niigata, Japan, Aug. 20-24, 2007, pp.1186-1189.

40）前田忠彦，荒川敬，小林智貴，浅沼健一，藤本勝大，若林孝行：指装着型デバイスに適用するための誘電体装荷半だ円・指輪型 UWB アンテナ，信学論(B)，Vol.J98-B, No.9, pp.914-928, Sep. 2015.

41）Hiroyuki Sugiyama and Hisao Iwasaki：Wearable Finger Ring Dual Band Antenna Made of Fabric Cloth for BAN Use, in Proc. 7th Eur. Conf. Antennas Propag. (EuCAP2013), Gothenburg, Sweden, Apr. 8-12, 2013, pp.3556-3559.

42）中島崇志，齊藤一幸，高橋応明，伊藤公一：リストバンド型 RFID 用アンテナの特性解析，信学論　(B)，Vol.J93-B, No.9, pp.286-293, Sep. 2010.

43）Purna B. Samal, Ping Jack Soh, and Guy A. E. Vandenbosch：UWB All-Textile Antenna With Full Ground Plane for Off-Body WBAN Communications, IEEE Trans. Antennas Propag., Vol.62, No.1, pp.102-108, Jan. 2014.

44）Ping Jack Soh, Guy A.E Vandenbosch, and Javier Higuera-Oro：Design and evaluation of flexible CPW-fed ultra wideband (UWB) textile antennas, in Proc. International RF and Microwave Conference (RFM2011), Seremban, Malaysia,

Dec. 12-14, 2011, pp.133-136.

45) Qammer H. Abbasi, Masood Ur Rehman, Xiaodong Yang, Akram Alomainy, Khalid Qaraqe, and Erchin Serpedin：Ultrawideband Band-Notched Flexible Antenna for Wearable Applications, IEEE Antennas Wireless Propag. Lett., Vol.12, pp.1606-1609, 2013.

46) Mai A. R. Osman, M.K. A. Rahim, N. A. Samsuri, and Mohammed E. Ali：Compact and Embroidered Textile Wearable Antenna, in Proc. International RF and Microwave Conference (RFM2011), Seremban, Malaysia, Dec. 12-14, 2011, pp.311-314.

47) Nacer Chahat, Maxim Zhadobov, Laurent Le Coq, and Ronan Sauleau：Wearable Endfire Textile Antenna for On-Body Communications at 60 GHz, IEEE Antennas Wireless Propag. Lett., Vol.11, pp.799-802, 2012.

48) 前田忠彦，吉田紘，寺内一真，佐藤勇人，小森史哲：ワイヤレスシステム用人体装着型アンテナ—眼鏡型アンテナシステムとファントム組成設計エキスパートシステム—，信学技報，AP2014-17, pp.89-94.

49) Qiang Bai, Jonathan Rigelsford, and Richard Langley：Crumpling of Microstrip Antenna Array, IEEE Trans. Antennas Propag., Vol.61, No.9, pp.4567-4576, Sep. 2013.

50) Mervi Hirvonen, Christian Böhme, Daniel Severac, and Mickael Maman：On-Body Propagation Performance With Textile Antennas at 867 MHz, IEEE Trans. Antennas Propag., Vol.61, No.4, pp.2195-2199, Apr. 2013.

51) Akram Alomainy, Andrea Sani, Atiqur Rahman, Jaime G. Santas, and Yang Hao：Transient Characteristics of Wearable Antennas and Radio Propagation Channels for Ultrawideband Body-Centric Wireless Communications, IEEE Trans. Antennas Propag., Vol.57, No.4, pp.875-884, Apr. 2009.

52) Gareth A. Conway and William G. Scanlon：Antennas for Over-Body-Surface Communication at 2.45 GHz, IEEE Trans. Antennas Propag., Vol.57, No.4, pp.844-855, Apr. 2004.

53) Wen-Tron Shay, Shiou-Chiau Jan, and Jenn-Hwan Tarng：A Reduced-Size Wide Slot Antenna for Enhancing Along-Body Radio Propagation in UWB On-Body Communications, IEEE Trans. Antennas Propag., vol.62, No.3, pp. 1194-1203, Mar. 2014.

54) Haider R. Raad, Ayman I. Abbosh, Hussain M. Al-Rizzo, and Daniel G. Rucker：Flexible and Compact AMC Based Antenna for Telemedicine Applications, IEEE Trans. Antennas Propag., vol. 61, No.2, pp.524-531, Feb. 2013

55) K. Koski, E. Moradi, M. Hasani, J. Virkkt, T. Björninen, L. Ukkonen, and Y. Rahmat-Samii：Electro-textiles — The Enabling Technology for Wearable Antennas in Wireless Body-centric Systems, in Proc. IEEE Int. Symp. on Antennas and Propag. and USNC/URSI National Radio Science Meeting (AP-S 2015), pp.1203-1204, 【DOI：10.1109/APS.2015.7304990】.

56) Masato Tanaka and Jae-Hyeuk Jang：Wearable Microstrip Antenna for Satellite Communications, IEICE Trans. Commun., Vol.E87-B, No.8 Aug. 2004, pp.2066-2071.

57) Andrea A. Serra, Paolo Nepa, and Giuliano Manara：A Wearable Two-Antenna System on a Life Jacket for Cospas-Sarsat Personal Locator Beacons, IEEE Trans. Antennas Propag., vol.60, No.2, pp.1035-1042, Feb. 2012.

58) Patric Van Torre, Luigi Vallozzi, Carla Hertleer, Hendrik Rogier, Marc Moeneclaey, and Jo Verhaevert：Indoor Off-Body Wireless MIMO Communication With Dual Polarized Textile Antennas, IEEE Trans. Antennas Propag., Vol.59, No.2, pp.631-642, Feb. 2011.

59) M. Ur Rehman, Y. Gao, Z. Wang, J. Zhang, Y. Alfadhl, X. Chen, C. G. Parini, Z. Ying, T. Bolin：Investigation of on-body Bluetooth transmission, Microwaves, Antennas & Propagation, IET, Vol.4, No.7, pp.871-880, July 2010

60) B. Sanz-Izquierdo, J. C. Batchelor, M. I. Sobhy：Button antenna on textiles for wireless local area network on body applications, Microwaves, Antennas & Propagation, IET, Vol.4, No.11, pp.1980-1987, November 2010.

61) G. A. Conway, W. G. Scanlon：Antennas for Over-Body-Surface Communication at 2.45 GHz, IEEE Transactions, Antennas Propag., Vol.57, No.4, pp.844-855, April 2009

62) K. Zhao, S. Zhang, C. Chiu, Z. Ying, and S. He：SAR Study for Smart Watch Applications, Antennas and Propag. Society Int. Symp. (APSURSI), Memphis, U. S. July 2014

9.10　無人航空機搭載用

この節では，**無人航空機**（unmanned aerial vehicle：**UAV**）に搭載されている各種の小形アンテナの中から，通信用，**合成開口レーダ**（SAR）用，衝突回避・方位探知用，コンフォーマルアンテナとその他のアンテナを紹介する．

近年，国内外で無人航空機（UAV）がいろいろな目的（災害監視，測量，環境観測，インフラ監視など），種類（固定翼，回転翼，気球など），寸法（小形・昆虫型から大形・NASAのHelios級まで）で開発され，進化し続けている[1)-2)]．UAVは遠隔操縦または自律制御による無人飛行ができる飛行機である．一般的に，UAVは遠隔操作で飛行するが，最近，自律飛行するさまざまな種類が誕生している．近年，機体の低コスト化と小形化が進み，民間用のさまざまなUAVが爆発的に市販されている．

UAVは主に機体部，エンジン部，制御部，通信部，センサ部から構成されている．電子部品の高密度化と高速処理化によりUAVの自律飛行化が可能になった．さらに，GPS，GLONASS，BeiDouなどのような**グローバル衛星測位システム**（GNSS）の受信機，ジャイロ装置，**慣性計測装置**（IMU）などでUAVの自律飛行が可能になった．UAVと地上局またはパイロットとの間にある通信装置により，**テレメトリ**またはUAVの総情報，飛行管理データ，および各センサの観測データなどの双方向通信を行う．

民間用UAVの利用目的も進化しており，搭載されたミッション機器も**3次元マッピング**用のデジタルカメラをはじめ，ハイパースペクトルカメラ，近赤外カメラ，通信用の中継器，合成開口レーダ（SAR），レーザ計測装置などがある．UAVの飛行管理機器とミッション機器のなかで，アンテナは必要不可欠な部品である．小形から大形までのアンテナがUAVには必要である．現在のUAVでは，レーダ系，データ通信系，GNSS，その他のセンサでアンテナが必要とされている．UAV用のアンテナの開発では，寸法，質量，消費電力，プラットフォームでの設置位置または**視野角**（ビーム幅），帯域幅，アイソレーションと干渉，信頼性と保全性，**レドーム**，偏波特性（直線偏波，楕円偏波，円偏波），S/N，サイドローブレベル，放射効率，利得，雑音温度，レーダ断面積等をよく考慮する必要がある．そのため，今までアンテナの軽量化，小形化，ローコスト化，薄型化，コンフォーマル化などに関する研究開発が盛んに行われ，また，これらを実現するためのさまざまなアンテナ技術が開発された．たとえば，**アクティブアンテナ**，スマートアンテナ，コンフォーマルアンテナ，フラクタルアンテナ，**フォトニクスアンテナ**，**デジタルビームフォーミングアンテナ**，マルチビームアンテナ，広帯域アンテナなどである．

UAVにアンテナを設置できる場所が限定されており，たとえば，外部設置（例：重力センサ，磁気センサ），コンフォーマル型（特徴：ロープロファイル，複雑な設計と製造工程），レドーム内（特徴：非効率的な体積利用，レドームロス，広視野角）等が検討されている．本節では，UAVに搭載された通信用，合成開口レーダ（SAR）用，その他応用のアンテナを紹介する．

9.10.1　通　信　用

狭範囲のUAVの飛行運用では，直接的にUAV–地上局の通信が多いが，広範囲の飛行運用では中継局としての人工衛星を利用したUAV–人工衛星（**SATCOM**），あるいは中継飛行機を利用した中継局飛行機–地上局などの通信がある[3)–5)]．このSATCOM通信用のUAV搭載アンテナを図9.160に示す．この通信により得られるデータはUAVの飛行情報関連データであるテレメトリデータ（GPS・位置，姿勢情報・慣性計測装置（IMU），速度，高度，

(a)　Sバンド用[2)]

(b)　Kaバンド用[3)]

図9.160　UAV・SATCOM用アンテナ

方向，内部温度など）と，UAV に搭載された各種搭載センサ（重力，SAR，カメラ，レーザなど）から得られたミッションデータである[6)]．UAV の姿勢，視野角，ミッションなどによって，直線偏波または円偏波アンテナが使用されている[7)-9)]．また，ミッションによって使用されるアンテナには，単周波と多周波または広帯域のものがある[10)-11)]．UAV の通信には S および **C バンド**（WiMAX），**X** および **Ka バンド**などの周波数帯がよく使用されている[1)-3),12)]．UAV 通信の干渉を軽減するために，多偏波のアンテナも提案された[13)]．通信アンテナの形状を UAV の胴体の形状に合わせるために，主翼に合わせたりして，小形化の工夫をした[14)-17)]．

9.10.2　合成開口レーダ（SAR）用

1950 年代に **SAR センサ**が航空機と人工衛星に搭載する目的で開発された[18)]．特に，**リモートセンシング**による地球表層の観測の長期観測のためによく人工衛星搭載の SAR センサが使用されたが，回帰期間が長く，人工衛星の開発期間も長く，膨大な予算が必要である．また，数時間の連続観測のために，航空機搭載 SAR を運用することができるが，大きな費用が必要である．これらに対して，短期間と安価な SAR センサによって観測するために SAR センサ搭載 UAV が開発された．SAR システムは主に信号発生機，送受信機，送受信アンテナ，姿勢制御系（MOCO），オンボード計算機（OBC）から構成されている．一般的に SAR センサの信号はパルス（**チャープパルス**）または連続波（FMCW）を使用している．

近年，世界各国でさまざまなミッション用の SAR 搭載 UAV が開発されている．たとえば，米国・NASA の UAVSAR，米国・IMSAR 社の NanoSAR，米国・ユタ州立大学の MicroSAR と NuSAR，スペイン・カタルーニャ工科大学の ARBRES，ドイツ・フラウンホーファー研究機構の SUMATRA，フランス・ONERA の BUSARD，ブラジル・OrbiSat の SARVANT，中国・CAS の CARMSAR，日本・千葉大学の CP-SAR などである（図 9.161）[19)-25)]．表 9.20 に示すように，UAV に搭載された SAR には P, L,C, X, Ka の各バンド，ミリ波の周波数および直線偏波・円偏波がよく用いられている．この各周波数と偏波の特性を実現するためのアンテナが必要不可欠であり，SAR の送信部

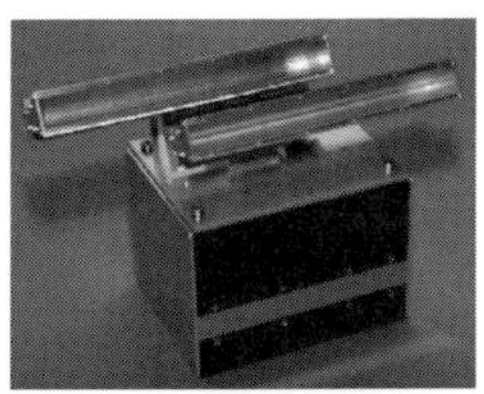

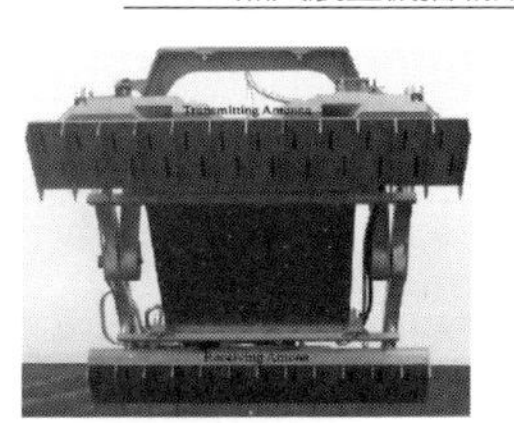

(a) SUMATRA[21]　(b) SARVANT[24]　(c) CARMSER[25]

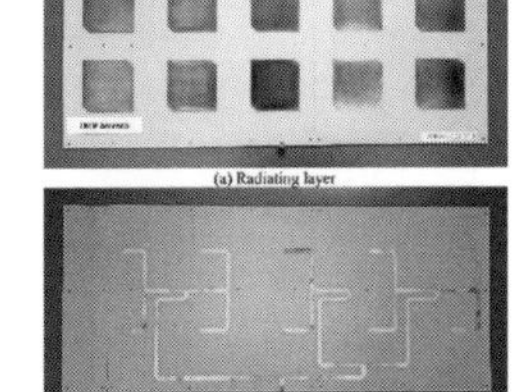

(d) CP-SARのアンテナ[26]とRFシステム
(千葉大学ヨサファット研提供)

図9.161 小形SARシステムとアンテナ(直線と円偏波SARの例)

表9.20 UAV搭載SAR

機関名	SAR名	周波数バンド	偏波	解像度(m)	観測モード
米国・NASA[19]	UAVSAR	L	直線偏波	2	squint
米国・IMSAR社	NanoSAR	C	直線偏波	0.2, 0.5, 1, 2, 5 and 10	stripmap, spotlight, circular and motion target indicator (MTI)
米国・ユタ州立大学	MicroSAR	C & L	直線偏波	1	stripmap, bistatic, continuous wave design
	NuSAR	L&X		0.33	stripmap, monostatic and pulsed design
スペイン・カタルーニャ工科大学[20]	ARBRES	C & X	直線偏波	<3&<1.5	back-projection
ドイツ・フラウンホーファー研究機構[20]	SUMATRA	Millimeter wave	直線偏波	0.15	stripmap
フランス・ONERA[23]	BUSARD	Ka	直線偏波	—	stripmap
ブラジル・OrbiSat[24]	SARVANT	P & X	直線偏波	0.5&1.5	stripmap
中国・中国科学院(CAS)[25]	CARMSAR	X, Ku, & Ka	直線偏波	0.15	stripmap
日本・千葉大学[26]	CP-SAR	L, C & X	円偏波	<1	stripmap

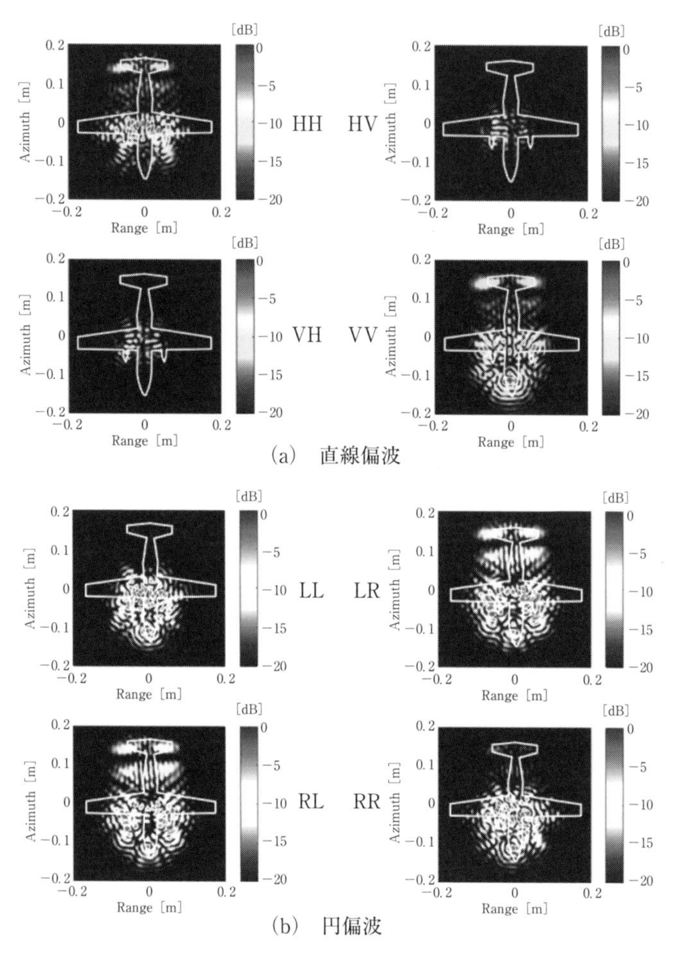

図 9.162　アンテナの偏波種類による散乱結果
（千葉大学ヨサファット研究室提供）

と受信部に接続される．アンテナの偏波の種類により，対象物の散乱情報が多様化され，SAR 画像の偏波情報による解析と分類も詳細になった[26]．たとえば，図 9.162 に直線偏波と円偏波のアンテナによる SAR 画像の違いを示す．

VHF 帯の電波は地下観測に向いているため，広帯域**ビバルディアンテナ**を使用した VHF 帯レーダを提案し，UAV の主翼に搭載した[27)-28)]．図 9.163 に示すように，NASA の UAVSAR と千葉大学の CP-SAR が L バンド帯で運用

(a)　NASA-UAVSARのフェーズドアレイアンテナ
(http://uavsar.jpl.nasa,gov/technology)

(b)　千葉大学のCP-SAR用のマイクロストリップアレーアンテナ

図9.163　UAV搭載用LバンドSAR

(a)　スペイン・マドリード工科大学[34)]

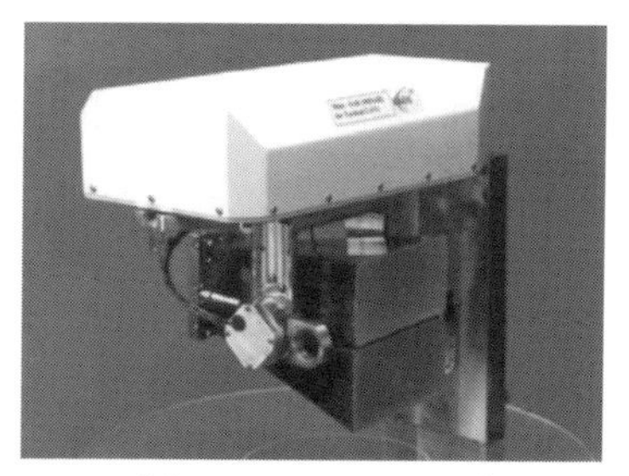

(b)　ドイツ・EADS[35)]

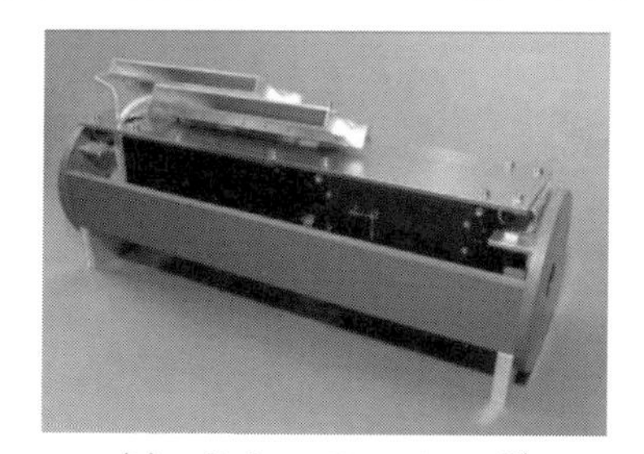

(b)　ドイツ・Fraunhofer[36)]

図9.164　UAV搭載用のミリ波帯SARとホーンアンテナ

され，各SARシステムは，**フェーズドアレーアンテナ**と一般のマイクロストリップアレーアンテナを使用している[29)-30)]．図9.163（b）は，千葉大学のCP-SARであり，これは1つのパネルに12枚の円偏波マイクロストリップアンテナから構成されている[31)-32)]．アレーアンテナの放射パターンのサイドローブを抑圧するために，チェビシェフ合成法（Chebychev synthesis method）を採用し，SAR画像のS/Nの品質向上に貢献している[32)-33)]．

図9.164に示すように，UAV搭載用のミリ波帯SARに関しては，スペイン・マドリード工科大学（35 GHz），ドイツ・EADS（35 GHz）のMISAR，ドイツ・FraunhoferのMIRANDA（35 GHz，60 GHz，77 GHz，94 GHz or 220 GHz）などのSARシステムには**ホーンアンテナ**が使用されている[34)-36)]．SARセンサの観測モードにはストリップマップ，スポットライト，スキャンSAR，バーストなどがある．この各観測モードを実現するため，NASAのUAVSARはフェーズドアレーアンテナを採用している[37)]（図9.165）．

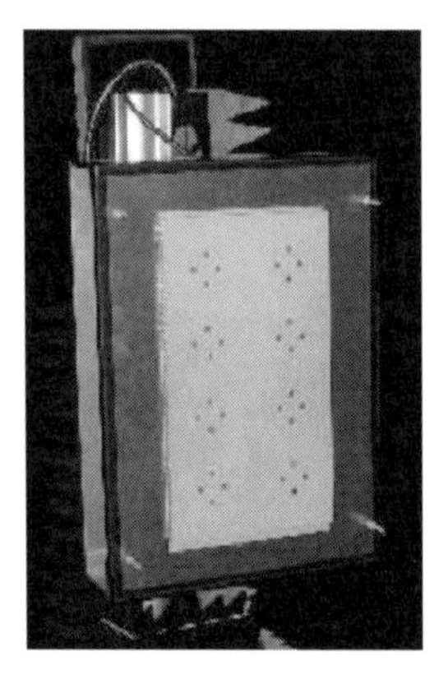

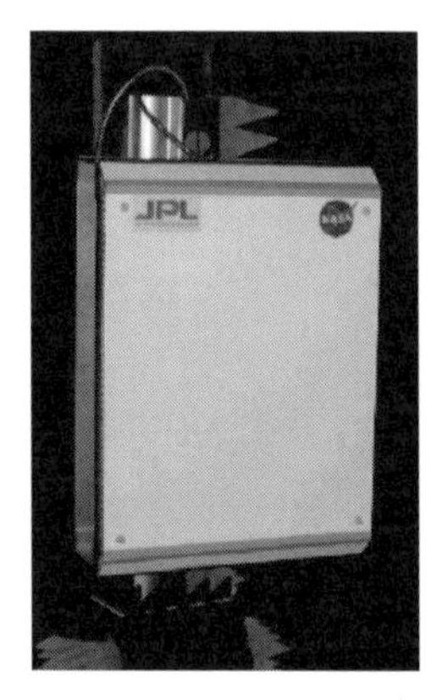

図9.165　UAVSAR用のフェーズドアレーアンテナ[37)]

9.10.3　衝突回避・方位探知用

年々，UAVの関係者が増加し，安全飛行運用が注目され，nonlinear model predictive control（NMPC）をはじめ，ルールベース手法，force field algorithm，2次計画法などの衝突回避・方位探知用の解析手法が開発されている[38)-39)]．この衝突回避・方位探知のために図9.166に示すように，モノパルス衝突回避レーダとしての**コッホ**（Koch）**フラクタルアンテナ**[40)]，方位探知用の**ベクトルセンサアンテナ**[41)]，高高度UAV用の**変形型ヘリクスアンテナ**から成る到来角度の推定用のアンテナ[42)]などが開発されてきた．

(a) コッホフラクタルアンテナ[40]　(b) ベクトルセンサアンテナ[41]

(b) 到来角度(AOA)推定用アンテナ[42]

図 9.166 衝突回避用のアンテナ

9.10.4 コンフォーマルアンテナほか

UAV の各部分を有効に活用するために，**コンフォーマルアンテナ**が UAV の先端部，胴体部，主翼部，尾翼部に合わせて解析がなされ，かつ開発された[43)-45)]．例として，メタルモノポール型[46)]と PIFA 型[47)]のコンフォーマルアンテナが検討された．図 9.167 は先端用の広ビーム化コンフォーマルアレーアンテナを示す．これは，UAV 前方（アジマス方向）の視野を拡大するために使用される[48)]．図 9.168 のように，UAV 胴体の空力抵抗の軽減とオムニ放射

図 9.167　UAV の先端部に設置したアンテナ[48)]

図 9.168　UAV の胴体部に設置したアンテナ[49)]

パターンを実現するために，コンフォーマル**アニュラスロットアンテナ**[49)]とZ型スロットアレーアンテナ[50)]が提案された．

近年，各種の UAV が誕生して，UAV の形状，ミッション，寸法に合わせて，いろいろなアンテナが開発されている．たとえば，図 9.169 のようにドイツ・IMST がヘキサコプター搭載用の 2 チャンネルアレー用の SAR（24 GHz）を開発した[51)]．移動物体追尾用の UAV 搭載 SAR センサ（図 9.170）も開発された[52)]．これらの SAR システムには，シンプルなマイクロストリップ・スロットアレーアンテナなど小形化技術を使用している．

図 9.169　回転翼 UAV 用の SAR[51)]

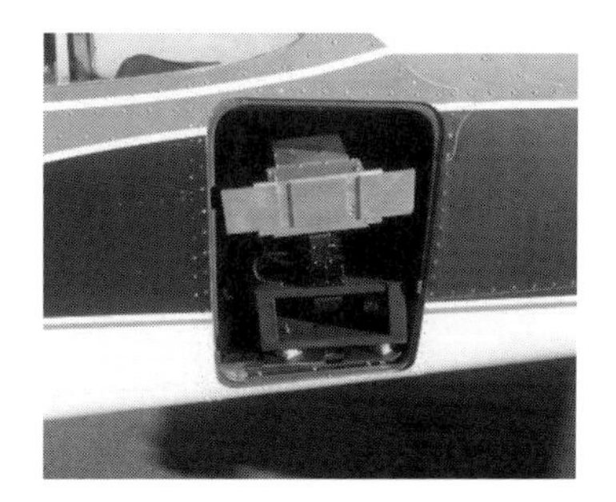

図 9.170　GMTI 用 SAR[52)]

〈参考文献〉

1）村木広和，石川紀明：欧米で進む無人システム（Unmanned System）の現状と日本の状況 － コンピュータビジョン技術を応用した自動 3D 化システム －，写真測量とリモートセンシング，53,3，123-127，東京，2014.

2）西祐一郎：米国における無人航空機開発の現状と運用展望，通信ソサイエティマガジン，31,176-180，冬号，2014.

3）F. J. Pinkney, D. Hampel, S. DiPierro：Unmanned Aerial Vehicle（UAV）Communication Relay, Proceedings on IEEE Military Communications Conf.（MILCOM'96）, 1,47-51,1996.

4）Josaphat Tetuko Sri Sumantyo, Koichi Ito, Masaharu Takahashi：Dual-Band Circularly Polarized Equilateral Triangular-Patch Array Antenna for Mobile Satellite Communications, IEEE Trans. on Antennas and Propaga., 53, 11, 3477-3485, 2005.

5）Thomas Lambard, Olivier Lafond, Mohamed Himdi, Herve Jeuland, Sylvain Bolioli, Laurent Le Coq：Ka-Band Phased Array Antenna for High-Data-Rate SATCOM, IEEE Antennas and Wireless Propaga. Letters, 11, 256-259, 2012.

6）D.Dogan, F. Ustuner：A Telemetry Antenna System for Unmanned Air Vehicles, Progress In Electromagnetics Research Symposium Proceedings, 635-639, 2010.

7）B.H.Sun, Y. F. Wei, S. G. Zhou, Q. Z. Liu：Low-profile and horizontally-polarized antenna for UAV applications, Electronics Letters, 45, 22, 2009.

8）Sana Iqbal, Muhammad Amin, Jawad Yousaf：Low profile circularly polarized side-fed bifilar helix antenna, Proceedings of 9th Int. Bhurban Conf. on Applied Sciences and Technology (IBCAST), 325-328, 2012.

9) Nicholas Neveu, Yang Ki Hong, Jaejin Lee, Jihoon Park, Gavin Abo, Woncheol Lee, David Gillespie : Miniature hexaferrite axial-mode helical antenna for unmanned aerial vehicle applications, IEEE Trans. on Magnetics, 49, 7, 4265-4268, 2013.

10) D. Kang, J. Tak, J. Choi : Wideband low-profile planar square segmented loop antenna for UAV applications, Electronics Letters, 52, 1828-1830, 2016.

11) Tae Hwan Jeong, Jong Myung Woo : Half loop antenna with ultra-wide bandwidth, Progress In Electromagnetics Research Symposium Proceedings, 957-960, 2012.

12) Jose Manuel Inclan Alonso, Manuel Sierra Perez : Phased array for UAV communications at 5.5 GHz, IEEE Ant. and Wireless Propagat. Letters, 14, 771-774, 2015.

13) Woncheol Lee, Yang Ki Hong, Jaejin Lee, David Gillespie, Kenneth G. Ricks, Fei Hu, Jaber Abu Qahouq : Dual-polarized hexaferrite antenna for unmanned aerial vehicle (UAV) applications, IEEE Ant. and Wireless Propagat. Letters, 12, 765-768, 2013.

14) Mohammad S Sharawi, Daniel N Aloi, Osamah A Rawashdeh : Design and implementation of embedded printed antenna arrays in small UAV wing structures, IEEE Trans. on Ant. and Propagat., 58, 8, 2531-2538, 2010.

15) Mohammad S Sharawi, Mohamed Ibrahim, Sameir Deif, Daniel N Aloi : A planar printed antenna array embedded in the wing structure of a UAV for communication link enhancement, Progress In Electromagnetics Research, 138, 697-715, 2013.

16) Ling Sun, Bao Hua Sun, Qiao Sun, Wei Huang : Miniaturized annular ring slot antenna for small/mini UAV applications, Progress In Electromagnetics Research C, 54, 1-7, 2014.

17) Ling Sun, Baohua Sun, Jiangpeng Yuan, Wending Tang, He Wu : Low-profile, quasi-omnidirectional substrate integrated waveguide (SIW) multihorn antenna, IEEE Ant. and Wireless Propagat. Letters, 15, 818-821, 2016.

18) John C Kirk Jr, Scott Darden, Uttam Majumder, Steven Scarborough : Forty

years of digital SAR and slow GMTI technology, IEEE Radar Conf. (RadarCon), 2014.

19) Paul A Rosen, Scott Hensley, Kevin Wheeler, Greg Sadowy, Tim Miller, Scott Shaffer, Ron Muellerscoen, Cathleen Jones, Howard Zebker, Soren Madsen : UAVSAR : A new NASA airborne SAR system for science and technology research, IEEE Conf. on Radar, 1, 22-29, 2006.

20) Albert Aguasca, Rene Acevo-Herrera, Antoni Broquetas, Jordi J. Mallorqui, Xavier Fabregas : ARBRES : Light-Weight CW/FM SAR Sensors for Small UAVs, Sensors, 13, 3204-3216, 2013.

21) Stephan Stanko, Winfried Johannes, Rainer Sommer, Alfred Wahlen, Martin Schroder, Michael Caris : SUMATRA-A UAV based miniaturized SAR system, European Conf. on Synthetic Aperture Radar (EuSAR 2012), 437-440, 2012

22) Mohd Zafri Baharuddin, Yuta Izumi, Josaphat Tetuko Sri Sumantyo, Yohandri : Side-lobe reduced, circularly polarized patch array antenna for synthetic aperture radar imaging, IEICE Trans. on Electronics, E99-C, 10, 1174-1181, 2016.

23) Olivier Ruault du Plessis, Jean Francois Nouvel, Remi Baque, Gregory Bonin, Phillipe Dreuillet, Colette Coulombeix, Helene Oriot : ONERA SAR facilities, IEEE A&E Systems Magazine, 24-30, November edition, 2011.

24) Marco A Remy, Karlus A C de Macedo, Joao R Moreira : The first UAV-based P- and X-band interferometric SAR system, IEEE IGARSS 2012, 5041-5044, 2012.

25) Yue Liu, Yunkai Deng : CARMSAR - A compact and reconfigurable miniature SAR system for high resolution remote sensing, European Conf. on Synthetic Aperture Radar (EuSAR 2012), 294-297, 2012.

26) Yuta Izumi, Zafri bin Baharuddin, Heein Yang, Hendra Agus, Josaphat Tetuko Sri Sumantyo : Development of L-band circularly polarized synthetic aperture radar system, The Journal of Instrumentation, Automation and Systems, 3, 1, 1-6, 2016.

27) William Blake, John Ledford, Chris Allen, Carl Leuschen, Sivaprasad Gogineni, Fernando Rodriguez Morales, Lei Shi : A VHF Radar for deployment on a UAV for basal imaging of polar ice, IGARSS 2008, IV, 498-501, 2008.

28) Franklin Drummond, Gregory Huff：Development of UAS design based on wideband antenna architecture, Aerospace, 2, 312-324, 2015.

29) Paul A Rosen, Scott Hensley, Kevin Wheeler, Greg Sadowy, Tim Miller, Scott Shaffer, Ron Muellerschoen, Cathleen Jones, Soren Madsen：UAVSAR：New NASA airborne SAR system for research, IEEE A&E Systems Magazine, 21-28, 2007.

30) Yuta Izumi, Zafri Bin Baharuddin, Heein Yang, Hendra Agus, and Josaphat Tetuko Sri Sumantyo：Development of L-band circularly polarized synthetic aperture radar system, The Journal of Instrumentation, Automation and Systems, 3, 1, 1-6, 2016.

31) Yohandri, Victor Wissan, Iman Firmansyah, Prilando Rizki Akbar, Josaphat Tetuko Sri Sumantyo, and Hiroaki Kuze：Development of Circularly Polarized Array Antenna for Synthetic Aperture Radar Sensor Installed on UAV, Progress in Electromagnetics Research（PIER）C, 19, 119-133, 2011.

32) Yohandri：Development of Circularly Polarized Microstrip Antennas for CP-SAR System Installed on Unmanned Aerial Vehicle, 千葉大学博士論文, 2012.

33) Mohamed Hussein, Yohandri, Josaphat Tetuko Sri Sumantyo, Ashraf Yahia：A low sidelobe level of circularly polarized microsatrip array antenna for CP-SAR sensor, Journal of Electromagnetic Waves and Applications, 27, 15, 1931-1941, 2013.

34) Raquel Ruiz Saldana, Felix Perez Martinez：Design of a millimeter synthetic aperture radar（SAR）onboard UAV's, the 14th IEEE Int. Conf. on Electronics, Circuits and Systems（ICECS 2007）, 1-5, 2007.

35) Michael Edrich, Georg Weiss：Second-Generation Ka-Band UAV SAR system, Proceedings of the 38th European Microwave Conf., 1637-1639, 2008.

36) Stephan Stanko, Winfried Johannes, Rainer Sommer, Alfred Wahlen, Jorn Wilcke, Helmut Essen, Axel Tessmann, Ingmar Kallfass：SAR with MIRANDA-Millimeterwave radar using analog and new digital approach, Proceedings of the 8th European Radar Conf., 214-217, 2011.

37) Neil Chamberlain, Mark Zawadzki, Greg Sadowy, Eric Oakes, Kyle Brown, Richard Hodges：The UAVSAR phased array aperture, IEEE Aerospace Conf., 1-13, 2006.

38）Satoshi Suzuki, Takahiro Ishii, Yoshihiko Aida, Yohei Fujisawa, Kojiro Iizuka, Takashi Kawamura：Collision-free guidance control of small unmanned helicopter using nonlinear model predictive control, SICE Journal of Control, Measurement, and System Integration, 7, 6, 347-355.
39）横山信宏：UAV の衝突回避経路生成に関する一手法―2 次計画法と Force Field Algorithm の併用―，日本航空宇宙学会論文集，56, 653, 262-268, 2008
40）Vilmos Rosner, Tamas Peto, Rudolf Seller：Koch fractal antenna application in monopulse antenna array, 25th Int. Conf. Radioelektronika（RADIOELEKTRONIKA）, 2015.
41）Swaroop Appadwedula, Catherine M. Keller：Direction-finding results for a vector sensor antenna on a small UAV, 74-78, 2006.
42）Hiroyuki Tsuji, Derek Gray, Mikio Suzuki, Ryu Miura：Radio location estimation experiment using array antennas for high altitude platforms, The 18th Annual IEEE Int. Symp. on Personal, Indoor and Mobile Radio Communications（PIMRC'07）, 2007.
43）Prabhakar H Pathak, Panuwat Janpugdee, Robert J Burkholder, Jin Fa lee：A hybrid numerical ray based subaperture approach for the analysis of large conformal array antennas on a convex metallic platform, IEEE Ant. and Propagat. Society Int. Symposium, 1-4, 2009.
44）Abdul Mueed, Jiadong Xu, Ghulam Mehdi：Cavity backed embedded antenna on cylindrical surface for conformal applications, IEEE 14th Int. Multitopic Conf.（INMIC）, 351-356, 2011.
45）Yikai Chen, Chao Fu Wang：Electrically small UAV antenna design using characteristic modes, IEEE Trans. on Ant. and Propagat., 62, 2, 535-545, 2014.
46）Zong Quan Liu, Ying Song Zhang, Zuping Qian, Zhen Ping Han, Weimin Ni：A novel broad beamwidth conformal antenna on unmanned aerial vehicle, IEEE Ant. and Wireless Propagat. Letters, 11, 196-199, 2012.
47）Diana Veronica Navarro Mendez, Hon Ching Moy Li, Luis Fernando Carrera Suarez, Miguel Ferrando Bataller, Mariano Baquero Escudero：Antenna arrays for unmanned aerial vehicle, 9th European Conf. on Ant. and Propagat.（EuCAP）, 2015.
48）L Petterson, R Gunnarsson, O Lunden, S Leijon, A Gustafsson：Experimental

investigation of a smoothly curved antenna array on a UAV-nose mock-up, Proceedings of the Fourth European Conf. on Ant. and Propagat. (EuCAP), 2010.

49) Andreas Patrovsky, Robert Sekora：Structural integration of a thin conformal annular slot antenna for UAV applications, Loughborough Ant. & Propagat. Conf., 229-232, 2010.

50) D Gray, X Xin, Y Zhu, J Le Kernec：Structural slotted waveguide antennas for multirotor UAV radio altimeter, Signal Processing, IEEE Int. Conf. on Communications and Computing (ICSPCC), 819-824, 2014.

51) Winfried Simon, Tobias Klein, Oliver Litschke：Small and light 24 GHz multi-channel radar, IEEE Ant. and Propagat. Symp., 987-988, 2014.

52) John C Kirk Jr, Kai Lin, Andrew Gray, Chung Hseih, Scott Darden, Winston Kwong, Uttam Majumder, Steven Scarborough, Linda Moore：Dual-channel radar for small UAVs, 277-281, 2012.

10 小形アンテナの展望

アンテナは無線システムが存在する限り必要であり，そのうち小形アンテナは最も必要性の高い存在である．近年の無線機器は小型が多く，殊にその代表である携帯機器は手持ちの寸法からさらに小さいポケットサイズやカードサイズのものまである．したがってそれらに搭載するアンテナは必然的に小形であり，しかもある機能をもつ小形アンテナすら要求される時代になっている．電気的小形以外に機能的，あるいは寸法制限付き小形や物理的小形のアンテナなど，無線システムに対応した小形アンテナが要求され，各種の小形アンテナの開発が進むと考えられる．

具体的な例として，以下に挙げるような機能あるいは特長を有する小形アンテナの開発が期待される．

① AI（人工知能）の機能をもった小形アンテナ

・用途や目的，利用場面等に応じて，アンテナ自身がAIの機能により，最適な周波数，指向性，利得等を判断し，自律的に制御するアンテナ．

② 用途や設置場所などの変化に応じて自由に変形できる小形アンテナ

・アンテナの形状が固定ではなく，その用途や設置場所などの変化に応じて最適な特性をもつように，形状を変化できるアンテナ．

③ 生体分解性の素材で作られた小形アンテナ

・診断や治療等のために一定期間，体内に埋め込む小型無線デバイスは，不要になれば手術で取り出す必要があるが，アンテナや回路も含めて生体分解性の素材で作製できれば，摘出手術の必要がなくなる．

アンテナならびに無線システムの発展は，アンテナ技術者の努力だけでなく，無線技術者の貢献もあって初めて達成される．両者連携してアンテナならびに無線システムそれぞれの発展ならびに進化に貢献すべきである．

付録　各種小形アンテナ一覧表

種　類（外観）	名称・型	データ	利　用	本文図番
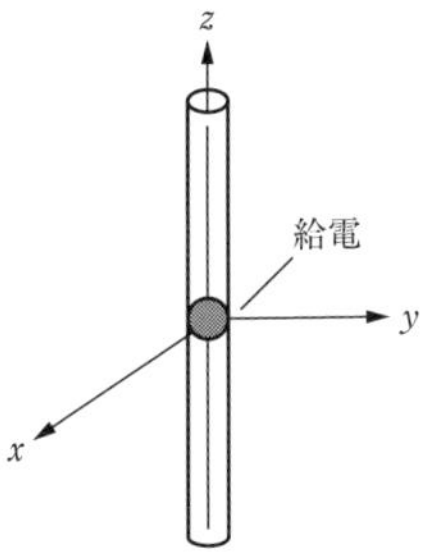 z, y, x, 給電	ダイポール	基本的 線状アンテナ	・汎用 ・標準アンテナ（長さ $\lambda/2$ の場合） ・Q の評価	図 3.12 (a)
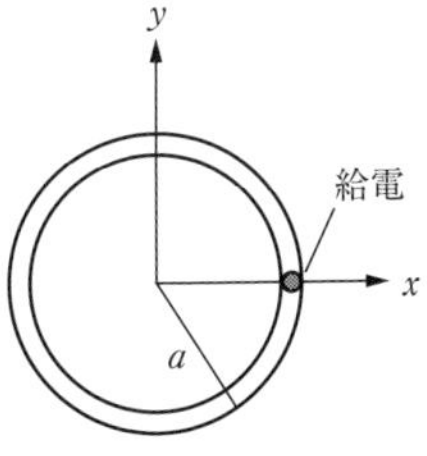 y, x, a, 給電	ループ	基本的 ループアンテナ	・汎用 ・準標準 ・Q の評価	図 3.12 (b)
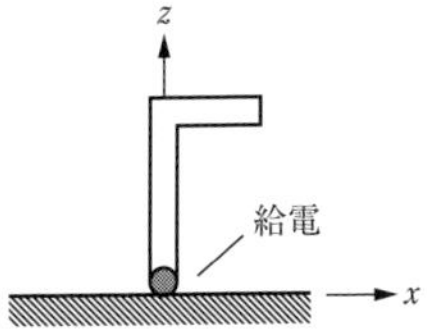 z, x, 給電	逆 L	・モノポールの中間で折曲げ ・小形 ・低姿勢	・小形化 ・Q の評価 ・PIFA として（地線追加の場合） ・携帯機器	図 3.12 (c)

トップローディング（先端装荷）				
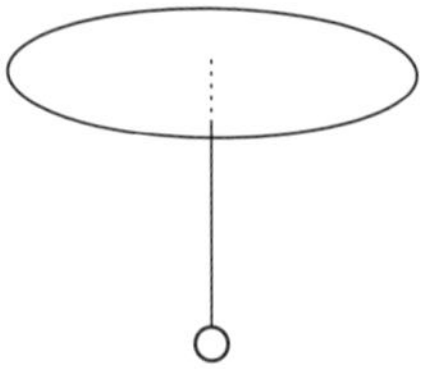	円盤装荷モノポール	・容量素子トップロードモノポール（電流分布一様化）	アンテナの小形化	図7.30(a)
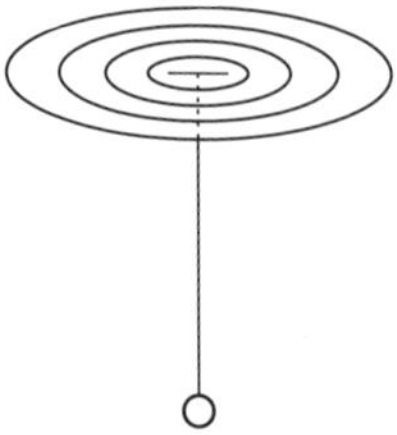	同心円線状円盤装荷モノポール	トップロード容量素子の変形	同上	図7.30(b)
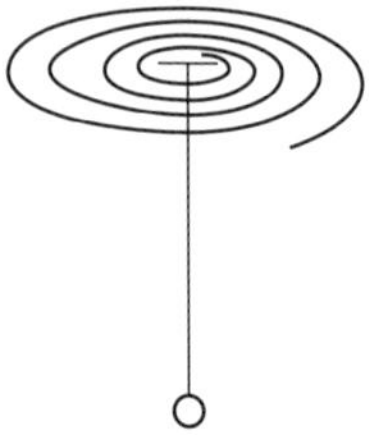	線状スパイラル円盤装荷モノポール	同上	同上	図7.30(c)
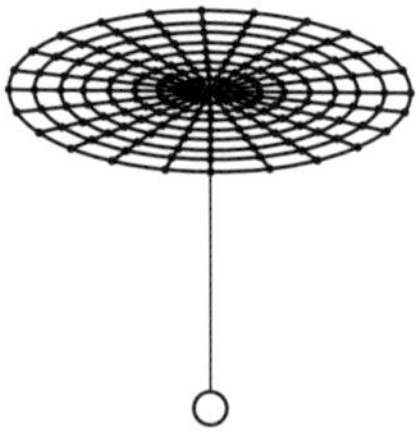	線状格子形状円盤装荷モノポール	同上	同上 広帯域化	図7.31(a)
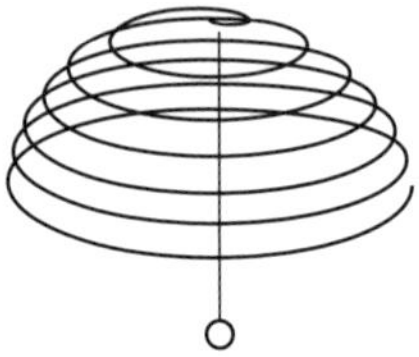	かさ型線状スパイラル装荷モノポール	同上	広帯域化	図7.31(b)

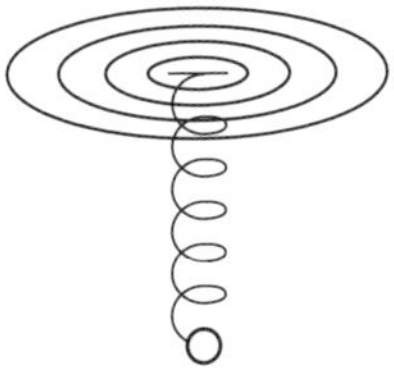

	同心円線状円盤装荷ヘリカルモノポール	モノポール素子の変形	モノポールの小形化	図 7.31 (c)
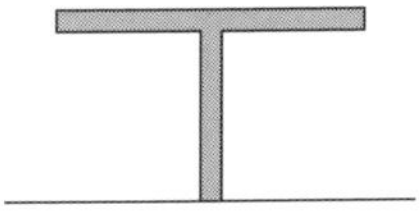	円盤トップロード小形モノポール	・一般的なトップロード ・小形モノポール	小形アンテナ	図 3.26 (c)
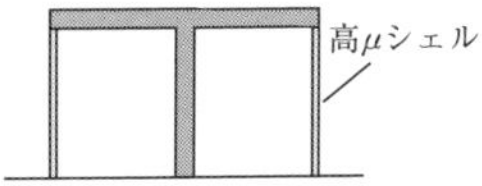 高μシェル	薄い高μシェルトップロードモノポール	トップロードモノポールに高μシェル磁性体を装荷（低いQ $(Q)_{\mathrm{Chu}}$*を得る可能性） *$(Q)_{\mathrm{Chu}}$：Chu が示したQの最低限界値	・小形アンテナの広帯域化	図 3.26 (b)
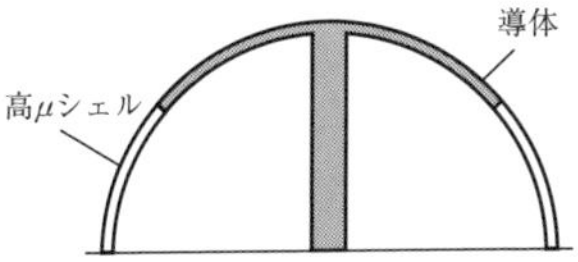 導体 高μシェル	薄い磁性体シェル装荷モノポール	球状高μシェル磁性体装荷（$(Q)_{\mathrm{Chu}}$を得る可能性検討：Kim と Breinberg）	小形アンテナの広帯域化	図 3.27 (a)
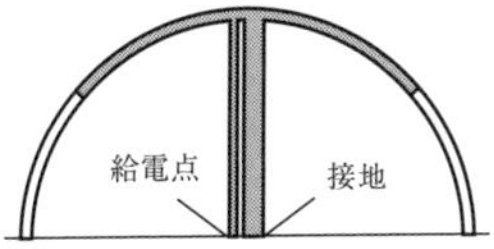 給電点 接地	薄い磁性体シェル装荷モノポール（二線給電）	磁性シェルを装荷した球状トップロードモノポールを二線で給電	小形アンテナの広帯域化	図 3.27 (b)
空間の最大限利用／球状へリックス				
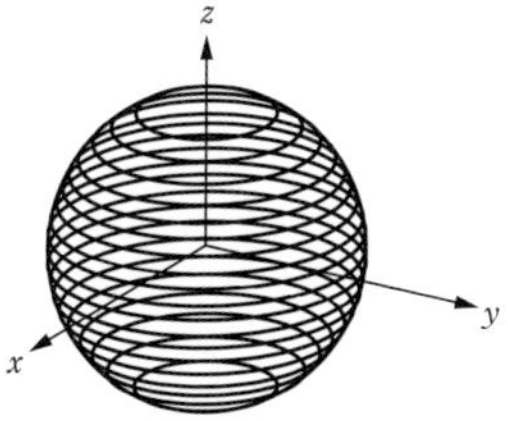 z y x	球状へリックス（らせん）	半径aの球表面を占めるへリックスにより最低のQ値を得る	アンテナを含む空間の効率的利用（空間の全容積を最大限に利用）	図 2.2

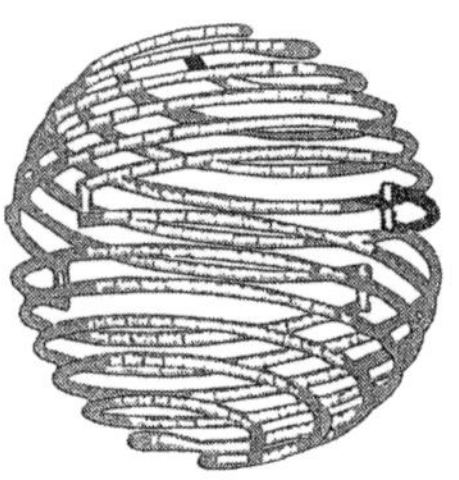	球状ヘリックス	・アンテナ素子の最大寸法を直径とする球の内面をできるだけ多く利用する形状（球表面にヘリックスを構成） ・低い Q 値	アンテナを含む空間の全容積を最大限に利用する構成の1つ	図 4.23
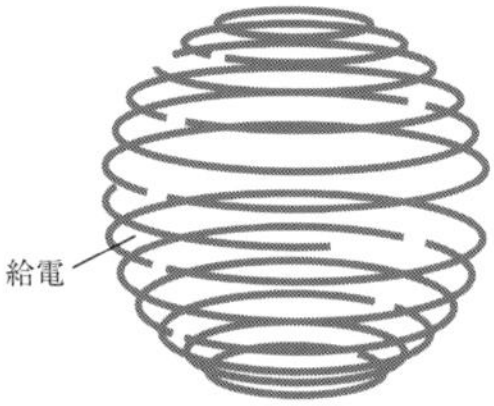	スプリットリング構成球状ヘリックス	・同上 ・球表面に沿ってスプリットリング構成ヘリックス ・低い Q 値	アンテナを含む空間の全容積を最大限に利用する構成の1つ	図 4.24
	球状磁気ダイポール	・低い Q 値 ・ka（a：球の半径）$=0.1924$ の場合 $1.24\,(Q)_{\mathrm{Chu}}$（$\varepsilon\mu$ の値の撰択による）	アンテナを含む空間の全容積を最大限に利用する構成の1つ	図 3.25
空間最大限利用/球状ヘリックス（半球状）				
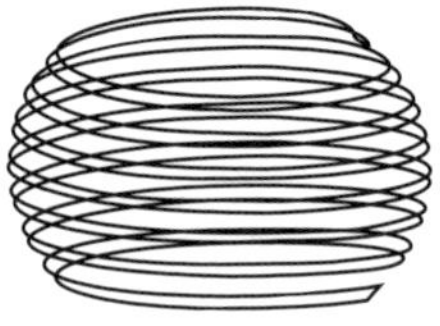	球状ヘリックス	空間の有効利用（$(球)_{\mathrm{Chu}}$ 表面をできるだけ広く利用するアンテナの構成）	アンテナを含む空間の全容積を最大限に利用する構成の1つ（広帯域化）	図 3.20
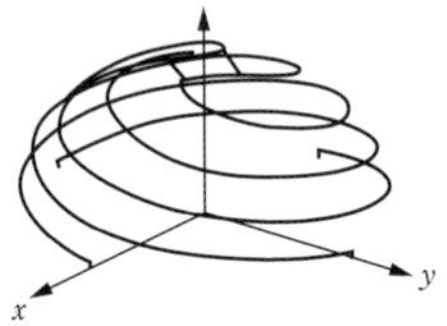	折返し球状ヘリックス（半球）	広帯域化（低い Q 値を得るため折返しヘリックスの構成）	同上	図 3.17 (a)

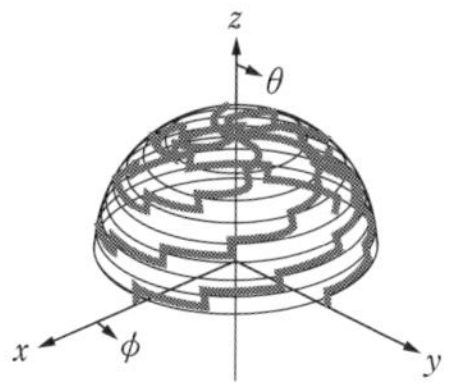	階段状球状ヘリックス（半球）	空間の有効利用を増すためヘリックスを階段状に構成	アンテナを含む空間の全容積を最大限に利用する構成の1つ	図3.17 (b)
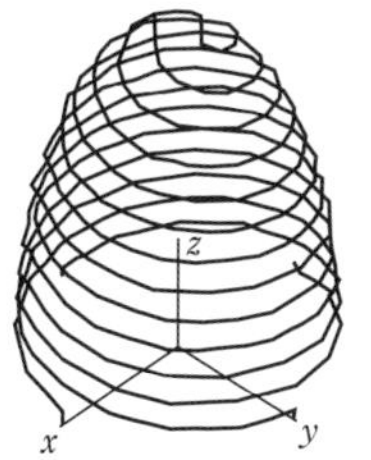	長楕円状ヘリックス	最低の Q を得るための形状（Gustafson による任意形状各種の1つ）	同上	図3.23
電流経路を長くする				
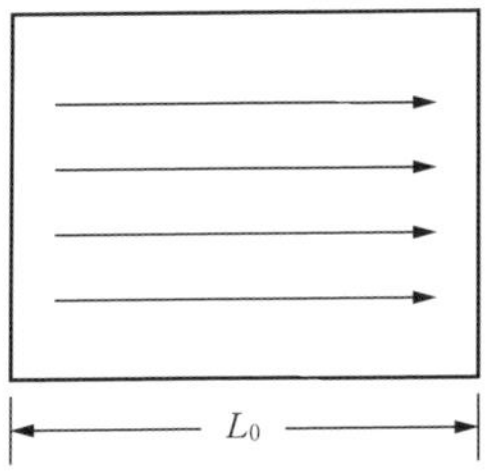	方形平板上の電流分布（一様）	一共振周波数		図4.8 (a)
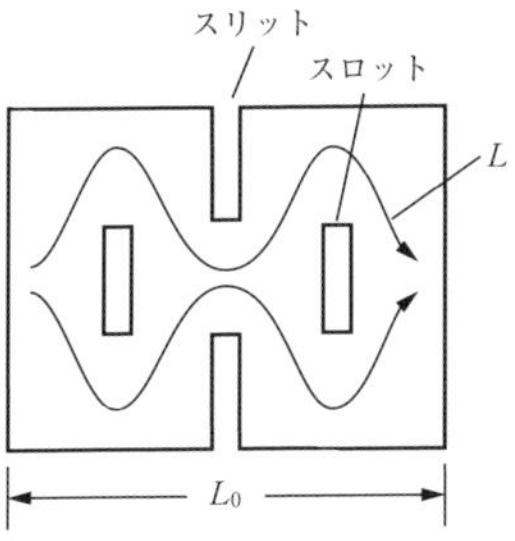	スロット，スリット装荷平板上の電流（迂回による電流経路延長）	共振周波数を下げる	小形化	図4.8 (b)
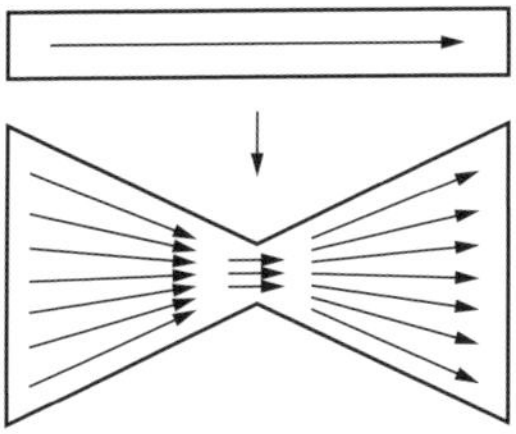	細長い平板を三角形状にして面積を拡大（電流経路を長く，経路数を増す）	共振周波数の数を増す（多共振）	・多共振化 ・広帯域化	図4.21 (a)

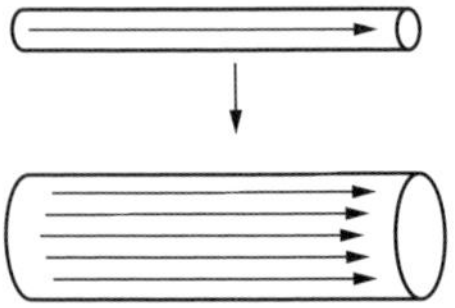	細い円筒を太くする（電流経路数を増す）	共振周波数を増す（広帯域化）	広帯域化	図 4.21 (b)
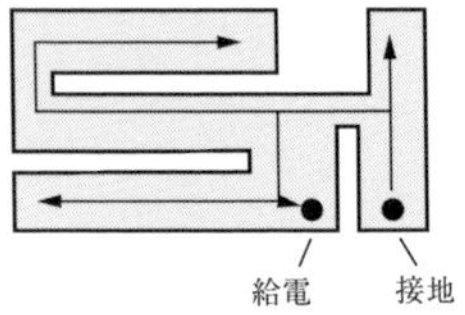 給電　接地	平板アンテナ上にスリット，スロットを設け電流経路を長くする	共振周波数の数を増す（多共振）	・多共振化 ・広帯域化	図 4.21 (c)
フラクタル形状 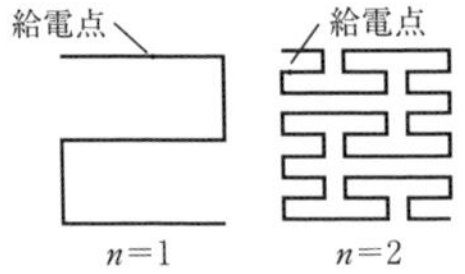 給電点　給電点 $n=1$　$n=2$	ペアノ形状 (Peano)	幾何学的形状の利用（空間面積の有効利用）	・共振周波数を増す 広帯域化	図 4.22 (a)
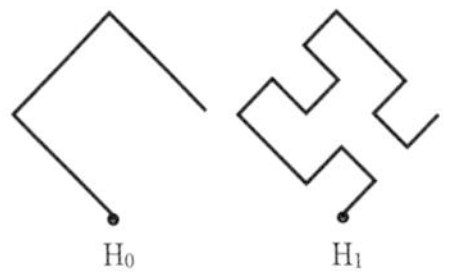 H_0　H_1	ヒルベルト形状 (Hilbert)	限られた面積内でアンテナ素子長の延長	アンテナの小形化（共振周波数の低下）	図 4.22 (b)
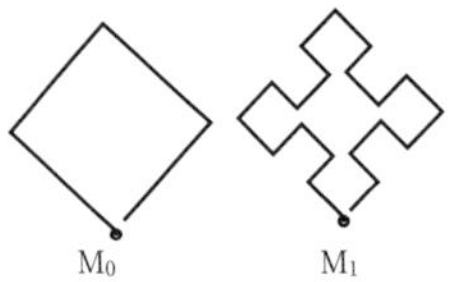 M_0　M_1	ミンコフスキ形状 (Minkovsky)	形状を変え，限られた面積内でのアンテナ素子長の延長	アンテナの小形化（共振周波数の低下）	図 4.22 (c)
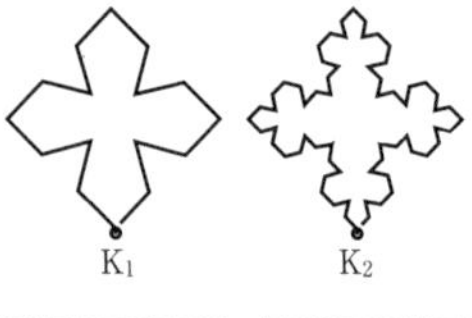 K_1　K_2	コッホ形状 (Koch)	アンテナ素子長を延長するために形状を変化	アンテナの小形化（共振周波数の低下）	図 4.22 (d)
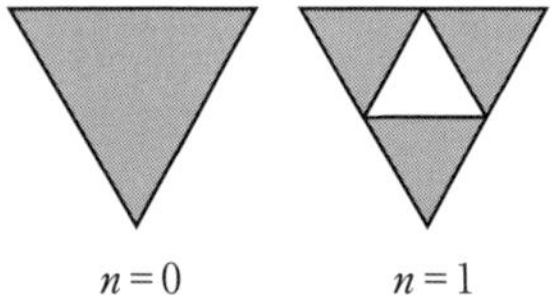 $n=0$　$n=1$	シアピンスキ形状 (Sierpiasky)	幾何学的形状の内部形状を変化	アンテナの小形化（共振周波数の低下）	図 4.22 (e)

複合アンテナ（素子の組合せ）				
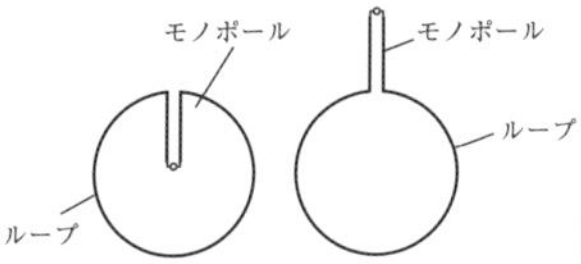	ループとモノポール	TE, TM モードの組合せ	放射モードの増加	図 4.25
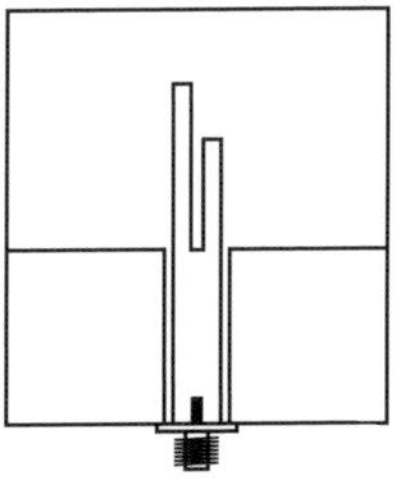	複合モノポール（長さの異なるモノポール）	二共振	二周波動作	図 7.14
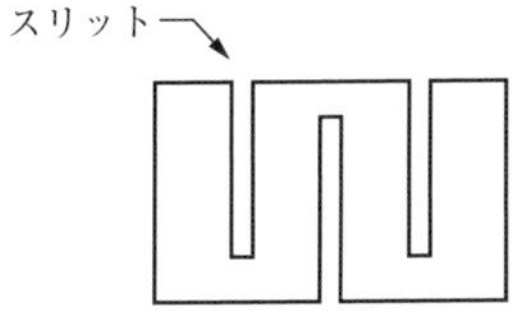	スリット装荷平板	・共振周波数の低下 ・平板寸法短縮 ・多共振（スリット長による）	・小形化 ・多共振	図 7.15 (a)
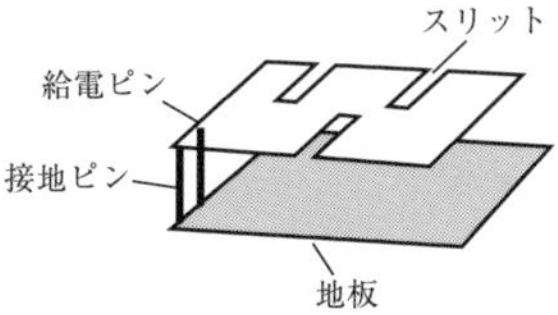	PIFA 水平素子にスリット（地板にスリットをおく場合もある）	・共振周波数の低下 ・平板寸法短縮 ・多共振（スリット長による）	・小形化 ・多共振	図 7.42 (a)
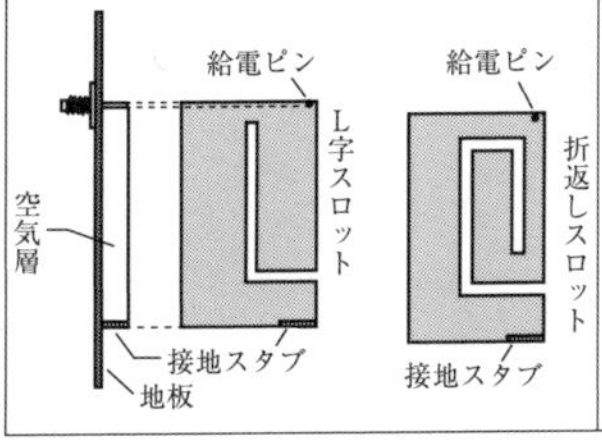	平板アンテナに L 字スロットあるいは折返しスロット装荷	共振周波数の低下	小形化	図 7.50

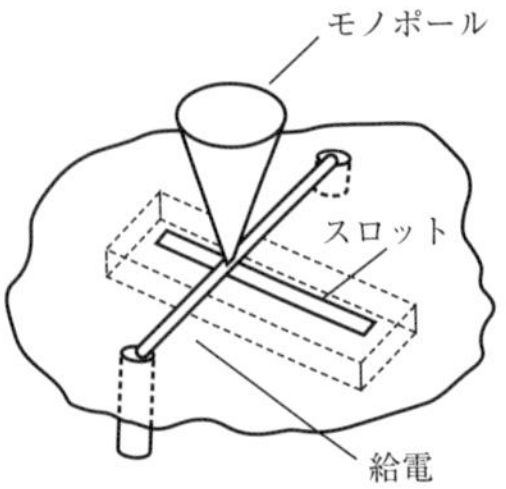 モノポール スロット 給電	モノポールとスロット	TE, TM モードの組合せ	放射モードの増加	図 7.25 (b)
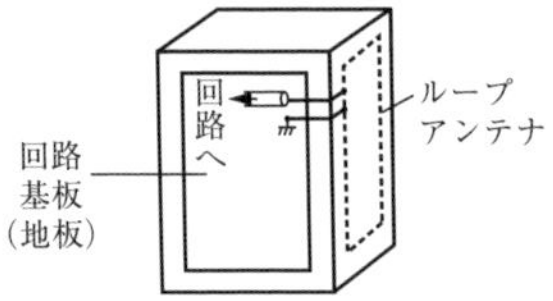 回路へ ループアンテナ 回路基板（地板）	ダイポールとループ（回路基板とループによる等価的ダイポールの構成）	TE, TM モードの組合せ	・放射モードの増加 ・携帯機の持性向上（利得，放射パターン）	図 7.20 (c)
装荷アンテナ				
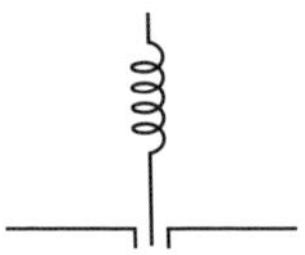	モノポール素子の中間装荷（インダクタンス）	素子上の電流分布を変化	・素子寸法短縮 ・小形化	図 7.51 (b)
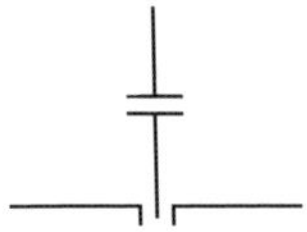	モノポール素子の中間装荷（キャパシタンス）	素子上の電流分布を変化	・素子寸法短縮 ・小形化	図 7.51 (a)
	ダイポール素子の中間に装荷（可変容量キャパシタンス）	素子上の電流分布を変化	放射パターンの変化（非対称放射特性）	図 7.53 (a)
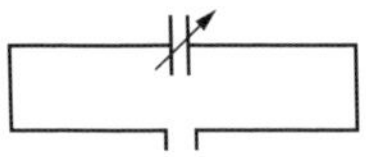	折返しダイポール素子の中央装荷（可変容量キャパシタンス）	素子上の電流分布を変化	・入力インピーダンスの変化 ・放射パターン変化（電流位相変化による）	図 7.53 (b)
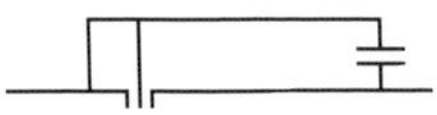	逆 F 素子の終端に装荷（キャパシタンス）	素子上の電流分布を変化	・逆 F 素子長短縮 ・小形化	図 7.53 (c)

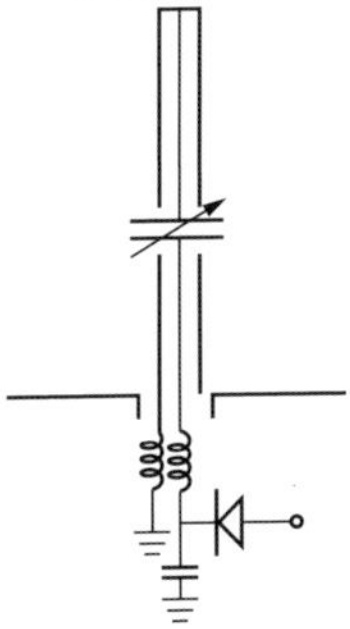	モノポール素子の中間装荷（可変容量キャパシタンス）	素子上の電流分布を変化	・モノポール素子長の短縮 ・素子上電流分布の位相変化（放射パターン制御）	図 7.52
遅波構造（幾何形状繰返し周期構造）				
	メアンダライン（方形）	形状繰返しによる周期構造	・アンテナ寸法の短縮（素子長は延長） ・共振周波数低下 ・アンテナの小形化	図 7.1 (a)
	同上（ジグザグ）	同上	同上	図 7.1 (b)
	同上（正弦波状）	同上	同上	図 7.1 (c)
	方形メアンダラインの変形	漸次拡大繰返し形状	・多共振 ・広帯域	図 7.2 (a)
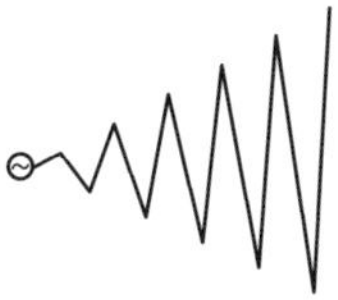	ジグザグメアンダラインの変形	同上	同上	図 7.2 (b)
	正弦波状メアンダラインの変形	同上	同上	図 7.2 (c)
遅波構造				
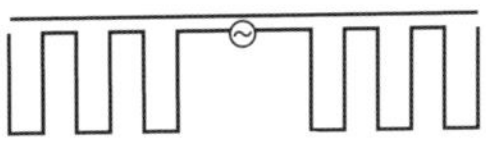	メアンダラインダイポール（線状素子装荷）	線状素子との組合せ		図 7.3 (a)

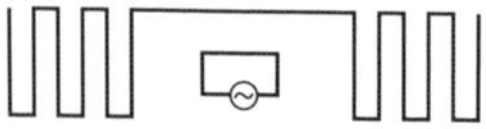	同上（小形ループアンテナにメアンダラインダイポール装荷）	ループ素子との組合せ		図 7.3 (b)
 給電点	フラクタル形状素子ダイポール	素子長増大（アンテナ寸法一定）	・共振周波数低下 ・小形化	図 7.4 (a)
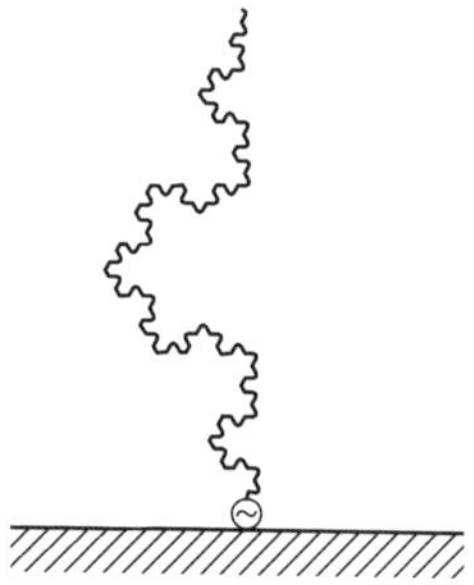	フラクタル形状モノポール	同上	同上	図 7.4 (b)
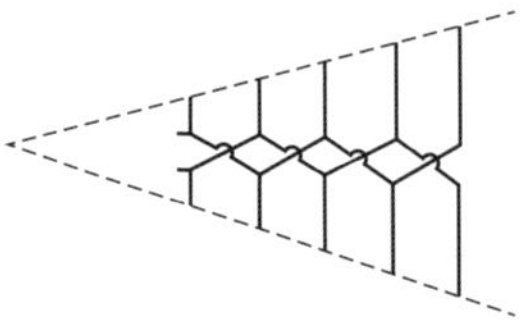	対数周期形状	素子長，素子間隔などの対数的配列	・広帯域	図 7.5 (b)
素子の合成／補対構造				
Z_m　Z_e	自己補対	TE, TM 素子それぞれのインピーダンス Z_e, Z_m の積一定	Frequency Independent 特性（広帯域）	図 4.26
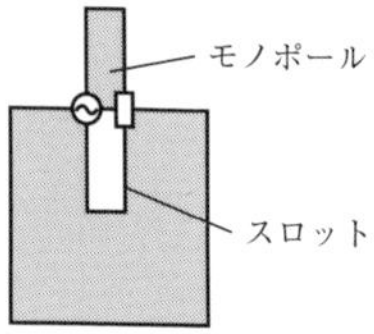 モノポール スロット	双対構成（モノポールとスロット）	TE, TM 素子合成による自己共振	広帯域	図 7.26

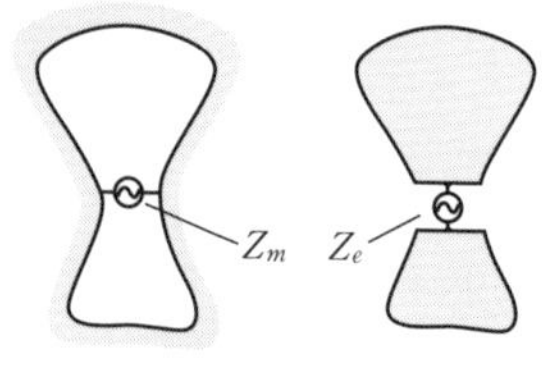

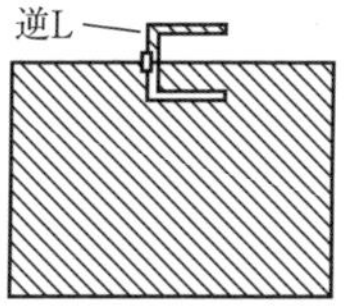 逆L	双対構成（逆L，逆Lスロット）	逆L素子と，その補対逆Lスロットの組合せによる自己共振	広帯域	図7.28
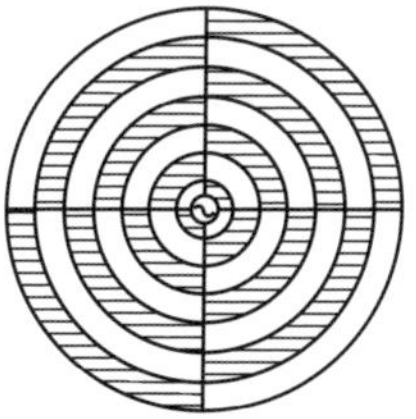	同上（円形スパイラル）	補対構造スパイラル素子による自己共振（円形）	同上	図7.27 (a-1)
	同上（方形スパイラル）	同上（方形）	同上	図7.27 (b-1)
電磁材料／メタマテリアル（MM）				
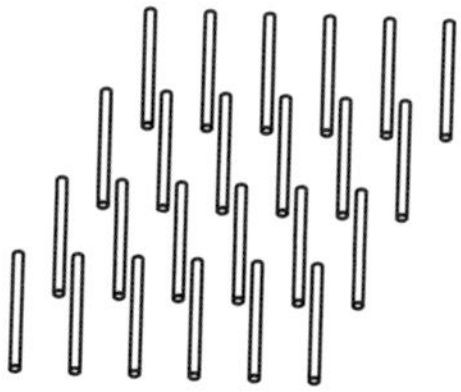	線状アレイ（共振素子の周期的配列）	擬似誘電体の形成（素子に平行する電界をかけ負性誘電率（$-\varepsilon$）特性）	共振周波数近くの狭い範囲で$-\varepsilon$	図4.13 (a)
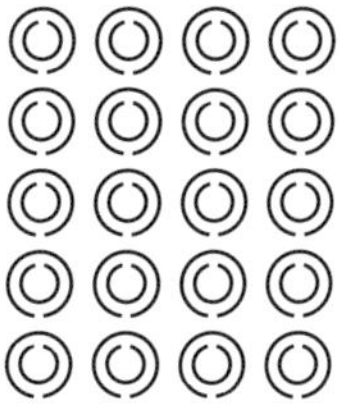	スプリットリング（SR）アレイ（共振素子の周期的配列）	擬似磁性体の形成（素子に直交する磁界をかけ負性透磁率（$-\mu$）特性）	共振周波数近くの狭い範囲で$-\mu$	図4.13 (b)

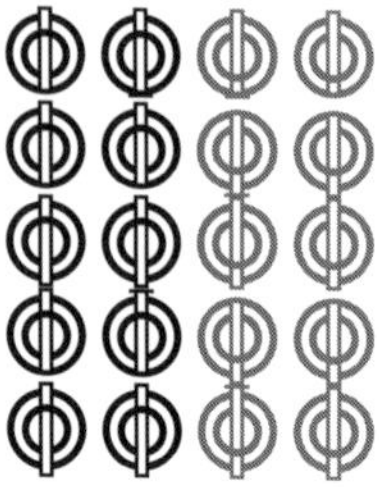	線状素子とスプリットリング素子の組合せ配列（共振素子の周期的配列）	メタマテリアル特性（同時に $-\varepsilon$，$-\mu$ 双方の特性）	共振周波数の近くの狭い範囲で同時に $-\varepsilon$，$-\mu$	図 4.14
HIS（高インピーダンス表面）				
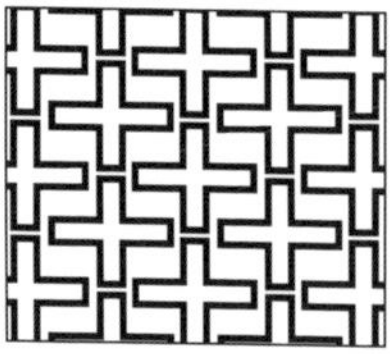	十字スロットの配列平面（スロットの共振インピーダンスを表面にもつ）	高い表面インピーダンス平面（HIS 平板）	周波数撰択性表面インピーダンス平板	図 7.60
メタマテリアル利用（MM）				
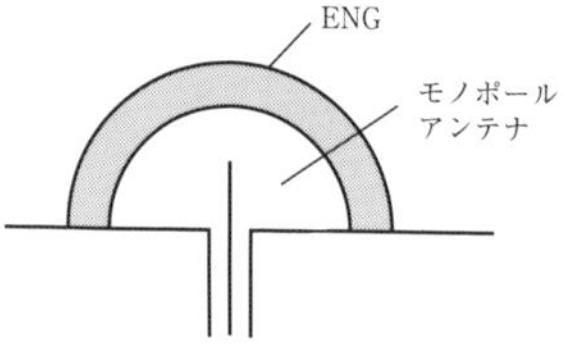 ENG モノポールアンテナ	モノポールアンテナ近傍界に ENG	アンテナの小形化	近傍界のリアクタンスを相殺する ENG による空間整合	図 7.34
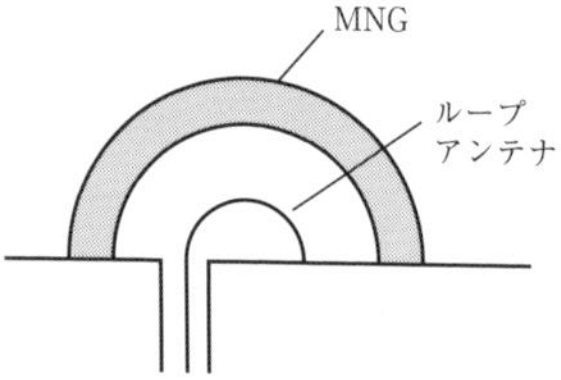 MNG ループアンテナ	ループアンテナの近傍界に MNG（$-\mu$）を装荷	同上	近傍界のリアクタンスを相殺する MNG による空間整合	図 7.32
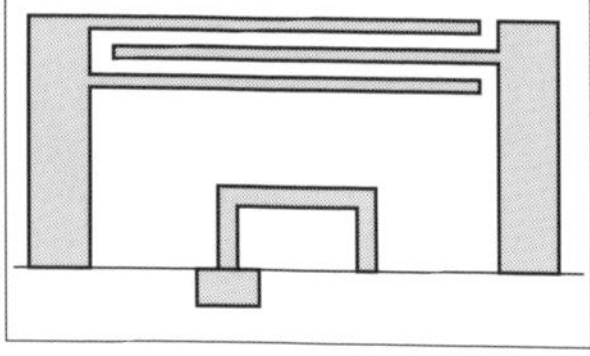	方形ループ放射素子の寄生ループが MNG 動作（CLL：Capacitance Loaded Loop 構成）	同上	近傍界のリアクタンスを相殺する MNG による空間整合	図 7.33

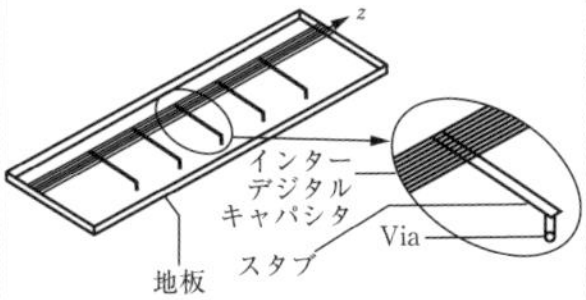	CRLHによるゼロ次共振素子構成	・多共振 ・ゼロ次共振を小形化に利用	TL（伝送線）によるMMの構成	図7.39
PSA				
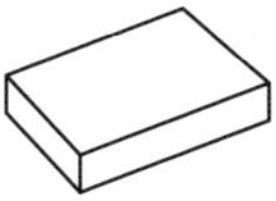	小型携帯機器箱型	携帯用（アンテナ内蔵）	・通信用 ・遠隔制御用 ・センサ用 ・データ伝送用 その他	図7.62(a)
	・同上 カード型	・同上 ポケット収納（アンテナ内蔵）	同上	図7.62(b)
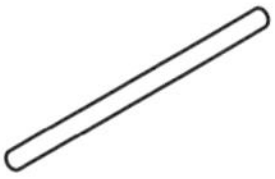	・同上 ペンシル型	同上	同上	図7.62(c)
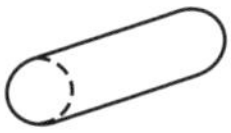	・同上 カプセル型	同上	同上	図7.62(d)
FSS（周波数撰択性）平板				
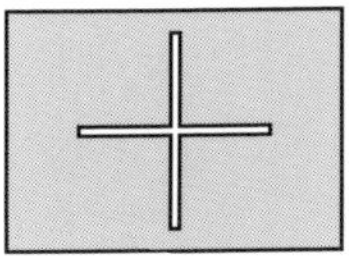	方形平板に十字スロット	・十字スロットの共振 ・インピーダンスを有する平板	FSS用	
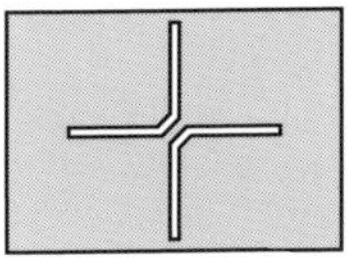	方形平板に変形十字スロット	・変形十字スロットの共振 ・インピーダンスを有する平板	同上	図7.61
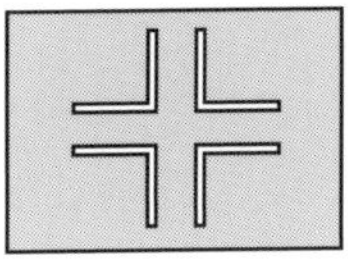	方形平板に平行十字型スロット	・平行十字型スロットの共振 ・インピーダンスを有する平板	同上	

FSS 平板パターン				
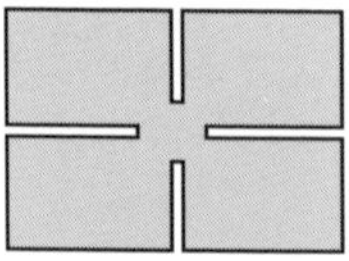	方形平板 4 辺にスリット	・スリット共振による高い表面インピーダンス ・周波数選択性	FSS 平板	図 7.61 (a)
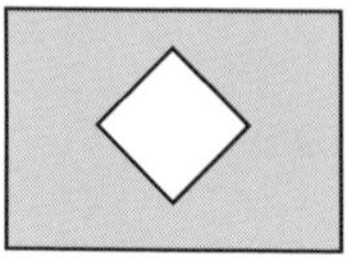	方形平板中心に方形スロット	・スロット共振による表面インピーダンス ・周波数選択性	同上	図 7.61 (e)
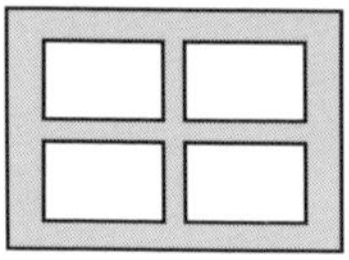	方形平板に方形スロット 4 箇	同上	同上	図 7.61 (f)
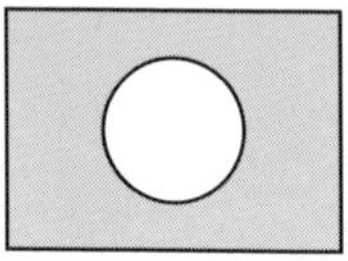	方形平板中心に円形スロット	同上	同上	図 7.61 (g)
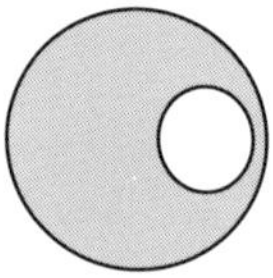	円形平板に偏心円形スロット	同上	同上	図 7.61 (h)
遅波構造				
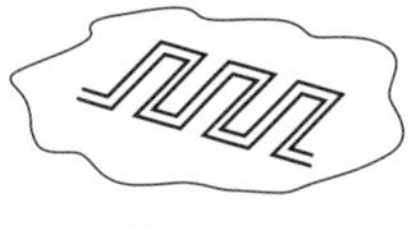	メアンダラインスロット	周期形状による遅波特性	アンテナの小形化	図 7.63 (b)
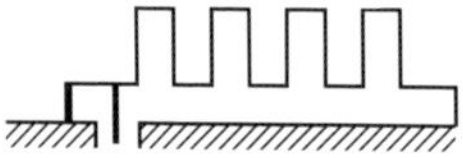	メアンダライン逆 F 構成	同上	同上	図 7.63 (c)
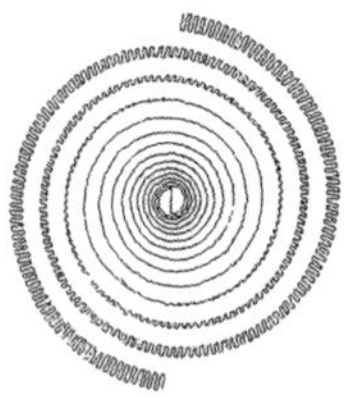	スパイラル構造メアンダライン	同上	・同上 ・広帯域	図 7.5 (a)

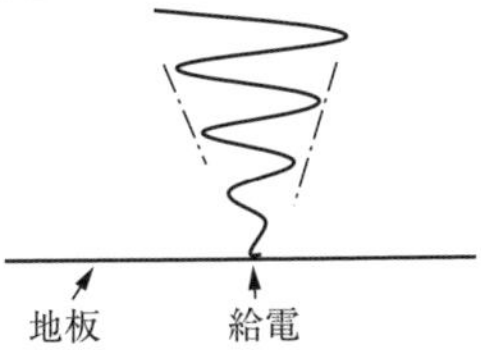 地板　給電	コニカルヘリックスモノポール	メアンダラインを円錐状ヘリックスに構成	・小形機器用 ・広帯域	図 7.64
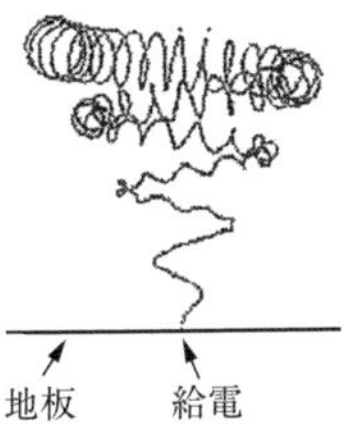 地板　給電	コイル状コニカルヘリックスモノポール	同上，素子をコイル状に構成	・同上 ・高利得	

索　　引

〈ア　行〉

〈カ　行〉

〈サ　行〉

〈タ　行〉

〈ナ　行〉

〈ハ　行〉

〈マ　行〉

〈ヤ　行〉

〈ラ　行〉

Memorandum

Memorandum

〈編著者紹介〉

藤本　京平　（ふじもと　きょうへい）

1953　年　東京工業大学卒業
専門分野　電波通信工学，情報通信工学
1986　年　アーヘン工科大学（独）客員教授
1979-1993 年　筑波大学教授
1993-1995 年　新潟大学教授
1996　年　西北工業大学（中国）顧問教授
現　　在　筑波大学名誉教授，工学博士

伊藤　公一　（いとう　こういち）

1976　年　千葉大学大学院工学研究科電気工学専攻修了
専門分野　電波通信工学，医用電磁波工学
現　　在　千葉大学フロンティア医工学センター名誉教授・客員教授，工学博士

小形アンテナハンドブック

2017 年 5 月 25 日　初版 1 刷発行

検印廃止

編著者　藤本　京平　© 2017
　　　　伊藤　公一

発行者　南條　光章

発行所　**共立出版株式会社**

〒 112-0006　東京都文京区小日向 4 丁目 6 番 19 号
電話　03-3947-2511
振替　00110-2-57035
URL　http://www.kyoritsu-pub.co.jp/

一般社団法人
自然科学書協会
会員

印刷：真興社/製本：加藤製本
NDC 547.53 / Printed in Japan

ISBN 978-4-320-08647-0